JN098936

The Social Lives of Animals

ウォード博士の
驚異の
「動物行動学入門」

動物
の
ひみつ

争い・裏切り・協力・
繁栄の謎を追う

アシュリー・ウォード 著
夏目大 訳

ダイヤモンド社

THE SOCIAL LIVES OF
ANIMALS
By Ashley Ward

人間は生来が社会的な動物である。仮に生まれつき、偶然でなく常に非社会的でいる個人がいたとすれば、その人は取るに足りない存在、あるいは人間を超えた存在であろう。

社会とは、個人に先立つ何かである。人間としての普通の生活を営むことができない、あるいはあまりに自己充足している、という理由で社会に参加しない者は、獣か神のいずれかであろう。

アリストテレス

はじめに

夜を翔ける吸血コウモリ

トリニダード島北部の熱帯雨林に、一軒の打ち捨てられた廃屋がある。家は時が経つにつれ、次第に自然に征服されていく。壁につる植物が巻きつき、若木の枝が伸びてガラスの割れた窓から中へと入り込んでいく。木の根も、もろくなった石の床を突き破る。動物たちも、隙を見つけては家の中に侵入する。

家の中心の崩れかけた階段の下のかび臭い場所は、人間にとってはあまり好ましいとは言えない動物、吸血コウモリたちの棲み処(すみか)となる。熱帯の暑い昼間には、涼しいその棲み処に身を寄せ合って隠れている。

そこでやがて訪れる狩りの時に備えて力を蓄えるのだ。夜のとばりが下りると吸血鬼たちは目を覚ます。日中の断食のおかげで飢えは激しくなっている。コウモリたちは翼を広

吸血コウモリ

げて森へ出て、血を求めて飛び回るのだ。狙うのは、眠っている哺乳類たちだ。眠っていれば、当然、無防備だからだ。獲物はたくさんいる。シカもいれば、ペッカリーもいる。家畜や、不用心な人間も標的になり得る。

森の中の開けた場所にヤギがいる。吸血コウモリは、綱でつながれたヤギの上を注意深く飛び回る。ヤギはコウモリの存在に気づかない。かすかな羽音はするはずなのだが、他の色々な音にまぎれてしまっている。コウモリはこっそりと地面に降り、ぎこちなく小走りで獲物に近づいていく。メスのような歯をヤギの脇腹に食い込ませる。歯は皮膚を切り裂き、肉にまで達する。そして吹き出てくる血液をコウモリは貪るように飲むのだ。

自分の体重の三分の一にもなるほどの量の血を飲む。満腹になると、来た時と同じように静かに去って行く。獲物になったヤギは自分が何をされたかまったく気づいていない。しかし、傷口からは、コウモリの唾液に含まれる物質のせいで血液が凝固せず、しばらくは流れ出し続けることになるだろう。

そうして実りある夜を過ごせたコウモリは、棲み処の廃屋に戻って、摂取した食物の消化を始めることができる。

しかし、コウモリがそうして食事に成功して戻って来るとは限らない。獲物となる大型の哺乳類は数が少なく、まばらにしか存在しない。また、仮に見つけられたとしても、その多くはコウモリの来襲に備えて警戒をしている。飢えた者に時間はあまりない。わずか三夜、連続で食事に失敗しただけで、餓死してしまうからだ。

血を分け与える

だが、そこでこのあまり人に好かれない動物は意外な行動を取る。同じねぐらを共有するコウモリの中に、食事をできなかった者がいると、満腹のコウモリが助けるのである。その姿はまるで、巣の中のひな鳥に餌を与える親鳥のようだ。満腹のコウモリは、自分の飲んだ血の一部を吐き戻して、空腹のコウモリに与える。

また、別の日には立場が逆になることもある。前に血を与えたコウモリが空腹な時に、血をもらったコウモリが反対に自分の飲んだ血を与えることもあり得るのだ。野生動物は生存のために互いに競争するはずだが、このコウモリのように仲間で助け合う者もいる。この戦略が、厳しい環境を生き抜く上で有効になることもある。

このような協力行動は、「社会的動物」の特徴の一つだ。吸血コウモリほどお互いの生存に貢献し合う動物はさすがに多くはないが、集団で生きる動物の多くが、ある程度は互いに協力し合うことも確かだ。最も基礎的なレベルの協力は、「社会的緩衝作用」と呼ばれている。

これは、オキアミから人間にいたるまで、あらゆる社会的動物が、ただ同種の動物のそばにいて関わり合うことだけで確実に生じる利益のことだ。社会的動物は、単に集団でいるだけで、集団によって支えられるのである。

私たち人間が集団でいることからどれほどの利益を得ているかは、集団でいることが難しくなると痛感する。新型コロナウイルス感染症の蔓延（まんえん）によってロックダウンが実施され、「ソーシャル・ディスタンス」の確保が呼びかけられた時、人とのつながりが断ち切られ、孤独を感じた人は多いはずだ。精神衛生の危機に陥る人も少なくなかった。

また、テクノロジーの進歩により、日常生活の中での他人とのやりとりが以前に比べて活発ではなくなっている面もある。セルフサービスの店が増え、銀行との取引も、チケットの購入なども機械でできるようになり、人と人とが直接、関わる機会は減っている。常にヘッドフォンをつけて、周囲の音を遮断している人もいる。このように人とのリアルタイムの関わりが減る一方で、ヴァーチャルな関わりは増えている。

知性の進化と社会生活

「それが何か問題なのか？」と言う人もいるだろう。私は問題だと考える。私たち人間はあくまでも社会的な存在だからだ。私たちの人生は、友人、愛する人たちのネットワークと相互に密接に結びついている。一人一人が、広い社会の中で常に何らかの役割を果たしている。

また、その社会が、私たちの行動パターンに強い影響を与えているのだ。社会的な動物であることで、私たちは、単独で行動する動物である場合よりもはるかにできることが多くなる。他者とともに生きるからこそ、言語も生まれた。日々の生活の中で互いに情報をやりとりする必要があるからだ。

また、人間という種の最大の特徴とも言うべき知性が進化したのも、社会生活を営む必要からだと考えられる。互いに助け合おうとする人間の本能は、文明の基礎になったのだろう。ただし、この本能は、人間という種の誕生とともに生じたわけではない。実際にはそれよりも前から存在した。この本能は、他の何種類もの動物との共通の祖先から受け継いだものである。

動物界には、生きていく上で直面する問題に、社会性を身につけることで対処してきた種が無数に存在する。集団で生きることで種の存続に成功してきた動物がなぜこれほど多いのか、私たち人間にはその理由がよくわかる。また、人間の社会と、地球の環境を共有する他の動物たちの社会を比較して、どこが似通っているかもわかる。

社会の類似点から、動物の進化の道筋を推測することもできるだろう。そして、社会が私たちの生き方に深いところでどう影響しているかもわかる。他の社会的動物について知れば、私たち自身、私たちの社会についてより深く理解することもできるだろう。

会社員から動物研究者へ

私は長らく、動物を観察し、その生態を知ることに熱心に取り組んできた。大変な時間をそのことに費やしてきている。子どもの頃、腹ばいになって小川を長い間、観察していたら、オコジョが向こう岸まで水を飲みに来たことがある。

私の顔までほんの数センチメートルという距離にまでオコジョは平気で近づいてきた。まったく動かないので、私のことを丸太か何かと勘違いしたらしい。私が少し顔を上げてその顔を正面から見ると、オコジョは驚いて飛び上がった。ジャンプが得意なことで有名なノミも拍手喝采を送るくらいの高さまで飛んだのだ。

ただ、いかに動物の観察が好きだからと言っても、それを一生の仕事にするのは簡単なことではない。研究者としてやっていける自信などまったくなかったので、私は大して勉強もしないまま大学を卒業し、ごく普通に会社員として働き始めた。

五年間、来る日も来る日も同じような仕事をする生活が続いた。一人の上司との出会いがなければ、その後もずっと続いたに違いない。その上司はしばらくの間、私の愚かさには気づかなかったのだが、気づくとすぐに私を解雇した。

解雇されれば、別の道を探さざるを得ない。一体、どうすればいいだろう、と思案した。大した知識も技術もないけれど、シーライフ・スカボロー（水族館）で動物の世話をする仕事をするのはどうだろう、とも考えた。それが夢の仕事だ、というわけでもなかった。だが、ともかく動物とともに働くことはできる。潮溜まりや、倒木の裏で動物を探した幸せな記憶が蘇った。水族館では、ハリネズミ、小エビ、ヒトデをまとめて世話できる人間を求めていた。とりあえず、求人に応募してみたが、先方の返事は冷たいものだった。「生物学の学位のない人は採用できません。年取ったエビについた藻を洗い落とすのに学位が必要なので」というのである。

これで少なくとも何が必要かはわかった。私はリーズ大学に入り、何でそんなことをするのか理由はよくわからないながら、アミノ酸の構造式を必死で丸暗記したりした。二年経った頃、私の単位取得に向かう旅は危機を迎えたが、そんな時、良き友人に出会うことができた。リーズ大学の研究者の一人、イェンス・クラウスである。クラウスは、私と同様に生物界への強い好奇心を持った人だった。そして、それだけでなく、動物の行動研究ですでに素晴らしい成果を上げていた。

クラウスに会って突然、目の前が開けた気がした。はじめて自分が何をしたいのかがわかったのだ。進むべき道は目の前にあった。ただし、進むのが楽な道ではなかった。シーライフ・スカボローで働くのはやめることにした。動物たちも、私のその決断を喜び、幸運を祈ってくれる気がした。

人生の成功に必要な能力

科学者になる決心がなかなかできなかった私はたしかに臆病だったと思う。なぜ私がこんな昔話をしているのか疑問に思う読者も多いだろう。大半の読者はこんな話には興味がないはずだ。私がこの話をしたのは、自分と興味を同じくする他人との出会いがいかに重要かを知ってもらいたかったからだ。自分が何者で、何をしたいのかを知るのにも、他人の助けを必要とした。同じような経験をした人は読者の中にも大勢いるはずだ。

残念ながら、こういう他人の価値を軽視する人が多いのも一方で確かである。人生を前に進め、自分の存在を意味あるものにするのには、他人との関わり、他人の協力が大切なのだが、それをあまり認識していない人は多いのだ。

素晴らしいサクセス・ストーリーは数多くあるが、その多くに、人間の持つ社会性が深く関わっている。集団の中で他人とともに生き、他人とともに協力し合って何かをする能力が成功の鍵になっているということだ。先史時代から現代にいたるまで、人は、他人と助け合うことで問題の解決策を見つけてきた。

捕食者から身を守れたのも、食べるための獲物を狩ることができたのも、他人との協力のおかげだ。他人と情報を共有し、互いから学んだおかげで、地球上のいたるところを探検するなど、多数の偉業を成し遂げてきたのだ。

現生人類がアフリカに現れたのは、今から約三十万年前だと言われているが、その時以来、社会は絶えず変化し、人間とともに進化を続けてきた。おそらく最初の二十九万年、人類は狩猟採集民で、少数の集団で放浪しながら生きていた。

そして最終氷期が終わり、気候が温暖になると、いよいよ人類の創造力が本領を発揮する。いわゆる新石器革命が起こり、はじめて農耕民として定住生活をするようになった。その時から、人類の文明は急速に発達し始める。ウシやヤギ、イヌなどの他の動物たち――皆、人間と同じく社会的な動物である――と生きるようにもなる。

現代の人間社会は、人間関係からできている。家族、コミュニティ、都市、国家といった規模の違う人間関係が組み合わさっている。その中に、法律があり、文化がある。また、様々な軋轢も存在している。その点をもって、人間は他の動物とは違う、と考える人もいるかもしれない。

たしかに人間の社会には人間だけの特徴があるが、他の動物たちが同じような社会をまったく持たないわけではない。社会的な動物の多くは、人間と同じように社会を作っている。

動物を知り、人間を知る

しかも、動物たちは、人間が地球上に現れる何百万年も前からそうして生きてきたのだ。社会を作ろうとする人間の本能は、遠い祖先から受け継いだものであり、他の社会的な動物との共通点を多く持っている。今は多くの人が都市に暮らし、個人がそれぞれに他から孤立して生きているようにも見える。

それでもやはり、間違いなく皆が他人とのつながりを求め、必要としている。なぜだろうか。人間はそもそも集団で生きることに適応し、集団で生きるべく行動する動物だからである。動物の社会的行動について研究していると、その動物についての理解が深まるだけでなく、人間の社会的な特性がどのようにして進化してきたかがわかってくる。

わかりやすいのは言語である。コミュニケーションは集団で生きるからこそ必要になる。社会があるからこそ、他者と情報をやりとりする必要が生じるのである。集団内の構成員どうしの関係が複雑になるほど、コミュニケーションの重要度は増すだろう。

言語はコミュニティ内で生き抜くための大切な道具である。言語があるおかげで他者と交渉もできるし、何かを教え合うこともできる。他者との関係を築き、強化するのにも役立つ。言語があるからこそ集団はまとまる。集団内で皆が協力し合うのにも言語は不可欠だ。

それは、太古の狩猟集団でも、現代の様々な団体、組織でも同じことだろう。また、言語によって、人間は体系的な社会習慣、社会規範を作り上げてきた。これは、集団の構成員が関わり合う際に守るべきルール、集団内での行動を規制する道徳的枠組みである。人間の言語や文化は、他の社会的動物に見られる言語や文化のどれとも似ていないが、だからといって人間が唯一無二の存在というわけではない。

ただ、他の動物と違っているというだけだ。他の動物たちの集団行動について学ぶと、私たち人間のことについてもより深く理解できるようになるだろう。

人と密接な関わりを持つのが総じて良いことだと経験上知っている人は多いだろう。単に頭で良いことだと思うだけでなく、人との良好な関係はホルモンの分泌など、身体の生理機能にも影響を与える。良い友人がいるというだけで、ストレスの悪影響が和らげられることもある。友人や家族がいて、日頃から積極的に人と関わる行動を取っている人は、寿命が長くなる、とさえ言われる。他の社会的な動物にも同様の傾向があると言っても驚く人は少ないだろう。

人間についての驚くべき事実

たとえば、吸血コウモリのように、吸った血をねぐらを共にする仲間に分け与えるということであれば、寿命が延びることは容易に理解できる。しかし、ただ互いに関わり合うことがなぜ、社会的動物にとって大きな助けになるのかを理解するのはそう簡単ではない。それを理解するには、社会的動物の共通の特性についてよく調べる必要があるだろう。その種の研究はあまり進んではいなかったが、近年ようやく少しずつわかることが増えてきている。

動物の社会性、協調行動について科学的研究が進み、理解が深まってきたのはこの半世紀くらいのことだ。近年では、テクノロジーの進歩によって、様々な動物たちの群れ、そして、人間の群衆の行動について驚くべき事実がいくつも明らかになってきた。また同時に、人間と他の社会的動物との間の意外なほどの類似性もわかったのである。

動物たちがそれまで考えられていたよりもはるかに複雑で洗練されていることがわかった一方で、人間が意外なほど動物的な衝動に支配されていることも明らかになった。人間は他の動物とは違う、特別な存在だと信じたい人には受け入れがたい話かもしれない。しかし、ダーウィンも言っている通り、人間と他の動物の違いは本質的なものではなく、単なる程度の違いにすぎないのである。

迷走の末に自分の生きるべき道を定めてから四半世紀近くが経った。私はどうにか夢をかなえたと思う。これまでにいくつもの冒険を経験してきた。世界中の驚異的な動物たちを間近で観察できるのは素晴らしい特権だ。私は動物たちの社会的行動がいかなるもので、なぜそのような行動を取るのかを研究してきた。

本書ではこのあと、何種類もの動物を例にあげることになる。最初はナンキョクオキアミだ。また、私たち人間の最も近い親戚、チンパンジーやボノボの話もする。こうした動物たちの社会的行動がいかに私たちのそれに似通っているかがわかってもらえるはずだ。「社会的動物」という言葉の定義は曖昧で、おそらく人によってその意味は違うだろう。だが、本書では「同種のものどうしが集まり、互いに関わり合って生きる動物」と定義することにする。この動物どうしの関わりを研究することが、私のライフワークとなっている。集団を構成する動物たちは互いにどのように関わり合っているのか。時には争い、裏切ることもあり、また時には団結し、協力し合うこともある。その様を詳しく調べている。

本書は、私が動物について研究していてわかったこと、今もわからず不思議に感じていることを読者と共有する目的で書いた本である。

目次

3章 イトヨが決断するとき

6章 家族の死を悼むゾウ

7章 ライオン、オオカミ、ハイエナが生き延びるための策

1章

氷と嵐の世界に棲む謎の生物

南極海を越える

私は今、ホバートにいる。ホバートは、オーストラリアの、いくつもの島から成るタスマニア州の美しい州都だ。港にいる私の目の前には船がある。オーロラ・オーストラリス。オーストラリアの南極観測船だ。ゼラニウムのような鮮やかなオレンジ色の船体だが、実はところどころ茶色く錆びているのが、塗料を通して見える――もう古い船だということがそこからわかる。見栄えの良い船だとは言い難いかもしれない。

しかし、頑丈には違いない。それは、長年の間に、南にあるオーストラリアの基地――タスマニアと南極点のちょうど中間に位置するマッコーリー島の基地や、南極大陸上にあるモーソン、ケイシー、デイヴィスといった三つの基地など――に数え切れないほど行った実績によって証明されている。南極への旅は臆病な人間にはとてもできない。南極海を越えなくてはならないからだ。

つまり、地球上でもこれ以上はないほど荒れた海に入っていかねばならない。気候条件は非常に厳しく、近くに逃げ場となるような陸地もない。嵐が起きれば大変恐ろしいことになる。風速は時速一五〇キロメートルにも達する。ひ弱な新米船員ならば、ハリケーンを超えていると思ってしまうほどの風だ。海と空の境目は曖昧になる。猛烈な風により、当然、海面も大荒れになる。次々に山のような高波が襲い、船はまるでおもちゃのように弄(もてあそ)ばれる。ブリザードの時は目の前が真っ白で何も見えなくなる。しかし、油断するとどこに氷山があるかわからない。

幸い、私は今のところ、そのような恐ろしい船旅のことは考えなくてよかった。私がここに来たのは、オーストラリア南極観測局を訪ねるためだ。ホバート郊外の安全な陸地の上にある。立派な建物がいくつも立ち並ぶ施設だ。そこに行けば、展示されている写真などを通じて、南極がいかに驚異的な場所であるかを少し知ることができる。

ただし、南極を直接、自分の目で見ることができるのは、一握りの幸運な人間だけだ。玄関から出てすぐのところには、アザラシが横たわるそばに三羽のペンギンたちがいて何かを話しているように見える彫像が飾られている。

玄関ホールには、南極のとても地球上とは思えない美しい風景を撮影した巨大な写真がある。カフェテリアで出される食べ物も南極にちなんでいる——たとえば、極地研究者の名前が冠されたハンバーガーなどがある。初期に南極探検を成し遂げた巨人たちは、自分の名前が今もカフェテリアのメニューに使われていると知って喜ぶかもしれない。

もちろん、大事なのはそういう表面的なことよりも、そこで行われている研究の内容である。私が特に興味を持っているのは、人間の指くらいの長さの甲殻類、ナンキョクオキアミである——私はナンキョクオキアミの群れがどういうもので、なぜ群れを成すのかを

ナンキョクオキアミ

知りたかった。これは重要な問いである。群れを成すことはオキアミの大きな特徴であり、また、オキアミの群れは、南極海の生態系全体にとって欠かせないものだからだ。オーストラリア南極観測局は、元来はるか南に生息するはずのナンキョクオキアミの集団が自然界の外に存在する世界でも珍しい場所だ。

襲いかかる大波と猛烈な嵐

私は受付で、川口創、ロブ・キングと顔を合わせた。オキアミの謎の解明に世界でも最も大きな貢献をしている二人だが、二人のしていることはそれだけではない。そもそもオキアミをここホバートに連れて来ること自体、容易ではないのだ。

海で採取するだけではなく、そのあとここまで運んで来なくてはならない。オーロラ・オーストラリス号に載せて運ぶのだが、採取してから港に船が着くまでに何週間もかかる。その間、細心の注意を払って扱わないと生きたまま届けることはできない。穏やかだが堂々たるロブ・キングは、波瀾(はらん)万丈だった自身初の南極への旅について話してくれた。

南に進むにつれ、天候は悪くなっていく。やがて、絶えず高さ一三メートルもの波と、猛烈な風が船を襲うようになる。波の背に載せられ、高く持ち上げられたかと思うと、次の瞬間には急降下させられる。その繰り返しだ。

めまいがし、胃が締めつけられる。急降下の度に、船首は海面に突っ込み、氷混じりの海水が甲板に流れ込んで来る。その水は、船が次の波に持ち上げられる時に後ろへと流れて行く。嵐に立ち向かって少しずつ進む船は、ロープを背にしたボクサーに似ている。波の容赦ないパンチの連打をくらい、それに耐えねばならない。

船長は、船が受けている打撃を考え、方向転換の決断を迫られた。危険なのは、船の側面から巨大な波が来ることだからだ。側面から大波を受ける船が横揺れをすると、簡単に転覆、沈没をする恐れがある。もし最悪の事態が起きたとしたら、この嵐の中、救助される見込みが非常に少ないことは、船の中の全員が知っている。

仮にイマーション・スーツ(救命衣の一種)を着ていたとしても、ここの海水温の低さではすぐに命を落とすことになるだろう。乗員全員が固唾をのんでいたが、どうやら船はぎりぎりのところで危険を回避できるようだった。南極海で船は立て続けに三つの大波に襲われた。いずれも船腹を強く押し、船を大きく傾けるような波である。

だが、頑丈な材質で造られている船は、傾いてもその度に身を起こし、やがて方向を変えて波に船尾を向けた。波に逆らうのではなく、波の後押しを受けて前進するようになったわけだ。そうなれば、嵐の中でも安全に前進することができる。ロブはその時のことを「非常に興味深い体験」と言っている。

船は何週間も海上を進んでようやく比較的穏やかなケイシー基地に到達した。南極大陸上にあるオーストラリアの基地の一つだ。そこで出迎えてくれたのは、高度な技能を有するエンジニアたち、サポート・スタッフ、極地研究者たちだ。皆、オーロラ・オーストラリス号が運んで来る補給物資の到着を待ち望んでいたし、そしてこれも同じく重要な、新しい話し相手の到着も待ち望んでいただろう。

ヒョウアザラシの恐ろしい歯

ケイシー基地に到着したからには、早くナンキョクオキアミに遭遇したいとロブは思っていた。ナンキョクオキアミは、ロブがその生態の解明に人生を捧げている生物である。

時期は夏で、嵐も収まり、コンディションは比較的、良好だ。日射しもあり、気温は氷点を上回っている。基地の前の湾には、氷がほぼない状態だった。ロブは、インフレータブル・ボート（空気を入れて膨らませて使うボート）で海に出てみることにした。

そこで海水を網ですくい、オキアミが採れるかを見てみようと思ったのだ。ボートの後部に腰掛け、ロブは期待を込めて網を海に差し入れた。その時、彼は何かの存在を感じた。振り返ると、正面にはヒョウアザラシがいた。音もなく海から上がってそこにいたらしく、今は真っ直ぐにロブを見つめている。座っているとはいえ、ロブを正面から見つめられるほど背の高い動物は——人間を含めても——そう多くはない。

しかし、ヒョウアザラシは体長三メートル、体重は五〇〇キログラム近くにもなる。ヒョウアザラシは獰猛（どうもう）な捕食動物だ。ペンギンやアザラシなどを狩って食べる。そして、私の知る限り少なくとも一人の人間の命を奪っている。ヒョウアザラシが何を考えているのかはわからない。だが、すぐにそれを知る手がかりは与えられたようだ。

口が大きく開かれ、剣のような恐ろしい歯が並んでいるのが見えたからだ。その歯は、ライオンと同じくらいの大きさの頭蓋骨に収まっている。その後、メッセージが伝わっただけで満足したのか、ヒョウアザラシは水の中に戻り、姿を消した。ケイシー基地にいる間、ロブはそう頻繁にボートで海に出るわけではないが、出る時には、なるべくボートのへりに座らないよう気をつけている。

ヒョウアザラシ

ここに来るのは大変だったが、南極に着いただけでは十分ではない。帰路のことも考えなくてはならないのだ。むしろその方が――少なくとも川口創とロブ・キングの二人にとっては――重要だ。オキアミを採取し、生きたまま持ち帰り、ホバートでの研究計画を実行できるようにしなくてはならない。

再び気まぐれな海へと出て行き、まずは、繊細な動物を本来の生息場所である凍るような冷たい海の中から生きたまま取り出す、という困難な仕事をする必要がある。そして、オキアミのいる水槽を船に載せたら、その後は、ロブと創がベビーシッター役を務めることになる――オキアミは非常に手のかかる動物だ。なぜ、このエビに似たちっぽけな生き物をそれほど苦労してまで運ぼうとする人がいるのか、と疑問に思う読者もいるだろう。まずは背景を知らなくては、その理由はわからないだろう。

南極海の「キーストーン種」

ヒョウアザラシをはじめ、大型の海洋捕食動物の多くが、南極海に狩りにやって来る。こうした動物たちを直接、あるいは間接的に支えているのがオキアミである。このエビに似た動物は、ごく小さいが数はとてつもなく多い。

世界中の海には、正確には八五種ほどのオキアミがいるのだが、ほとんどの人がオキアミと聞いて思い浮かべるのはナンキョクオキアミである。水温が氷点に近い南極海に生息するナンキョクオキアミを世界中の人々に配ったとすると、一人あたり一万匹にもなる。一匹のオキアミは人間の小指くらいの大きさしかないが、すべて合わせるとその重さは、全世界の人間の全体重を超える。

オキアミは、南極海の「キーストーン種」となっている。キーストーン種とは、生態学の用語である。建築の世界では、アーチを作る時に頂点にはめるくさび状の石のことを「キーストーン（要石）」と呼ぶが、その石と同様に生態系において重要な役割を果たす生物種のことをキーストーン種という。この石を取り外すと、生態系というアーチは崩壊してしまう。

オキアミがいなければ、同じ場所に生息する多くの動物が生きていけなくなるわけだ。魚もイカも、ペンギンもアホウドリも、アザラシも巨大なクジラも皆、オキアミを重要な食料としている。

こうした捕食動物は、一年のうちのある時期、食べるものの九〇パーセント以上がオキアミになる。オキアミが消えれば、南極を代表するような重要な動物の多くが同時に消える。捕食動物たちにとっては、オキアミに代わるような獲物は他にいない。オキアミがいないと、私たちが知るような南極の生態系はまったく成り立たない――ヒゲクジラも、ペンギンも、アホウドリも、オキアミを食べている動物を食べる動物たちも、すべて生きられなくなるのである。

数はとてつもなく多いが、ナンキョクオキアミは決して強い動物ではない。二十年ほど前、南極のほぼ反対側のベーリング海の環境が変化し、アオコが大量に発生したことがある。藻類を食べる甲殻類にとっては良い報せのようにも思える。ところがまったくそうではない。そこに棲む、ナンキョクオキアミの姉妹種であるツノナシオキアミにとっては好ましい藻類ではなかった。食べることのできる藻類ではないからだ。

この結果、ツノナシオキアミは急激に数を減らし、それに伴って多くの海鳥たちも数を減らした。川を遡上するサケも減り、やせ細ったクジラが数多く海岸に打ち上げられた。

ツノナシオキアミの急減によって起きた破壊的な連鎖反応と同様のことが、ナンキョクオキアミにも起き得ると考えられる。

オキアミは孤立を嫌う

今のところナンキョクオキアミは繁栄を続けている。集団があまりに巨大になるため、宇宙からもその存在を確認できることもある。一つの集団だけで、数百平方キロメートルもの範囲の海を埋め尽くすことさえあるからだ。何兆という数のオキアミが集まると、その部分の海面が広範囲にオレンジピンクに染まるのだ。集団を作ると、捕食動物から身を守ることができる。

また、オキアミは、集まることで海中に浮かびやすくなる。オキアミは海水よりも比重が大きいため、一匹でいた場合、泳ぎ続けていないと沈んでしまう。しかし、オキアミが集団になると、多数のオキアミが一斉に海水を下に押すように肢を動かすことで湧昇流が発生し、それによって浮かび続けることできる。集団は、オキアミにとって欠かすことのできない生命維持装置だとも言える。

オキアミのような無脊椎動物は本能だけで生きていると考える人は多いだろう。環境や状況にただ単純に反応して生きるだけで他に何もしない動物というわけだ。オキアミは、私たち人間を含むあらゆる社会的動物と同じ基本的特性を持っている――それは孤立を嫌うという特性だ。孤立すると、反射的にそれを非常に嫌がる。オキアミには人間のような顔の表情がないので、外からは嫌がっていることがわかりにくい。

しかし、調べてみると、身体の中の状態には実は私たち人間とそう変わらない反応が起きていることがわかる。オキアミの身体はほぼ透明なので、心臓が動いている様子は外からでも見える。集団から離れて孤立すると、オキアミの心臓の鼓動は目に見えて速くなる。これは、クジラが近くにいることを察知した時と同様の反応である。鼓動が速くなることは、ごく基本的なストレス反応だ。オキアミが孤立するより大勢でいることを好んでいるのは明らかだ。

一〇〇メートルを二秒で動く!?

テレビのネイチャー・ドキュメンタリーでオキアミが取りあげられることは稀だ。仮にオキアミが登場するとしても、多くの場合は主役となる動物の餌としてである。画面にオキアミが映るのはほんの一瞬のことで、その後はすぐに、海に漂う都合の良いご馳走として巨大な動物に飲み込まれてしまう。要するに、テレビのプロデューサーにとって、オキアミはクジラの餌以上の意味を持っていないのだろう。

しかし、実際にはそのようなことはない。まず知っておくべきなのは、オキアミは無抵抗でクジラの食道にまで取り込まれるような気の良い連中ではないということだ。身体を麻痺させるような冷たい水の中にいるにもかかわらず、オキアミは、危険が迫ると驚くほどの素早い反応をする。

危険を察知してから逃避反応を始めるまでに要する時間はわずか五十〜六十ミリ秒である。こういう数字だけを示してもよくわからないかもしれない。オリンピックの短距離走者がピストルの音を聞いてから走り出すまでの時間の半分ほどだと言えば、この素早さをわかってもらえるだろうか。逃避反応それ自体も相当なものである——なんと危険を察知してから特に重要な最初の一秒間で、オキアミは一メートル以上も移動できるのだ。これも人間の短距離走者に置き換えてみよう。オキアミが人間くらいの大きさだとしたら、これは一〇〇メートルをたった二秒でゴールできるほどの速さということになる。

つまり、クジラの洞窟のような大口に吸い込まれそうになっても、とっさに身をかわして逃げられることが多いわけだ。オキアミを捕まえて食べるのは、意外なほど難しいということである。たとえ地球上のどの動物よりも大きな口を持っていたとしても、ただ開けば勝手に入って来るわけではない。日の沈まない南極の夏に何日間も休みなくザトウクジラを観察し続けた最近の調査結果からも、普通の人の印象とは違い、クジラが非常に苦労してオキアミを食べていることがよくわかる。

観察していると、クジラは十五秒に一度くらいの間隔でオキアミの群れに向かって突進している。それを何分も何時間も続けるのだ。一度口を開けて閉じるだけで、たしかにいったんは数多くのオキアミが捕まるのだが、その後、口から逃げ出してしまう者も多く、残った者たちだけでは、クジラの食事としては量がまったく足りない。大変な労力をかけなくては、そのとてつもなく旺盛な食欲を満たすことはできないのだ。

オキアミが個体では脱出の名手だったとしても、群れを成しているとクジラに存在をわざわざ知らせていることになるのでは、と思う人がいるかもしれない。たしかにそれはその通りだ。ではなぜオキアミはこれほど大きな群れを形成するのだろうか。それは、オキアミはクジラだけでなく、他にも様々な捕食動物に狙われているからだ。単独でいるよりも、群れを成している方が、その大半から身を守るのに都合が良いのである。

捕食動物の中には、オキアミを一匹ずつ捕らえて食べる者が多い。そういう動物が、一度にとてつもない数の、しかも素早く動き回るオキアミを目の前にすると情報過多になり、感覚器官がとても対応できなくなってしまう。

発光する体

小さなオキアミたちが身を守る術（すべ）はそれだけではない。ある調査によれば、魚やペンギンなどの捕食動物に追われている途中で、突然、脱皮するオキアミもいるという。捕まえたと思って食べてみると、それはオキアミではなく、オキアミの抜け殻にすぎない。本体はその隙にまんまと逃げ延びているわけだ。

また、オキアミは身体の下部に発光器を備えていて、光を発することができる。今のところ、この発光器が、オキアミどうしのコミュニケーション手段となっているかはわかっていない。だが、光を点滅させることで捕食者を困惑させる、深い海で下から襲われた際に光を発して自分の姿がはっきりと見えないようにする、といったことが行われている可能性はある。正確なことはまだわかっていない。この小さな動物にはまだまだ謎が多く残っているということだ。

クジラとオキアミの関係は、一応、典型的な「食う者と食われる者の関係」だと言えるが、その関係は実のところ完全な一方通行ではない。捕鯨がオキアミにどう影響したかを見ればそのことがよくわかる。一九一五年から一九七〇年までの間に、南極海では捕鯨船によって二〇〇万頭ものクジラが殺された。どの食物網でも、主要捕食者が取り除かれると、被食者は殺されなくなるので数を増やすことになるはずである。

しかし、ナンキョクオキアミにはそれは当てはまらない。クジラの数が減ると、それとともにナンキョクオキアミも数を減らしたと推定されている。不思議な話だが、そうなったのは、クジラがオキアミをただ食べるだけでなく、何らかのかたちでオキアミの生存の支えになっているからのようだ。

クジラは膨大な量の餌を食べる――シロナガスクジラの場合は一日に四トンにもなると言われる――そして、それだけのものが入れば、当然、出るものも大量ということだ。クジラは通常、海面の付近で糞をする。クジラの糞がいったいどのようなものなのか、それを考えて夜、眠れなくなった人がいるかもしれない。ここでそれを紹介しておこう。

クジラの「糞」の大爆発

クジラの糞は、クジラと同じくらいの大きさの丸太のようなもの、というわけではない。実際にはブラウン・ウィンザー・スープ（イギリスの地方料理の茶色いスープ）の濃い雲のようなもので、それが大量に爆発的に排出される。私はそれをボートの上から見て知ったのだ。

それは素晴らしい喜びの瞬間であると同時に恐怖の瞬間でもあった。私の同僚がちょうどシュノーケリングをしていて、この大爆発にまともに巻き込まれることになってしまったからだ。

ともかく、この恐ろしい雲を構成する大きさも様々な無数の粒子は、海水に浮き、海面近くに留まる。クジラの糞には、鉄、リン、窒素などの栄養分が多く含まれる。植物プランクトンはこの栄養分を利用する。オキアミは、この植物プランクトンを食べているのだ。つまり、クジラとオキアミは生態系の中で環のようにつながり、お互いの繁栄を支えているわけだ。

研究の過程で発見したことの中で一つ面白かったのは、オキアミがニューカッスル・ブラウン・エールというビールを好むことだ。これは、一見、大した意味のない発見のようだが、実はそうではない。

もちろん、研究者は、オキアミの好む酒を知りたかったわけではない。私たちがブラウン・エールを利用したのは、溶解ミネラルを得るのに便利だったからだ。オキアミという動物が何を好むかがわかれば、海中のどのような栄養素がオキアミの行動パターンに影響するかがわかるはずである。

調べてみると、オキアミは、ある一つの栄養素に特に強く惹きつけられることがわかった。それは鉄だ。たしかに鉄は、ダーク・エールに豊富に含まれている栄養素である。オキアミがブラウン・エールをとても好むことは、水槽の中にエールを注入するのに使うピペットの中に入り込んでしまって、取り出すのに苦労することからもわかる。

自然界でクジラの糞にオキアミが近寄って来るのは、そこに大量の植物プランクトンが存在すると期待できるからだが、糞に鉄分が多く含まれていることも重要なのだろう。クジラが活発に動き回っていれば、その排泄(はいせつ)物から栄養を得た大量の植物プランクトンを食べるためにオキアミは海面近くで長い時間を過ごすことになる。餌を多く食べたオキアミは速く成長する。海面近くにいればクジラに食べられてしまう危険性も高まるが、一方で、繁殖可能な程度にまで成長する確率も上がるわけだ。

「生物ポンプ」の役割

オキアミが南極海の生態系で重要な役割を果たしていることは確かだが、オキアミという動物のそれ以外の側面についてはあまり知られていない。オキアミの重要性は十分に理解されているとは言えないのだ。実は、オキアミには、植物プランクトンが取り込んだ二酸化炭素を海底にまで運ぶ役割もある。海底に運ばれた二酸化炭素は、その場に閉じ込められ、何世紀も動くことはない。二酸化炭素が地球温暖化に与える影響を考えれば、オキアミは地球全体の動物たちに恩恵をもたらしていると言えるだろう。

膨大な数のオキアミを支えている植物プランクトンは、南極の夏に大量発生する単細胞の藻類である。この藻類は成長する過程で、海中の二酸化炭素を取り込む。オキアミは泳ぎながら、肢が変化した特殊な網状の構造を利用して海中の藻類を捕らえる。オキアミは、藻類から炭素を取り込み、消化できない物質を固めた粘り気のある塊を吐き出す。

そして、消化済みの藻類を糸状の糞として外へ出す。この糞は少しずつ深い海へと沈んでいく。つまり、オキアミは海面の水に溶けた炭素を深海へと運ぶことになる。いわば「生物ポンプ」の役割を果たすわけだ。オキアミが数多く存在すれば、それだけ大量の炭素を害を及ぼさない場所に移動させることができる。

ナンキョクオキアミは毎年、イギリスの全家庭が一年間に産生するのとほぼ同じ量の炭素を海底に移動しているという試算もある。藻類を食べて炭素をオキアミと同じように体内に取り込む動物は他にもいるが、オキアミのように大量の炭素を海底に運ぶことはない——取り込んだ炭素はすぐに海面付近の水に再び溶け、間もなく大気中にも広がってしまう。

オキアミの味

生のナンキョクオキアミを見たことがある人は少ないだろう。オキアミを日常的に食べるという人も少ないに違いない。オキアミは栄養価が高く、少なくとも今のところは数も豊富である。ただ、オキアミにとって幸運だったのは、人間が食べてもまったく美味しくないということだ。私はオキアミを食べたことがあるが、その味を何かで再現するなら、まずトイレット・ペーパーを用意して少し湿らせ、一時間ほど冷凍庫に入れる。それを冷凍庫から取り出して食べれば、かなり似た味になるらしい。

だが、タンパク質と油が豊富なので、人間の食料、あるいは養殖水産物の飼料として使える可能性があり関心を集めている。ただ、一つ問題があるとすれば、それは、オキアミを大量に捕獲するのが困難ということである。まず、オキアミが生息しているのは、地球上でも特に危険な海の中である。

また、小さいオキアミがすり抜けてしまわないよう、極端に目の細かい網を用意しなくてはならないし、そういう網はすぐに詰まってしまう。仮にうまく網に入れることができたとしても、水から引き揚げる時に粉々に砕けてしまう恐れがある。網で捕獲する際に発生し得る問題を解決するため、オキアミを吸い込むという方法も考えられるが、この方法でもやはりオキアミを傷つけることは防げないだろう。

オキアミは極端に寒い環境に適応している動物で、体温は周囲と同じく氷のように冷たい。そのため、体内の化学的な特性は非常に特異なものになっている。

たとえば、オキアミは、自然界で現在知られている中でも特に強力な独自の消化酵素を持っている。酵素は、消化などの化学反応を促進するはたらきを持った生物学的触媒である。ただし、人間を含め、ほとんどの動物の酵素は、温度が下がるとその機能が大幅に低下してしまう。

オキアミの酵素は、極端な環境で機能しなくてはならない。その結果、非常に強力なものに進化した。オキアミの酵素のこの驚くべき特性は、最近では人間の医療に利用されている。外傷や感染症、褥瘡、消化器疾患、血栓などの治療に使われているのだ。これほど急速に発展した研究分野は珍しい。

地球温暖化を遅らせる力

しかも、オキアミには失礼だが、こういう意味でまったく有望とも思われていなかった動物の研究から発展を遂げたことが驚きである。オキアミを保護することはそれ自体大切ではあるが、オキアミだけでなく、地球全体の生物的富を維持していくことがやはり重要ということだろう。

オキアミの捕獲は簡単ではないが、有用性が高いため、捕獲をしようと考える人は多い。中国、日本、韓国、ノルウェーなど、多数の国からオキアミ捕獲を目的とした船団が南極海へとやって来ている。皆、そこに大量に存在する、元来、誰の所有物でもない資源を活かす方法を模索しているのだ。各国への捕獲量の割り当ては、国際機関が保存を考慮して設定している。だが問題は、そもそも南極海にどのくらいのオキアミが存在するのかを誰も知らないということだ。正確なデータも存在しないのに割り当て量を決めたところで、ギャンブルのようなものになってしまう。

オキアミの群れを成す習性そのものが、オキアミにとって不利にはたらくこともあり得る。一年のうちのある時期には、地球上のオキアミの大多数が、ごく少数の大集団のいずれかに属するという状況になる。つまり、文字通りの意味で、「すべて取り尽くす」ことも不可能ではないということだ。

すでに書いた通り、オキアミには、地球温暖化を遅らせる力も持っている。気温が上昇すれば、氷床は減ることになる。オキアミの幼生は氷床に依存して食物を得ている。オキアミが二酸化炭素を深海に閉じ込めなくなれば、海洋の酸性化も進むだろう。

そうなれば、オキアミの卵の孵化が妨げられる。南極海の生態系に関心を持つすべての人がオキアミの今後に懸念を抱くのは当然のことだろう。重要なのはまず、意思決定に役立つ正確な科学的データを得ることだろう。ロブ・キングも言っている通り、研究者たちは今、その目標に向かって日々、行動している。

氷と嵐の世界に棲む謎の存在

私たちがホバート、オーストラリア南極観測局にまでやって来たのは、こうした事情があったからだ。私は、ロブ、創とともに受付から、私がはじめてオキアミと対面することになっている研究室に向けて歩き出した。私はこれまでにも様々な動物を直に見てきた。その中には非常に珍しい動物、人気のある動物も数多くいた。だが、不思議に思う人もいるかもしれないが、私は間違いなく、これまでのどの動物との対面よりも興奮していた。オキアミはライオンのように恐ろしいわけではないし、オキアミを食べるクジラのようにとてつもなく大きいわけでもない。しかし、オキアミもやはり、他のどの動物とも違う特異な存在である。まず、棲んでいるのが私たち人間とはまったく違う氷と嵐の世界である。私たちにとっては謎の存在と言うべきだろう。

川口創は世界のオキアミ研究をリードする人物だ。物静かで、決して大げさな物言いをする人ではない。しかし、この分野の第一人者であることは間違いない。日本の名古屋港水族館は一九九〇年代の終わりにオキアミの飼育下での繁殖に世界ではじめて成功したが、その際に重要な役割を果たしたのが創だった。創はここホバートでも名古屋と同じことを再現し、ホバートを世界で二番目にオキアミの飼育下での繁殖に成功した場所にした——今のところ名古屋とホバート以外に成功した場所はない。

オキアミのように重要な動物、しかも人を寄せつけないような場所に生息している動物を詳しく研究するためには、飼育下で繁殖させて、その生活環をつぶさに観察する必要がある。やはり飼育していないと、ある程度以上、近くで観察することが難しく、どうしても理解が深まらない。

マッド・サイエンティストの研究室

オキアミの研究施設は、一見、これといった特徴のない小さな部屋の連続のようである。ハイテク機器がいくつか置かれていて、また、この特殊な用途に合わせてわざわざ作ったであろう奇妙な設備が数多くある。特異な生態の動物の要求に応じることができなければ、飼育し繁殖させることなどできはしない。

もちろん、どこにもマニュアルなどはないので、すべて自分たちで考え、その場その場で学んでいかなくてはならない。検疫区域を通り過ぎる時、床から天井まで伸びた、明るく光る円筒が何本も並んでいるのが目に入った。

円筒は緑色に光っているのだが、緑の色合いはそれぞれに少し違っている。マンガに出てくるマッド・サイエンティストの研究室そのままだ。円筒に入っているのは、オキアミの餌、つまり、藻類なのだとわかった。円筒ごとに違う種類の藻類を育てているのだ。何種類かの藻類を混ぜ合わせることで、液状の「サラダ」を作るらしい。

人間と同じく、オキアミも偏った食事では健康を保てないからだ。自然環境にいるオキアミは最高で二五〇種もの藻類を食べるようだ。飼育下でまったく同じ食生活をさせるのは不可能だが、ロブはオキアミ専門のシェフとして、できる限りのことをしようとしている。このように生きた藻類を育てるだけでなく、ロブは世界中から集めた様々な餌を試し、今ではオキアミにとって最高の飼料を用意できるようになっている。

それは粘り気のある、濃いウグイス色の液体だ。私にとっては最悪の臭いを発する物体だが、これを「ファイト・スムージー」としてうまく売り出せば、流行に敏感な人たちに売れ、ロブは一財産を作れるかもしれない、とも思った。それはともかく、その飼料を与えられたオキアミは大喜びで食べるようだった。螺旋（らせん）を描くようにして泳いで歓迎するのだ。

私たちはさらに歩みを進めた。いよいよオキアミとの対面だ。巨大なボウルが多数並んでいて、その中でオキアミが多数、動き回っていた。水中での物事の進行は緩慢だ——極地の寒い環境に適応すると、生き物の動きは総じてゆっくりになる。

上や下といった方向は、オキアミたちには大した意味を持たないようだった。オキアミはどの方向にでも泳いで行く。前にも後ろにも横にも自由に泳ぎ、網状の構造を絶えずふわふわと動かして水の中から食物を抽出して取り入れる。ただし、急に光を当てると、様相が一変する。それまでの気ままさが嘘だったかのように、すべてのオキアミたちがボール上にまとまって活発に動き始める。防御の態勢に入ったわけだ。

失われた十八ヶ月

しかし、時間が経つと、群れは次第に崩れ、オキアミたちは再び散り散りになっていく。時々、青緑色の光を点滅させる者もいる。それはオキアミの発する信号なのかもしれないが、その意味は誰にもわからない。

私が見ているのは、南極から運ばれて来たオキアミたちだ。快適に暮らしてもらうためには、常に強力な冷却装置で水を氷点近くにまで冷やす必要がある。

氷点近くまで冷えた水、と言っても、実際にどのくらい冷たいかを想像できる人は少ないだろう。実際に自分で体験するしかないと思い、私は撮影機器のセッティングをする際に手を入れてみた。ほんの数秒、侵けただけで驚くほどの痛みを感じた。

ただし、水温を適切に保つくらいは、まだ易しい方である。オキアミを飼育して、繁殖させ、子どもも成長させようとすれば、他にもすべきことが数多くあるのだ。ただ何とか生きながらえさせるというだけでは不十分だ。飼育下で存分に数を増やし、活発に動き回ってもらわねばならない。

そのためにはいくつか満たすべき条件がある。中でも特に難しいのが、水質の維持だ。オキアミは水質の汚染に非常に敏感だ――故郷の海水を元の状態のまま運んで来ればそれでいいというわけではない。その後も汚れないよう努力し続けなくてはならない。プラスチック副産物や金属など、あらゆる異物が脅威となり得る。

つまり、システムを構成するあらゆる部分が完全に無毒になっていることを絶えず確認していなければならないということだ。初期においては、システム構築を依頼した業者が不誠実で、経費を減らすために毒性のある物質を使ってしまった。その結果、中に入れたオキアミはすぐに全滅し、研究に使えたはずの貴重な時間が一八ヶ月も失われることになった。現在は、オキアミのいる水槽に異物が入らないようロブが絶えず目を光らせている。

また、たとえロブが承認した物質であっても、水槽に入れる前には必ず、イオン化した完全な純水で徹底的に洗浄している。大変な手間だが、そうするだけの十分な理由があってしていることだ。何しろ、オキアミの数が足りなくなったとしても、ペット・ショップに行って買ってくればすぐに補充できるわけではないのだ。補充するには、三〇〇〇キロメートルも離れた南極海に行く必要がある。しかも、そこまで行ってもオキアミを捕獲できるのは夏だけだ。

気難しいオキアミたちの棲み処と食料が用意できると、ロブと創は次の段階に進んだ——オキアミに繁殖をさせるという難題に挑んだのだ。

性行為と「駆け引き」

自然界でオキアミは、南極の夏、つまり一月から三月までの期間に繁殖をする。水槽を置いた部屋の照明は、実際にオキアミがいる環境にできる限り近づけた。夏には二十四時間明るくし、冬には反対に二十四時間暗くする。創らのチームが南極海で海中撮影をしたおかげで、今ではオキアミの繁殖行動についてかなり詳しくわかるようになった。

オキアミの性行為は、私たち人間とはかなり違っているが、いわゆる「駆け引き」のような部分には類似点もある。雄は雌に言い寄る時、まずは近づいて、相手が自分を受け入れているか否か、頭の尖った部分で探ろうとする。

雌が受け入れれば、二匹は向かい合い、抱き合うことになる。実に感動的な場面だ。二匹が固く抱き合うと、ついに決定的瞬間が訪れる。雄は雌の身体を包み込むようにして、この幸運な雌に精包を与えるのだ（この時の雄は「やったー」という気分だと私は思う）。

最後に雄は、雌の身体の下面を押す。これは精包を雌の身体にしっかりと固定するためだと思われる。雄は仕事が終わると泳ぎ去って行く。このあとはすべて雌が単独で進めるのだ。ただし、彼女も決して面倒見の良い母親ではない。雌は最高で一万個の卵を産み、他の母親たちとともに深海に移動し、そこに卵を落とす。彼女の仕事はそこで終わりである。

この時から卵は独力で生きねばならない。卵の中では胚が次第に成長していく。卵は水よりも比重が大きいため、ゆっくりと海底へと沈んで行く。最終的には、産み出された場所よりも二キロメートルほど下にまで移動する。その場所で卵が孵化する。孵化したばかりのオキアミは、ノープリウス幼生と呼ばれる。ノープリウス幼生は、ピリオド記号よりも小さな身体にもかかわらず、何千メートルという大移動をしなくてはならない。

英雄的な第一歩

ナンキョクオキアミの親はなぜ、子どもにこれほどの試練を与えるのだろうか。実を言えば、他の種類のオキアミの卵は深海に沈んでいったりはしないのだ。理由として一つ考えられるのは、上のオキアミの群れの存在である。卵が海底深く沈むことで、何兆という数の大人のオキアミからは遠ざかることができ、食べられてしまう危険性がなくなるということだ。

理由はどうあれ、卵から孵(かえ)ったノープリウス幼生は、冷たく暗い深海で英雄的な第一歩を踏み出すことになる。幼生にとってありがたいのは、最初に見捨ててしまったことへの償いなのか、母親から「弁当」を持たされていることだ。幼生の身体には、最初の一ヶ月ほどを何も食べずに生きられるだけのエネルギーがあらかじめ蓄えられている。

だからなのか幼生には口もない。旅を続ける間に、幼生は脱皮し成長していき、やがて最初はなかった口ができる。泳ぎを止めることはできない。エネルギーが枯渇する前に、海面付近に到達して食物を得なくてはならないからだ。

季節が夏から秋になる頃に、生き延びた若いオキアミたちは目的地に到達するが、その時もまだ体長二ミリメートルにも満たない。にもかかわらず、一ヶ月間、（人間の大きさだったとしたら）マラソンにも匹敵するほどの距離を毎日、何も食べずに移動してきたのだ。若いオキアミたちが海面付近に到達する頃、南極海には厳しい寒さが戻って来る。

南極大陸の周りには海氷が広がり始めるが、長い距離を旅してきたオキアミの幼生たちにとって、それは死の世界ではない。海氷の裏側は、上下逆さまのサバンナのようなものだ。オキアミたちは、海氷の裏側の藻類を、まるでサバンナにいるヌーのように食べるのだ。

ホバートの研究施設では、オキアミの幼生は自然界のような長旅はせずに済む。しかし、極めて小さく繊細な幼生は、特別に慎重に扱わなければ順調に育たない。ロブや創をはじめとする研究チームのメンバーは大変な苦労を強いられる。幼生が大人になるまでには二年はかかる。

しかし、研究チームは焦ってはいない。施設の水槽の環境はオキアミにとって好ましいものになっているようで、満足そうに何年にもわたって生き続けている個体も多い。自然界のオキアミはおそらく六年ほど生きるのだが、ホバートのオキアミの中には、快適な環境と豊富な食料、献身的な世話のおかげか、それよりも長生きしている者もいる。

オキアミをこれほど間近で観察できたのは、科学の研究をする者にとって非常に貴重な機会だった。タスマニアの研究施設内の冷たい水槽の中で泳ぎ回るオキアミたちによって、その生活環や、信じがたい群生行動の秘密がかなり明らかになってきた。

また、それだけでなく、海の生命の今後を予測する上でも、オキアミは大いに役立つ。これからも地球全体の生物的富を維持したいと望むのであれば、私たちはまず質の良いデータを大量に集め、それに基づいて意思決定をしなくてはならない。オキアミはパンダのようなかわいく親しみやすい動物ではないが、オキアミの生態について知ることは、南極海の生態系を守る上で極めて重要になる。

バッタの災厄

人類は地球を支配する動物であり、我々に害を及ぼし得る動物、我々の利益を損ない得る動物がいたとしてもそれを抑えつける、あるいは排除することができる。ただ、一種だけ、人類の多くに壊滅的な被害をもたらす恐れがあるにもかかわらず、ほぼ対抗手段がない、という動物がいる。それは、「現代に蘇ったメガロドン」というような架空の動物でもなければ、人食いトラなどでもない。

その動物とはバッタである。この昆虫は、何十億という数が群れを成し、休むことなく長い距離を移動し続け、通った場所のほぼすべてを破壊し尽くす。通り道に住む人たちにとっては、大災害である。農作物はすべて食い荒らされるし、草木の葉も皆、食われてしまう。バッタの群れが通ったあとは、野火が通ったあとのようにまったく何もなくなってしまうのだ。

バッタの群れの到来は、音でわかる。はじめはかすかな音だが、それが次第に大きくなっていく。無数のバッタたちが翅を振動させる音、そして、植物を齧る音だ。バッタは数があまりに多く、密集しているため、頭上にあるはずの太陽がまったく見えなくなるほどである。

バッタの通り道になった場所では、人々が躍起になって撃退しようとする。タイヤに火をつけることもあれば、溝を掘ることもある。殺虫剤が散布されることもある。しかし、そんな努力は無駄だ。一匹一匹のバッタは弱い存在かもしれないが、群れになると無敵だ——何をどうしてもその巨大な群れの進行を止めることは決してできない。

二〇〇四年には、季節外れの大雨が降ったあとに突然発生したサバクトビバッタの大群により、北西アフリカの人々が甚大な被害を受けることになった。モロッコで最初に記録

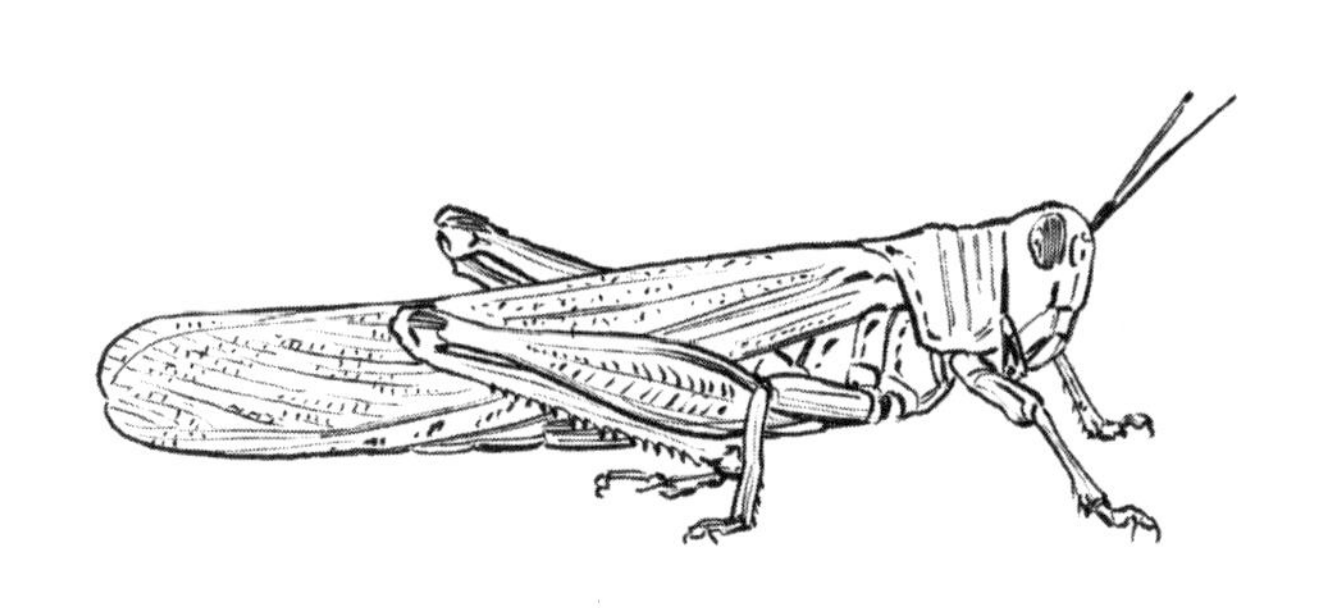

サバクトビバッタ

された大群は、たった一つの群れだけで、ロンドンからシェフィールド、あるいはワシントンD.C.からフィラデルフィアくらいの幅の広大な土地を途切れなく覆ってしまった。

その群れの中だけで、地球上の人口の一〇倍もの数のバッタがいた。バッタたちは通り過ぎた土地をすべて荒廃させていく。大事に育てられた農作物を食い荒らし、あとには茎しか残さない。食うものがなくなると、バッタたちは移動するのだ。この大群はとてつもなく遠い場所にまで到達した。

大群から分かれた群れの一つ、一億匹ほどから成る群れが、出発地点から一〇〇〇キロメートル離れたフエルテベンツラ島にまで達したと言えば、そのすごさがわかってもらえるだろうか。過去にはさらに長い距離を移動した例もある――たとえば、一九五四年には、北アフリカからイギリスにまで達した大群があった（また、一九八八年には、西アフリカから大西洋を渡ってカリブ海にまで達した大群もいた）。

このとてつもない昆虫の災害は、全世界の陸地の五分の一に及ぶ地域を脅かしている。その中には、世界の最貧国もいくつか含まれている。バッタたちはどこへ行ってもその場所に壊滅的な被害をもたらす。

それだけでも十分に大変な事態なのだが、さらに大変なのは、対処すべきバッタの種が地域ごとに違っているということだ。近年では、中米、南米の両方が、その地域の土着のバッタの大量発生によって大きな被害を受けるようになった。中国やインドでも、その地域の固有種のバッタが周期的に大発生して大きな被害をもたらしている。

二〇一〇年には、オーストラリアでバッタが大発生し、東部の農業の中心地でスペインにも匹敵するほどの面積に被害を与えた。バッタの種を問わず、大発生はただ農作物を壊滅させるだけではない。それ以外にも様々な連鎖的な被害をもたらす。バッタたちは移動している間、共食いもするので、通り過ぎた場所には死骸が大量に積もることになる。

すると、突然降って湧いたごちそうを食べるネズミなどの動物も急激に数を増やすことがある。つまり災厄が別の災厄を呼ぶわけだ。

なぜバッタは大群になるのか

バッタの群れは、先に書いたナンキョクオキアミの群れとは同じ群れでも大きく違っている。オキアミの群れは、健全な生態系の礎となっているが、それに対し、大発生したバッタの群れはそうではない。

これは、その地域に断続的に起きる昆虫の危機への急激な反応として生じる現象だ。バッタの大発生を抑え、大群のもたらす災厄を防ぎたいと思うのであれば、私たちはまずバッタについてよく理解しなくてはならない。科学はまさにそういう時に役立てるべきものだ。

まず単純に疑問なのは、なぜバッタは大群となるのか、ということだ。近年、研究が大幅に進んだことで、この問いへの答えはわかり始めている。サバクトビバッタには、二つの形態、「相」がある。孤独相と群生相だ。孤独相のバッタは、他のバッタとの接触を避け、隠遁者のように暮らす。この相のバッタは比較的、温和である。

そして、大群を成すのは、群生相になった時だ。まさに「ジキルとハイド」である。物静かで控えめで孤独好きな動物が突如、歩兵のようになって大群を成し、何もかもを食べ尽くして土地土地に悪夢をもたらす動物へと変わるのだ。

二つの相のバッタは同じ種の動物なのだが、行動も見た目も互いに大きく異なっている。あまりに違うため、百年ほど前までは、同じ種の動物だとはわかっていなかった。孤独相のバッタは、斑模様（まだら）で、地味なカーキがかった緑色をしている。迷彩服のように周囲に溶け込みやすい外見をしているわけだ。動きは緩慢で、他のバッタたちとは一定の距離を取る。ところが群生相になると、鮮やかな黒、黄色、オレンジ色から成る派手な外見へと変わる。そして行動も非常に活発になる。

無害なバッタが略奪者に変貌する

また、より重要なのは、お互いを避けることがなくなるということだ。そうでなければ群れを成すことはできない。お互いを避けるどころかむしろその逆だ――お互いに接近するようになるのである。この性質の変化により群れを成すことが可能になる。

ひっそりと目立たずに単独で生きていたバッタたちが、群れを成す動物へと変わると、自分の身を危険に晒す（さら）ことになる。そのためバッタは、自分の身を守るための変化を遂げる。まず、孤独相では避けていた、苦味のある植物を積極的に食べるようになる。苦味があるのは、pH値が高い（アルカリ性が強い）証拠である。

この苦味が通常は、有刺鉄線のような役割を果たすのだ。植物は、食べられないために、毒性のあるアルカリ性の物質を産生する。ところが、群生相のバッタは、あえて美味しいごちそうを探さない。むしろ積極的に毒のあるまずい植物を食べ、その毒物を溜め込み、自分の身を守るために利用するのだ。群生相のバッタは、毒のある食べてもまずいバッタとなる。鮮やかな色は、そのことを知らせる捕食者への警告の信号だ。捕食者はその色を見て、群生相のバッタを避ける。

ではなぜ、比較的無害な孤独相のバッタが、大集団を成す危険な略奪者へと変貌するのか。何がきっかけになるのか。初期の研究では、バッタの個体数が増えると群れを成す傾向が強くなることが示された。

だがそれはなぜなのだろうか。その問いへの答えは、意外な道具を使った研究によって提示された。二〇〇一年、現在はシドニー大学で私の同僚になっているスティーヴ・シンプソンは、孤独相から群生相への変化が、バッタどうしの物理的な接触によって起きるか否かを調べた。「事実は小説よりも奇なり」ということは実際に時々ある。スティーヴの研究にもこの言葉はよく当てはまるだろう。

これは、異例の手段によって科学の研究が大きく前進した例の一つだ。スティーヴが利用したのは、画家の使う絵筆である。スティーヴは同僚たちとともに、孤独相のバッタの特定の部位を一分間につき五秒間なでる、という動作を繰り返した。

勤勉にも、この同じ動作を正確に同じペースで長い間、繰り返したのである。この型破りの実験の結果は驚くべきものだった──なんと、孤独相のバッタの後肢を四時間にわたり、定期的に絵筆でなで続けると、群生相のバッタへと姿を変えたのだ。

スティーヴの巧みな実験は、食料が極端に乏しくなった時にバッタの身に起きることを模したものだ。サバクトビバッタは普段から、過酷な不毛の環境に暮らしてはいる。食料の供給は当然、少ない。そういう環境でバッタが生き延びるには、できる限り、他の個体とは間隔を空けて暮らすのが最適の戦略となる。その場合は地味な外見で周囲に紛れて生きるのがいいだろう。そこへ雨が降ると、バッタたちは一気に楽に生きられるようになる。

雨によって条件が良くなると、すぐにそれに反応して植物が繁茂するからだ。雨が降っている間、食料に困ることがないバッタは、繁殖を始める。困るのは、その後、乾燥した気候が戻ってからだ。新たに生まれた若いバッタが数多くいるので、豊富にあった食料も急速に減っていく。バッタたちは次第に、ところどころ島のようにわずかに残った植物に群がるようになる。

意外なスイッチ

本来、孤独を好むはずのバッタたちだが、飢えには勝てず、やむを得ず狭い場所に密集し始めるのだ。貪欲なバッタたちが数多く集まって絶え間なく食べ続ければ、残った島も次第に小さくなっていく。バッタたちはさらに狭い場所に密集して生きねばならなくなる。身体と身体を触れ合わせ、ぶつけ合って生きるのだ。

スティーヴが実験で再現したのはまさにこの状況だった。絵筆でなでる部位を後肢にしたのは、論理的な思考の結果だ。後肢は大きく、突き出しているし、しかも感覚毛で覆われている。

事実、サバクトビバッタの孤独相から群生相への相転移を引き起こしている部位は、後肢だけだったのだ。重要なのは、他の部位とは違い、後肢の外側には、周囲に他のバッタが数多く存在する状況でなければ何かが偶然にぶつかる可能性は非常に低いということである。

孤独相から群生相への相転移の第一段階では、行動が変化する。その他の変化は、あとで徐々に起きる。スティーヴの実験でわかったのは、この時、バッタの身体の中では、セロトニンが多く分泌されているということだ。

この物質によって、バッタが隠者からパーティー好きへと一八〇度の変貌を遂げるのである。セロトニンは私たち人間の身体の中でも分泌される。人間の場合、セロトニンは、攻撃性を抑え、建設的な社会的行動を促す神経伝達物質となっている。

バッタの場合は、セロトニンが多く分泌されると、身体の中でいくつもの変化が連鎖的に起きることになる。単独行動から集団行動への変化が最も顕著だが、そのあとにも、翅が長くなる、異常な食欲で農作物を食い荒らすようになる、などの大きな変化が起きる。

恐怖と共喰い

バッタの性格が変わり、身体の色が変わって、他のバッタたちと接近して生きるようになっただけでは、正確にはまだ、群れで動き破壊的な行動を取るバッタにはなっていない。そうなるには、また別の何かが起きる必要があるのだ。その何かは決して良いことではなく、むしろ邪悪で恐ろしいことだ。

一般に動物が群れを成して行動するのは、その方が皆にとって良いことがあるからである。しかし、バッタの場合はそれとは事情が違う。バッタは恐怖に駆られてやむを得ず群れで動くようになるのだ。すでに書いた通り、群生相への転移は、食物となる植物が急激に減り、多くのバッタが密集することによって起きる。植物が減ると、バッタたちは方向転換して他のものを食べるようになる。

新たにメニューに加わるのは、バッタにとって完璧な栄養バランスを持ち、数も豊富な食物、つまり他のバッタたちだ。この時、すべてのバッタの個体は、目の前には食べ物となり得るバッタたちが数多くいるが、背後には自分をいつ食べるかわからない捕食者たちがいる、という状態に置かれることになる。バッタたちは、追って来る者たちに食われないよう、やむを得ず前進を始める。前進を止めれば、後ろにいるバッタのうちのいずれかに容赦なく食われてしまうことになるだろう。

パーティーに加わる者は次第に増えて行く。参加者は全員、同じ方向に進まなくてはならない。個性を発揮する余裕はない――進路から少しでも外れれば、腹を減らした大勢の仲間たちに進んで自分の身を提供することになってしまう。

実験によって、背後からの危険がバッタを前進させる原動力になっていることが確かめられている。バッタの目を覆って背後からの危険がわからない状態にするなど、他のバッタが後ろに迫っていることが感じられなくなるような操作をすると、バッタは前進をやめ、その場に留まるようになるのだ。そうなったバッタは、背後の仲間にそのまま食われてしまうことも実験で確かめられた。

つまり、バッタの相転移とその後の破壊的行動は、食料が極端に少なくなり、危険が迫ったことに対する緊急的対応なのだということがわかる。バッタたちは自ら望んで集団で大移動をしているわけではなく、自分の身を守るためにやむを得ず群れで前進を続けているわけだ。

地球を意のままにする昆虫

バッタはオキアミと同じく、産んだ子どもの世話はしない。卵を産んだあとは何もせず放置するだけだ。ただ、親から子へと受け継がれるものがあるのは、バッタも他のあらゆる生物と同じだ。

バッタの場合は、母親が卵を産む直前にどのように生きていたかが子の運命を決める。母親が群れの中にいて、他のバッタたちと身体をぶつけ合いながら生きていれば、ある特殊な物質の入った卵を産む。その卵から孵った子どもは、はじめから群生相のバッタである。

母親のように他のバッタが後肢に何度も触れるという面倒な手続きを経なくても、いきなり群生相のバッタとなるのだ。これは、いったん大集団での飛行が始まると、そのこと自体が影響力を持つということだ。集団でいる時のバッタの行動習性が世代から世代へと引き継がれていくことになるのである。バッタたちが一度、結成した大集団を解散させるのが困難なのはそのためだ。

集団から離れれば、バッタはたしかに次第に元の孤独を好む性質を取り戻し、色も地味な緑色に戻ってはいくのだが、戻る速度は非常に遅い。その世代のうちには戻らず、何世代も要するので、何ヶ月という時間がかかってしまう。

現代のようなハイテク時代、デジタル時代になっても、地球の大部分の地域はまだ、聖書にも出てくるような昆虫の大集団に意のままにされてしまう。大集団がなぜ、どのように生まれるのか、ということについては、近年、急速に解明が進んではいるが、現実的な解決策は今のところ存在していない。

今、バッタの大集団への対抗手段として最もよく使われているのは殺虫剤だ。前進する大集団に向かって飛行機から殺虫剤を散布することもある。何もしないで見ているよりはましかもしれないが、効果は限定的と言わざるを得ない。何しろ集団がとてつもなく大きいし、バッタたちの数は殺虫剤くらいではさほど減らない。

それに、殺虫剤はコストが高い。金銭的なコストだけでなく、バッタと同時に、人間にとって重要な授粉を媒介する昆虫まで一掃してしまうコストもある。バッタにとって天敵となる生物を利用するなど、もう少し洗練された方法も試されてはいる。その一つが、メタリジウムという菌類である。メタリジウムが体内に侵入すると、バッタは衰弱して死んでしまう。この菌類は他の生物には影響しない。

現状は無理だが、バッタの体内のセロトニン分泌量を制御することができればそれが最も良い。それができれば、そもそも相転移が起きないようにできる。地球上でも最も貧しい人たちに災厄をもたらした破壊的なバッタの大群も、単なる遠い過去の記憶になるはずだ。

地球で最も嫌われている動物？

オーストラリアに移住してしばらく経つが、ここに来た頃は、きっと様々な恐ろしい動物に出合うことになるだろうと覚悟していた。たとえばクロコダイルはもう大きさからして恐ろしい。何も考えずにうかつに靴を履いたら中でクモが待ち構えているかもしれない。遭遇したら確実に死ぬことになる危険な毒ヘビもいるだろう。陸地は恐ろしいからと海へ行けば安心かといえばそうではないだろう。サメに食われることもあるし、そうでなくても、指先くらいの大きさのちっぽけなタコに一瞬で殺されることもあるかもしれない。

幸い、私はまだ生きてここに住んでいる。私は生まれつき生存能力が高いのかもしれないし、ひょっとすると捕食動物には美味しそうに見えないだけなのかもしれない。だが、相変わらず、思いがけない生き物との出合いには慌ててしまう。

オーストラリアに来て初日に家の近所の通りを歩いていたら、巨大なゴキブリが歩道を堂々と歩いていくのを見た。真っ昼間である。明るい日の下を、まるでウィンドウ・ショッピングでもするように歩いていったのだ。私はそのゴキブリをはじめて見たのだ。なのに、瞬時に「有害な動物」と判断してしまった。

クロコダイル

私は自分に問いかけた。「なぜお前は動物に対してこのような短絡的な判断をしたのか」と。何を根拠にそんな判断ができるのか。

そうして自分の心に何が起きたのかを探ろうとした。私は科学者であり、合理的な人間であるはずだ。だから一般の人にはあまり好まれないような生き物も、他の生き物たちと同じような目で見るべきだろう。なのに実際にはゴキブリを見ただけで顔をしかめ、嫌悪感を露わにしてしまう。これはどうしたことか。

もちろん、それがはじめてではないが、私は改めて自分にがっかりした。考えてみても、理由は簡単にはわからない。あの光沢のある茶色の六本脚の生き物を一瞬、目にしただけで私は本能的に恐怖と嫌悪感を抱いてしまうのだ。ゴキブリにいくつか不快な特徴があるのは確かだ。走り回る時の妙な素早さもそうだし、毛の生えた脚もそうだ。ワモンゴキブリの場合はその大きさも不快感を高める。ゴキブリへの嫌悪は、私たちの脳の奥深くに刻まれている本能らしい。

ゴキブリへの嫌悪は、一応、正当なものだとも言える。まず、ゴキブリの表皮にはサルモネラ菌や大腸菌などの病原菌がいる。

ただ、上を歩くだけでも食べ物を汚染する危険がある。また、ゴキブリの消化管にも数多くの細菌がいて、その中の一部は糞とともに外に出る。その細菌が周囲のあらゆるものに悪影響を及ぼすのだ。

さらに良くないのは、ゴキブリの身体の一部のタンパク質が人間にとって強いアレルゲンになるということだ。このタンパク質はぜんそくを引き起こすことがあり、長く接触すると深刻なアナフィラキシー反応を引き起こすこともある。

ゴキブリは学習する

また、一度でも自宅でのゴキブリの出現に悩まされたことのある人ならわかる通り、その根絶はとても難しいのだ。私の親友の一人も、チャバネゴキブリの大発生にしばらく悩まされていた。翅の薄い縞模様が特徴の小さな昆虫だ。放置すると急激に数を増やすのが困ったところである。友人はそのアパートの部屋に引っ越してきた当初から、そこに多数のゴキブリがいることに気づいた。その数は五〇万匹に達していたかもしれない。

ゴキブリたちは毎晩現れてはパーティーを開催するのだ。ゴキブリたちにとってはどこも聖域ではなかった。友人の眠るベッドですら例外ではなかったのだ。友人は最終的にゴキブリを根絶できたのだが、それ以前には、彼のユーモアのセンスが根絶の危機に追い込まれてしまった。ゴキブリたちが恐ろしいのは、駆除のための罠や薬剤などを使うといったん大きな効果をあげても、しばらくすると効き目がなくなってくることだ。

どうやらゴキブリは学習するらしいのだ。甘い餌でおびき寄せる罠を仕掛けておいても、その餌は危ないとわかって避けるようになり、しかも、そのことをゴキブリのコミュニティの仲間に知らせるようだ。

ゴキブリはそのたくましさでよく知られている。さすがに頭を切られても長く生き続けるというのは嘘だが、何週間もまったく何も食べずに生き抜けるし、切手の裏の糊など、とんでもないものを餌にして生きることができるのも強い。

すさまじい繁殖スピード

また、根絶が難しいのは、とにかく繁殖が速いせいでもある。雌雄一対のチャバネゴキブリは、環境が良ければ、数年で何百万という数にまで殖えることができる。残念ながら、私たち人間が暮らしやすいと感じる環境は、ゴキブリにとっても良い環境になっていることが多い。ゴキブリにとって良い場所、それは暖かく、捕食動物がおらず、隠れる場所も食料も豊富な場所。

それこそまさに人間の暮らす住居だ。いつまでかはわからないが、少なくとも今のところ私たち人間は、しばらく嫌々ながらもゴキブリたちと同居を続けざるを得ないだろう。

念の為に書いておくと、私はゴキブリの姿を見ると、思わず後ずさりをしてしまうような人間であり、決してゴキブリの味方というわけではない。ゴキブリはとても良い生き物だからもっと思いやりを持つべきだ、などと主張する気はまったくないのでそのつもりで読んで欲しい。

ただ、ゴキブリが詳しく知るだけの価値のある生き物であることもまた確かである。まず、知っておくべきなのは、ゴキブリと一口に言ってもその種の数は五〇〇〇近くにもなるということだ。人間にとって問題となるのは、そのうちのせいぜい三〇種で、残りの四九七〇種は、むしろ人間を避けて生きており、しかも、生態系の中で重要な役割を果たしている。

少しは興味が出てきただろうか。いや、そういう人は少ないだろうとは思う。だが、ゴキブリについて深く知れば、動物の社会の進化についての理解が深まるだろう。撃退するにも、敵を知っておくことは役立つに違いない。

孤立がもたらす悲劇

ゴキブリの多くは社会的動物であり、集団で暮らしている。幼い頃から成長する上でも、他のゴキブリとのつき合いは欠かせない。他の社会的動物と同じく、同種の動物との交流が成長にとって重要なのだ。

たとえば、人間は人格の形成期に孤独だと、後になっても他者とうまく関わりが持てなくなる、といくつもの研究によってわかっている。他人と明るく接することができなくなるし、言語能力の発達も遅れるという。私は何も人間とゴキブリを同列に並べたいのではない。ただ、群れを作る動物は、幼い時期に集団の中にいて周囲の仲間から刺激を受ける必要がある、という点では皆、共通しているだろう。

そうでないと後々問題が生じるのだ。幼い頃に孤立したゴキブリは悲劇的な存在となる。まず成長が遅い。仮に成長して大人になったとしても、群れの隅に追いやられることになる。他のゴキブリたちと混じり合い、関わり合うことがうまくできなければ、群れに参加できない。当然、繁殖行動も満足にできないだろう。仮にそのゴキブリに文字が書けたら、自分の惨めな境遇についての美しく、哀愁に満ちた詩を書いて、私たちを感動させるかもしれない。

ただし、私たちがゴキブリを目にする時には、一匹だけでいることが多くないだろうか。しかも、明かりをつけた途端、慌てて部屋の隅の、暗く、隠れられる場所へと移動してしまう。本書で取りあげる社会的動物のほとんどは、大半の時間を同種の仲間たちが大勢いる中で過ごすのだが、ゴキブリは例外である。

日中のゴキブリはたしかに仲間たちと過ごしているのだが、そこは私たちからは見えない暗くじめじめした場所である。そして夜になると、単独で餌を得るための探検旅行に出るのだ。ゴキブリの社会的行動のほとんどは人間の目につかないところで起こっている。日中、人間の目が届かない隠れ家で、ゴキブリたちは特定の集団に属して生活している。その社会の基礎となるのは個々のゴキブリの「におい」である――ゴキブリの個体にはそれぞれに固有のにおい、つまり「化学的署名」とでも呼ぶべきものがあり、それによってお互いを認識しているのだ。

ゴキブリ爆弾

ゴキブリたちは皆、その化学的署名を嗅ぎ分けることに特化した鋭い嗅覚を持っていて、自分の集団のメンバーと部外者を区別できるし、自分と血縁の者とそうでない者を区別することもできる。この力のおかげで、ゴキブリは、同一家族の複数世代が同居するコミュニティを形成できる。においは、お互いを認識するだけでなく、誰が何を食べたかを知るのにも役立つ。この能力があるため、ゴキブリの集団は、夜間に個々がどのような採餌行動を取ったかという情報を共有できるのだ。

私たち人間は、実はゴキブリのこの能力を、まさにゴキブリの駆除に利用している。うまく利用すれば、特定のゴキブリの集団だけを標的にし、他の生物には影響を与えない、という駆除ができるのだ。それは「ゴキブリ爆弾」とでも呼ぶべき武器を駆使する方法である。ゴキブリ爆弾が効果的なのは、ゴキブリにとって非常にたちの悪い物質が含まれているからだ。ゴキブリにとって特定の意味を持った信号となる物質だ。

つまり、ゴキブリの化学言語を利用した駆除というわけだ。その物質を使ってゴキブリを罠におびき寄せる。一見、何の価値もなさそうな物質について研究しておくと、あとで大きな利益につながり得る、というのはオキアミやバッタの場合と同じだろう。

ゴキブリの集団は通常、集団を維持するのに十分な食料が手近にあれば、隠れ家の中に留まり続ける。他の多くの社会的動物とは違い、ゴキブリは部外者に対して攻撃的ではない。そのため、長旅に疲れたゴキブリの集団は、他の集団がすでに存在している場所を平気で隠れ家にすることが多い。

複数の集団が同居すれば当然、社会的交流が増えることになるが、それだけでなく生活環境が改善されるという利点もある。一箇所に多数のゴキブリが集まれば、温度も湿度もわずかながら上昇するからだ。幼いゴキブリの成長は速くなるし、身体が干からびる心配もなくなる。

食料の供給が不足した場合や、ゴキブリが増えすぎて過密になった場合には、複数いる集団のうちいずれかは移動しなくてはならない。移住する場合にもまた、同じような条件の場所を探すことになるだろう。

暗く、風雨を避けることができ、近くに食料があって、すでに他のゴキブリの集団がいる場所だ。特に最後の条件は重要である。移住するゴキブリの集団を構成する個体の性質は大きく二種類に分かれる。一方は冒険家タイプだ。新たな隠れ家を見つけるためなら、多少の危険は厭(いと)わない。

慎重派と冒険家

そしてもう一方は慎重派のゴキブリたちである。暗く居心地の良い場所を最初に見つけるのは冒険家タイプで、このタイプのゴキブリたちがしばらく無事で暮らすのを見て、慎重派もその場にやって来る。

ほとんどのゴキブリは、まったくゴキブリのいない場所とすでに他のゴキブリがいる

（あるいは少なくとも他のゴキブリのにおいがする）場所の二つを提示されれば、ほぼ間違いなく後者を選ぶ。要するに、ゴキブリはゴキブリを呼ぶということだ。

複数の集団で暮らしたいという欲求は非常に強いらしく、そのためであれば、他の条件が多少悪くても無視するほどだ。仮に単独でいれば重大な欠陥――明るすぎる、など――があると認識するはずの場所でも、すでにそこにゴキブリの集団が棲んでいれば、平気で移住してくる。

集団で暮らしてはいるが、ゴキブリは厳密には社会性昆虫ではなく、単独性昆虫であると言える。ゴキブリの集団には明確な階層がなく、皆に行動を指示するリーダーもいない。アリなどの昆虫とは明確に異なっているということだ。

アリは高度に構造化された社会の中で生きている。社会の中で担う役割は個体ごとに異なっており、コロニー運営の中心を成す女王という存在がある。アリ、ハナバチ、カリバチはすべて、単独性の昆虫から進化した。だが、他の高度な社会を持つ昆虫、たとえばシロアリなどの起源は長い間謎のままだった。この十年ほどの間に、分子組成が詳しく調べられたことで、シロアリが実は「超社会的なゴキブリ」であることが明らかになった。

ゴキブリを研究すれば、あらゆる動物の中でも特に複雑で興味深い社会集団を形成するシロアリの研究も同時に進むことになるだろう。

2章

シロアリはコロニーを守るために自爆する

女王バチの大仕事

私は春になると、森の中を歩き回り、自然を思う存分楽しむ。若木の鮮やかな緑のおかげで、ほんの数週間前までの陰鬱さが嘘のようになくなる。ヤブイチゲなど、森の花、春の花たちが時と競争をするように咲き誇る——間もなく、新緑の葉が林冠を形成し、日光を遮ってしまう。

鳥たちは縄張りを争う。それぞれが鳴き声で自分の借地権を主張するのだ。春は活気に満ちている。私は立ち止まってそれを味わう。すると、毛の生えたゴルフボールのようなものが目の前を飛び過ぎて行く。

もちろん、それはゴルフボールではない。マルハナバチの女王バチだ。実に威厳のある姿だ。その現実離れした大きさにはいつも驚かされる。森の中の他の動植物と同じく、女王バチも自分の任務を果たすべく懸命に生きている。

彼女は冬の間、地下の暗い場所でただ独り、時を過ごす。体内の栄養をほとんど使い果たした女王バチは、急いで春のはじめの花の蜜を吸い、体力をつける。体力が十分につくと、次は巣作りのための場所探しを始めることになる。巣に適しているのは、地面に開いた穴や、古いネズミの巣、もっと良いのは使われていない鳥の巣箱だ。

マルハナバチ

大きな羽音を立てて私の前を通り過ぎた女王バチは、どうやら崩れかけた石垣の穴に巣を構えると決めたようだった。相当な昔に農民が築いた石垣だろう。かつては境界の役割を果たしていたに違いない。今は樹木やキイチゴに支配されていて、女王バチが引っ越して来るまでは、特に何の意味もなくそこに存在しているだけだった。

私はよく見ようとして身を屈めた。壁の中から女王バチの羽音が聞こえた。いかにもハチらしく忙しく動き回っているらしい。ただ、中が暗いので姿は見えない。しばらくすると、彼女は姿を現した。辺りを飛び回り、いくつかの花にとまったかと思うと、再び壁の中へと戻っていった。

極めて危険な状況

どうやら彼女は、ここを巣の場所と決めたらしい。この崩れかけた壁の中に卵を産むのだ。もっと悪い選択もあり得ただろう――すでに苔むし、崩れかけてはいるが、ここにすでに何十年も存在しているのだから、間違いなくもうしばらくはそのまま存在し続けるだろう。

だが、私はこれから彼女がしなくてはならない仕事の大変さを考えずにはいられなかった。まず、自分自身が分泌する蠟（ろう）を使って壺を作り、その中に蜜を詰める。その蜜で、彼女は卵の世話をする間、命をつなぐのだ。

彼女は模範的な母親にならなくてはならない。子孫を育てる仕事にすべてを捧げるのである。春のまだ寒い日々には、それはそう簡単な仕事ではない。卵を生き残らせるためには、摂氏三〇度という温度を保たなくてはならない。

そのためには、身体を丸めて卵を包み込み、飛翔筋を震わせて熱を発生させる必要がある。食料の備蓄があるとはいえ、それだけの労働をすればすぐに空腹になり、すぐに備蓄を食い尽くしてしまうことになる。巣を離れ、急いで近くの花から蜜を集めてこなくてはならないことも度々だ。

彼女が巣を離れると、卵はすぐに冷え始める。つまり、極めて危険な状況に陥るわけだ。卵を生かしておくには、ごく短い時間で巣に戻って来なくてはならない。その時間内に新たな食料を手に入れて巣に戻って来なくてはならないのだ。四日にわたり、女王バチは疲労困憊(こんぱい)になりながらその仕事を続ける。それでようやく卵が孵(かえ)り、彼女の努力が報われるのである。

女王バチと働きバチ

だが、それで女王が楽になるわけではない——腹を減らした子どもたちが一気に一ダースほども生まれたからだ。食べさせていかなくてはならない。それからしばらくは、巣と、近くの森や庭園の間を頻繁に行き来する大変な日々が続く。子どもたちが十分に成長して、自分の力で糸を出して繭を作れるようになるまで、ひたすら食べさせ続けるのだ。そこまで来て、ようやく女王は一息つくことができる。幼虫が大人の働きバチになるからだ。働きバチは女王から、採餌や掃除、防衛などの仕事を引き継ぐ。その後は生涯、卵を産むことだけが女王の仕事になるのである。彼女はもう二度と巣を離れることがない。囚人のようだと言う人もいるが、私は賛成しない。

彼女は自分の母親や、それ以前の無数の女王たちの跡を継いで同じ仕事をするのだ。努力が実を結びさえすれば、彼女は運命を全うしたことになる。女王バチは自分自身のコロニーを作る。彼女が作るのは小さな世界ではあるが、その行動は動物界でもおそらく他に類を見ないほど驚異的である。

春から夏にかけて私は何度か同じ場所に行ってみた。その度に、女王よりも少し小さく、ほっそりした働きバチたちが、壁の小さな穴を出入りするのを見て嬉しくなった。穴の中には幼虫たちがいるに違いない。女王の成功は明らかだった。彼女の家族の基盤は固まったのだ。ハナバチは、アリやカリバチ、シロアリなどとともに、ひとまとめに社会性昆虫と呼ばれることがある。

昆虫が作る「超個体」

いずれの昆虫も、結びつきの強い共同体（コロニー）を形成し、個体はそれぞれ、コロニーの成功のために貢献する。時には全体の利益のために個体が自らの命を犠牲にすることもある。何百万という個体から成るコロニーが全体で一つの意思を持っているかのように振る舞うこともある。多数の個体が一つとなっているため、コロニーのことを超個体（スーパーオーガニズム）と呼ぶことがある。

動物の個体は相互に作用をする多数の細胞、組織から構成されているが、社会性昆虫のコロニーの場合、細胞や組織にあたるのは、個体やその集団である。個体やその集団が緊密に連携し合って、コロニー全体を一つの個体のように機能させるわけだ。

社会性昆虫のコロニーには、他にも際立った特徴がある。まず、卵を産む能力を持つのは女王だけだ。女王の子どもたちの多くは働きバチとなり、協力し合って自分たちの弟、妹である幼虫を育てるのだ。一部の昆虫の社会には、「カースト」のようなものが存在することもある。一部の個体は特定の仕事だけをして、他の個体とはまったく異なった行動を取る。このように、コロニーのメンバーどうしが相互依存することによって、社会性昆虫は世界中で驚くべき成功を収めている。

ハナバチの多様性

ハナバチというと、まず、巣箱で飼われ、ハチミツを採るミツバチを思い浮かべる人も多いだろう。ミツバチもやはり、女王バチがいて、働きバチがいる。ただ、ミツバチは決して、ハナバチの中の典型的な種ではない、と言うと驚くかもしれない。

実のところ、約二万種いるハナバチの大多数は単独性である。他の多くの昆虫と同じく、個体が単独で生き、採餌も繁殖も単独で行う。ただ、ハナバチには、非常に多様な種が存在しており興味深い。

ハナバチの世界には、私たちの想像し得るあらゆる種類の社会が存在すると言ってもいいだろう。すべての個体が完全に単独行動する種もいれば、ごく少数の個体が緩やかに結びついた小規模の社会を作る種もいる。そして、(マルハナバチやミツバチのように)驚くほど大規模のコロニーを作る種もいる。全体の利益のために個体の利益を犠牲にするような種だ。それは自然界に他に比べるものがないような社会である。

一部のハナバチが採る、個体が互いに協力し合う巨大な集団を作るという戦略は、間違いなく非常に成功していると言っていいだろう。だが、問題はそのような行動がどのようにして生まれたのかということだ。特に謎なのは、個体が自らを犠牲にすることである。自分の繁殖機会を捨てて、弟や妹を育てるという、個体にとっては価値がさほど高くないようにも思える役割に専念するなどということがなぜ起きたのか。ハナバチには、完全な単独性の者から、完全な社会性の者までほぼすべての段階の種がいるため、この問いについて考える上で非常に良い題材だと言えるだろう。

宝石のように美しい

まず、シタバチを例に取ろう。南米、中米に生息するメタリックな色で宝石のように美しいこのハチは、「オーキッド・ビー」とも呼ばれている通り、ランの花に寄って来る。

シタバチはランの花から蜜と花粉を採るが、それだけではない。雄のシタバチは、ランの花から得られる物質を利用して、まるで調香師のように、雌を惹きつける香りを発する。

交尾に成功すると、雌は巣室を作り、その中に卵を産む。その時、他の雌たちも皆、同時にまったく同じことをする。そして、シタバチの中には、雌たちが集まって、互いにすぐそばで巣室を作る種がいる。また、ヒメハナバチの中には、巣穴を掘るという大変な労働を多数の雌が共同で行う種がいる。集団が協力し合うことですべての個体が利益を得るわけだ。

このように集団になることには別の利点もある。他人の掘った巣穴を横取りして楽をしてやろうという個体がいても、それが難しくなるのだ。集団になっていれば、常に誰かが巣を見張っていることになるからだ。ハナバチは、社会性を進化させるための最初の段階として、おそらくまず単独性の個体が複数集まって卵を産む、ということを始めたのではないかと推測される。

クマバチの生き残り戦略

住居を共有するのはたしかに第一歩ではあるが、個体がそれぞれ単独で行動するのだとしたら、ミツバチのような社会性を持つまでにはまだ長い道のりがあると言わざるを得ない。そこで参考になるのがクマバチである。

クマバチは二匹がペアで行動することがある――二匹は姉妹の場合もあるし、母娘の場合もある。社会を築くには、その構成員が互いを尊重し、互いに対し寛容であることが求められる。だとすると、クマバチのペアが社会と言えるかはかなり怪しい。多くの場合、ペアの一方が優勢になり、共有する巣を我が物顔で使う。優勢な方は、相手が卵を産んでもすべて食べてしまう。

ただし、一方が得ばかりでもう一方が損ばかりかと言うとそうではない。優勢な方のハチは採餌を主に担当するからだ。もう一方のハチは、相手が採餌に出て巣を離れている間、巣の入り口を守り、捕食者や死体あさり、あるいは巣を奪おうとする他のクマバチなどが入れないようにする。

つまり、ミツバチほど複雑ではないが、簡単な役割分担があるということだ。繁殖をできるのはペアの一方だけだが、労働の分担ができ、たった二匹のコロニーではあるが、巣を守り子孫を育てるコロニーが生じてはいる。

だが、この場合、どうしても「ペアの優勢でない方のハチはあまりに損をしているのでは?」と思ってしまう人は多いだろう。なのになぜ、このような状況を耐えているのだろうか。優勢でない方のハチは、せっかく産んだ卵を食べられるという屈辱まで味わっているにもかかわらず、ペアで生きているのは、それによっていわゆる「包括適応度」が上がるせいだと考えられる。

生物学で「適応度の高さ」とは、ほぼ「自分の遺伝子を次世代に伝えられる可能性の高さ」という意味である。大多数の動物は、自分の子どもを持つことで適応度を上げている。しかし、実はそれだけが適応度を上げる方法ではない。

それ以外には、自分と多くの遺伝子を共有する親戚を世話することによっても適応度は上げられる。「包括適応度」とは、簡単に言えば「広い意味で自分の遺伝子を次世代に伝えられる可能性の高さ」である。

クマバチのペアの優勢でない方の個体も、自分の親戚を世話することで、適応度を間接的に高めているわけだ。別にクマバチは道徳性が高いわけでも、慈善家なわけでもない。巣にふさわしい場所は無限にあるわけではないので、競争が激化することは珍しくない。

クマバチの個体の中には、優勢でない側になったとしても誰かとペアを組む以外に選択肢のない者もいるだろう。また、不利な状況に耐えてペアを維持していれば、途中で優勢な方の相手が死ぬこともある。そうすれば自分が巣を独占できるかもしれない。

こうして段階を追って見ていくと、ハナバチの複雑な社会がそもそも何のために生まれたのかが少しわかってくる。まず重要なのは、ハチが巣を維持することであり、またそこで、自分の子や親戚の世話をすることである。もう一つ注目すべきは、ハナバチの場合、社会を築いているのは常に雌だということだ――雄が社会を築くことはほとんどないと言っていい。

また、注意すべきなのは、協調し合って生きることや複雑な社会を築くことがハナバチの究極の目標だなどと考えるのは誤りだということだ。実を言えば、いったん社会性を持ったものの、その後、再び単独性に戻った種も存在するのだ。社会性を持って生きることがすべての動物にどのような状況でも合うというわけではない。

暑い午後の日のコハナバチ

私自身は、常にとても社会性の高い動物かというと、実はそうではない。もう何年も前のことだが、メリーランド州の友人を訪ねたことがある。気づくと、恐ろしいほど暑く、湿度も高い午後に、屋外に引っ張り出され、ソフトボールをしていた。

本当はエアコンの効いた涼しい部屋で本でも読んでいたい。なのに、暑さで赤い顔をして、必死にボールを追いかけていた。隣のトウモロコシ畑にボールが入ってしまえば試合が早く終わるのにと思いながら（だがそううまくはいかなかった）。

辛い時間を過ごす私を救ってくれたのは、昆虫たちだった。なんでこんな集団で遊ばなくてはならないんだ、と私が内心、怒りを感じた時に、空を飛ぶ昆虫の大群が真っ直ぐ私たちの目に向かって飛んで来た。結局、私たちは屋内に逃げ込み、虫たちをやり過ごすことになった。また他の誰かの目に向かって飛んで行くかもしれないが、それは仕方がない。

私を救ってくれたのは、コハナバチだ。ソフトボールをしていた私たちの顔から出る塩分の多い水蒸気を飲みたかったらしい。お礼のしるしに、皿に食塩水を少し入れて出してやるくらいのことをしてもよかったとあとから思ったが、その時は火照った顔にエアコンの涼しい風を当てるのに忙しくてそれどころではなかったのだ。

辛いところを救ってくれたコハナバチだが、コハナバチの良いところは——あくまでも生物学者の目から見て、ということだが——それだけではない。このハチは社会的行動が実に興味深いのである。コハナバチの社会的行動には選択肢がある。雌たちの中には、単独性を選び、巣を作り、営むのも単独、という者もいる。かと思うと、時によって、また場所によって雌は、コロニーを形成する。実際の行動は、巣作りの場所が豊富にあるか、それとも競争が激しいか、環境が生きやすいか、それとも生きにくいか、一年に複数の子どもを育てることが可能か否か、といった要因によって決定される。

秘密の任務と最悪の居候

イギリスに生息する、ハリクタス・ルビクンダス（*Halictus rubicundus*）というオレンジ色の肢のコハナバチの研究では、気候が寒い場所にいる者たちは、単独行動を選ぶ傾向が強

ハリクタス・ルビクンダス

いとわかった。気温は、手に入る食料の量を決める大きな要因になる。

また、気温が高い方が子どもの成長、発達は速くなるだろう。北に生息するコハナバチが一年に複数の子どもを育てることは難しい。南に行き、少し気温が高くなると、状況が変わる。

暖かい時期に複数の子どもを育てることも可能になる。この場合、最初に生まれた世代がそこに留まって、次の世代の子育てを手伝うこともできる。家族が大きくなれば、食料も多く必要だが、大勢が花から花へと飛び回れば、大家族を養える分の食料を集めることは可能だ。

チームで懸命に働けば、その分だけ成果が得られるのである。そういう環境ならば、コロニーを形成して巣を営むのが良い選択肢になる。ただ、行動に選択肢があれば、コハナバチは環境の変化に柔軟に適応することができる。

巣を作り、コロニーを維持するには、多数の個体の調和の取れた協調行動が必要になる。だが、集団があれば、誰かが誰かを搾取することが起きてもまったく不思議ではない。たとえば、カッコウバチは、近縁種の協調的な行動を搾取する。

社会性の高い近縁種がそばにいて、私欲を捨ててコロニーのために奉仕している状況だと、カッコウバチは簡単にそれに便乗できる——近縁種のハチに子育てを任せることができるのだ。腹部に卵を満載した雌のカッコウバチは、秘密の任務を果たさなくてはならない。近縁種のコロニーにこっそり入り込み、巣の只中に卵を産みつけるのである。

この詐欺行為を助けてくれるのが、彼女の外見とにおいだ。近縁種の働きバチと外見もにおいもそっくりなのだ。巣の中に入るためには、門番をしている働きバチの目を欺かなくてはならない。

巣の入り口付近には、不届き者の侵入を防ぐために、常に一〇匹ほどの働きバチがうろうろしているのだが、外見もにおいもそっくりなカッコウバチは、その警戒態勢をすり抜ける可能性が高い。巣の中に入れば、あとは、すでに用意された専用の部屋の中に卵を産みつけるだけだ。あとは騙された近縁種の働きバチが子育てをしてくれる。生まれてきたカッコウバチの幼虫は、部屋の中の花粉だけでなく、そこに元々いた近縁種の幼虫も食べてしまう。

卵を産みつける前に母親がすでに元々いた幼虫を食べてしまっていることもあるが、そうでない場合は、カッコウバチの幼虫自身が食べるのだ。幼虫はやがて成虫になり、部屋から出て来るのだが、ひどいことに、そのあとも巣の中に留まって暮らし続ける。何もせず、近縁種の働きバチの労働に依存して生きていく。最悪の居候(いそうろう)である。

ハチミツの奇跡的な特性

数いる社会性昆虫の中でも、おそらく最も有名で、最も世界中の人々に愛されているのはミツバチだろう。それには理由がある。一つはもちろん、ハチミツだろう。養蜂の歴史は驚くほど長い——考古学的記録によれば、北アフリカでは、九千年前くらいから、人は土器でミツバチを飼っていたようだ。

また、残されている当時の芸術作品などを見ると、古代エジプトでも四千年以上前からハチを飼っていたことがわかる。ミツバチの作るハチミツには、半永久的に保存ができるというほとんど奇跡のような特性がある。

それは一つには、糖分の濃度が非常に高いせいだ。糖は吸湿性が非常に高い。つまり、余分な水分を吸い取ってしまうので、微生物の繁殖が難しいのだ。さらに、ハチミツには

ミツバチ

グルコン酸と、過酸化水素が含まれている。それは花の蜜をハチミツにするまでのミツバチの労働の成果だ。すべてがあいまって、微生物をほぼ完全に寄せつけない物質ができあがっている。

古代エジプトの墓からハチミツが発掘されることがあるが、作られてから数千年経過していても、まだ食べられる状態を保っている。このように抗菌性があるため、ハチミツは古くから切り傷や火傷(やけど)の手当てに使われてきた。ハチミツを塗ると、微生物に対する障壁になるからだ。現在でも、傷口に直接塗る、あるいは包帯に塗るなどして手当てに使う人はいる。

だが、もちろん、ハチミツは食料としての需要が最も高い。ハチミツを食べるのは人間だけではなく、チンパンジーやラーテル（ミツアナグマとも呼ばれる）なども食べる。ラーテルは、ハチが怒っても平気で強引に巣を壊して中の蜜を食べる。ハチミツは、エネルギーの貯蔵手段としては最高に優れている――だからこそ多くの動物が欲しがる――のだが、そのハチミツを作るには信じられないほど大変な労力が必要になる。働きバチが重労働の象徴のように扱われるのは当然のことだろう。

働きバチは、巣を離れる度に、一〇〇種類もの花にとまり、蜜を採取する。働きバチはまず花の蜜を吸い込み、それを蜜袋にためるのだ。巣に戻ると、ためた蜜を蜜袋から出す。そのあとから、ハチミツの製造ラインが稼働し始める。働きバチたちは、集められた蜜を体内に入れては、また吐き戻すということを繰り返す。

蜜はハチの体内に入る度に少し消化され、水分量が減少する。そうした処理を経て完成したハチミツは巣の中に蓄えられる。一つの巣の中で製造されるハチミツの量は、一年で最高四〇キログラムにもなる。一匹のハチが生涯に製造できるハチミツの量がティー・スプーン一杯の何分の一かでしかないことを思えば、これは驚異的な量である。

女王からのメッセージ

ミツバチの巣は、安定状態にあれば、四万から五万匹ものハチの個体が互いに協力、協調し合う奇跡の場である。コロニーの中心には女王バチがいて、絶えず卵を産み続けている――その数は一日に二〇〇〇個ほどだ。まず、とにかく巣を構成するハチの個体数を維持しなくてはならない。巣が最も活発になるのは夏だが、その時期、働きバチの寿命、卵から死までの時間はたった二ヶ月ほどしかない。

女王の世話をするのは若い働きバチだ。すべて女王の娘なのだが、廷臣として女王に仕える。働きバチは、女王にローヤルゼリーを食べさせる。ローヤルゼリーは、花の蜜と花粉を食べた働きバチが分泌する特殊な物質だ。

また、女王に仕える働きバチは、女王の周囲を掃除し、時折、女王を（人間の目には奇異に映るが）舐（な）める。舐めることで女王は清潔になるが、もっと重要なのは、女王を舐めた働きバチたちが、女王から化学的なメッセージを受け取るということだ。このメッセージは、働きバチが動き回ることで、コロニーの中に広がっていく。これは、「女王は元気である」というメッセージであり、女王が元気であればコロニーは元気でいられるので、受け取った者たちは皆、安心できる。

働きバチの一生は短いだけでなく、厳重に管理されてもいる。産卵から三週間経つと、働きバチは育房から出ることになる。その後は、順にいくつもの仕事をこなさなくてはならない。最初の仕事は自分の育った育房の清掃である。育房を再び使える状態に戻すわけだ。掃除が終わると女王が点検をする。

そこで元の状態に戻っていないと判断されれば、掃除のやり直しになる。その後、働きバチは、巣内での世話係となる。幼虫を食べさせるのが主な仕事だが、時には女王の世話をすることもある。しばらく経つと、働きバチは建設の仕事に就く。育房の建設、修復をするのだ。材料には、自身の腹壁の腺から分泌させる蜂蠟を使う。

これらの仕事は、皆、生後数週間という早い時期に担当するものだ。そのあと、働きバチの役割はいくつかに分かれていく。侵入者から巣を守る者もいれば、羽ばたきで巣内の温度を調節する者、そして葬儀屋の役割をする者もいる。死んだ働きバチや幼虫たちをコロニーから遠ざける仕事だ。働きバチが最後に担当するのは、ミツバチの最もよく知られた仕事である採餌、つまり巣の外に出て花粉や花の蜜を集める仕事だ。

その仕事をどのくらいの期間、続けられるかは季節による。最も盛んに採餌をする時期で、三週間程度だろう。採餌は重労働だ。働きバチは基本的にはコロニーのために死ぬまで採餌を続けることになる。

ハチの一刺しとフェロモン

働きバチが無私の存在であることは、巣を守る時の姿勢を見ていてもわかる。彼女たちは、まるであの「神風特攻隊」のように恐れを知らず捨て身で巣を守ろうとするのだ。ミツバチの場合、針を持っているのは雌だけだ。この針は産卵管が変化したものなので当然だ。針にはかえしがあるため、標的となった動物の皮膚の中に残る。働きバチは動物に針を刺すと、針だけでなく、同時に臓器の一部も切り離されて死んでしまう。

切り離された臓器に含まれる腺からは、しばらくの間、毒物が送られ続けることになる。このようなかえしのついた針を持つのはミツバチだけで、針を刺すことで死んでしまうのもミツバチだけだ。しかし、こういう針だからこそ、分厚い皮膚を持った大型の動物、たとえば私たち人間のような哺乳類の体内に針を残すことができるわけだ。針の標的となる相手のほとんどはもっと小さく、かえしが引っかかることもないので、刺したあとも働きバチは生き残ることが多い。

ミツバチは決して攻撃的な昆虫ではない——針は専ら、巣を守るための手段として使う。先制攻撃に使うことはない。だが、このおとなしく、一般的には無害な生物も、巣が脅威に晒されていると判断した際には豹変(ひょうへん)することがある。一匹のハチが敵を刺すとフェロモンが放出され、近くにいる仲間たちがそれに反応して攻撃に加わる場合があるのだ。

アニメでは、怒ったミツバチに追い駆けられた人が追跡をかわすために水に飛び込むという場面があるが、刺された時にフェロモンがかかっていれば、水で洗い流すことは難しい。まだフェロモンのにおいが強い時にハチがそばにいれば、その人が水からあがるのを待ち構えていることがある。ミツバチに刺されると人間も死ぬことがある。特にアレルギー体質の人は危険だ。たとえアレルギー体質でなくても、大量のハチに一度に刺されれば死んでしまう可能性がある。

世界一ミツバチに刺された男

しかし、ヨハネス・レレケほど、怒れるミツバチの攻撃に長い時間晒された人も少ないだろう。一九六二年、レレケは、当時のローデシア(現ジンバブエ共和国地域)の低木の茂みで犬を散歩させていた。その時、何らかの理由でミツバチを怒らせ、攻撃を誘発してしまったのだ。

のんびり歩いていたレレケはすぐ一目散に逃げ出した。彼はハチに追われながら近くの川まで走り、犬とともに川に飛び込んだ。レレケは自分と犬を水の中に沈めていたが、呼吸が苦しくなった時には顔(と犬の鼻)だけを水面から出していた。ミツバチたちは、川を下って行く彼を追い駆け、機会をとらえては刺した。彼の災難はそれだけではなかった。ハチに次々に刺されて苦しんでいる最中に、運悪くワニが現れ、犬がさらわれてしまったのだ。それだけ散々な目に遭いながら、レレケ自身は生き延びることができた。現在では、歴史上最も多くミツバチに刺されながら――彼の身体からは二四四三本ものハチの針が取り出された――生き延びた人として、ギネスブックにも認定されている。

その日ハチに刺された影響で長く残ったのは、片方の耳が聞こえなくなったことだけだった。ハチに刺されたとしてもそういう副反応はないはずだったが、耳が聞こえなくなった理由はあとになってわかった。柔道の試合で投げられた際、耳から古いミツバチの死骸が出て来たのだ。

南極遠征における自己犠牲

ミツバチがコロニーを守るために自らの身を犠牲にしても敵を攻撃するのはすでに書いた通りだが、それだけではない。ミツバチは、自分が寄生者を抱えていて、そのままではコロニーにとって脅威になるとわかった場合には、自分をコロニーから隔離させる。

ロバート・スコットの一九一二年の失敗に終わった南極遠征においては、隊員の一人だったローレンス・〝タイタス〟・オーツ大尉が無私の行動を取ったことがよく知られている。南極点からの帰途、状況が悪化し、物資も乏しくなる中、オーツは酷い凍傷に苦しんでいた。自分の体調のせいで隊全体の進行が遅くなっていることは彼自身よくわかった。

そこでオーツは自分の身を犠牲にする決意をしたのだ。後に回収されたスコットの日記によれば、三月十七日の朝、ブリザードとマイナス四〇度にまで下がった気温から身を守るため、隊はテントの中に避難していたのだが、その時オーツは皆にこう言ったという。

「ちょっと外に出てくる。多分、ほんのしばらくの間だけだ」オーツは二度と戻って来なかった。

ミツバチが人間のような倫理観を持っているとは考えにくいが、いずれにしても寄生者を抱えた際には、それがコロニーの中で広まらないよう、自分自身をコロニーから隔離させる。そうして、寄生者が広がることを防いでいるわけだ。ミツバチはコロニーを離れて生きていくことはできない。つまり、オーツと同じく自分の身を犠牲にしていることになる。

コロニーを安定させるための「取り締まり」

ハナバチはこのように、個体のコロニーへの強い献身で知られているが、他の社会性昆虫と同様、巣内の調和は実は非常に壊れやすい。調和が乱れ無秩序に陥る危険が常に潜んでいる。その原因となりやすいのが繁殖である。通常、卵を産むのは女王だけだが、不妊のはずの働きバチも女王と同じ繁殖能力を持っていることがある。

それは、ミツバチを含めた多くのハナバチに見られることだ。働きバチは交尾をしないので、卵を産んだとしてもそれは未受精卵だ。この未受精卵からは雄のミツバチが生まれる。働きバチが卵を産んでしまう確率は非常に高いので完全に防ぐのは難しい。

しかし、この行動は、コロニーの秩序にとって脅威となる。そのため働きバチは、この不埒な行動を取り締まる。巣の中に、女王以外のハチが産んだ卵があるのを見つけると、即決裁判により有罪とみなし、その卵をすぐに食べてしまう。

この対策は非常に有効だが、完璧ではない――ミツバチのコロニーでは、だいたい八〇〇〇匹の雄のうち一匹が、働きバチの息子である。これほど少ないのであれば、特に問題にならないようにも思える。しかし、働きバチの産んだ雄のうちたった一匹でも女王との交尾に成功すれば、繁殖能力のある働きバチの割合が一気に増加してしまい、秩序が乱れる恐れが大きくなる。女王と働きバチの間にこのような軋轢があれば、コロニーの円滑な運営ができなくなることもあり得る。

だからこそ、コロニーの安定のためには、厳しい取り締まりが非常に重要になるのだ。取り締まりは多くの場合、働きバチの産んだ卵を食べる、というかたちを採るが、卵を産んだ働きバチ自身を捕まえ、巣から追放することもある。たとえば、ある種のアリの場合、卵を産んだ働きアリの肢を他の働きアリが齧り取って動けなくし、その上で外に連れ出して死なせてしまう。

ハナバチの言語

ノーベル生理学・医学賞を受賞した動物行動学者、カール・フォン・フリッシュは著書『ミツバチの不思議（Bees: Their Vision, Chemical Senses and Language 伊藤智夫訳、法政大学出版局、二〇〇五年）』の中でこのように書いている。「ハナバチの生態は魔法の泉のようなものだ。汲んでも汲んでも、水が湧いてくる」フリッシュは、急発展している動物行動学という学問分野の草分けで、ハナバチの研究に生涯を捧げた人だ。

私たちのハナバチの理解に革命をもたらした人と言ってもいい。フリッシュの研究への情熱は伝説となっている。それは、何かに真にのめり込む人に共通して見られる情熱だった——多くを知れば知るほど、さらに深く知りたくなるのだ。

フリッシュの興味を強く惹いたのが、ハナバチの言語だった——特に、採餌に良い花の場所についての情報を働きバチがどのように交換しているのかに興味を持った。観察によってわかったのは、採餌に出た働きバチがいつも帰って来ると奇妙な行動を取るということだ。フリッシュは、採餌をした働きバチが仲間たちに正確に何をどう伝えているのかを知ろうとした。

一九二七年に彼が「ハチのダンス」についての論文を発表すると、多くの人がそれに疑いの目を向けた。現在では、ハナバチが「尻振り（8の字）ダンス」をし、そのダンスに意味があるとしたフリッシュの理論はよく知られ、広く受け入れられている。しかし、フリッシュの主張の正しさが完全に認められたのは、彼の死から十七年後の一九九九年のことだった。

ハナバチの尻振りダンスは、動物のコミュニケーションについて知る上で非常に役立つ例である。採餌に出た働きバチは帰って来ると「8の字」を描くようなダンスをする。このダンスの中で特に重要なのが、「尻振り」をする局面である。ハチは直線を描くように移動をするのだが、その時、腹部を大きく揺するのだ。この「尻振り」をしている時に移動している方向で、巣から見た時の花のある方向を知らせている。その方向に飛んで行けば花が見つかるわけだ。

ハチが尻を振って飛んでいる時の軌跡の直線と、太陽のある方向との間にできる角度が、巣から花に向かう時に飛ぶべき角度である。つまり、直線の向きが、太陽のある方角に比べて右（時計回りの方向）に一五度傾いていれば、巣の仲間たちには「食べ物は太陽から見て一五度右の方向にあるぞ」と伝わることになる。また、尻振り飛行の際に飛ぶ距離は、食べ物までの距離を表す。尻振り飛行を終えると、働きバチは再び開始点に戻って同じことをまた繰り返す。

一度では伝わっていない仲間がいるかもしれないからだ。尻振り飛行の時に描く直線は、

8の字の中央線部分にあたる。ハチは尻振り飛行のあと、開始点に戻る際に上を通ったかと思うと次は下を通るので、8の字を描いているように見えるのだ。上を通る時は反時計回りに、下を通る時には時計回りに移動する。

花は、ここにある

一度でも人前で話をしたことがあればよくわかると思うが、コミュニケーションの際にただ事実を淡々と述べても言いたいことが十分に伝わらないことがある。何か重要なメッセージを伝える際には、それが重要であることがわかるように感情を込める必要がある。私も生徒に話をする時にはそう心がけているつもりだが、つい忘れてただ淡々と事実を述べていることがある。

しかし、人間である私が忘れがちなことを、ハナバチは見事にやってのける。たとえば、採餌に出た働きバチが特別に大きく素晴らしい花を見つけたとしよう。それを伝える時、働きバチは特別に嬉しそうに尻振りダンスをするのだ。それによって、花を発見したハチの興奮が伝わり、仲間たちは自分で行って確かめてみようと思う。

信じがたいことだが、働きバチはダンスによって、花のある場所と同時に、その花がどのくらい価値のあるものかも伝えられるわけだ。このように解説すると、「なんだそんなこと、大したことはない」と思う人がいるかもしれない。

しかし、よく考えてみて欲しい。採餌に出た働きバチは、巣内の真っ暗闇の中で、しかも、何万という仲間の働きバチがうろうろ動き回っている中で、このダンスをするのだ。これは人間で言えば、ラッシュ・アワーのキングス・クロス駅のプラットフォームで、明かりが何もない中、ジェスチャー・ゲームをするようなものである。

ハチはなぜ、このような過酷な状況で情報を伝えることができるのか。実は踊っているハチは、仲間たちの視覚だけでなく、他の様々な感覚に訴えることで注意を引きつけ、メッセージを伝えているのだ。たとえば、仲間たちにとって魅力的な周波数の羽ばたき音を出す、何らかの物質を分泌することで化学的なメッセージを送るなどの手段が使える。

また、ダンスに興味を惹かれた仲間たちは、踊るハチに近づいてくることが多い。そして、触覚を使って、踊るハチがどちらの方向に移動しているかを察知することもある。面白いのは、踊るハチが自分のニュースを伝えることだけに必死になり過ぎる場合があるということだ。自分の他にも踊るハチがいると、身体をぶつけてダンスをやめさせようとする。そうして皆の注意を自分だけで独占しようとするのだ。

こうしてダンスによって情報が伝えられれば、見ている者たちはどちらに向かえば食べ物が手に入るかわかるようになる。あとは太陽を頼りに飛んで行けばいい。しかし、情報を受け取っていざ巣の外に出てみたら、太陽が雲に隠れていた、ということはあるだろう。

その場合は大丈夫なのか。問題ない――ハチは偏光を見ることができるからだ。つまり、太陽を直接見られなくても、どちらに太陽があるかがわかるということだ。

ダンスによって伝えられる情報の正確さは場合によって変わる。総じて言えば、採餌場所が遠い時の方が近い時よりも正確さは増す。遠くへ行かねばならない時の方が正確な情報を得ることが重要になるので、これは理にかなっていると言えるだろう。

年老いた女王と新たな女王

学会の会合などに出ていると、議論が堂々巡りになって前に進まなくなることがある。ふと時計を見ると、長い時間が経っている。

そういう時はいつも「どうしてこうも話をまとめるのは難しいのか」と思ったりもする。すべての会合がそうだということはないが、会合の規模が大きくなるほど、結論が出るまでに長い時間がかかる傾向はある。「人間には意思決定の能力があるし、そのための手段も知っているのだから大丈夫なのでは？」と思う人もいるだろう。

たしかにそうかもしれない。いくつかの案がある場合、私たちはそれぞれの良いところ、悪いところを確認し、最終的には多数決を取ってどれを選ぶか決めることができる。理屈はそうだ。しかし、実際には、自分の意見にあまりに強く固執する人がいるなどして、なかなか理屈通りに事が運ばない場合も多い。

人間だけでなく、集団で行動する動物は度々、集団の意思を決定すべき場面に遭遇する。いくつもの行動の選択肢があり、そのどれにも利点はあるがどれか一つを選ばねばならないという状況になることがよくあるのだ。ただ、人間（特に研究者）とは違い、動物たちは情報の選別と意思決定を実に見事にやってのけるようである。

人間のように議論をするわけでも、多数決を取るわけでもないのに、どうしてそんなことができるのか。その問いへの答えを得るべく、研究者たちは、ハナバチの群れが巣分かれの際どのようにして新たな居住地を決定するのか、その過程を観察した。

無数のハチたちが木の中に集まり、騒々しく飛び回っている。それは、ハチにとっての一大行事「巣分かれ」がこれから始まる前触れである。ハナバチが巣分かれをする理由はいくつもある。たとえば、コロニーが大きくなりすぎて巣が手狭になった、女王が年老いてきた、などが考えられる。女王は通常、子どもたちよりもはるかに長生きする。

年老いてくると、女王は巣を縮小させるよう促す化学的メッセージを発する。メッセージを受け取った働きバチは、それに駆り立てられて新たな女王を育て始める。まず数いる幼虫の中から一匹を選び、その幼虫にローヤルゼリーと呼ばれる特殊な餌を与え続ける。ローヤルゼリーは、働きバチの頭部の腺から分泌される物質で、特殊なタンパク質が何種類も配合されている。

また、この幼虫には他の幼虫たちに与える餌は与えないようにする。それによって幼虫は特別な道筋で発達を遂げて女王になっていく。女王が二匹いる状態になるといよいよコロニーは分裂の時を迎える。これが巣分かれである。

ポジティブ・フィードバック

巣分かれの際には元あったコロニーが二つに分かれることになる。その場に残る者たちは新しい女王バチを戴き、元々の巣を修復する。そして、働きバチの半数は古い女王とともに巣を離れ、また新たな場所に巣を作る。

去って行く者たちとっては時間との闘いになる。巣分かれの間、食料は働きバチたちが腹に抱えている分だけであり、それはさほど長くはもたない。木の枝などに多数のハチがいれば、おそらくそれは旅立ちの時を待っている群れである。

まず、一部の働きバチが偵察隊となって皆から離れ、新たな住居にふさわしい場所を探しに行く。偵察したハチたちは情報を持ち帰り、それぞれにダンスをして選択肢を提示する。特別に良い場所を見つけた働きバチは、戻ってきた時に非常に情熱的なダンスを見せることになる。尻を激しく振り、何度もダンスを繰り返す。何百回も繰り返すことがある。見つけた場所がさほど良くない場合は、ダンスは控えめになり、繰り返す回数も少なくなる。

情熱的なダンスを見せると、あとに続いてまた何匹かの偵察バチが指示通りの方向に飛び、推薦の場所を追加調査することになる。後続の偵察隊も同じようにその場所を良いと思えば、帰ってからまた情熱的なダンスをし、それに誘われてさらにまた別の偵察隊が同じ場所に行く。その間も、最初に偵察に行った働きバチたちは、自分の見つけた場所と群れの間を何度も行き来する。

そして、戻ってくる度にダンスをする。ただし、二度、三度、四度と繰り返すごとにダンスは短くなり、情熱的でなくなる。毎回同じように情熱的に踊ってしまうと、その度に、大勢の働きバチが新たに偵察に出てしまい、いつまでも偵察が続くことになる恐れがある。そもそも最初の偵察バチの情報が誤っていることもあるので、そのせいであまりに多くの働きバチが動くことになるのも良くない。

巣分かれをしようとする群れが頼りにするのは、最初に偵察に出たハチからの情報とポジティブ・フィードバックだ。最初に偵察に出るハチの数はごく少数で、それぞれが、移住先の候補を見つけ、自分の見つけた場所を宣伝するダンスを踊る。採餌情報を伝えるダンスの場合と同様、踊っていると、別の「ダンサー」が身体をぶつけて邪魔をしてくることがある。自分が見つけたのとは違う場所を宣伝するのを妨害しているわけだ。

人間の世界にも同じようなことはある。選挙や会議では最もやってはいけない最悪の行動だが、そういうことをする人間はいる。

時間が経つうち、次第にいずれかの候補地が優勢になっていく。ある場所を見に行き熱心に宣伝するハチの数が増え、同時に、別の場所を見に行って宣伝するハチの数が減っていくのだ。そして、ある一定の数の偵察バチ——だいたい一五匹くらいのことが多い——を確保することができれば、その候補地への移住が決まる。

それまでに要する時間は、最初にどのくらいの数の候補地が提示されるか、また提示された候補地がどの程度、良質かで変わってくるが、数千匹規模の群れの場合は、数時間くらいで意思決定されることが多い。

居住地が決まると、その場所を見に行った偵察バチたちが、群れの中を飛び回り、「間もなく皆で移動を開始するので、飛翔筋を温めて準備するように」というメッセージを伝える。飛翔筋が温まったら、群れは一斉に移住先に向かって飛び立つ。

神秘的な粘土の城

もう随分前の話だが、子どもの頃にテレビでシロアリのドキュメンタリー番組を見て、ソファに座ったまま動けなくなったことがある。ジョアン・ルート、アラン・ルート夫妻が見せてくれたシロアリの巣、二人の言う「神秘的な粘土の城」の映像にどれほどの影響を受けたかは言葉ではとても言い尽くせないほどだ。

特に印象的だったのは、巣の内部をとらえた映像だ。それはまさに傑作と呼ぶにふさわしい巨大な建築物だった。そして中には昆虫の築いた文明があった。私にとっては消すことのできない記憶になっている。この世のものと思えない不思議な音楽とともに画面に映し出された壮大なシロアリの要塞（ようさい）の様子、小さな昆虫たちの想像を絶する生態を私は今も鮮明に覚えている。

あの番組のおかげで私は今も催眠術にかかったようになっている。今の私は、昆虫は単純で取るに足らない生き物だと思っていたあの頃の小さな少年とは違う。昆虫は独自の優れた感覚を持ち、個体どうしが互いに協力し合うこともできる複雑な生き物である。それを知ったことで、確実に私の世界に対する理解は豊かになった。ただ、昆虫を取るに足らない存在だとして軽んじる態度は、残念ながら特別なものではない。

普段、直接、目に触れることのないものに強い関心を持て、と言っても普通の人にとってそれは簡単なことではない。他に考えなくてはならないことが多い忙しい大人ならなおのことだ。同じ昆虫でも、空を飛び回る色鮮やかなミツバチなどと違って見た目も地味なシロアリは人々の関心を集めにくい。しかし、シロアリもまたカール・フォン・フリッシュの「魔法の泉のようなものだ。汲んでも汲んでも、水が湧いてくる」という言葉にふさわしい興味深い存在である。

シロアリは、アリやハナバチ、カリバチなどに近い昆虫だと思っている人が多い。たしかに、シロアリには、こうした膜翅目(まくしもく)の昆虫との共通点が多いが、系統的には膜翅目とはまったく違い、ゴキブリに近い昆虫である。現在までに詳細が調べられているシロアリは約三〇〇〇種いるが、その大多数は非常に小さく(体長一センチメートル以下)、盲目で、柔らかい身体をしている。

シロアリはアリと混同されやすいが、多くのアリと違って「ベジタリアン」である。特に、枯れて朽ちた木を好む。二〇一一年、インドでは、銀行に侵入したシロアリたちが、一〇〇〇万ルピー相当の紙幣を食べてしまうという事件が起きた。このように、シロアリを甘く見ていると悲惨な目に遭うことがあるのだ。

シロアリの味

シロアリは通常、気候が暖かい地域に生息している。しかも、生息している地域には、とてつもない数のシロアリのコロニーが存在する場合が多い。たとえば、南アフリカのクルーガー国立公園には、一〇〇万を超える数のシロアリ都市が存在していると考えられている。

また、私がはじめてシロアリの実物をこの目で見たタンザニアのセレンゲティ国立公園、ケニアのマサイ・マラ国立保護区にも、同じくらいの密度でシロアリが存在している。マサイ・マラと聞いて、普通、人が思い浮かべるのは、長い草、上部が平らになったサバンナの樹木、自由に動き回る巨大な動物たちの姿だろう。

しかし、そこには大量のシロアリも存在している。あのシロアリたちの群れは、私が自然界で目撃した中でも特に強い印象を受けたものの一つだ。それは三月で、地面も大気も、低木の茂みも、車も、どこも何もかもが翅のある昆虫たちで埋め尽くされていた。

シロアリは飛ぶことには不慣れである。四枚の長く不格好な翅を生やすこともあるが、飛ぶことはうまいとは言えない。また、あまり敏捷な昆虫でもない。シロアリの武器はその数だ。地中の巣にいる無数のシロアリが外に出て来ると、辺りを埋め尽くしてしまうことになるだろう。シロアリたちは、ほんの短い時間だが、地下のコロニーを離れて空を飛ぶことがある。

これはシロアリの結婚飛行だ。つまり、交尾の相手を決めることを目的とした飛行ということである。このお祭りのような出来事に、周囲の生き物たちは即座に反応する。大量の食べ物が空を飛んでいるのだから、放っておくわけがない。

あまりに食べられる者が多いので、大多数のシロアリたちがほとんど前に進めないほどだ。食いしん坊の鳥たちはあまりに食べすぎて、まともに飛べなくなり、アカシアの木の周りをふらふらと回るだけになる。

その様子を見ていてわかったのは、私と共に旅をしていたナイロビ出身のジョンとジョセフは、シロアリの味について多少知っているということだ。シロアリは食べると美味しいのだという。私は二人に、実際に食べてみるよう促された。

「パイナップルのような味なんだよ」ジョンは私にそう言った。ジョン本人は食べたことがないのだろうなと思った。

「いや、ニンジンみたいな味だよ」ジョセフはそう言った。そして「母がそう言っていたんだ。僕は食べないよ」とつけ加えた。

ジョセフの気持ちもわかった。だが、同時にこの機会を逃してはならないとも思った。結局、私は一匹を摑んで自分に深く考える時間を与えることなく、食べてしまった。

パリパリとした食感でまずくはない。私に言えるのはそのくらいだ。良いワインを飲みつつ食べればまた違ったのかもしれないが、それはどうかわからない。ただ、実際にシロアリを好んで食べる人が各地にいるのも確かである。私が食べなくても、地元の様々な哺乳類、爬虫類、鳥類が大量に食べている。それでもまったく問題ないほどの数のシロアリがいるのだ。

子どもたちは王と女王のために

シロアリが周囲を覆い尽くす、世界の終わりを連想するような光景を目の当たりにしながら、その中の一匹を試食したりしていると、つい忘れがちになるが、このシロアリたちはもちろん、他の生き物に食べられるためではなく、交尾の相手を決めるのが目的でそこにいるのだ。残念ながら、私の頭の周りを飛ぶシロアリたちのうち、目的達成に成功する者は少数派だ。

そして、成功者たちには次の仕事が待っている。まず翅を落とし、できる限り早く地下に潜らねばならない。その途中、無数の捕食者が待ち構えているのですべてをかいくぐる必要がある。地下に潜ったつがいは、「王室」を作り、その中で交尾をする。

多くの場合、つがいは、死が二匹を分かつまで一緒にいる。それは驚くほど長い期間になる可能性がある――シロアリは何十年も生きることがあるからだ。つがいは新しい王と女王ということになる。交尾のあと、新しい女王は卵を産み始める。

王と女王の子どもたちは、両親のために身を捧げる。食べ物を与えるなど身の回りの世話をし、両親を囲むコロニーを形成する。時が経つと女王は並外れて大きくなる。子どもたちが米粒ほどの大きさしかないのに対し、女王は人間の中指ほどにもなる。

あまりに大きくなりすぎて動くことができなくなってしまう。女王の身体は大きく膨張する。彼女の半透明の皮膚の中はほとんどが脂肪と卵巣である――つまり女王は巨大な生きた卵工場になるのだ。すごい工場だ――数秒おきに卵を産むことを生涯続ける。おかげで彼女の世話をする子どもたちは絶えず忙しく動き回り、新たに生まれた卵を次々に運び出し、孵化に備えさせるのである。

社会性昆虫のカースト

社会性昆虫には一つ際立った特徴がある。それは、いわゆる「カースト」があることだ。コロニーを構成する個体が何種類かに分かれており、それぞれに担う役割が異なっている。また、外見もカーストによってまったく違っていることがある。驚くのは、カーストが違っても、すべての個体の両親が同じで、遺伝子のコードも非常に似通っているということである。

人間ならば、同じ両親から生まれた兄弟姉妹であれば、互いによく似ているのが普通だろう。しかし、社会性昆虫の場合は、別の種であるかのように外見が異なることがあるのだ。シロアリの場合、コロニーができたばかりの時期には、子どもたちは最も普通のタイプの個体、働きアリになる。この働きアリたちの役割は、巣の建設、掃除、採餌、弟や妹たちの養育である。

働きアリはとても勤勉に働くのだが、コロニーの維持のためにはそれだけでは十分ではない。コロニーが繁栄すれば、ライバルや捕食者が現れやすくなるので、対策が必要になる。コロニーの防衛のための兵士が必要ということだ。子どもたちのうちごく一部の者たちが、早い段階で環境やコロニーの状況によってスイッチが入り、多くの子どもたちとは違った発達を遂げて兵アリになる。

種によっては、兵アリは大きく強力な顎を持っていて、この武器をはたらかせる筋肉を収めるために頭も大きくなっている。兵アリの一部は、コロニーの出入り口を見張り、コロニーの働きアリ以外は中に入れないようにする。採餌をする働きアリに随行する兵アリもいる。屋外で食料を採集する働きアリの護衛をするのが仕事だ。

コロニーが攻撃を受け、内部に敵が侵入した際には、その大きな頭を使って通路を封鎖することもある。侵入者が弱い女王や王、働きアリたちを攻撃することがないよう、自分の命を投げ出して敵の進行を食い止めることもある。

また、頭から長いトゲを生やした異様な形状の兵アリもいる。戦車のようにも見える形状だ。危険が迫ると、この種の兵アリは、トゲから粘性が高く刺激の強い有毒の物質を出して、敵を弱らせる。

アリの戦争

シロアリにはこのように自衛の能力がある――これはつまり、シロアリはそれだけ多くの敵の標的にされやすいということでもある。たとえば、シロアリと同じような生き方をするアリは、食料を得るためにシロアリのコロニーを攻撃することがある。アリとシロアリの戦いは果てしなく長く続いている。両者は何百万年と戦い続けているのだ。

戦いは知恵比べの様相を呈している。アリは絶えず、攻撃対象となるシロアリの巣を探している。その際には、採餌に出たシロアリたちの発するにおいが手がかりになる。ただし、標的を定めるのは容易なことではない――アリは、見つけたシロアリのコロニーがどの程度強いか、またそのコロニーがどのくらい豊かかを判断する。シロアリの側も絶えず偵察活動をしている。アリの隊列が近づいてくれば、アリたちの発するわずかな振動で察知できるよう常に警戒しているのである。

もちろんアリの側も、シロアリの発する音を常に聴いているので、できる限り動く時の足音を消し、自分たちの存在を消そうとする。

いよいよアリの攻撃が始まると、シロアリの側は警報を発する。この警報は太鼓を叩くような音だ。もちろんシロアリは太鼓など持っていないが、それは問題ではない。巣の壁に自分の頭を打ちつけて音を出すからだ。非常に小さな音だが、それを聴いた兵アリたちは反応して警戒態勢に入る。自分たちの要塞の中でも最も弱い部分に集結するのだ。

この戦いでは、兵アリの中でも年老いた者が前線に出る。年老いたアリは経験豊富だが、防御力が強いわけではない。むしろ年老いてコロニーにはあまり役立たないので、先に犠牲にしても構わないということのようだ。

戦いの勝敗はお互いにとって大きな意味を持つので、その分、戦闘は激しいものになってしまう。犠牲者はすぐに大変な数になる。マタベレアリのように、負傷しても致命的な怪我でないアリを手当てするアリもいる。マタベレアリは負傷すると、助けを求めるホルモンを放出する。すると仲間のアリたちは負傷したアリを連れ帰り、手当てをして、また後に戦いに投入できるようにするのだ。

女王の部屋の決死の戦い

アリはシロアリにとって恐ろしい敵である。兵アリによる防衛線をアリに突破されてしまうと、数千、多ければ数百万もの個体から成るコロニーが全滅の危機に陥る。シロアリの兵アリと直接、戦うのは、働きアリの中でも大型の「メジャー・ワーカー」と呼ばれるアリたちだ。

その間に、小型の「マイナー・ワーカー」たちは、防衛線をすり抜けて巣の中へと侵入していく。シロアリの働きアリは、兵アリに比べると戦闘力がはるかに劣るが、それでも捨て身になって必死に巣を守る。侵入して来たアリに噛みつき、肢にしがみつく。

巣の内部へと侵入したアリたちは、その心臓部に向かって進軍する。巣内の幹線路では決死の戦いが繰り広げられる。大混乱の中、コロニーの存亡を賭けた戦いが続くのだ。万一に備え、働きアリたちは、女王と王のいる部屋を泥で密封する。女王と王がアリたちに襲撃されるのを防ぐためだ。

その間にも戦いは激しさを増す。兵アリたちは、噛みつく、噛み切る、粘液をかけるなどの手段で応戦するが、戦いが激しくなると、さらに異常な手段を使うことがある。ある研究によると、兵アリたちは、敵に向かって排泄物を浴びせかけることがあるという。

それにどういう効果があるのかはよくわからない――化学的信号が発せられることで、多くの働きアリを呼び寄せることができるのかもしれないし、あるいはアリの士気を下げる効果があるのかもしれない。

だが、もっと効果的な防衛策は、シロアリが自らの身体を爆発させることだ。シロアリの中には、年老いた個体がアリに噛みつかれた時に「自爆」する種がいる。この個体は、銅を含むタンパク質を内包した青色の外嚢を背負っている。アリに噛みつかれた時にこの外嚢を破裂させるのだ。この結果、流れ出た物質と唾液が引き起こす連鎖反応によって生じた有害物質が敵に浴びせかけられることになる。

戦いが激しい分、必然的に双方に犠牲者が多く出る。シロアリが仮にアリを撃退できたとしても、シロアリのコロニーは弱体化し、その後はさらに攻撃を受けやすくなる。いずれにしろ、アリの目的は必ずしも、シロアリのコロニーを全滅させることではない。

アリはいくつものシロアリのコロニーを順に攻撃することもある。そしてどのコロニーも全滅させない。そうすれば、常に攻撃対象となるシロアリのコロニーが存在し続けることになる。戦いが終わり、撤退する際、アリたちは戦利品――戦って死んだ何千というシロアリたちの死骸だ――を持ち帰る。これは皆、アリたちの食料となる。

ドバイの高層建築よりも……

最近、ドバイに行った私は、重力に逆らってそびえ立つ超高層ビル、ブルジュ・ハリファを見上げて仰天した。最上部の尖塔の先は、砂塵(さじん)嵐のせいでよく見えない。これは人間の工学の勝利だろう。適切な資材が十分な量、必要になるし、それを加工し、動かすためのエネルギーもいる。そして綿密な計画と勤勉な労働も必要だ。ブルジュ・ハリファの高さは私の身長の約四六〇倍である。だがこれを最も大きなシロアリの巣と比べてみよう。

中には、高さ九メートルにも及ぶ巣を作る種もいる。普通の働きアリの体長の実に一〇〇〇倍にもなる。しかも、シロアリは盲目で、どの個体も最終的にどういうものを作るために作業をしているかまったくわかっていないのだ。この信じがたい建造物は周囲の泥だけを材料に作られているが、何世紀も、時には何千年も崩れずに持ちこたえるのだ。

人間の目には、シロアリたちが何か設計図のようなものを基に、巣を作り、修復しているように見える。そして一匹一匹が、自分たちが何を作ろうとしているのか、その全体像を思い浮かべているのだろうと想像してしまう。しかし、実際にはそうではない。

一匹一匹のシロアリは、簡単なプログラムに従って動いているだけであり、完成した巣の青写真のようなものはおそらく持っていない。自分が何を作っているのかもわからない（知る必要のない）生き物が、なぜ、これほどの大きさのものを作り上げられるのか。それは、「自己組織化」という現象のおかげだろう。

中央で指示する存在がなくても、小さな作業が多く組み合わさることで、精緻で複雑なものや大きなものを作り上げることは可能なのだ。たとえば、美しい雪の結晶は自己組織化によって生じるものの例である。水の分子一つ一つは当然のことながら、結晶の設計図などは持っていない。しかし、多数の分子が互いに作用し合うことで、結果として美しい結晶ができる。

シロアリの場合、働きアリ一匹一匹は、その時々の巣内の状況変化を察知する。たとえば、空気の流れが増えれば、それを察知できるわけだ。空気の流れが増えるのは、おそらく巣のどこかに穴が開いているせいだ。この時、働きアリたちはまず、湿った泥を集める。そして、その土に唾液を混ぜてペースト状にし、小さな球を作る。次に、風を頼りに穴のあるところへ向かう。穴にたどり着くと、働きアリは持って来た泥の球を置く。多数の働きアリが順に同じ場所に来るが、どの個体も、前の個体が置いた球の隣に自分の持って来た球を置き、また泥の球を作るべく元の場所へと戻る。

この作業はしばらく続き、その結果、何千という泥の球が運ばれて来ることになる。空気の流れが落ち着けば作業は止まる。一匹一匹は簡単な作業──泥を集め、ボールを作り、穴まで持っていって、別のボールの隣に置く──をただ繰り返しているだけだ。十分な時間があり、十分な数のシロアリがいれば、こういう単純な作業の繰り返しだけで動物による地球上で最も大きな建造物もできてしまうのである。

菌類を巧みに利用する

シロアリの巣はその大きさもすごいのだが、それよりさらにすごいのは、内部の構造である。幹線路で結ばれた部屋の多くは、地下も含めた巣の下部に多く見つかる。一方、巣の高いところには、細かい調整を担当する働きアリがまばらにいるだけのことが多い。

巣の構造は驚くほど精巧である。まず、通気は完璧で、常に十分な量の空気が出入りするよう通り道が作ってある。空気の通り道の途中にはいくつも部屋が点在していて、そこで空気が流れる量を調整できる。上部にいる働きアリたちは、下にいる仲間たちが常に良い環境にいられるよう、空気の通り道などの微調整を繰り返している――これは、船乗りが時々の気候条件に合わせて帆の微調整をするのに似ている。空気の流れを変える要因は主に日光である。

つまり、日光の変化に応じて微調整をすることで、内部の空気の流れを一定に保つことができるわけだ。日中は、巣の外壁が温まり、側面の温められた空気が上昇し、巣の上部からは冷たい空気が中へと吸い込まれることになる。夜になると、外壁が熱を失うことで逆のことが起きる。一日の間に、巣は肺のように空気を吸い込んだり、吐き出したりするのだ。

巨大な巣を作るアフリカのシロアリたちが巣内の環境に細かく気を配るのには、それなりの理由がある――巣内には気を配るべき重要な客がいるからだ。正確には、客と言うよりパートナーと言うべきだろう。それなしにはシロアリは生きていけないからだ。お互いにそうだ。客、あるいはパートナーは、菌類である。菌類は、シロアリが生きていく上での大きな隙間を埋める役割を果たしている。

シロアリたちが巣に持ち帰ってくる植物の栄養価のほとんどは、固いセルロースの中に閉じ込められている。植物はこのセルロースを使って細胞壁を作る。シロアリはセルロースを消化できないが、菌類はできる。シロアリが菌類を大事にするのはそのためだ。シロアリは「菌園」と呼ばれる、菌類を栽培する農場を作る。人間の農民と同じように菌類を懸命に世話して育てるのだ。

シロアリの巣を開いてみると、だいたい地面くらいの高さのところに菌園があるはずだ。菌園の表面は複雑で凹凸が多くなっている。外見はサンゴやカイメンにも似ている。この構造により表面積が大きくなり、それだけ多くの菌類が育ち、多くのセルロースを分解できるようになる。巣の外に採餌に行った働きアリたちは、持ち帰った植物を噛み潰し、菌園になすりつける。

この仕事によって菌園は維持されている。働きアリたちが作るこの物質は「擬糞」と呼ばれている。あまり素敵とは言い難い名前だが、葉、草、胞子などから成るシチューで、菌類にとってはご馳走である。この擬糞を栄養にして育った菌類をシロアリが食べるのだ。菌園の湿度を監視している働きアリもいる——乾燥しすぎると、菌類は死滅してしまう。

逆に湿度が高すぎると、競合する菌類が育ってしまい、栽培している菌類が場所を乗っ取られる。シロアリたちは絶えず水分を供給するか、換気をするかして、適切な環境を維持しなくてはならない。

やはり動物である私たち人間の目には、シロアリが菌類を利用しているように見える。しかし実際には、その逆と見るのが正しいだろう——菌類がシロアリを操って、自分たちにとって快適で安全な環境を作らせ、必要なものすべてを供給させているのだ。いずれにしても、この関係は両者にとってうまく機能していると言える。

コロニーの協調とニューロン

博物学者のウジェーヌ・マレーは著書『シロアリの魂（The Soul of the White Ant 未邦訳）』の中で、シロアリの巣を一種の「キメラ」だと述べている。つまり、複数の生物が集まって全体として一つの生物のようになっているということだ。

個々の生物が、通常の生物の組織や器官のようになっている――巣の外壁は皮膚、菌園は胃、空気が出入りする塔は肺、女王は生殖器官と見ることができる。巣を遠目で見ると、高層建築のように常に変わることなくその場に立っているように見える。しかし実際には、生物の身体のように、その場の状況に合わせて変化し、修復を繰り返している。

絶えず新しくなっているわけだ。多数の小さなシロアリたちが何世代にもわたって努力しているおかげで維持されている。働きアリたちは、栄養分を運搬し、侵入者を撃退するので、血液細胞のような役割を果たしているとも言える。

多数の個体の組み合わせから知性が生じているという点では、脳に似ているかもしれない。人間の脳は、一〇〇〇億もの神経細胞（ニューロン）からできている。ニューロンは単独では限られた能力しか持っていないが、多数のニューロンが相互接続されることで、偉大な芸術が生まれ、今日(こんにち)のような科学を発展させることもできた。それと同じように、シロアリの個体も一匹では大したことはできないが、コロニー全体が協調して動けば大変なことができる。全体は部分の総和を超えるのだ。

この小さな昆虫は数多く集まって組織を作ることで、自然界でも稀に見る成功を収めることができた。

グンタイアリの伝説

二十世紀の映画製作者たちは、自然界からいくつも怖い映画の題材を見つけ出した。それでできたのが『ジョーズ』、『ジュラシック・パーク』、『ピラニア』などの映画である。人間が他の生物の餌食になってしまう、という映画が多くの人を惹きつけるのは、「自分たちは自らの運命を自由に操れることができる」という私たち人間のうぬぼれをくじき、神経を逆撫(な)でするせいかもしれない。

私も子どもの頃、まだ自然ドキュメンタリー番組など見ておらず、ましてや、不潔な場所で動物を探し回ることもしていなかった頃は、無慈悲で貪欲な動物たちが無防備な俳優たちを追い回し、捕まえる恐ろしい映画を、ソファの裏に隠れてのぞき見ていた。そして

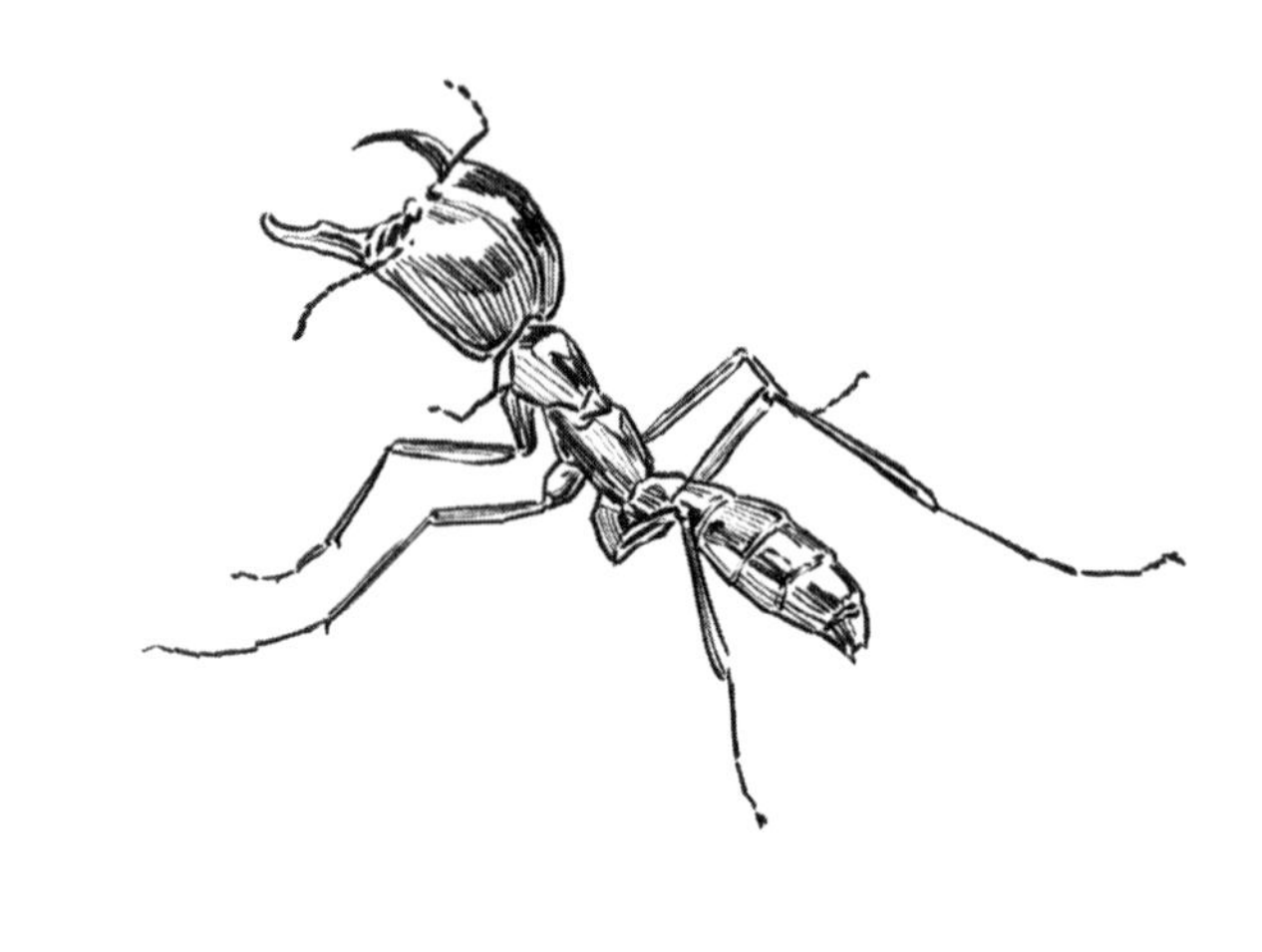

グンタイアリ

『アンツ』、『マラブンタ』といったアリを題材にした映画もある。

アリを主役に据えた脚本家は、「バカげている」と笑われたかもしれないが、アリを優れたハンターとして描いている点は現実に非常に近いと言える。アリは動物界でも特に優秀で恐ろしい捕食者だからだ。

こういう映画の発想の元になっているのは、グンタイアリというアリである。「グンタイアリ」は一種ではなく、多数の種の総称だが、大規模なコロニーを作ることと、あと二つ共通の特徴がある。一つは、恒久的な巣を持たないこと、もう一つは、よく採餌のために大遠征をすることだ。中には、サッカー場の端から端までの長さと同じくらいの隊列を組んで行進をする種もいる。

なぜそのような遊牧民のような生き方を

するのかというと、そうせざるを得ないだけの大変な食欲があるからだ――グンタイアリのコロニーは、一日に五〇万匹もの生物を捕獲して食べている。もしグンタイアリに恒久的な巣があったとしたら、近隣の食べられる生物をあっという間に食べ尽くしてしまうだろう。一つのコロニーに一〇〇万もの口があれば、絶えず移動せざるを得ない。

グンタイアリの隊列の規模、獰猛性に関しては数々の伝説がある。食べているのは主に、バッタやゴキブリ、他の社会性昆虫など、無脊椎動物だが、特にアフリカのグンタイアリ（サスライアリとも呼ばれる）に関しては、もっと大型の動物を食べたという言い伝えが残っている。コロニーが最大で二〇〇〇万匹というとてつもない規模になるせいだ。

アメリカの博物学者、トマス・サヴェージは十九世紀半ばに、現在のリベリアのグンタイアリが、ニシキヘビやブタ、鳥、サルなどを殺すことがあると記している。また、フランスの探検家、ポール・デュシャイユは、地面にあった動物の死骸が魔法のように消えたという話は、アリの仕業だろうと言っている。アリがゆっくりとだが休むことなく作業を続けて運んで行ってしまったということだ。

標的にされる昆虫たち

グンタイアリにはたしかに食べられるものは何でも食べるところがある。しかし、だからといって自分よりもはるかに大きい脊椎動物を日常的に標的にしている可能性は低い。動物が怪我をしているか、何らかの理由で拘束されていない限り、簡単に逃げて行ってしまうだろう——何しろグンタイアリの隊列は一時間で二〇メートルほどしか進めないのだ。だが、グンタイアリが自分たちよりはるかに大きな動物を、噛みつく力、そして数の力で倒してしまうことは実際にある。大型のクモやサソリなどが、採餌中のグンタイアリの隊列の餌食になっている。クモやサソリの強力な武器も圧倒的な数のアリの前には何の役にも立たない。アリに倒された獲物は、素早く効率的に解体され、少しずつ運ばれて行く。

グンタイアリの中には、カリバチなど、他の社会性昆虫を標的にする者もいる。グンタイアリの標的にされてしまうと、カリバチにはほとんど身を守る術はなくなる。アリの大群に巣が破壊される中、抱えられるだけの数の幼虫を抱えて逃げるだけだ。グンタイアリの隊列が近づいて来ると、脅えた生物が安全を求めて突然、隠れ家から姿を現すことがある。

この現象があるおかげで、グンタイアリに依存して生きている生物が多数存在している。たとえば、バーチェル・グンタイアリには、何と三〇〇種を超える生物が直接依存して生きている。これ以上の例は地球上の生物種にはない。アリドリという鳥は、グンタイアリから逃げようとした昆虫を捕まえて食べる。

ゴキブリに寄生していたハエなどが逃げ出そうとしたところを食べてしまうのだ。グンタイアリに擬態して、グンタイアリのすぐそばに寄り添って生きている勇敢な甲虫もいる。

生きているアリの身体でできた巣

グンタイアリは習慣の生き物だ。二週間ほど行進を続けると、そのあとは同じくらいの期間、一つの場所に留まる。コロニー全体の行動パターンを支配しているのは、次々に生まれて来る幼虫たちだ。卵が孵化すると、アリたちは、幼虫たちのとてつもない食欲を満たすべく、狩猟マシンと化す。昼間は行進するのだが、隊列の中心を成すのは多数の働きアリたちだ。

その脇には隊列を守る獰猛な兵隊たちがいる。隊列の中には女王もいる。周りを側近の働きアリたちが取り囲んでいる。

そして、他とは違う長い肢をした働きアリは大事な幼虫を運搬する役目を担っている。身体の下部にしっかりと抱き抱えて幼虫を運ぶ。隊列は移動しながら次々に獲物に襲いかかり、殺戮(さつりく)を繰り返していく。日が落ちると、アリたちは「ビバーク」と呼ばれる特殊な構造物を作る。

これは実質的には巣なのだが、生きているアリの身体でできているところが普通の巣と違うところだ。何十万というアリたちが集まり、互いに身体を絡み合わせて幅一メートルほどの構造物を作る。その中に女王と何千という幼虫たちが安全に身を隠すことができる。自分の身を投げ出してここまでのことをする生物も他にはあまりいないだろう。

このような遊牧民のような暮らしは、幼虫が繭を作り、成虫への変態を始めると、終わりを迎える。もう幼虫を食べさせる必要がないため、しばらく休憩ができるのだ。毎日、狩りをしながら行進することもなくなり、コロニーはキャンプを張る。この時、何より大事なことは女王に多くの食料を与えることだ。

女王の身体は急激に膨張する。間もなくわずか四、五日間で三〇万個という卵を産むのでその準備に入るのだ。卵が孵化するのとほぼ同時に、繭から新たなコロニーの仲間となる成虫が出てくる。これが再び進軍を開始する合図である。そしてまた同じことが繰り返されるわけだ。

運命の時

だいたい三年周期くらいで、バーチェル・グンタイアリには驚くべき出来事が起きる。コロニーが二つに分裂するのである。分裂が起きるのは、コロニーを構成する個体の数が五〇万匹を超える頃で、熱帯の乾季の始めだ。分裂に先立っては、女王が繁殖能力を持った複数の個体を産む。その個体たちは、将来の女王、あるいは女王と交尾をする王になる可能性を秘めている。

女王、働きアリといった用語からは、女王は世襲の絶対的権力者で、働きアリはそれに従うのみ、という印象を受けるが、グンタイアリの場合、実は実権を握っているのは働きアリたちである。誰を新たな女王にし、誰をその女王と交尾させるかを決めるのは働きアリたちだからだ。

働きアリにとってこの選択は非常に重要だ。グンタイアリは恐ろしい生き物ではあるが、絶えず他の生き物に攻撃を仕掛けているので、その際には多くの仲間たちが命を落とすことになる。コロニーを存続させるためには、数多くの卵を産み続けられる健康な女王が絶対に必要である。コロニーの分裂、新女王の選出はコロニーにとって最も重要な仕事と言ってもいいだろう。

新たな女王候補として生まれるのはわずか六匹ほどの個体で、そのほとんどは実際には王座に就くことができない。女王候補たちは幼虫の頃から、自らが女王となるべく、側近となる働きアリを惹きつける強力なフェロモンを放出し始める。候補がそれぞれに忠実な側近を得るため、ビバークの中では後に側近たちの間で戦いが起きる場合もある。幼虫の間、女王候補たちは同じように大切に守られ、食べ物も与えられるが、繭から出て成虫となると、いよいよ運命の時を迎えることになる。

新女王選出に備え、コロニーは二つの隊列を組む。互いに反対の方向に向かう隊列である。二つの最後尾はビバークで接することになる。隊列の中では、女王候補が働きアリたちの裁定を待つ。まず、候補のうちの一匹が、お供の働きアリたちを引き連れ、隊列とともに前進を試みる。他の候補たちは、自分の番が来るまで、働きアリたちによって動きを止められる。

若き女王候補の動きが良いようであれば、働きアリたちは、その個体を新女王と認める。さもなければ、その個体はコロニーから排斥され、遺棄される。この選定作業は、二つの隊列の女王が決定されるまで続けられる。従来の女王が王座を維持し、いずれか一方の隊列を率いることになる場合もあるが、そうなる保証はない。

空飛ぶ巨大な生殖器

グンタイアリの女王の寿命は六年ほどだが、王座に就いてから、次世代の女王が生まれるまでの時間は三年くらいである。その間に、女王は何百万という卵を産み、同時に、隊列とともに大変な距離を歩いて移動しなくてはならない。

働きアリたちは、女王にそれだけの体力を求めるのだ。女王にその体力がないと判断すれば、新しい、より頑健な君主を選び出そうとする。そして、古い女王は遺棄される。コロニーに遺棄された女王には死が待つのみだ。新女王の選出が終わると、二つの隊列の働きアリたちは、それぞれが新たな統治者の周囲にビバークを作り始める。

二つの隊列は徐々に分かれ、それぞれ別の方向へと進んで行く。これで一つのコロニーが二つになったということだ。

王候補の雄たちは、彼らの姉妹たちである女王候補よりも長く繭のままでいる。この繭は、コロニー分裂の際に働きアリによって運ばれて行くのだが、繭から出て成虫になると、そのあとはコロニーと行動を共にすることはなくなる。雄には翅がある。その翅で遠くへと飛び去り、新たなコロニー、交尾相手となる新たな女王を見つけ出すのが仕事である。

女王と同じく、雄アリは働きアリよりもかなり大きい——あまりに大きいため、アフリカでは、雄アリは働きアリとは別種の生物とされ、「ソーセージ・フライ」と呼ばれていたこともある。雄アリは本質的には「空飛ぶ巨大な生殖器」と呼ぶべき存在である。

巨大な交尾機械ということだ。大量の精子以外に持っているものと言えば、新たな女王とコロニーを発見した時に自分を強く印象づけるために放出する物質くらいだ。人間の場合も、意中の人を口説き落とすより、その人の家族や友人に認められる方が大変なことはよくある。

しかし、女王と交尾しようとする雄アリが、働きアリたちに認められることはさらに大変だろう。何しろ働きアリたちは皆、攻撃的であり、外からやって来た雄など基本的には疑ってかかっている。

それで雄アリは、「自分は女王のパートナーにふさわしいですよ」というメッセージとなる物質を放出して、働きアリたちの厳しい審査に受かろうとする。働きアリたちが承認すれば、雄アリは女王に付き添うことになる。交尾をする際には、雄の翅が引きちぎられることもある。翅は交尾をする女王へのプレゼントとなる。

働きアリたちの審査が厳しいのは当然のことだ――選んだ雄の子どもを育てるのは当の働きアリたちだからだ。雄アリはそれを目にすることはできない。雄アリには交尾をする以外何もできないからだ。交尾が済むと、たとえその後、生きていたくても、彼の命はそこで尽きる。

地球には常に一〇〇兆匹ものアリがいる

グンタイアリが生息する熱帯では、その地域にいる動物のバイオマスの総量の四分の一以上をアリが占めている。だが、アリが生態系の中で大きな役割を果たすのは熱帯だけではない。アリは地球上のどこにでもいるし、多くのアリは大集団で生きているからだ。地球上には、常に一〇〇兆匹ものアリがいるという試算もある。

つまり現在、地球上にいる人間一人につき、だいたい一万五〇〇〇匹のアリがいることになる（オーストラリアでピクニックをしたことのある人は、それは少なすぎでは？と言うかもしれない)。南極を除くすべての陸地のほぼすべての地点にアリはいる。

あらゆる場所で、巣を作り、採餌をし、繁殖している。アルゼンチンアリのように侵略性の強いアリの中には、スーパーコロニー——非常に広い範囲に分布する多数の巣どうしが相互接続するネットワーク——を形成する者もいる。全長四〇〇〇キロメートル——これはポルトガルから北西イタリアくらいまでの往復の距離だ——にも達するとてつもなく大きなスーパーコロニーもある。

アリの成功は多くの部分、その社会性のおかげだと言ってもいい。シロアリと同様、そして、より近縁の種であるハナバチやカリバチとは異なり、アリはすべての種が社会性昆虫である。一匹一匹のアリを見ていると、意外にもてんでばらばらのように思える。

短期間の偵察活動のために歩いている者もいれば、単に道に迷って彷徨(さまよ)い歩いているだけの者もいる。また、一見、アリのように見えるが、実はアリに擬態している別の生物だとわかる場合もある。アリの成功を羨(うらや)んでいるのか、アリに擬態する生物は多くいる。すでに見てきた通り、多数の個体が協調し、協力し合っていることがアリの成功を支えている。

また、他に重要なのは、アリという生物の多様性、柔軟性だ。アリの中には、動物食の者もいれば、植物食の者もいる。また、こだわりなく手近にあるものを何でも食べるアリもいる。中にはエンジン・オイルまで食べてしまうアリがいるのだ。

アリの知恵

アリの適応力のすごさは、特に、日々直面する問題をどう解決しているかを見るとよくわかる。グンタイアリの隊列は、すでに書いた通り、幼虫を育てるのに必要な食料を効率良く調達、供給できるようになっている。ともかく絶え間なく食料を調達できるよう、アリたちは大変な長距離を歩くことになる。隊列が止まることなく進行できるよう、道に穴があれば、それを自分の身体を使って塞ぐのを仕事にしている働きアリもいる。

全員が穴を通って進むのではなく、一部の働きアリが自分の身を挺して穴を塞ぎ、残りの働きアリがその上を歩いて行った方が、多くが平坦な道を歩くことができ、隊列全体としては速く進行することができる。他にも、様々な理由で、そのままでは隊列がまっすぐに進行できない状況に直面することが多い。

たとえば、倒れた低木などがあると、進路に急激な高低差ができ、その上を進行するのは困難なので、そのままでは大きな迂回を余儀なくされてしまう。この場合も、一部の働きアリたちが身を挺して生きたアリの橋を作って間隙を埋める。アリたちにとっては峡谷とも言えるこの間隙の両縁にアリは集まり、お互いの身体を組み合わせていく。まるでサーカスのようだ。組体操に人間ピラミッドというのがあるがあれに似ている。

両縁から伸びていったアリの橋は中央で出合い、つながる。その後は、他の個体たちのための通路になるのだ。この橋のおかげで隊列は素早く前進できる。全員が渡りきれば、橋は解体され、部品となっていたアリたちはまた元通りに行進を始め、次の任務に備える。

氾濫原の地下に巣を作って生息するヒアリは、常に川が氾濫する危険に晒されている。氾濫が起きると、ヒアリは、自分たちの生きた身体を使っていかだを作る。数多くのヒアリが組み合わさることで、防水の布のようになり、水に浮かぶようになるのだ。

このいかだに乗ることで、コロニーの多くの個体、そして脆弱（ぜいじゃく）な幼虫たちの命が救われる。必要であれば、ヒアリは何週間もいかだを維持し続ける。川の氾濫は危険なだけでなく、良い面もある。水がヒアリを新たな入植地へと運んでくれるからだ。ただ、巣の外に出ると、巣の中にいる時よりも危険が多くなるので、ヒアリたちは皆で毒を持つなどして防衛力を大幅に強化させる。

いかだがどこかに打ち上げられると、ヒアリは、また別の驚くべき構造物を作る。それが恒久的な巣が定まるまでの仮の棲み処となる。植物の茎の周囲に多数が集まり、身体を組み合わせてアリ数十四分の高さのエッフェル塔のような形を作るのだ。

塔の下部の方が当然、上部より荷重が大きいので、塔の下へ行くほどアリの数は多く、上へ行くほど少なくなる。これは、テントのような構造物である。この場合も、テントの最外部ではアリの身体が多数、組み合わさることで防水の布のようになり、雨が降っても水をはじくため、中にいるアリたちは濡れることがない。シロアリの場合と同じく、個々のアリはごく小さな脳しか持っていないため、いかだにしても、テントにしても、全体としてどういうものを作るのかは誰もわかっていない。

それでも、個体がそれぞれ簡単なプログラムに従って行動するだけで、全体としては見事なものができあがる。プログラムは状況に応じて少しずつ変わり、その時々に合った様々な構造物ができる。

巡回セールスマン問題

動物は日々の生活の中でいくつもの意思決定をしなくてはならない。時には複数の意思決定が連鎖することもある。その場合には、一つの意思決定が、他の意思決定に次々に影響を与えることになる。

たとえば、私たち人間が物品を運搬する場合のことを考えてみよう。運送会社がトラックで運搬する際には、ドライバーと会社は、届け先の顧客までの最も効率的な経路をその都度、見つけ出す必要がある。顧客は多数いて、皆、今か今かと荷物の到着を待っている。さほど難しいことではないように思えるが実際にはそう簡単ではない。ここで発生する問題として特に有名なのは、「巡回セールスマン問題」である。

この場合はセールスマンではなく、配送のドライバーということになる。仮にドライバーが一人いて、それぞれに違う場所に住む一〇人の顧客のところに行かねばならないとしよう。倉庫から出発したドライバーは、最も効率的な経路で全員のところに行きたい。

だが、顧客がわずか一〇人だとしても、取り得る経路はなんと約一八〇万通りもあるのだ。これは運送会社だけの問題ではない。工場で回路基板を組み立てる場合でも、倉庫の設計をする場合でも、電力を利用者に供給する場合でも、同様の計算は必要になる。計算を誤れば、多くの費用と時間が無駄になってしまう。

人間は、ネットワークがかなり小規模であれば、巡回セールスマン問題の解をうまく見つけることができるが、アリのコロニーはもっと驚くべきことをやってのける。

荷物を配送するドライバーと同じように、アリの多くの種も巡回セールスマン問題に直面する。ドライバーが倉庫から出て顧客先へと向かうのと同様、アリも巣から出て、数々の採餌場所へと向かうからだ。大事なのは、できる限り効率的に巣へと食料を持ち帰れるネットワークを構築することである。

ただ、一つ困ったことがある。食料はいつも同じ場所にあるとは限らないということだ。新しい採餌場所は絶えず見つかるし、以前はあった採餌場所で食料が得られなくなることも多い。つまりアリたちはネットワークを常に更新し続けなくてはならないわけだが、それを驚くほど見事にやり遂げるのだ。

食べ物のありかを伝える

昨年の夏、私の末の息子が、暑い日中にアパートのバルコニーでアイスクリームを食べていた。横から滴り落ちるクリームを舐めようとコーンを回転させた時、あり得ないことが起きた——アイスクリームがコーンから外れ、そのまま床に落ちてしまったのだ。屋内にいた私は、がっかりする息子を元気づけるべく、冷蔵庫からお菓子を出して持って行った。

するとなんと、その間にもうアリが落ちたアイスクリームを発見していた。私がバルコニーに到着する頃には、溶けかけたアイスクリームを、何百匹ものアリが取り囲んでいた。アイスクリームへと向かうアリの隊列は、どうやら大きな植木鉢から始まっているようだった。うちのアパートのバルコニーにアリたちのアパートがあったらしい。思いがけない幸運に喜ぶアリたちの声が聞こえてくるようだった。

これだけ素早く多くの仲間を集め、採餌場所までの隊列を組めたのは、個々のアリが放出する物質のせいだ。その物質で、アリは仲間たちを導くことができる。一匹のアリが食べ物を見つけると、その一部を巣へと持ち帰る。帰り道には、時々立ち止まり、経路にフェロモン放出する。このフェロモンが他のアリたちを導く化学的ビーコンとなるのだ。

このフェロモンに誘われて食べ物に向かった次のアリも、食べ物を見つけることができれば、やはり持ち帰る際に経路でフェロモンを放出する。これで先行した仲間の情報が正しいと認めたことになる。

これは、私たち人間がソーシャル・メディアで「いいね！」をつけるのと似ている。こうしてポジティブ・フィードバックが起きると、あっという間にアリたちのスーパーハイウェイができあがるわけだ。

だが、同じ場所にいつまでも食べ物があるわけではない。大勢のアリが持ち帰って残りの食べ物がなくなってきた時にはどうなるのか。フェロモンは揮発性で、短時間のうちに消えてしまう。これは重要な特性だ。多数のアリによってフェロモンが絶え間なく放出されなければ、すぐに経路がわからなくなるからだ。

その場所から食べ物を持ち帰るアリの数が減ってくれば、経路に残されたフェロモンは急速に薄れていく。これによって、アリたちが何もないところに向かって無駄に歩いて行くことはなくなる。

フェロモンを残して食べ物のありかを伝えるというのは、食料源とコロニーをつなぐ素晴らしい方法だ。ただ、それだけで採餌を効率的に行うという課題を対処するには十分ではない。まず問題なのは、この方法は柔軟性に欠けることである――すべてのアリが一つの経路に集中してしまう可能性があるからだ。コロニーのすべてのアリが同じ行動を取るようになるのも良くない。

柔軟性とイノベーション

アメリカの博物学者、ウィリアム・ビービは、その典型的な例をあげている。一九二一年、南米に遠征したビービは、グンタイアリの長い隊列を見た。直径一〇〇メートルを超える巨大な円を描くような隊列だ。アリたちはどうやらその隊列による行進をやめられなくなっているようだった。結局、二日間、アリたちはその円の中で行進を続け、その間に多くのアリたちが死に、ようやく円は壊れた。

ただし、こういうことは稀である。多くの場合、アリたちは、この方法で効率良く食料を得ることができる。実は、すべてのアリが同じように行動するわけではないからだ。

たしかに大半のアリは、フェロモンを頼りに歩いて行くのだが、中には予測のできない動きをする者たちもいる。この「おかしな動きをする者たち」が、コロニーに問題解決に重要な柔軟性とイノベーションをもたらすのだ。ただ定められた経路を歩くのではなく、この異端者たちはうろうろと歩き回り、多くの者たちとはまったく違う場所を探検する。そうしている間に、新たに素晴らしい食料源を発見することもある。

A地点からB地点へと到達する経路は一つではない。最短経路を見つけることは、アリにとっては極めて重要である。行動の効率化が図れるからだ。しかし、二通りの経路が目の前にある時、アリたちは気まぐれに一方を選ぶ。

仮に、二匹のアリが、巣から息子の落としたアイスクリームに向かって歩いていた途中で、置きっぱなしのおもちゃに遭遇したとする。二匹はどちらもおもちゃを迂回したが、迂回の経路がそれぞれ違ったとしよう。この場合、二匹のうちいずれかが、アイスクリームに先に到達することになる。

先に到達したアリは、もう一匹がアイスクリームに到達する前に、巣に向かって引き返すことができる。どちらのアリも帰り道にはフェロモンを放出するのだが、経路が短い方が、フェロモンの濃度は高くなるだろう。つまりそれだけ多くのアリたちを引き寄せるということだ。反対に経路の長い方はフェロモンの濃度が下がるので引き寄せるアリの数が減る。フェロモンは短時間で消えるので、ただでさえ少ない長い経路を選ぶアリは時間の経過とともにますます減っていき、やがて、短い効率的な経路を選ぶアリばかりになる。

食料源までの最適経路を見つけるアリの能力を調べるための実験はすでに多数行われてきた。その結果、アリたちが非常に厳密に経路を区別できること、そして最も効率の良い経路を的確に選べることがわかっている。

ただ、これまでの実験はどれも、アリに簡単な問題を与えてそれにどう対処するかを見る実験ばかりだった。非常に困難な問題に直面した時にアリがどう行動するかはそれではよくわからないのだ。経路発見の能力がまずまず高いだけなのか、それとも極めて高い能力を持っているのかはわからない。

迷路と最適経路

シドニー大学の私の元同僚、クリス・リードはそこで、アリたちに限界への挑戦をさせることにした。とてつもなく難しい問題を与えて、どう対処するかを見ることにしたのである。基本的にはこれまでの多数の研究と同じように、巣から食料源の間に迷路を置く、という方法を採ったのだが、その迷路を極めて複雑で難しいものにした。なんと、取り得る経路が三万二七六八通りもあったのだ。その中で移動距離が最短で済み、効率的と言える経路はわずか二つだ。アリたちは、わずか一時間で、この最適経路を発見してみせた。

クリスはたしかにこの実験によって、アリたちが採餌経路を発見することに関して非常に優れた能力を有していることを知った。だが状況変化への対応がどの程度できるかはこれだけではわからない。当然、それを確かめるのは容易ではない。アリたちが困っているのか否かは簡単には判断できないからだ。クリスは判断するための工夫をした。

アリたちが迷路の中から最適経路を発見したあと、すぐに迷路の構造を変えてみたのだ。そうなると、またゼロから経路発見のための行動を取らなくてはならなくなる。アリたちはその難題に見事に立ち向かい、再び最適経路を発見した。

これが可能なのは、アリにイノベーションとポジティブ・フィードバックを起こす能力があるからだ。アリの研究によって、アリ・コロニー・システム、アリ・コロニー最適化法と呼ばれる技法も生み出されている。巡回セールスマン問題など、人間が直面する問題に対処するためにコンピュータ・サイエンスの世界で使われている技法である。

この技法では、仮想アリを使用する。現実のアリと同様のルールに従って動き、同様のパターンで行動し、街の最適な交通網の作成、何百という講義が同時に行われる大学の最適な時間割の作成、最適な航空路線網の作成、土壌の排水パターンの予測といった問題を解決する。

コロニーに入り込むコオロギ

アリを観察していて特に興味深いのは、アリの個体が他のアリたちや、まったく異なる種の生物たちと関わり合う時の行動である。人間の世界でもそうだが、自然界でもある生物が成功を収めると、取り入ったり、騙したりしてどうにか得をしようとする者などが現れる。

たとえば、小さくて味の良い昆虫は、そのままではアリの良い餌食になってしまう。だが「この昆虫は食べられないし、脅威にもならない」とアリに思わせることができれば、アリのコロニーに紛れ込むことができるし、そこで他のところにいるよりもはるかに安全に生きることができる。

たとえば、アリヅカコオロギと呼ばれる昆虫は、アリから名前を拝借しているだけでなく、ただで安全を確保してもらい、棲み処も食べ物も与えてもらっている。アリのコロニーに入ろうとすると、最初は当然、アリたちから攻撃を受けることになる。攻撃に遭わないため、早足で移動し続けるのだが、それをいつまでも続けることはできない。

コロニーにうまく入り込むためには、まずアリの中に溶け込まなくてはならない。アリヅカコオロギがそのために採るのは、アリの歩き方を真似るという方法だ。巣の中は暗いので、姿が同じでなくても歩き方を似せるなど、似た印象を与えれば、別種の生き物であることを隠すことも不可能ではないだろう。歩き方はアリの種によって異なるので、真似るには、科学者のようによくアリを観察しなくてはならない。

短時間のうちにうまく歩き方を習得できれば、コロニーにすぐにうまく適応し、中に入り込むことができるだろう。いったん入り込んでしまえば、時間が経つうちにそのコロニーに特有のにおいを身にまとうようになる。においはアリが相手を認識する上でも最も重要な手段だ。においさえ身につけてしまえば、もうコロニーの一員になったも同然である。

ここまではいいが、ただコロニーに入り込むだけでは十分ではない。生きるためには食べなくてはならないからだ。アリヅカコオロギはその点も抜かりない。鍵になるのは、多くの社会性昆虫の繁栄の大きな要因になっている「栄養交換」と呼ばれる習性である。

これは、社会性昆虫の個体どうしが食べ物を与え合う習性だ。働きアリたちは素嚢（そのう）に食べ物を蓄えており、コロニーの仲間に求められると、少し吐き戻してその仲間に与える。アリは触角で、相手の触角や頭を軽く叩いて食べ物を求める。

このように食べ物を分け合うことは、アリのコロニーの成功には不可欠である。労働力となる働きアリたちに確実に栄養が行き渡る上、コロニー・フェロモンが働きアリどうしで受け渡されるからだ。

コロニー・フェロモンによって、働きアリたちは結束を強め、共通の目的のために懸命に働くようになる。アリヅカコオロギはアリの習性をうまく利用して、働きアリたちから食べ物をせしめる。働きアリと同じように相手の触角を軽く叩くのだ。すると、自動販売機のようにいくらでも食べ物が出てくる。

奴隷になったアリ

アリはチームワークが素晴らしい生き物である。だが、時にとんでもなく卑劣な戦略を

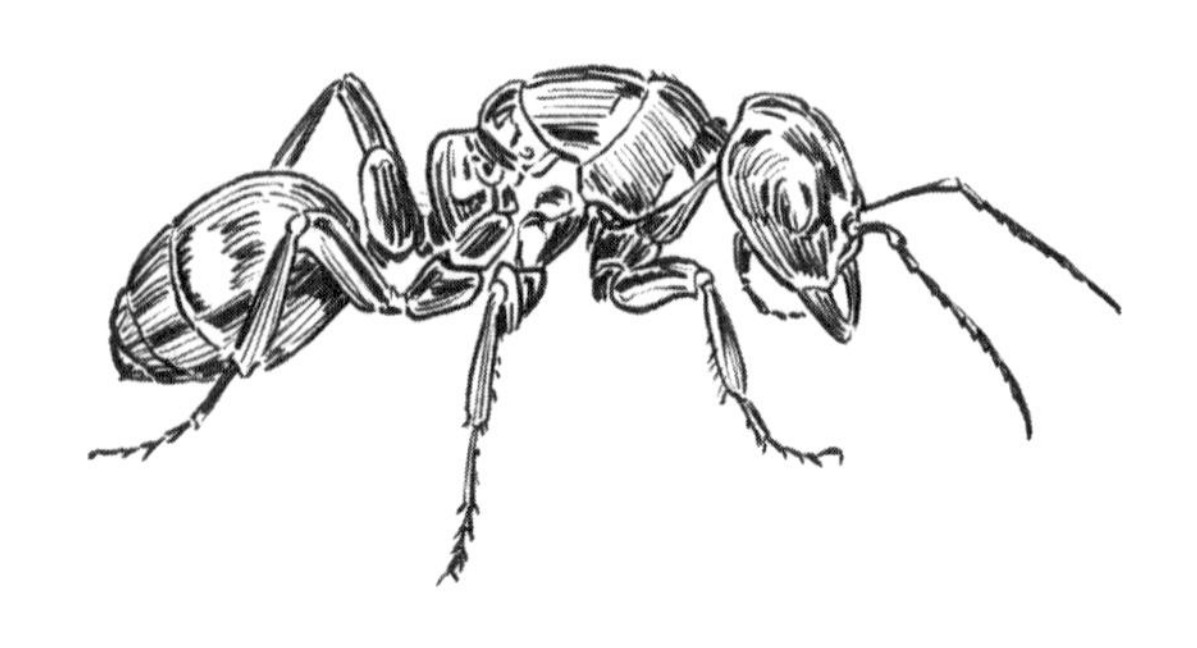

アカサムライアリ

採ることもある。アリでも種の違う者どうし、あるいは、同じ種のアリでも属するコロニーが違う者どうしは、激しく敵対し合うのが普通だ。他の種のアリに厳しいという点では、サムライアリに勝る者はいないだろう。なんと他の種のアリを奴隷にするのだ。

サムライアリの中でも、アカサムライアリと呼ばれる種はそれに長けている。鎌のような形の顎を持ったアカサムライアリは当然、強いが、その強いアリが、はるかに弱いクロヤマアリを奴隷にする。アカサムライアリはアマゾンアリとも呼ばれるが、アマゾンに生息しているわけではなく、アメリカにいる。

アカサムライアリの女王は交尾をすると、ある使命を果たすべく動き始める。クロヤマアリのコロニーを見つけ、そのコロニーの働きアリを奴隷化するという使命だ。通常、コロニーに侵入者があると、それがどれほど強力な顎を持ったアリであろうと、あっという間に八つ裂きにされるのだが、アカサムライアリの女王は、うまく侵入できることが多い。

その理由としては、まず女王がごくわずかにクロヤマアリが仲間だと思うにおいを発していることがあげられる。アリは相手をにおいによって認識しているからだ。つまり異質な者を見つけ出す化学的なレーダーを備えていることになる。ただ、アカサムライアリの女王はこのレーダーをすり抜ける。また、女王はさらに強力な化学兵器を持っている。

標的となるコロニーの兵隊アリや働きアリを落ち着かせ、攻撃性を弱めるフェロモンを発するのだ。これによって時間を稼ぎ、その間に巣の奥深くに入り込んで、クロヤマアリの女王を見つけ出す。ただし、これで仕事は終わりではない。コロニーに受け入れられるためには、クロヤマアリの女王のにおいを身にまとう必要があるからだ。

恐ろしいことに、アカサムライアリの女王は、そのためにクロヤマアリの女王を殺す。齧りついてばらばらにし、身体を舐めることで、相手のにおいを自分のものにするのである。クロヤマアリのコロニーには、複数の女王がいることもあるので、その場合は、すべてを探し出して容赦なく殺す。それ以後、クロヤマアリたちの敵発見システムは機能しなくなる。

働きアリたちは、アカサムライアリの女王を自分たちの女王として受け入れる。新たに王位に就いた女王は巣の中に定住して卵を産むようになる。奴隷となったクロヤマアリたちは、彼女の子どもたちを懸命に育てる。

「プロパガンダ物質」とパニック

アカサムライアリには、通常の意味での働きアリはいない――採餌をし、子育てをするようなアリはいないということだ。そうした仕事はすべて奴隷化したクロヤマアリにさせる。しかし、クロヤマアリの女王はすでにいないので、クロヤマアリの数は増えることがなく、次第に減っていく。アカサムライアリはいずれどうにかして労働力を補充する必要に迫られる。

コロニーを維持するため、アカサムライアリは、新たな働き手を探さなくてはならないのだ。そこでアカサムライアリの働きアリたちは、標的となるクロヤマアリのコロニーを探すために偵察に出かける。コロニーが見つかれば、偵察アリは急いで戻ってそのニュースを知らせる。アカサムライアリはすぐに兵の招集をかける。

攻撃のために最高で三〇〇〇匹もの兵を集めるのだ。驚くのは、奴隷となったクロヤマアリたちも攻撃に加わる場合があることだ。標的は同種のクロヤマアリなのにもかかわらずだ。攻撃は非常に激しく、クロヤマアリたちの多くは巣を捨てて逃げ出してしまう。クロヤマアリの巣がよほど大規模であれば戦闘が長期化することもあるが、ほとんどの場合は、ほぼ無抵抗のまま戦いはすぐに終わってしまう。

サムライアリの中には、ただ数を動員するだけでなく、いくつかの秘密兵器を駆使する種もいる。その一つは「プロパガンダ物質」だ。これは、標的となったアリたちをパニック状態に陥れる物質である。中には、味方を攻撃するよう促す物質まである。また、ハリー・ポッターのマントのように自分の姿を消すことができる種もいる。ただし、使うのは魔法ではなくて化学の力だ。標的となった巣の中のアリたちは、侵略者が中に入り込んでいるのに気づかない。この技があまりに見事なので、攻撃部隊はわずか四匹ほどで済む。使う手段は様々だが、どのサムライアリも侵入の目的は一つである。それは、相手の巣の幼虫やサナギを手に入れ、連れて帰ることだ。

アカサムライアリの場合、長期間のうちに何千というクロヤマアリの幼虫を「誘拐」することになる。誘拐された幼虫は、連れて来られた巣のコロニーを自分の巣だと思い込んで成虫となる。幼い頃から馴染みのあるにおいを発するサムライアリたちも敵だとは認識しない。

密かな抵抗運動

ここまで読んで、何となく、奴隷にされる側のアリに同情している読者も多いと思う。そういう読者に朗報がある。アリたちは、近くにサムライアリがいることを察知すると、警戒を強める。通常よりもさらに、異種のアリや自分たちのコロニー以外のアリに対して強い敵意を持つようになるのだ。侵略を予防するために、コロニーごと引っ越してしまう場合もある。

だが、それでも最悪の時は、奴隷化されてしまう。

その場合はどうなるのか。ほとんどの場合はそれでおしまいだが、いつも必ずそうだというわけではない。密かな抵抗運動が起き、それが発展して奴隷の反乱が起きることもあるからだ。反乱の主な舞台となるのは、育児の場所だ。

奴隷となった働きアリには、幼虫を世話し、育てるという仕事がある。自分たちの女王はすでにサムライアリの女王に殺されているのだが、育児場所には、多くの場合、まだ元の女王が産んだ幼虫もいる。

また、その他には、サムライアリの幼虫や、他のコロニーから誘拐されて来た幼虫がいることもある。サムライアリの幼虫にとっては、危険な時である――命が奴隷の手に委ねられているからだ。頼みの綱は、自分の発するにおいである。

共に育った奴隷の幼虫たちとそっくりなにおいを発するからだ。このなりすましの技は見事だが、完璧ではない。奴隷の働きアリたちは、両者のにおいのわずかな違いを察知することもある。その場合は即、サムライアリの幼虫を殺してしまう。

サムライアリと奴隷になるアリの間では常に大変な軍備競争が繰り広げられているのだ——奴隷になるアリの側では、ほんのわずかなにおいの違いでもかぎわけられるよう、嗅覚が次第に敏感になる進化圧がはたらく。一方、サムライアリの側では、相手の敏感になっていく嗅覚を欺けるよう、においをさらに似たものに変える進化圧がはたらくのだ。

甘露を得るために

サムライアリのあまりのずる賢さにあきれた人もいるだろうが、自然界には、これ以外にも驚くべき事例が存在している。アブラムシやヨコバイなど、植物の汁を吸って生きる昆虫は多い。園芸や農業をする人にとっては悩みの種になっている虫たちだ。葉脈に鋭い口器を突き刺して、植物が生きるのに欠かせない葉液を吸い取る。

人間の血液と同様、植物は、その葉液を圧力をかけて流れさせることで、栄養分を行き渡らせている。その圧力があるため、昆虫の側では、葉脈に穴さえ開ければ、あとは勝手に葉液が口の中に流れ込んで来る。時には、圧力が強すぎて、流れ出す葉液の量が多すぎ、虫が身体に入った液の一部をすぐに外に出してしまうこともある。

この虫が出す液体は「甘露」と呼ばれる。葉液は虫の身体の中を通ってはいるが、完全に消化されてはいないため、栄養分を多く含んでいる。一万匹の虫が一時間かけて出す甘露の量はだいたいティー・スプーン一杯分くらいだ。少ないと思うかもしれないが、虫と植物の量が十分に多ければ、人間が収穫する価値のあるくらいの量になることもある。

オーストラリアのアボリジニは何千年もの間、甘露を食料としてきたし、中東の人々も古くから食べてきた――旧約聖書に出てくる「天国のマナ」は甘露だという説もある。甘露はその名の通り甘く、タンパク質やビタミン、ミネラルも含まれている。

人間にとっての良い食べ物は、アリにとってもそうであることが多い。アリの中には、アブラムシが葉液を吸っている植物の下に行って甘露を集める種もいるが、もっと巧妙な手段を使う種もいる。いわば酪農家のようなアリである。植物の汁を吸う虫を数多く飼育することで甘露を得るのだ。

働きアリは何種類かに分かれていて、それぞれに担当の仕事がある。虫を守る役目の者もいるし、甘露を集める役目の者、甘露を運ぶ役目の者もいる。甘露を集める時には変わった方法を採る。アブラムシを叩いたり、撫でたりして、甘露を出すよう促すのだ。天候の変化から虫の群れを守るためのシェルターを築く種もいる。

この方法だと、大変な量の甘露を得ることができる——一つのコロニーのアリたちが、一年間に収穫する甘露の量は〇・五トンにもなるという試算もある。ただ、アブラムシが成長、成熟して翅が生えると、飛び去ってしまう可能性が高い。これは飼っている家畜が逃げるということなので、アリにとっては大きな問題である。

そこでアリはアブラムシの翅を切り取る、化学の力で発達を遅らせて翅が生えないようにする、といった方法で対処する。また、アブラムシがあまり動き回らないようにする物質を放出することもある。冬にアブラムシの卵を巣に持ち帰り、春になったら、「牧場」に出すというアリもいる。アブラムシのいる植物からあまり葉液が出なくなって来た時には、アブラムシを別の植物へと運ぶこともある。

アリと「酪農」

とにかく、アリたちは驚くほど勤勉だ。本当に人間の酪農家にそっくりだと思う人もいるだろうが、実際にはその反対で、人間がアリに似ているのだ。何しろ、アリは人間よりも何百万年も早く酪農を始めているからだ。

人間の家畜も多くがそうだが、アブラムシもやはり、飼育されて元とは違う生き物になっている。アブラムシの中には、数え切れないほどの世代、アリと共存し続けてきたことで、自分の身を守ることをアリに委ねている種がいる。

長い年月のうちに野性を一部、失ってしまったわけだ。たとえば、捕食者から逃げる際に必要なはずのジャンプが下手になったアブラムシもいるし、捕食者避けのためにしていたはずの身体の蠟状のコーティングをやめてしまったアブラムシもいる。こうなると、身を守るためにますますアリが必要になる。

ただし、アリたちは家畜であるアブラムシに何か思い入れがあるわけではない。飼育しているアブラムシの群れが大きくなり、必要以上に甘露が取れるようになった時には、アリは余分なアブラムシを食べてしまう。

また、甘露の代わりとなるもっと良い食べ物が得られた時には、飼育しているアブラムシを全部食べることすらある。

社会性昆虫と人間

社会性昆虫は、私たち人間にとっておそらく最も興味深い動物だろう。一見、人間とはまったく違っているのに、形成する社会には、人間のそれと明らかに似た部分がある。また、人間と同じように農業や酪農、建築までする。

もちろん、それは自分たちの必要に合わせて進化を遂げた結果だ。社会性昆虫たちは、自分たちの居場所を自分の力で守る。また、集団の中で役割分担をする。構成員の数が何百万にも達し、しかも明確な構造を持つコロニーを形成する動物は、人間を除けば社会性昆虫だけである。社会性昆虫は、奴隷を持ち、搾取するなど、好ましくない習性も人間と共有している。

驚くべき類似点は他にもある。一般に、社会性昆虫は働き者だと思われている。しかし、人間の社会と同じく、その労働倫理は一様ではない。たとえば、同じアリでも種によって大きく異なっているのだ。ムネボソアリの場合、常に懸命に働き、公共の利益のために我が身を捧げているような働きアリは全体のわずか三パーセントである。そして、コロニーの約四分の一の個体は一切、働かない。残りは働いたり、のんびり休んだりしている。社会性昆虫は、知れば知るほど興味深くなるものの好例だろう。

そして、私たち人間にとって非常に重要な存在でもある。多くの人間が主に食料にしている一〇〇種ほどの植物のうち、授粉をミツバチに依存しているものは実に七〇種にものぼる。つまり、ミツバチがいなくなれば、人間は深刻な問題に直面するわけだ。

また、ミツバチほど、私たちとの関わりは深くないが、アリやカリバチも有害生物駆除という面で非常に大きな役割を果たしている。見つけたら新聞を丸めて叩いたり、殺虫剤をかけたりしてしまうかもしれないが、そういう時は思い出して欲しい。

いつも仲良くはできないが、私たちにとって社会性昆虫はなくてはならない重要な存在なのだということを。

3章

イトヨが決断するとき

「いかれてるのか？」

私は野原の中の、悪臭のする水路の中で網をつかんでいた。つかめるようなものは手近には他になかった。そこはイングランドの田舎の見渡す限り何もない場所だった。寒い十一月の夕方で、細かい霧雨が降っていた。私は、その水路で九時間もの間、一センチメートルずつ前に進んでいた。魚を探すためだ。腿のあたりまで水につかっていて、膝から下は泥に埋まっていた。

名前も知らない筋肉が痛んでいて、防水の長靴を履いてはいたが、足の感覚はとうの昔になくなっていた。私の身体の中で、汚い水を浴びていない部分はほとんどなかった。それは、私の同僚、マイク・ウェブスターも同じだった。彼もやはり、同じ水路の数百メートル先に立っていた。

日は傾いていて、そろそろ水から上がり、ホテルへと向かう時間だった。ただ、腐った卵のようなメタンガスの臭いが染みついたままの身体では、とてもバーに入ったりすることはできないだろう。それはまあいい——ビールを少し飲むくらいはたぶん、どうにかなる。

そんなことを考えていると、薄暗い中、一人の老人が近づいて来るのが見えた。穏やかではあるが、やつれた顔をしていて、脚の良くない犬を散歩させている。

老人の目に私は見えないはずだった――私は水路に入っており、老人の目からは、私の頭の半分くらいまでは隠れていると思われた。私はちょっと不安になった――今、私が突然、水路の中から現れたとしたら、水路に棲む怪物が現れたように見えるのではないか。だとしたら、この痩せた老人の弱った心臓は止まってしまうのではないだろうか。

私はどうにかして、水路から上がる前に自分の存在を老人に知らせる必要があった。わかりやすい方法を採らなくてはならないだろう。犬もあまり機敏そうには見えないのであてにならない。私は、大きな音で、調子外れの口笛を吹いた。そしてゆっくりと水路から出ながら、相手を怖がらせないよう泥はねだらけの顔に精一杯の笑顔を浮かべ、「良い日和ですね！」と言った。

うまくやれたとは思う。だが老人は凍りついたように歩みを止めてしまった。驚いたと同時に嫌悪感も抱いたらしい。少し落ち着きを取り戻すと「なんだ、あんたいかれてるのか」と言った。返答に困った私は去って行く彼の背中に向かって「良い夜を」と言った。

老人は、それに対していくつかの品の良くない言葉で返事をした。

泥にまみれてイトヨを観察

私は動物行動学の研究者だが、そう言うと、遠い外国へ行って、皆のよく知っている人気者の野生動物の数々に出合うのが仕事だと思う人もいるかもしれない。もちろん、そう単純に考える人ばかりではないだろうが、それでも、「動物行動学者ですって？ ならリンカンシャーの水路には詳しいんでしょうね！」と私に言った人はこれまで一人もいない。

たしかに人の羨むような場所に行って、魅力的な動物たちを観察したことがないわけではない。だが、一般の人にとって魅力的に見える動物が一切いない何でもない場所からも学ぶことが数多くあるのだ。その日、私がマイクとともに水路で泥にまみれて観察したのは、イトヨという魚だった。

イトヨの行動について知ろうとしていたのだ。イトヨは、食べている物によって、また棲んでいる場所によってにおいが変わる。それは私たちがにんにくやアスパラガスを食べていれば、あるいはフィッシュ・アンド・チップスの店の上に住んでいれば、そのにおいになるのと同じだ。棲む場所がわずか数メートル違うだけでも環境が微妙に変わり、イトヨのにおいも微妙に変わる。そして、イトヨには、自分に似たにおいの者とともに行動したがる習性がある。

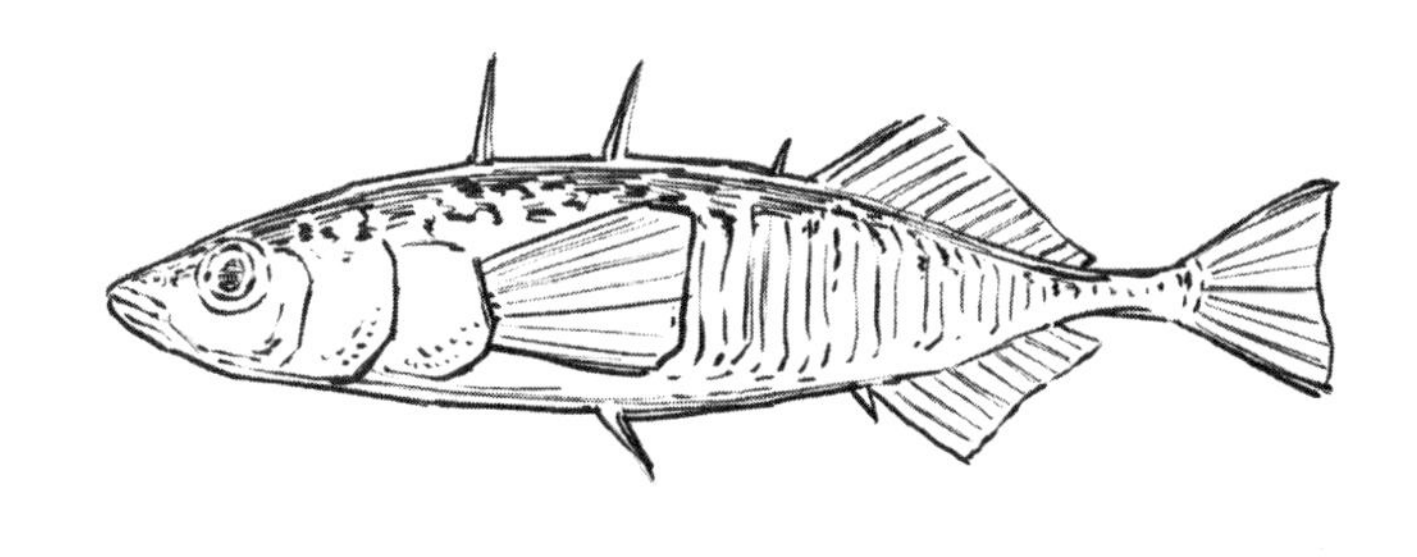

イトヨ

私たち人間の嗅覚は比較的弱いので、イトヨのように他者との関わりに嗅覚を利用することはない。しかし、多くの――大多数という人もいる――社会的動物は、同じように嗅覚を利用する。私たち人間は微妙な方言の違いで相手がどこの者かを見分けられるが、それは魚がにおいで信頼できる近隣の者と信頼できない他所者(よそ者)とを区別しているのに似ているのかもしれない。

私はイングランド北部の出身だが、その付近の人であれば、話し方だけで、どのカウンティ、どの都市、どのヴァレーの出身かがすぐにわかる。私が調査をした水路のイトヨも同じように、においで相手がどこの者かを見分け、自分の近くに棲んでいる者たちとともにいたがるし、馴染みのある場所に常にとどまろうとする。もし人間が意図的にイトヨを普段とは別の場所に移動させたとしても、急いで元の場所に戻ろうとするのだ。

魚の群れに魅せられて

私は子どもの頃から生き物が好きで、いつも池や草むらの中、丸太の下などに生き物がいないか探していた。子どもの頃というと、ヨークシャー・デイルズ国立公園のエイスガースの滝を見に行ったのを思い出す。

夏はウレ川をたどると、古い森を簡単に通り抜けることができる。イギリスの田舎ならではの美しい風景が楽しめるのだ。厳しい冬には、夏に見られた小さな滝もなくなってしまう。やはり夏の暑い日に訪れるのに良い場所だろう。自分の後ろに滝が落ちるのも良いし、私が子どもの頃にしたように滝の裏側に回ってみるのも楽しい。私は敵から身を隠している逃亡者の気分を味わった。

私はその時、新しいおもちゃを手に入れたばかりで試してみたいと思っていた。ダイバー用のフェイスマスクだ。それを装着して、頭を水の中に入れると、それまでに見たどの水族館よりもすごい光景が見えた。何百匹もの巨大なミノウの群れが、木の根や水草の間を泳ぎ回っていた。

魚たちは、上の木の葉を通り抜けて斑になった日光に照らされていた。私はすっかり魅了された。興奮した私は土手に立っていた父親に向かって叫んだ。いかにもイギリス人らしく、大騒ぎをする私のことを父は恥ずかしいと思ったようだが、私は気にしなかった。私はとにかく感動したのだ。そのあとは、魚が自分の周りを泳ぐ中、何時間も川に浮かんでいた。

それ以来、北部のあちこちの川にシュノーケルをつけて潜ったが、その度に素晴らしい時間を過ごせた。同じようなことをしている人にはほぼ会ったことがない。おそらくイングランドの川は冷たいからだろう。私は世界各地のサンゴ礁が美しい海に潜ったことがあるが、イングランドの川もそれに負けない体験を与えてくれたと思っている。水中の世界は、大多数の人々がまったく知らずにいる不思議な世界だ。ほんの少し覗（のぞ）き込んだだけでも驚くほど素晴らしい発見がたくさんある。

もちろん、魚や鳥など、動物の大きな群れに魅了されているのは私一人ではない。まず同種の動物が大量に集まっているというのが私たちの目を引く。個体ではおとなしい動物でも、大量に集まると壮観だ。しかも皆で揃って隊列を乱すことなく動き、全体としての形を刻一刻と変えていくのも面白い。

私がミノウの群れを見た時に抱いた畏怖は、野性動物の集団行動を見る多くの人に共通するものだ。それで私の進む道が決まったとまでは言わないが、生物学者になった時に自分が何をしたいかが明確だったのは間違いない。私は動物の集団について理解したい。そう思わせてくれたのは私が見てきた魚の群れである。

自動運転車と魚の群れ

自動車メーカーの日産は、最初の世代の自動運転車を開発した際、自然界からヒントを得ようとした。技術者はよくそういうことをする。動物の群れを観察しているとすぐに気づくのは、群れの中にいる動物たちが互いに衝突しないということだ。個々があらかじめ細かい動きを決められているようにも見える。目に見えない指揮者の指示に従って動いているようでもある。日産は、車の衝突回避のため、この動物たちの動きを模倣しようとした。動物の集団、特に魚の群れを何年にもわたって綿密に研究した結果、動物たちがなぜ私たちを魅了するバレエのように美しく乱れのない動きができるのかが次第にわかってきた。

まず大事なのは、群れを成す動物たちの動きを決めている目に見えない指揮者など存在しないということだ。それぞれの個体は、ただ単純ないくつかのルールに従っているだけだ。

では動物が従っているルールを重要な順に列挙してみよう。

一つ目は「最も近くにいる者との距離が近すぎる時は、離れる」、二つ目は「最も近くにいる者との距離が遠すぎる時は、近くに移動する」、そして三つ目は、「最も近くにいる者との距離が適切であれば、その者と同じ動きをする」基本的にはこれだけだ。

つまり、最も近くにいる者との距離が、それぞれの個体の動きを決めていることになる。動物たちは、隣り合う者どうしの距離が、童話「三びきのくま」のような「ちょうどいい」ものになるまで微調整をし、距離がちょうどよくなれば、あとは隣の者の真似をしているのだ。日産が最初に作った自動運転車のプロトタイプには、まさに近くの車との距離を測るセンサーを使ってそれと同じことをする機能が組み込まれていた。この車は、想定された通り、群れを成す動物と同じような動きをした。一台一台を人間のドライバーが運転するよりもはるかに効率の良い動きをしたのである。この三つのルールに従ってさえいれば、動物だろうが、ロボットだろうが、一つの場所で動き回っている限りは衝突することがない。

「混乱効果」を利用して生き延びる

だが、それだけでいつでもどういう時でも何の問題もないかと言えばそうではない。このルールだけでは、環境——群れの外の世界だ——の変化に対応できないのだ。

たとえば、何か危険が迫ったとする。その場合、群れは皆で協力し合って対処しなくてはならない。そもそも多くの動物が群れを成すのは、それが目的である。仮に捕食者が近づいて来たとすると、群れを構成する動物たちは、一斉に動き回る。多数の個体が動き回ると、捕食者の感覚器官は情報過多に陥り、適切な判断が難しくなる。これを「混乱効果」と呼ぶ。

これまでの研究では、獲物となる動物の群れが大きくなるほど捕食者の狩りの成功確率が下がることがわかっているが、混乱効果もその要因だと考えられる。狩りをする側としては、標的を一つに絞り込みたい。しかし、目の前で無数の動物が動き回っている状況ではそれが困難だ。出鱈目(でたらめ)に突っ込んで行けば、どれか一匹くらい食べられそうにも思えるが、その方法はまず成功しない。そのため、捕食者はともかくしつこく群れを追いかけて少数の者たちが群れから離れるのを待つ、という方法を採ることが多い。

小魚たちの群れを、岩礁まで追い詰め、群れが分裂せざるを得ないようにする、という賢い戦略を採る捕食者もいる。その他には、何らかの理由で群れの中で目立っている者を見つける、という戦略もある。目立っている者が見つかれば、それに狙いを絞れるので、捕まえられる確率が上がる。このように目立っている者が狙われやすくなる現象を「風変わり効果」と呼ぶ。

動物研究に関して倫理上の制約が今よりはるかに少なかった半世紀ほど前には、ウィルドビースト（ヌー）の一部の個体の角を白い塗料で着色し、風変わり効果が実際に存在するかを確かめようとした研究者もいた。予想通り、白い塗料で目立つようになった個体はすぐに捕食者に捕まった。このように、身を守る上では、群れを成す動物たちの外見が皆、同じであることは間違いなく重要である。

また、群れが危険に晒された時、それと同様に大切なのは、皆が足並みを揃えて動くことである。すべての個体が、近くの仲間を見て動きを真似る。皆が前進すれば前進するし、方向を変えれば同じように変える。個々の判断、行動は非常に素早いので、人間の目は――捕食者の目も同様だ――ついていけない。

「トラファルガー海戦」と情報拡散

動物の群れの中での情報拡散の方法について話をする時には、一八〇五年のトラファルガー海戦においてイギリス王室海軍が採った方法がよく引き合いに出される。「スペイン海軍とフランス海軍はすでにカディスからの出撃を開始した」という情報を、旗を揚げることによって、ネルソン提督が乗っていた旗艦ヴィクトリーからトラファルガー岬に数多く並んでいた艦船のすべてに順に伝えていったのである。

動物の群れの場合は、端にいた個体が捕食者の存在を察知すると、それに反応して急激な動きを見せる。すると近くにいる仲間がそれを真似、さらに近くの仲間がそれ真似、というふうにして、情報が群れ全体に広がっていく。これは私たち人間の思う「情報」とは違っている——明示的メッセージではないからだ。これはもっと広い意味での情報だ。状況が今までとは変わったぞ、ということだけを伝える。

状況がどう変わったのかは具体的には伝えられない。この種の情報は、群れの中を野火のように広がっていく。群れの中のいずれかの個体が動き回るよりも確実に早く情報が広がる。ただし問題が一つある。情報が誤っている場合があるということだ。群れの中のいずれかの個体が少し身体を動かす度に、全員がそれを真似するわけにはいかない。そんなことをしたら身体的にも精神的にも疲れ切ってしまうだろう。

動物の群れはある方法でこの問題に対処している。まず、近くの個体の、身体をひねる、加速するなどの動きが急なほど、それを真似る確率を上げる——動きが急であれば何か重要なことが起きている可能性が高いからだ。

動きが緩慢な場合はあまりそれを真似ることはない。また、情報源から遠い個体ほど、近くの個体の動きへの反応を弱める。情報源からある程度以上、遠い個体はもはや隣の者を真似せず、情報がそこで消えることになる。だが、最初のメッセージを補強するような新たな情報が流れ始めた場合は別である。

ただし、動物の生活は、ただうろうろ歩いて、捕食者が来たら逃げるというだけではない。他にもすべきことはあるだろう。たとえば、群れの中の一部の個体にどこか行きたい場所ができるかもしれない。動物は状態の変化に動かされる。空腹になれば、どうしても、食べ物を見つけるために動かなくてはならない。「こちらに行けば食べ物が見つかる」という手がかりが得られれば、その手がかりが指し示す方向に移動することになるだろう。

だがここにジレンマがある。食べ物のある方向に行きたいが、自分ひとりでは行きたくないのだ——群れを離れれば孤立し、危険に身を晒すことになる。後の章で触れる哺乳類たちのように、群れの中に明確な序列のある動物であれば、リーダーが群れの進む方向をすべて決めるだろう。

しかし、魚や鳥の群れのように、序列も恒久的なリーダーもいない場合には群れを構成する個体の間に意見の一致が必要になる。大きな群れでそんなことは不可能ではないかと思う人もいるかもしれない。ところが動物たちは実際にそれをうまくやってのける。群れの中のごく一部の個体が食べ物のありかを示す手がかりを得ただけで、大きな群れ全体を動かすことができるのだ。群れのうち五パーセントの個体が食べ物に向かって動き出せば、残りはそれについて行く。

群れを構成する個体それぞれには、「自分は誰かに先導されて動いている」という意識はない。大多数の個体には、どこかへ向かって進みたいという強い意思がなく、単に近くにいる仲間に合わせているだけ、皆のすることを真似しているだけだ。その結果、全員が列を成して同じ方向に進むことになる。

田舎道の実験

私は以前、野外での講義の際、何人かの学生に、魚など動物の群れがなぜ意思を持った少数の先導で整然と動けるのか、という話をしたことがある。すると素晴らしいことに、自分たちでも同じことを試してみたいという学生が現れた。この場にいない別の学生たちを実験台にするという。

その講義では学生たちが毎日、朝にニューサウスウェールズ州パール・ビーチのフィールド・センターから講義の実施場所である海岸に向かって、静かな田舎道を歩いて行くことになっていた。そして夕方には、各自、同じ道を通ってフィールド・センターへと引き返すのだ。途中、一箇所、道が二つに分かれているところがある。木や草の生えた小さな島のような場所を迂回すべく道は二つに分かれ、しばらくするとまた合流する。

誰にも事前に伝えることなく、二人の学生が意識的に皆の先頭に立ち、分かれ道のところでは毎回、適当に左右どちらかの道を選んで前に進んだ。三〇人ほどの学生はかなり長い列になり、最後尾は先頭から一〇〇メートルくらい離れていたのだが、毎回、先頭と同じ方の道を選んで歩いた。先頭が左を選ぼうが右を選ぼうが関係なく、とにかくあとについて歩いたのだ。七回ほど同じことを繰り返してから、実験をしていたことを学生全員に知らせた。

羊のような存在になること、単なる群衆の中の一人になることを嫌う人は多い。実験でまさに皆が羊の群れのような行動を取っていたと告げると、案の定、気分を害した学生が大勢いた。実験をしていたことが明かされた翌日も、同じ二人の学生がやはり皆の先頭に立って歩いた。そしてこの日は、分かれ道で左側の道を選んだのだが、他の学生たちは、その逆に右側の道を選んだ。自分たちは羊の群れなのではなく、自分の意思があるのだということを示すためだ。

ただ、この場合も、結局は先頭の二人の行動が後続者たちの行動を決定していることに変わりはない。本当に先頭の二人から独立していると証明したいのであれば、残りの全員が左右どちらかの道をランダムに選択するようにすべきだろう。

実は無意識のうちに他人の行動を単純に模倣してしまっていたとしても、それを認めたくない人は多いだろう。それが人間の特性のようだ。「集団思考」、「群衆心理」、「羊の群れ」といった言葉は、多くの場合、非常に否定的な意味で使われる。

しかし、無意識のうちに近くにいる人の模倣をする行動が、有益になる状況は実際には少なくないのだ。たとえば、歩道橋を渡る時に人が多くて混み合っていれば、私たちは列を作る。同じ方向に進んで道路を渡ろうとしている人のあとを単純についていけばうまく目的を果たせるのだ。普段はあまり意識しないが、深く考えずに単純なルールに従うことで物事がうまくいく場合は多い。

たとえば、「自分と反対方向に歩いている人とぶつかりそうになったらとにかく左に動く」と決めておいて、闇雲にその通りにするだけでたいていはうまくいくのだ。人間は自己組織化する。明確なルールが存在しない時には、無意識に社会的な圧力に従う。それで目の前の問題にうまく対処できることが多い。

もし、皆がどういう場合でもその時々の独自の判断のみで動くようになったら、私たちの生活はもっと混乱に満ちたものになるだろう。通りすがりの見知らぬ人とうまくすれ違うこともできず、双方が相手と同じ方向に動くことを何度も繰り返して、ようやくすれ違えた時にはお互い苦笑い、というような気まずい場面に数多く遭遇するだろう。

群れの中の五パーセントが意思を決める

私の博士課程の指導教官だったイェンス・クラウスは、魚が群れの中で従っているルールを人間に適用するとどうなるかを確かめる大規模な実験を行った。クラウスは、実験のために数百人のボランティアを集めることができた。ボランティアの被験者は、貴重な日曜日の朝の時間を割いて、クラウスの予約した大きなホールに集合してくれた。

被験者たちにはまず、魚が群れの中で行動する際に従っているのと同じような簡単なルールを伝えた。そのルールは、「常に動き続ける」、「少なくとも一人の人とは、手が届く距離を保つ」である。近くの人と常に適度な距離を保つ、というのは、魚が守っているのと基本的には同じルールだ。

実験の結果はクラウスでさえ驚くものだった。最初のうちこそ、被験者たちは特に何のパターンもなく出鱈目に動き回っているように見えたが、すぐにある種の秩序が生まれた。被験者たちはいつの間にか大きな輪を成すように並んで動いていたのである。それに気づいて笑い出す被験者もいたが、秩序はその後も乱れなかった。誰かが意識的にそうしようとしたわけではない。パターンはひとりでに生まれたのだ。

正確には、この輪は「トーラス」と呼ばれる構造で、バラクーダ（オニカマス）など、多くの動物の群れが実際にこの構造を作ることがわかっている。

クラウスは、また新たに被験者を集めて、少し違う実験をした。大多数の被験者には、先の実験と同じ二つのルールを伝えたのだが、ランダムに選んだごく少数の被験者には、こっそりと別のルールも伝えた。それは「ホールの端の、あらかじめ定められた場所に向かって進む」である。

クラウスが確かめようとしたのは、この少数の被験者たちが、相変わらず二つのルールに従うだけの残りの被験者を先導できるか否かだ。予想通り、被験者のうち少なくとも五パーセントに三つ目のルールが伝えられていれば、特に目標もなく動いている残りの被験者を先導して行くことができた。

これは魔法でも何でもない。それは覚えておくべきだろう。群れの中のたった五パーセントが意思を持ってある方向に進み始めたら、闇雲に単純なルールに従うだけの個体たちはそれについていくのだ。集団が小さければ、おそらく五パーセントより多くの者が意思を持って動く必要がある。

また、実際にどのくらいのパーセンテージが必要かは、種によって、あるいは状況によって異なる可能性もある。ここで知っておくべきなのは、過半数やそれに近い数が賛同しなくても、全体が一つの方向に動くことが十分にあり得るということだ。

おかげで動物の群れは、非常に効率的に意思決定ができる。ただ、五パーセントというのは少ないようで意外に多い。仮に一〇〇〇頭から成る動物の集団であれば、五〇頭の先導者が必要ということだ。少数の先導者だけで物事を進めることができれば、その方が効率的なのは間違いない。それでも先導者の数を減らしすぎず、ある程度の数は保っておく方が良い。誤った情報を基に誤った判断をすることを防げるからだ。

「糞の川」で悪戦苦闘

集団にとって意思決定は非常に重要である。これまでの研究で、動物の群れは非常に的確な意思決定をすることが多く、集団を一つの方向に動かすことにも長けているとわかっている。動物の集団の能力は知れば知るほど素晴らしいものだ。私はその能力に何度も驚かされている。いったいなぜそのようなことが可能なのかを解き明かすのが、私の研究活動の大きな目的だと言っていい。

クラウスの下での博士課程を終えた私は、レスター大学でポール・ハートとともに研究をするようになった。おそらく偶然ではないだろうが、私は自分自身の意思決定についても悩んでいた。学術機関での仕事はどうしても短期間の契約が多く将来が読めない状態が長く続いてしまう。その中でこれからの人生をどうしていくべきかを考えていたのだ。

私はとりあえず、動物たちがこの意思決定という難題にどのように対処しているのかを調べることにした。題材としたのはやはり魚だ——それが自分に合っていると思ったからだ。他人はどう言うかわからないが、自分ではそう思った。魚のことなら自分はよく理解していると思っていたし、何より魚は、実験対象として都合の良い動物だった。

他の脊椎動物ならば相当な苦労をしそうな実験でも、魚が題材なら実験室の中で比較的容易に行うことができる。そして、魚で得られた知識は、他の動物にも応用できることが多い。その行動には、相違点もあるが共通点の方がずっと多いからだ。

レスター大学では早い時期にポールが、自分のお気に入りの魚の採集場所を教えてくれた。有名なメルトン川の流れる場所である。川は、レスターの街の中心部のすぐ近くまで流れ込んでいる。

そこはかつて美しい場所だったのだろうが、現在はそうではない。後にこの章の冒頭で触れたリンカンシャーへの旅に同行してくれることになる友人のマイク・ウェブスターも私のすぐあとにポールの研究グループに参加していたが、私とマイクはこの川を「糞の川」と呼んでいた。

実際に川を見れば、この名前でもまだ優しいくらいだとわかってくれるだろう。ゴミだらけで、祭りなどに使われる簡易トイレのような臭いがする。魚の観察をしようとすれば、飲み物の空き缶、捨てられた包装紙、おむつなどをまず取り除かねばならない。水を吸って膨張したネズミの死骸が流れて来たこともあった。

一見すると、魚などほとんどいないようだが、見てみると、私の研究の題材にうってつけのイトヨが数多くいることがわかった。そのイトヨたちを大学の水槽まで持ち帰った時は、都会の地獄から魚を救い出したような気分だった。

「レミングの死の行進」の真実

動物が行動の意思決定を誤る話は、多くの人の興味を惹く。最も有名なのは、崖から飛び降りて集団自殺をするレミングの群れの話だろう。闇雲に大勢と同じ行動をして失敗することを「レミングのよう」というのが常套句にもなっている。

しかし、現実のレミングはそのような行動を取らないことがわかっている。レミングに関するこのような神話が多くの人に広まったのは、ディズニーの『白い荒野』という映画が原因である。映画の制作陣は、カナダ北極圏のイヌイットの子どもたちからレミングを買い取り、アルバータ州まで運んでいって、レミングの群れが一斉に海に飛び込むシーンを撮影したのだ。映画を見た人たちはそれが真実だと思い込んだ。

私は、周囲に合わせて行動することを促す社会的圧力により、魚がレミングの神話のような行動を取ることはないのかを確かめようとした。すでに書いた通り、私は、汚い川からイトヨの群れを救い出し、大学の水槽に入れた。このイトヨを使った実験をしたのだ。水槽の端から端までを泳ぎ回っているイトヨたちをいくつかの小さな集団に分け、それぞれに条件を変えて行動を比較してみたのだ。

そのためにまず、私は水槽内を分割して、二つの移動路を作った。ちょうど、学生たちが人間を対象に行ったのと同様の実験ができるようにしたのだ。魚たちに行動を促すため、私は二つの移動路の一方に、捕食者の模型を入れた。そして、果たしてどのような選択がなされるかを観察したのだ。向こう見ずな魚がごく少数いたが、それを除けばほぼすべてが捕食者のいる経路を避け、安全な方を選んだ。特に驚きはない。

次に私は、魚に少し社会的圧力をかけ、それにどう影響を受けるかを見ることにした。イトヨの模型を水槽に入れ、捕食者のいる経路を泳がせてみたのだ。本物のイトヨたちは、自分たちの行くべき道を決定する前に、模型のイトヨがどちらに行ったかを見る可能性がある。しかし結果は、模型がいない時と変わらなかった――イトヨたちは模型を無視し、ほぼすべてが安全な方の経路を選んだのである。

だが、まだこれで終わりではない。私はもっと群れに対する社会的圧力を強めることにした。圧力がどの程度強まったら、行動に影響が出るかを見極めたかったからだ。危険な経路を選ぶ模型を二匹に増やすと、本物のイトヨたちが急にその存在に注目し始める。

群れ全体が一斉に模型についていく、というのからは程遠いが、行動に一定の変化があったのは確かだ。群れの規模がさほど大きくなかったせいもあるだろう。「先導者」が一匹では何の影響力もなかったのに、二匹になると行動が少し変化したのである。

人間を含め、どの動物であっても、群れの中には必ず向こう見ずな個体、自分勝手に誤った判断をする個体がいるものだ。そのため、単独の個体だけが取っている行動は無視するのが得策だと言える――この単純なルールに従うだけで誤った情報の多くをふるいにかけることができる。

クオラム反応

しかし、二匹（二人）が同時に同じ行動を取ったとしたらどうか。それは注目に値するだろう。ただ、闇雲にその二匹の真似をするほどではない。「レミングの死の行進」が本当にあるとしたら、それはおそらく二匹くらいの行動を全体が闇雲に真似した時だろう。

私の実験では、二匹の模型に本物のイトヨたちはついていきそうな素振りを見せはしたが、結局、大多数は素振りだけでやめて、安全な方の経路を選んだ。これを「クオラム反応」と呼ぶ。単独、あるいは少数の個体集団だけが取った行動は、集団全体は無視することが多い。単純だが、誤りを防ぐのには非常に有効な方法だろう。

集団を成す動物は、ある行動を取る個体が一定数に達するまで、大多数の個体は反応しない。この反応する、しないの境目となる数を「クオラム」と呼ぶ。クオラムに到達した時にだけ、群れの大多数は小規模集団に従うのだ。私の実験では、模型を使って社会的圧力を強めることで、イトヨたちの判断を攪乱（かくらん）することに成功した。ただ、現実の世界では、二匹のイトヨが同時にわざわざ捕食者のいる経路を通ることなどまずあり得ないだろう。

コンドルセ侯爵の興味深い理論

コンドルセ侯爵マリー・ジャン・アントワーヌ・ニコラ・ド・カリタ（以降は単にコンドルセと表記する。そうしないとページがどれだけあっても足りない）は、一七九四年にフランス革命の影響を受け、自ら命を絶つことになるが、その九年前の一七八五年に一つの理論を打ち立てている。コンドルセは数学者であり、哲学者でもあったが、彼自身にとって不幸なことに貴族でもあった。

彼は、人数の多い陪審員団の方が、少ない陪審員団よりも、正しい判断を下す可能性が高いことを数学的に証明した。こう書くと「何を当たり前のことを」と思うかもしれないが、コンドルセの名誉のために、これが実はそう単純な話ではないことを強調しておかねばならない。個々の陪審員がそれぞれ独立に被告人が有罪か無罪かの結論を下すのだと仮定すれば、陪審員の人数が増えるほど、多数派の結論が正しい可能性が高まるということだ。

言い換えれば、陪審員の数が増えるほど、全体として良い判断を下せる可能性が高いということである。多くの国で陪審員団の人数は一二人となっているが、これだけの人数がいて、全員が善良で誠実であれば、十分に目的に適うと言っていいだろう。

動物も実は、二つの選択肢がある時、同じような方法でどちらかを選んでいることが多い。動物の場合は、この選択が極めて重要になる。この問題について研究し始めた頃、私は、アメリカ大統領選挙に関しておかしな話を聞いた。アメリカの大統領選挙も突き詰めれば、二人の候補から一人を選ぶ、二者択一ということになる。

私が聞いたのは、候補の政策や人柄などに関係なく、有権者はとにかく二人のうち身長の高い候補を選びがちという話だ。簡単に事実確認をした結果によれば、その話は完全に本当だとは言い切れないが、そういう強い傾向があることだけは確かなようだ。当然ながら、私は「魚はどうだろう?」と考えた。

どちらのリーダーを選ぶのか?

二匹のリーダー候補がいた場合、魚はどちらを選ぶのか。研究室にいるイトヨは、大きいリーダーと小さいリーダーのどちらを選ぶのか。太ったリーダーと痩せたリーダー、あるいは斑点のあるリーダーとないリーダーならどうか。それを確かめるため、私はそれぞれに違った特徴を持つ二匹のイトヨの画像を水槽内のイトヨの群れに見せ、その二つの画像を互いに反対の方向に動かしてみた。その上で、どちらについていくイトヨが多いかを調べたのだ。

バカげた実験のようだが、外見の特徴はどれもイトヨにとって暗黙の意味を持っている。大きい魚は小さい魚に比べて生まれてから時間が経っていることが多く、その分、経験が豊富な可能性が高い。太った魚は痩せた魚に比べて餌を得る能力に長けている可能性が高いだろう。斑点のない魚はある魚に比べて、寄生生物がいない可能性が高いはずだ。つまり、外見の違いは、リーダーを選ぶ上で重要な手がかりになり得るということである。

この実験でわかったのは、小さい集団の場合、特にリーダーに関して、こういうリーダーが好ましい、という強い好みはないということだ。ところが、集団が大きくなるほど、好みが明確になり、しかもより良い個体をリーダーに選ぶ傾向が強くなる――短時間のうちにより良いリーダーを見極め、そのリーダーに集団がすぐに従う。

当時、私はこの事実について深くは考えなかった――ただ単純に面白いなと思い、科学的好奇心が刺激されただけだ。陪審員団についてのコンドルセの理論もよくわかっていたとは言えない。イトヨの実験とコンドルセの理論のつながりを見事に説明し、私がいかにうかつだったかをわからせてくれたのは、同僚の数学者、デヴィッド・サンプターだった。

群れを構成する魚の数が増えるほど、意思決定の能力は高まる。これは適切な選択ができる確率が上がり、しかも選択を素早くできるということだ。これは魚にとって非常に良いことであり、群れを成す大きな理由の一つでもあるだろう。

しかし、群れを成すことの利点はこれだけではない。魚のほとんどは針などの武器も、鎧も持っていない。毒を持っている魚も多くはない。毒があるどころか、食べると美味しい魚が多い。身を守るための装備が何もないのであれば、素早く動くしかない。素早く動ければ、捕食者に襲われても逃げられる可能性が高まるだろう。

脊椎動物の中でも、魚は身体に占める筋肉の割合が最も多い動物である——全体重の八〇パーセント近くが筋肉だ。これは、人間のおよそ二倍である。おかげで魚は非常に素早く動ける。ただし、いくら敏捷で素早く動けたとしても、隠れ場所もない開けた場所では、あまり意味をなさない。そこで、手段として有効になるのが、群れを成すことである。群れでいれば、それだけで捕食者の受け取る感覚情報が過剰になり、混乱させることができる。個体が単独で動くよりも危険性が大きく低下するのだ。

また、魚は群れでいる方が食べ物も見つけやすくなる。個体の持つ探索能力が多数組み合わさることで、群れ全体が一つの「スーパーセンサー」のようになるからだ。魚の群れは、空腹な時に「ファランクス（訳注：古代ギリシャの軍の陣形。槍（やり）を持った重装歩兵が密集して隊列を組む）」のような形に並ぶことがある。

縦よりも横に長い陣形だ。警察が事件の現場で証拠を集めるために非常線を張りそれを少しずつ動かして行くのに似ているかもしれない。群れの中の一匹が食べ物を見つければ、そのことが隣へ隣へとすぐに伝わり、多くの魚が分け前を得られる。

魚と人間の「脳」の基本的な部分はほぼ同じ

これだけの利点があれば、多くの魚たちが群れを成しているのも当然だと言える。魚類の半数をゆうに超える二万種以上が、弱い幼生の頃に群れを成す。そして、生涯群れで生きる魚も全体の四分の一くらいになる。

この種の魚の場合、群れを成したがる性質は非常に根の深いものだ。自身と同種の魚たちの大集団を目にすると、脳の中の視索前野と呼ばれる部位が活性化する。これは、社会的行動を司る部位である。ついで言っておくと、魚の脳と私たち人間を含めた哺乳類の脳には重要な違いが多くあるが、それでも基本的な部分はだいたい共通している。哺乳類においても、視索前野は社会的行動、性行動において重要な役割を果たしている。

生涯群れで生活する魚の中には、タラ、イワシ、サバ、マグロ、アンチョビなど、私たちの食卓によくのぼるものも多く含まれている。信じられないほどの大集団を形成する魚もいる。たとえば、黒海のアンチョビは、一つの群れだけで七〇〇万立方メートル近くもの体積を占めることがある。ニシンの群れは何億もの個体から成り、全体で何十平方キロメートルにもなる。ただ、オキアミと同様、それだけ多く集まると、遠い過去にはいなかった新しい捕食者に襲われる危険性が高まる。その捕食者とは――人間である。

五億三千万年に及ぶ進化の歴史のほぼすべてを魚たちは、捕食者の脅威に対処するために費やしてきた。しかし、現代の人間の漁業に対抗する手段は何も持っていない。たとえば、引き網を二キロメートルにわたって、水深二〇〇メートルまで展開できる油圧ウィンチを積んだ漁船や、倉庫一つでも飲み込めそうな巨大な口のような網を海に張れるトロール船などに対抗する術は何もないのだ。

人間は、ソナーを使って、海に入ることなく、大規模な魚の群れの存在を察知できる。場所の推定はほとんどコンピュータがしてくれる。人間の漁業は、魚の群れの身を守る力を乗り越えるだけでなく、その力を逆に利用することができる。元来、身を守ってくれるはずの力が仇となって、群れごと捕まってしまうことがあるのだ。

漁業資源を保護すべく、最近では国ごとに漁獲量の割り当てが決められることもあるが、そもそも非現実的な量であることも多く、守られていないことも多い。混獲――その時の漁の目的とはされていない魚が獲れてしまうこと――があると、単純に廃棄されてしまうこともある。製氷機の搭載されている漁船であれば、獲った魚をすぐに港に持ち帰る必要がなく、大量の魚を抱えたまま長く海にいることができる。

これは長く漁が続けられるということでもある。ともかく、人間は、魚の群れにはとても対抗できないような漁の能力を持ってしまったということだ。

タイセイヨウダラの巨大な群れ

最初期のアメリカに行ったヨーロッパ人たちは、本国に帰って、その信じ難いほどの豊かさを皆に伝えた。ヴェネツィアの探検家、ジョヴァンニ・カボートは、海を泳ぐ魚があまりに多いため、ただバスケットを水の中に浸けるだけで簡単に獲れる、と言っている。

ニューファンドランド沖のグランド・バンクの漁場としての可能性に最初に気づいたのは、ポルトガルとバスクの漁師たちで、一四〇〇年代以降、大西洋を越えて実際にそこまで漁に行っている。イギリスの漁師は一六〇〇年代に同じ場所を訪れ、魚が多過ぎて船を漕ぐにも苦労するほどだったと言っている。

ニューファンドランド沿岸の生物の豊かさは、その特殊な海洋条件による。メキシコ湾から北へと向かうメキシコ湾流という海流が、温かい水を運び、それが南向きで冷たく、栄養分豊富なラブラドル海流とぶつかるのだ。二つの海流がぶつかる地点がグランド・バンクだ。アイルランドほどの広さの海域で浅くなっているため、二つの海流はそこで押し上げられる。押し上げられ、混ざり合うことで栄養分はさらに豊富になり、大量の微生物を養うことができる。この微生物たちが、豊かな食物網の基礎となるのだ。

この食物網の頂点にいるのがタイセイヨウダラである。この魚は、人間の抱える漁業資

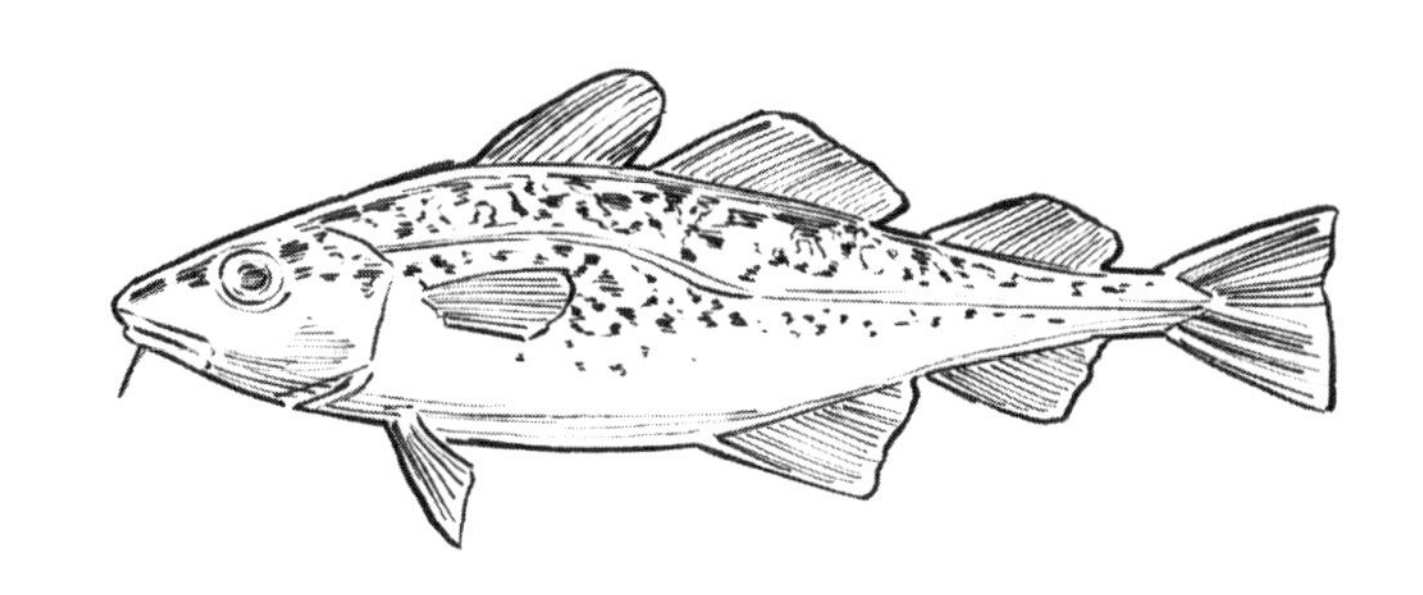

タイセイヨウダラ

源の問題の象徴のようになっている。美味しい白身の魚で、しかも身が多いことから珍重される。タイセイヨウダラは人間の大人くらいの大きさにまで成長する――最大で体長二メートル、体重は一〇〇キログラムにも達する。

ただし、最近ではそこまで大きいものはめったに見つからない。雌は、気が遠くなるほどの数の卵を産む。最も大きいのはおそらく二十歳くらいの雌で、一年に一〇〇〇万個ほどの卵を産む。それより若く、小さい雌だと、その一〇分の一くらいの数になる。つまり、大きいメスを捕まえてしまうと、それだけで全体の繁殖能力が一気に大きく低下してしまう恐れがある。だが、当然、大きいものほど高く売れる可能性が高い。

大きい個体は卵を産む能力が高いだけでなく、経験が豊富なために群れが移動する際のリーダーとなる。一九九〇年代の初頭、カナダ水産海洋省の研究者だったエリザベス・デブロワとジョージ・ローズは、タイセイヨウダラの群れが毎年行うニューファンドランドの北への大移動を追跡した。

たった一つの群れだが、その長さは二〇キロメートルにも及ぶ。その先導をするのが最も身体の大きい魚たちだ。あとをついて行く若い魚たちは、そうして昔から使い続けられている経路を知る。その知識は世代から世代へと受け継がれていく。同じようなことは、やはり巨大な群れを成すニシン、サバ、イワシなどの魚にも言える。つまり、群れの中で最大の魚を捕獲してしまうと、群れ全体に大きな損害を与えることになるということだ。

グランド・バンクのタイセイヨウダラは、何世紀もの間、無尽蔵だと思われていた。実際、長らく、無尽蔵のように見えた。ニューファンドランドがイギリスの植民地となり、沿岸にいくつもの漁業共同体ができても、タラの数は非常に多かったし、人間の漁獲能力も限られていたため、タラが目立って減るようなことはなかった。

ところが、一九〇〇年代のはじめにそのバランスが崩れ始める。その頃になると、漁船が風の力に頼ることはなくなり、まず蒸気機関の船、次にディーゼル・エンジンの船が現れる。木造の船はなくなり、金属製の船体を持った大型の船も増えた。

ウィンチも人力で巻き上げていたのが、まず馬を使うようになり、やがてエンジンを使うようになった。グランド・バンクには、地元の小規模な漁師以外にも多くの漁船が集まるようになった。漁獲量はゆっくりと、しかし確実に増え始めた。

共有地の悲劇

そして二十世紀の半ば頃、状況はさらに大きく変わった。漁船や網が大型化を続けていたことに加え、第二次世界大戦後には、船上で魚を冷凍保存する技術が発達したことで、とてつもなく大規模なトロール漁船が現れ始めたのだ。カナダ政府は、沿岸一二マイルまでの範囲は自分たちの排他的経済水域であると主張したが、その外側は誰でも引き続き魚を獲り放題だった。

大規模のトロール漁船が世界中からグランド・バンクに集まり、競うように魚を獲るようになった。その様子を見ていた当時の地元の人は、数多くの漁船が放つ強烈な光のせいで、グランド・バンクに都市ができたように見えたと言っている。タラの漁獲量は、一九六八年がピークで八〇万トンに達したが、その後は、漁業の仕方は変わっていないにもかかわらず、漁獲量は急激に減少するようになった。一九七四年の漁獲量は、一九六八年の半分も下回った。タラの個体数そのものが急激に減少していたからだ。

一九七七年からカナダ政府は排他的経済水域を沿岸から二〇〇マイルまでの範囲に広げ

たが、幸運にもライバルがいなくなった地元の漁師たちが利益を増やそうと必死になったので、タラを増やす効果はなかった。「せっかくここは自分たちのものだと宣言したのに、長年にわたって外国人に奪われていたものを取り戻して何が悪い」という理屈である。

全体の漁獲量はピーク時の何分の一という規模になっていたとはいえ、それを地元の漁師たちだけで分け合えば以前よりもはるかに大きな利益になる。漁獲量の割り当てが設定されるようにはなったが、多くの人は、将来の漁業資源について非常に楽観的だった。沿岸の小規模漁師たちから「獲れる魚の数も大幅に減っているし、獲れる魚自体も小さくなってきている」という警告が出されていたが、無視された。政府は、乱獲を絶対に止めるという政治的な意思に欠けていた。

一九九〇年には、状況は深刻になっていた。政府の調査船に乗り込んだ研究者、ジョージ・ローズは、北極圏からグランド・バンクへと南下する総計四五万トンものタラの大集団を発見したと報告している。それはおそらく最後の大規模な群れだと思われた。ローズは、残っているタラの約八〇パーセントがその一つの群れに属していると推測した。

タラのように群れを成す魚が急激に数を減らした場合には、二つのうちいずれかのことが起きると考えられる。一つは、群れの数はあまり変わらずに、群れを構成する個体の数が減るということ。もう一つは、群れを構成する個体の数はあまり変わらず、群れの数が減るということだ。ローズはタラに実際に起きたのは後者だと考えた。ローズには、ただ、その最後のタラの群れを見ていることしかできなかった。

このままでは北極圏の海から、いずれ多数のトロール漁船が期待を持って待ち構えているグランド・バンクへとみすみす飛び込んで行くことになるが、それがわかっていても何も打つ手がなかったのだ。

終わりの時はそのすぐあとに訪れた。一九九二年、カナダ政府はついに、やむなくグランド・バンクでのタラ漁を一時禁止するという措置に出た。その海域に元々いたタラの九九パーセントが失われたあとのことだった。何千という人たちが一気に職を失い、カナダはおそらく何十億ドルという税収を失うことになった。

ニューファンドランドの人たちがいったいどれほどの直接的損害を被ったのかは計算不能だ。これはいわゆる「共有地の悲劇」の実例である。特に悲惨な例だと言っていいだろう――タラの恵みは、かつては皆のものであり、同時に誰のものでもなかった。

漁師たちには、タラを獲るのを抑える理由はなかった。残しておいても、どうせ誰かに獲られてしまうからだ。政府がいくら断固たる措置を講じようとしても、結局できなかったのは、それが成功している産業を潰すことにつながるからだ。また、タラに投票権がないことも大きかっただろう。

当初、一時禁止の期間はせいぜい二、三年と考えられていた。そのくらいで個体数は回復すると見られていたわけだ。しかし、タラの数がすぐに戻ることはなかった。どうやら生態系が決定的に変わってしまったらしい。タラ自身も捕食者であり、タラの数が減れば、タラの被食者も当然、影響を受ける。また、トロール漁船は長年にわたり、タラや被食者たちが育つ上で重要な役割を果たす海底に損傷を与えてきた。

何年経っても、タラの数が回復する兆しは見えず、禁止期間を延長する以外の選択肢はなくなった。そして、二〇〇〇年代の半ばになって、ようやく回復の兆しが見え始めた。数は決して多くないものの、タラはたしかに生息し続けていた。最初に一時禁止の措置が取られてから三十年が経った今も、タラの個体数は多くても全盛期の三分の一ほどである。

それでも、水産業者からの圧力は非常に強く、その結果、各国の漁獲割り当ては少しずつ増やされている。科学者は「多すぎる」と主張するのだが、水産業者は「少なすぎる」と主張する。未来がどうなるかは誰にも予測できず、私たちに失敗から学ぶ力があるのか否かもわからない。一つ確かなのは、グランド・バンクのタラが絶滅したとすれば、それは人間にとっても魚にとっても同様に悲劇だということだ。

進化では追いつかない

群れを成すことは、多くの魚にとって生存に欠かせない習性になっている。だが、グランド・バンクのタイセイヨウダラにとっては、この習性が仇になってしまった。

こう言うと「ならば、その習性を捨てればいいのでは？」と思う人もいるだろう。十分な時間があれば、より正確に言えば、十分な世代を経れば、タラが新たな状況に合わせた進化をすることは不可能ではない。

しかし、集まろうとする衝動、集団で移動しようとする衝動は、何千万年という時間をかけて培われたタラの行動の基本である。巨大な網を持って襲って来るトロール漁船は、タラにとってはまだ新しい敵であり、急に襲ってきた上に、威力があまりに強すぎるため、とても対処が間に合わないのだ。

あまりにも派手なペット・ショップのグッピー

タラにはとても対処できない状況であっても、動物の中にはそれに適応すべく行動を変えられる者はいる。ある状況では多くの個体が集まって行動するが、状況が変われば、個体がそれぞれに行動する、という魚もいる。昼行性の魚は、昼間は群れを成していても、夜になるとばらばらになる場合がある。

群れを成すのは、特に視力に頼る捕食者を惑わすのが目的だ。夜になると、その種の捕食者はあまり活動をしなくなり、防御も必要なくなる。朝になり、脅威が戻ると、再び群

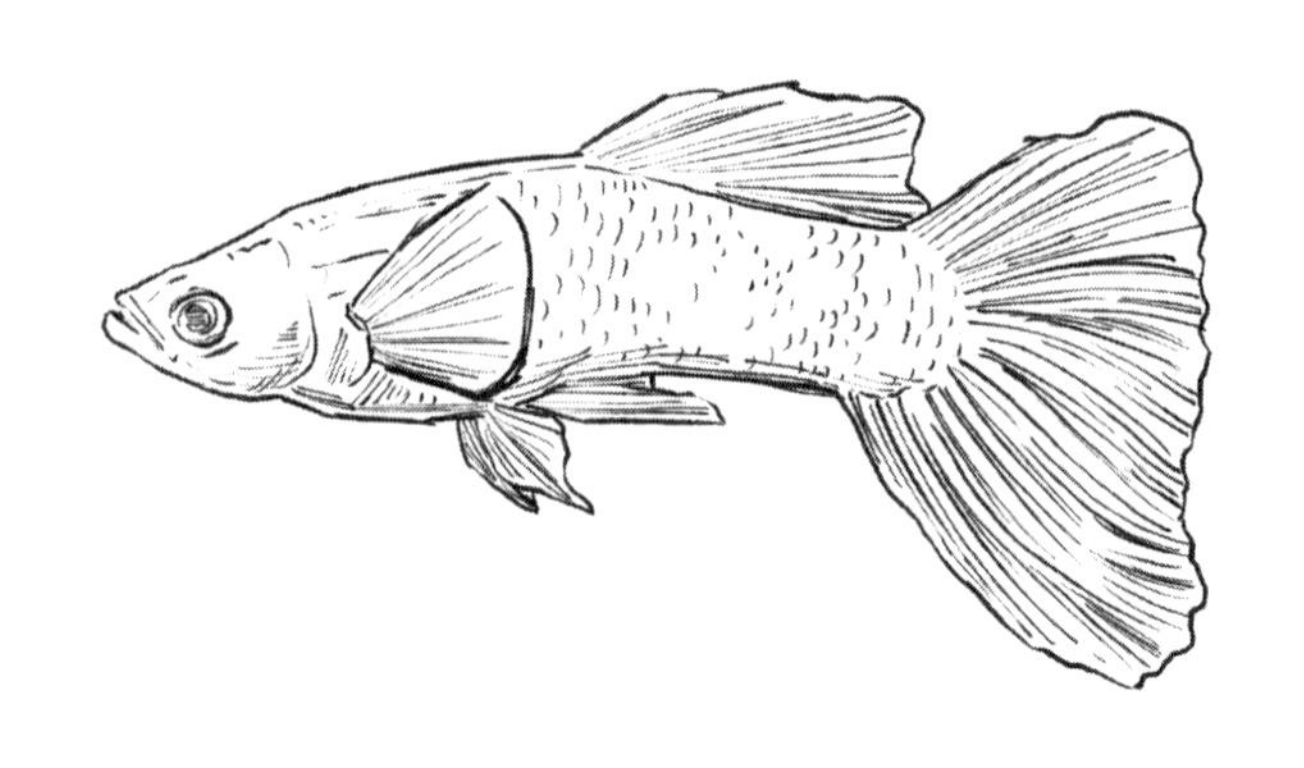

グッピー

れを成すのである。危険が大きいほど、群れの結束が強くなり、個体はより密着するようになる。イギリスの川にいるミノウの群れを観察すると、ミノウたちは生涯にわたり、捕食者から数メートルという距離で生きていることがわかる。

それでも、ミノウはその場にいる中でも特に成功した生物である。つまり、それだけ群れを成すことには効果があるということなのだ。危険がなく、魚たちがくつろいでいられる時には、群れを成す必要性は減る。

トリニダード島の湿度の高い熱帯雨林を流れる小川は、自然界で実際に起きている進化を目の当たりにできる非常に魅力的な場所である。このカリブ海の島は、熱帯魚の水槽によく入れられているグッピーの生息地でもある。グッピーは体長二、三センチメートルの小さな魚だが、とにかく絶えず懸命に性行為をする魚だ。それは快楽のためではなく、寿命が短く、常に危険に晒されている魚が種を存続させるための戦略である。

繁殖が非常に速いことから、グッピーはペット産業でたちまち大人気となった。また、人為選択による系統育種の格好の対象ともされた。多様な品種を作り出すことが容易にできたのだ。その結果は、ペット・ショップで見ることができる。水の中で揺れるカラフルで長い尾びれを持った雄のグッピーはその例だ。雌のグッピーにも似たような尾びれを持つ者がいるが、雄ほど派手にはならないようだ。

野生のグッピーはこれとはまるで違っている。水槽で飼われているような、長く派手な尾びれをしたグッピーはまったくいない。また野生のグッピーはペット・ショップのグッピーよりも模様がずっと地味だ。これは至極当然のことだろう。何しろトリニダード島では、多数の捕食者と隣り合わせで生活しているのだ。

グッピーは、ただでさえ無防備な魚で、捕食者にとっては狙いやすい――それなのに派手な色をしていたら目立ってしまって余計に狙われるし、やたらに長い尾びれがあるとかえって泳ぐのが遅くなってしまう。人間の育種家たちは、生まれてくる子どもたちの中からできるだけ派手な者を選ぶ作業を勤勉に繰り返し、世代を経るごとにグッピーを派手な魚に作り変えてきたのだが、自然界の捕食者たちは逆方向の選択をするのだ。派手な者がいれば、大切に育てるどころかすぐに食べてしまう。

その結果、何が起きるかは、オーストラリアで誰も意図せずに行われた自然実験によって知ることができる。熱帯に属するオーストラリア北部では、長年にわたり、不心得な飼い主がペットの魚を河川に放流することを続けてきたからだ。元は強く望まれてオーストラリアに来たはずのグッピーが、今では侵略的外来種とみなされ、困った存在と見られるようになった。

それはグッピーの環境適応力が非常に高いせいだ。最初に放流されたグッピーは、品種改良され、派手な姿になった者だろう。だが、世代を経るうちにおそらく、故郷のトリニダード島にいる者たちと同じく地味な姿になっていくと考えられる。

結局はトレードオフ

進化の行方を左右するのは、オーストラリアに生息する捕食者たちだ。トリニダード島では、川は山から始まり、次第に低いところを流れてやがて海へと注ぐ。途中にはいくつもの滝がある。滝の上では、グッピーはその狭い場所の中で、比較的、楽な生活をしている。パイクシクリッドやブルーアカラなどの大型の捕食者がいないからだ。

だが、滝の下となるとそうはいかない。そこでの生活はもっと危険に満ちた厳しいものになる。つまり、グッピーたちは、天然の障壁によって、二種類のまったく異なる環境に分割されるわけだ。

一方は天国のように生きやすい環境、もう一方は捕食者のはびこる地獄のような環境だ。幸い、グッピーは適応力が高く、どちらの環境でも生き延びていくことができる。すぐに自分を変えられる柔軟性と自然選択とがあいまって、二つの環境のグッピーの間にはやがて明確な違いが生じる。滝の上のグッピーたちは身体が大きく、カラフルで派手なものになり、あまり群れでは行動しない。

それに対し、滝の下のグッピーたちは、地味な外見になり、捕食者の目をくらますべく群れで行動する。ただ、滝の下でも雄のグッピーは雌ほど地味にはならない――雌が鮮やかな色の派手な雄を好むからだ――派手な雄の方が交尾できる可能性が高く、たとえ捕食者に狙われやすくて不利だとしても、子孫の雄も同様に比較的、派手になりやすい。

自然界ではよくあることだが、結局はトレードオフということだ。滝の下のグッピーたちは、多くの捕食者に囲まれているため、総じて早く死んでしまう。生涯が短いので物事が全体に前倒しになる。繁殖も早くから行う。数週間という短い一生にすべてを詰め込むことになる。

この進化の自然実験は、何十年もの間、数多くの生物学者の関心を集めてきた。すぐそばに生息しているグッピーであっても、かかる淘汰圧（とうた）が異なる状態がしばらく続けば、まったく違う進化を遂げることになる。

同種の魚であっても、生息地が変われば違った進化をするということだ。動物には総じて、生きている間に直面する課題に合わせて自分を変化させる能力がある。ただ、人間の場合と同様、動物もやはり子どものうちの方が変化しやすい。

たとえば、滝の上で生まれたグッピーも、子どもの時から滝の下のグッピーとともに成長すれば、群れの中で行動するなど、滝の下のグッピーに似た特性を持つようになる。周囲の仲間たちに合わせて自分を変えるわけだ。

ただし、単に行動を変化させるだけでなく、遺伝子まで変化させるとなると、一定の時間が必要になる。たとえば、飼育下にあるグッピーであれば、いくつかのグループに分けてそれぞれに違う環境で育てることはできる。そうすれば、いわゆる「氏と育ち」を分けることができるわけだ。この場合、「氏」とは、その動物の遺伝子によって決められる特性のことを指す。一方、「育ち」とは、生まれたあとの環境から受ける影響のことを指す。

グッピーが野生から離れ、安全な飼育下で生きるようになったとしても、二世代あとの孫たちの本質的な特性は野生にいた祖父母たちとさほど変わらないだろう。つまり、捕食者の多い環境にいたグッピーの孫たちは、捕食者の少ない環境にいたグッピーの孫たちに比べ、群れを成す傾向が強いということだ。

どういう行動を取るかは、ある程度、遺伝子によって決められている。多少の柔軟性はあるにしても、動物は白紙状態で生まれて来るわけではない。完全に環境に合うよう自由に変化できるわけではないのだ――先祖から受け継いだもので決まってしまう部分も多い。

選択圧と進化

遺伝学には、ある動物のある特性がどの程度、遺伝子に起因するものであるかを推定する手法がある（遺伝率推定）。それによると、魚が群れを成すという行動は、約四〇パーセントが遺伝子に起因していると推定できる。群れを成す傾向が強いか弱いかは約四〇パーセント、遺伝子であらかじめ決まっているが、残りの約六〇パーセントは環境か、少なくとも遺伝子ではない要因で決まっているということになる。

脊椎動物のような複雑な動物の進化が自然界で起きる様子を目の当たりにできることは多くない。進化には普通、大変な時間がかかるものだからだ。しかし、グッピーのようにライフサイクルの短い動物だと、進化の起きる速度も上がる。一九五七年には、捕食者の多い環境で捕獲したグッピーが、捕食者の少ない場所に移された。同様のことは一九七六年にも行われている。

そして一九九二年、この時に生息地を移したグッピーたちの子孫を調査したところ、行動が変化していることがわかった。自然選択によって身につけた特性が、環境変化の影響を受け、世代を経る間に変わっていったということだ。結局、捕食者の多い環境から少ない環境に移されてから、グッピーの行動が変わるまでには、だいたい三〇世代から五〇世代を経る必要があるとわかった。

もちろん、これは捕食者が「いなくなった」場合なので、選択圧はそう強くない。捕食者のいない環境で引き続き、捕食者が多い環境にいた祖先と同じ行動を取ったとしても、繁殖に支障はないだろう。しかし、逆に、捕食者のいない環境から多い環境へとグッピーを移したとしたら、選択圧は非常に強くなる。この場合は、捕食者の多い環境に合わせて行動を変えられた者だけが生き延び、繁殖することができる。従って進化はより速く進むと考えられる。

もし私たちが繁華街でトラを見たとしたら、どうにかトラと距離を空けられるよう努力をするに違いない。ところが、グッピーなど、群れを成す魚たちには、それができないことが多い（もちろん、魚たちにとって脅威となる動物はトラではないが、ここでは脅威となる捕食者の代表としてトラを例にした）。ただ敵から逃げて安全を確保しようとするのではなく、魚たちは常に油断せず注意深く相手を監視する。なぜか。何より恐ろしいのは、捕食者がそばにいるのにそれを察知できないということだからだ。

生き物たちの「捕食者観察」

どの動物にとっても、情報は大きな価値を持つ。捕食者の存在を察知した時、魚たちは信じ難い行動を取る。まず、いったん一切の動きを止め、捕食者に注意を集中する。そして次に、少数の集団（一匹だけのこともある）が群れから離れて、捕食者に近づいて行く。これは「プレデター・インスペクション（捕食者視察）」と呼ばれる行動だ。

当然、非常に危険なので慎重に行われる。仲間どうし離れないようにしながら（一匹の場合、これは必要ない）、捕食者のそばまで行って、状況を確認する。もちろん、危険に晒されないよう、捕食者の「攻撃円錐（すい）」と呼ばれる領域──鋭い歯のある口のすぐ前の場所だ──には入らないようにする。そうすれば、仮に気づかれたとしても捕食者は攻撃の前に少し回転する必要がある。時間の猶予ができる分、助かる可能性が高いのだ。

このような行動を取るのは、その捕食者がどの程度の脅威になり得るかを知るためだ。偵察にいった魚たちは、その捕食者が空腹か、また直近に食べたのはどういう獲物か、といった情報を収集する。注意深く観察すれば、それを知るための手がかりは得られる。空腹かどうかは態度でわかるし、食べた獲物の種類はにおいでわかる。

最も良くないのは、捕食者が空腹で、直近に食べたのが自分たちと同種の魚だとわかった場合だ。その場合は警戒を強めなくてはならないが、捕食者が満腹だとわかれば、さほど警戒の必要はなくなる。偵察隊は、収集した情報を持って群れに戻る。得られたのが良い情報ならば、通常の行動ができる。食事をすることも求愛をすることも自由である。

捕食者に自分の方からあえて近づくのは元来、非常に危険な行為なので、同じ川にいる魚のすべてが同じことをするわけではない。では、偵察に行く魚たちはなぜそのような危険なことをするのだろうか。実を言えば、あえて危険な行動を取ると、その個体の性的魅力が高まるということがある。これは多くの動物に当てはまることだ。

たとえば、人間を対象とした研究でも、あえて危険な行動を取ることがその人の性的魅力を高める、という結果が得られている。これは主に、そういう行動を取る男性が女性にとってより魅力的に映るということである。ただ、この場合の危険は、人間が狩猟採集生活をしていた昔にも存在していたものに限られる。たとえば、危険な動物に立ち向かえる、火を恐れずに扱える、などだ。シートベルトを装着せずに車を運転する、といった現代的な危険は無関係のようだ。

雄のグッピーにも同じことが言えるらしい。危険も顧みず捕食者の偵察に行って帰って来た雄のグッピーは、雌にとってより魅力的になるようで、求愛を受け入れてもらえる確率が高い。通常、雌のグッピーは、身体の色、模様を見て相手になる雄を決める。強く健康で採餌能力が高い雄は、派手な色、模様をしていることが多いからだ。色と模様は、雌にとってその雄が良い遺伝子を持っているか否かを見分ける手がかりになる。

地味な雄にとっては、偵察は大きなチャンスである。危険を冒して偵察に行けば、雌の目を自分に向けられるかもしれない。少なくとも派手だけれども臆病な雄よりもてるようになる可能性がある。

ターコイズ・ブルーの楽園

私が子どもの頃にエイスガースの滝に行った時のことはすでに書いた。それから二十五年後、私はまた新たな冒険をした。ヘロン・アイランダーという全長三四メートルの双胴船に乗ってクイーンズランド州のグラッドストン港を出発し、グレート・バリア・リーフへと向かったのだ。私はただ船に乗っただけではない。

船首のすぐそばにいた。そこにいれば少しは速く目的地に着ける気がしたからだ。目の前には、サンゴ海が広がり、八〇キロメートル先には、地球上でも最も有名な海洋生息環境がある。そこを目指して船は進んだ。その時は自分ほど幸運な人間がこの世にいないのではないかと思えた。この時のために努力してきたのだと思えるほどの最高の時が近づいていた。魚の研究者にとっては、ここここそがまさに楽園である。船が進むにつれ、海の色は深い青から、鮮やかなターコイズ・ブルーへと変わっていく。

マストヘッド島を過ぎ、さらにウィスタリ・リーフも過ぎた。そこは陸から向かう時のグレート・バリア・リーフの入り口と言ってもいい場所だ。そしてついに、私たちはヘロン島に着いた。かつてこの島には、カメのスープの缶詰工場があった。現在のオーストラリアでは、もうカメのスープの缶詰は作られていない。缶詰の中身は豆に替わり、カメたちは捕まえられることもなく自由に生きている。それは良いことだと私は思う。

ヘロン島は今やリゾート地となっている。ただし、ここは私の旅の最終目的地ではない。島の突堤から私は別の船に乗り換えた。その船で二〇キロメートルほど行った先が私の目的地、ワン・ツリー島だ。その船を操縦していたのは、ワン・ツリー島研究所のマネージャーのラスとジェンだった。ワン・ツリー・リーフに到達すると、船の操縦は難しくなる。

島に行くには、どうしてもそのサンゴ礁を通過しなくてはいけないのだが、そのためには満潮時を選ばなくてはいけないし、通れる経路も一つしかない。また満潮時にその経路を通ったとしても、船体とサンゴの間にはわずかな隙間があるだけだ。サンゴ自身も貴重で傷つけるわけにはいかないし、ぶつかれば船体も傷つくことになる。

度胸と高い技術が必要だ。その点、ラスとジェンは申し分なかった。幸い、その日の海は穏やかで、サンゴ礁を楽に通り抜けることができた。あと二、三キロメートルで上陸できるところまで来た。ワン・ツリー島はサンゴ島であり、基本的には、無数のサンゴのかけらが積もってできた島だ。長い年月の間に、島にはたくましい植物たちが進出して来たが、木は背の低いものしか生えていない。

何千羽ものアジサシ

木が何本あるか数えたわけではないが、さすがに一本（ワン・ツリー＝One Tree）ということはなかった。いずれにしても非常に小さな島である——満潮時にはせいぜいサッカー場一〇面分くらいの広さになってしまう。

島に許可なく立ち入ることはできない——自然が手つかずのまま残されている場所であり、ともかく環境の保全が最優先事項となる。研究所に行くことができるのは研究者だけで、特に制限の厳しい自然保護区の中にあることもあり、島での釣りも禁止されている。

研究所は、一九七〇年代はじめには簡単な小屋だったのが拡張され、今ではオフィス、研究棟、宿泊棟など複数の建物から成る。だが、それでも、すべては島の中の狭い一角にまとめられており、残りの場所は完全に野生生物たちだけのものになっている。

他の陸地からは遠く離れているが、ワン・ツリー島には、長い年月の間に多数の動物が来て、島での自分の地位を確立するのに成功した。よく知られているところでは、たとえ

アジサシ

ば、ヤモリやクモ、そして巨大な有毒のムカデがいる。

　もちろん、やすやすと島から島へと移動できる鳥たちも多く棲んでいる。草や低木を貫くように川が流れているところでは、シラサギが川辺にいて、油断している魚がいればすぐに食べてやろうと待ち構えている。何千羽というアジサシがいて、木々の枝という枝の曲がった部分に粗末な巣を作っている。人間というものを見たことがないのでまったく恐れない。

　ただ、銀色の縁取りがある目でじっと見てくるだけだ。まるで綺麗にメイクをしたような目だ。人間がそばを通り過ぎても逃げないが、あまり近づきすぎると、クチバシで鼻を突いてくるので注意しなくてはならない。

ただ、アジサシたちも猛禽(もうきん)類を恐れることは知っているらしかった。ワン・ツリー島には、シロハラウミワシのつがいが巣を作っていたが、どちらか一方が飛び立つ度に、アジサシたちは一斉に警戒態勢に入る。夕暮れ時には、ハイイロミズナギドリの小さな群れがやって来た。暗い中、人間の赤ん坊にも似た不気味な声で鳴くこの鳥は、昔は迷信深い船乗りたちを恐れさせた。死んだ赤ん坊の霊が取り憑(つ)いていると信じていたからだ。

鳥たちも素晴らしいのだが、私がここに来たのは、水の中の生き物たちを調べるためだ。荷物を下ろした私は、すぐに水のあるところへと向かった。グレート・バリア・リーフには、一五〇〇種ほどの魚がいる。私がずっと出合いたかった魚たちだ。水の中に潜り、泡が消えた時、私が最初に見た海洋動物は大きなアカウミガメだった。そのカメは、アストロという名の雄だとわかった。

甲羅が芝生のような藻で覆われていることからついた名前だ。アストロは悲しげな目で私を見たが、すぐに食事に戻った。食べていたのはオオシャコガイだ。厚さ数センチメートルもある固い殻をウェハースのように簡単に噛み砕いてしまう。私はそのまま海の中にいて、一時間ほどでそれまでの人生で見たよりも多くの種の魚を見た。まさに私の夢見た通り、いやそれをはるかに上回る体験ができた。

夢のような環境

私は目がくらみそうだった。ここならばあらゆる種類の研究ができる。可能性は無限大だ。どこを見ても、生き物たちが何かをしていた――隠れる者、狩りをする者、戦う者、追いかける者、ディスプレイをする者、交尾の前戯をする者、騙し討ちをする者――すべては私から数メートルの範囲で起きていた。サンゴ礁を移動していると同じような光景に何度も繰り返し出合う。

研究の題材は選び放題だが、私の関心の対象は動物の社会的行動である。そして、ある一種の動物に特に興味を持った。それは、砂地の海底のあちこちで密集しているサンゴだ。植木鉢ほどの大きさの者もいれば、物置小屋くらいの巨大な者もいる。単独で存在し、名誉ある孤立を保っている者もいれば、多数集まって海中庭園を形成している者もいる。

サンゴは多数の生きたポリプ（サンゴの個体）と、ポリプを支える石灰石の骨格から成り、魚にとっては隠れるのに都合が良い迷宮になっている。よく見ると、中に隠れて休憩しているたくさんの小さな魚たちの顔があり、こちらを見ているのがわかる。興味を惹かれた私は、魚たちの隠れ家と一定の距離を取り、しばらく待つことにした。一分ほどすると、魚たちは外に出て泳ぎ回り始めたが、それでも、安全な隠れ家からそう遠くへ行こうとは

ハンバグ・ダムゼルフィッシュ

しない。

その魚はスズメダイの仲間だ。黒と白の鮮やかなストライプは昔のミントキャンディのようだ。そのため、「ハンバグ・ダムゼルフィッシュ（Humbug Damselfish）」とも呼ばれている。

ハンバグはイギリスの伝統的なミントキャンディだ。スズメダイは、サンゴの集団ごとに集団を形成している。一つの集団は六匹ほどの魚で構成されている。小さな魚だ――集団の中で最大の者でも、私の手のひらに楽に収まってしまうほどだ。集団を構成する六匹の大きさは様々で、最も小さい者は、私の指の爪ほどしかない。

ハンバグ・ダムゼルフィッシュは、他の多くの社会性の魚とは大きく違っていて興味深い。まず、最も明確な違いは、先にも書いた通り、身体の大きさだ。通常、群れを成す魚は身体の大きさが皆、だいたい同じなのだが、ハンバグ・ダムゼルフィッシュはそうではない。

両性具有のスズメダイ

身体の大きさは、そのままもう一つの特徴につながっている。集団内に非常に明確な階層、地位の高低があるのだ。どの個体も自分の地位を理解しており、たとえ忘れたとしても、他の構成員がそれを思い出させる。群れの中の最大の個体は通常は雄で、小さい仲間たちは雌のことが多い。

ただし、サンゴ礁に生息する魚にはそういうものが多いが、このスズメダイも正確には、両性具有である。どの個体も最初は雌で、最大サイズに達すると雄になるのだ。群れの中では、最大サイズの雄が君臨していると、他の雌たちが成長して雄に変わることはなく、ハーレム状態が保たれることになる。これと正反対なのが、近い種であるカクレクマノミだ。ディズニー映画の『ファインディング・ニモ』で有名になった魚だが、カクレクマノミは群れの中で最大なのが雌で、その雌が君臨している限り、雄は成長して雌になることができない。

ハンバグ・ダムゼルフィッシュには、群れが基本的に閉鎖的という特徴もある。これも他の社会性の魚にはない特徴だ。群れから離れる者はおらず、また群れが新入りを受け入れることもない。

つまり、群れが非常に安定しているということだ。同じ顔ぶれのまま、サンゴの中の隠れ家に数ヶ月から数年の間、留まり続ける。他所者が入って来ようとすると、大きさが最も近い者が撃退しようとする。群れを構成する個体はいずれも自分の地位を他所者に明け渡したくない。だが、他所者より大きい個体は取って代わられる心配がなく、小さい個体は弱くて戦えない。そのため、最も影響を受けそうな個体――つまり大きさが最も近い個体――が自分の地位を守るべく戦うことになるのだ。

サンゴ礁に生息する魚らしく、ハンバグ・ダムゼルフィッシュも卵から孵った幼生はいったん広い海に解き放たれる。そして、数週間後に安住の場所を見つけるために戻って来るのだ。小さな幼生がそれまで生き延びられる確率は非常に低い。仮に生き延びていずれかの集団に居場所を得たとしても、身体が小さいので通常は最下位の地位に就くしかない。

ただ、自分より大きい雌たちが、雄の独裁から逃げ出して集団を離れる場合もある。その場合には、自分が雄に変わり、新たに雌たちを引き入れて集団の独裁者になれる可能性もある。

このような対立、争いがあることから、ハンバグ・ダムゼルフィッシュの集団はまとまって何かをすることがうまくできないのではないか、と思う人もいるだろう。サンゴ礁は、見た目は非常に美しいが、実を言えば生きていくには厳しい場所である。ハンバグ・ダムゼルフィッシュのような小さい魚は、絶えず様々な種類の捕食者の脅威に晒されている。たとえほんの一瞬でも注意を怠れば、それが命取りになるかもしれない。

二匹のハンバグ・ダムゼルフィッシュがサンゴの中から急に飛び出してくるのを見たことがある。どちらも怒っているようで、激しい戦いの真っ最中だった。その様子を見ていたベラは絶好のチャンスとばかりに二匹とも飲み込んでしまった。戦いに必死になりすぎた二匹は、一瞬だが、危険に対する警戒を怠ってしまったのだ。それが大変な間違いであることはすぐに証明された。

ただし、こういうことは実は珍しい。通常、危険に直面すると、ハンバグ・ダムゼルフィッシュは協力して共通の敵に立ち向かうからだ。集団の構成員それぞれが自分の役割を果たす。数多くの目で見張っているため、捕食者はなかなか一定以内の距離に近づくことができない。集団の中のたった一匹でも危険を察知すれば、急いで安全な場所へと逃げ込むことになる。この反応が他の個体たちへの警告信号となり、自らは捕食者の姿を見ていなくても、一瞬にしてすべての個体が安全な場所に逃げることができる。

「サイロ化」する人間社会

ソーシャル・メディアが盛んに利用されるようになった現代の人間社会では、「サイロ化」が懸念されている。オンラインでは似た者どうしが集まることで、偏見が強化され、多くの人が同じ偏った意見を持つようになりやすい。集団の結束が固まるのは良いことでもあるが、自分たちと違ったものの見方、考え方をまったく受けつけなくなるのは問題だ。

ハンバグ・ダムゼルフィッシュにも似たようなことが起きる可能性は十分にあるだろう。この魚の小さな集団は、相互依存的で、しかも長く持続する。どの集団に属するかで、その特性が規定されたとしても不思議はない。集団はそれぞれに、生息地に合わせた特性を持っているだろうが、同一の集団内では、どの個体も仲間と特性が非常に似通っている可能性がある――危険やチャンスに直面した時に取る行動がどの個体もだいたい同じになる可能性が高いということだ。

ハンバグ・ダムゼルフィッシュはごく幼いうちに、すでに確立された集団に加わり、多くの場合は生涯、同じ集団内で生き続ける。成長する間、集団内の仲間たちから絶えず影響を受け、それによって特性が決まっていく。そのため、集団内のどの個体も特性がほぼ同じになるのだ。集団を構成する個体は血縁ではないので、その均質性は純粋に社会環境によるものということになる。「氏より育ち」ということだ。

人間の社会では、サイロ化は良くないこととみなされがちだが、集団で生きる魚たちが均質で、考えも行動も似通っていることは、多数の捕食者に対抗して生きていく上では強力な武器になる。

野生のハンバグ・ダムゼルフィッシュは、隣り合うサンゴ群体二個か三個分の範囲を縄張りにしていることが多い。縄張りの中を移動する際、最も安全なのは、集団の構成員すべてが共に動くことである。特にハンバグ・ダムゼルフィッシュのような魚の個体にとって、集団の仲間たちは自分の延長だと言えるだろう。

集団が動くための意思決定

私はハンバグ・ダムゼルフィッシュの協調行動、意思決定について詳しく知るため、近くで観察したいと思った。そのために、いくつかの集団を捕まえて、ワン・ツリー島研究所の水槽に入れることにした。水槽に入れた魚たちには、まず、棲み処にしてもらうため、一集団につき一群体のサンゴを入れた。集団がサンゴに定住したら、水槽の端の魚たちから遠いところに、もっと多くのサンゴを集めた魅力的なマンションのような場所を作った。魚たちを誘い出すためだ。社会性の高くない動物であれば、一匹一匹出て来て、様子を見に行くかもしれないが、ハンバグ・ダムゼルフィッシュはそうではない。新たな物件をどれほど見たくても、単独で行くことは決してなく、行くのであれば必ず集団で動くのだ。そのためか、ハンバグ・ダムゼルフィッシュは最初の棲み処に留まったままなかなか動き出そうとはしない。私は、集団が動くための意思決定がどう進んで行くのかを観察した。

その時、魚たちは、元の簡易的な棲み処で動き回る――そして徐々に興奮していくのだ。新しい物件を見たい気持ちが強い個体ほど、活発に泳ぐ。円を描くように泳ぐこともあれば、新しい物件の方に向かいかけることもある。だが他の個体がついて来なければ、すぐに元に戻る。影響されて興奮する者が増え、全個体が興奮して激しく泳ぐようになると、ついに集団での移動が始まる。

集団で移動を始めたように見えたが、実は一匹がまだ元の棲み処に残ったままだった、ということも何度かあった。残された一匹は当然、動揺するがそれも長くは続かない――一匹欠けていることに気づいた群れがすぐに戻って来るからだ。群れは迷子の一匹を連れ、皆で揃って改めて豪華な新居へと向かう。これは、決してハンバグ・ダムゼルフィッシュ特有の行動ではない。集団で生きる動物の多くに同様の行動が見られる。ガンも群れで一斉に飛び立つ時に同じような行動を取るし、他には馬やゴリラもそうだ。

まず、集団の一部の構成員の行動が活発化し、それが徐々に全体に広がっていく。これは集団のまとまりを維持するのに有効な方法なのだろう。全員が準備できた状態になってはじめて、一斉に動き出すのだ。単純ではあるが、鳥や哺乳類の取る、より複雑な社会的行動の先駆けとも言える。

ピラニアとアメリカ大統領

魚の群れがすべて、身を守ることを目的としているわけではない。中には、狩りのために群れを成す魚もいる。群れを成すことで驚くべき成果をあげるのだ。ヒメジ科の魚には、小さく安定的な群れを成して生きる者が多く、群れでの狩りがいかに効果的かを証明する存在だろう。まず、群れの中の一匹か二匹が、獲物となる小さい魚を追いかける。

サンゴ礁では、小さな魚たちは、すぐにサンゴの中に隠れてしまう。すると、群れの別の魚たちが、サンゴの脇へと移動する。獲物が外へ出て来た時に行く手を阻むためだ。ヒメジは、口の下のヒゲを使って、サンゴの中を探る。そうして脅かせば、獲物は外へ飛び出して来ることがある。

飛び出せば、待ち構えているヒメジの口にそのまま入る。群れで狩りをする動物には珍しく、ヒメジは獲物を仲間で分け合うことはしない。だが、単独で狩りをした場合に比べて、全体として得られる獲物が増えるという点で、これは良い戦略だと言えるだろう。

魚の中でもピラニア・ナッテリーほど評判の悪い魚はそういないだろう。南米の淡水に生息する魚だが、大皿くらいの大きさまで成長し、形も皿のように丸い。そしてカミソリのように鋭い歯を持っている。近縁の種で、小さくおとなしいテトラと同じく、ピラニアもやはり群れで生きている。

今のように、人を容赦なく殺す獰猛な魚というイメージが広まったのは、おそらくアメリカの元大統領、セオドア・ルーズベルトが一九一三年のアマゾン探検について書いた体験記のせいだろう。元大統領を驚かせようと、地元の人たちはともかくピラニアが残忍な魚に見えるような血みどろの光景を演出したようだ。ルーズベルトが見ている前で、一頭の牛を川に追い込んだ。すると、水の中にいたピラニアたちが一斉に襲いかかり、哀れな牛をあっという間に骨だけになるまで食い尽くしてしまう。ルーズベルトが本に書いた話が世界中に伝えられ、ピラニアは世界で最も恐ろしい動物の地位を確立したのである。

だが、ピラニアは本当にそれほど恐ろしい動物なのだろうか。実を言えばそうではない。牛が食われてしまったのは、あくまでも仕組まれた見世物である。元大統領に忘れがたい体験をしてもらうため、地元の人たちは川の一部を網でせき止め、その中をピラニアで埋め尽くしたのだ。

牛が川に入るまで、ピラニアは長く食料のない状態に置かれていた——共食いの可能性はあるが、それ以外には食料がなかった。飢えているところに、弱った動物が現れれば、大変なことになるのは当然である。

ピラニア

ピラニアが脅える時

とはいえ、ピラニアはまったくの無害だと言い切ってしまうのも短絡的すぎる。歯は鋭く、噛む力も強いので、襲われれば相当な怪我をすることになる。だが狂ったように一斉に獲物に襲いかかり、あっという間に骨だけにしてしまう、というようなことは実は多くない。

ピラニアに人が殺された悲惨な事件はたしかに起きているし、人が手や足を噛まれて大怪我をしたということはそれよりさらに多い。

ピラニアは、相手がすでに弱っている場合を除き、自分より大きな相手に襲いかかることはあまりない。通常、ピラニアが狩るのは他の魚で、大きな相手といえば、時々、近くにいる大きなナマズを襲うことがあるくらいだ。ピラニアの場合、群れを成すのは、自分の身を守るためという意味合いが強い。他の多くの社会性の魚と同じということである。ピラニアは、カイマンやウ、そして大型の魚たちの好物でもある。群れが小さいと、ピラニアは不安に陥るようで、観察していてもそれがよくわかる。

たとえば、呼吸が浅くなるのも、不安を感じている兆候の一つだ。一方、群れが大きくなると安心感が大きくなるらしい。恐ろしい伝説を持つピラニアだが、実際には、捕食者に脅え、群れを成して身を守っている魚だということだ。

海のハンター・バショウカジキ

それに対し、バショウカジキのように、狩りのためだけに群れを成す魚もいる。一月から三月までの間に、大量のイワシの群れが、メキシコ、ユカタン半島沖のイスラ・ムヘーレスという島の沿岸まで北上する。大量発生するプランクトンを食べるためだ。このイワシの群れを目当てに多くの捕食者が集まる。バショウカジキもその中にいる。

バショウカジキは、海のハンターの中でも目立つ存在で、体長は最大で三メートルにも達する。身体の前四分の一ほどは極端に細くなり、先が尖っている。この部分は角、クチ

バショウカジキ

バシと呼ばれることもあるが、正確には吻（ふん）という。バショウカジキはこの吻を意外な方法で使う。イェンス・クラウスに率いられたアレックス・ウィルソンをはじめとする生物学者のチームは、そのことを詳しく調査するため、ユカタン半島のカンクンで船をチャーターした。

しかし、広い海でどうやってバショウカジキを見つければいいのだろうか。手がかりになるのは鳥だ。バショウカジキが獲物を求めて集まっている場所には必ず、グンカンドリなど、魚を狙う鳥たちが集まっているからだ。鳥たちは空から海の中に飛び込んでは魚を捕まえて食べる。大量の鳥が集まっていれば、かなり遠くからでも見えるので、良い目印になるのだ。船が出発して五〇キロメートルほど進んだところで、生物学者のチームはついに探していたものを見つけた。

水の中で、イワシの群れは深くへと潜っていた。水面近くは日光に照らされて明るく、危険だからだ。バショウカジキたちもイワシを追って深く潜っていたので、生物学者の目には見えなかった。ただ、バショウカジキが吻を振り回してイワシを水面へと追い詰めようとする音が聞こえたとウィルソンは言っている。

狙いは、イワシの群れの一部だけを他から引き離すことだ。もし、その狙い通りになると、イワシにとっては大変困ったことになる。何百万匹もの群れから少しだけはぐれ、小さな群れができると、四方から攻撃を受けることになる。どちらにも逃げられず、隠れるところもない。隠れられるとしたら、仲間の陰だけだ。そのため、恐怖にかられた小さな群れの中のイワシたちは互いに接近するのだが、そんなことをしても意味はない。

はぐれたイワシたちの周囲にはバショウカジキが集まる。無慈悲ではあるが、合理的な攻撃である。バショウカジキたちは交替でイワシの引き離しを試みる。バショウカジキに追われたイワシは必死に逃げるが、スピードではまったくかなわない。

バショウカジキはイワシの群れの後ろにつき、群れの中に吻を差し入れて、いずれかの方向に刀のように振る。吻には、歯のような突起がいくつもあり、それを振り回せば、当たって怪我をするイワシもいる。鱗が剝がれる者もいれば、肉を切られる者もいる。

負傷したイワシは一瞬、安定を失う。だが、安定を失っても何ミリ秒という短い時間で元通り、群れとともに泳ぎださねばならない。さもないと、すぐにバショウカジキの餌食になるからだ。まったく気を抜ける時はない。バショウカジキは次々にやって来て、同じ攻撃をし、その度に負傷するイワシが出る。負傷者が増え、疲れが溜まってくれば、当然、イワシは攻撃されやすくなる。次第に、群れからはぐれる者が出始める。小さな集団が群れからはぐれると、バショウカジキの追跡の秩序は崩れ、皆が自由にその集団を襲う。

イワシにまつわる嘘のような本当の話

広い海の中に、イワシの隠れ家になるような場所はほとんどない。しかし、イワシが他の魚たちが身を守るのに役立つことはある。イワシは、あまりに長時間、捕食者に追われ続けると、群れの個体が密集して作る「ベイト・ボール」を解消してしまうことがある。

そうなると、広がったイワシたちが、追いかけてきた捕食者たちを包む生きた毛布のようになるのだ。騒ぎに興味を惹かれてサメなどが近寄って来ても、たとえばバショウカジキなどの姿は、脅えたイワシたちに紛れて見えにくくなっている。

サメに見つからなければ、少なくともしばらくの間は安全を保つことができるだろう――バショウカジキも、さすがにサメのように自分より大きい捕食者に対して吻を振り回すことはない。あまりに危険だからだ。

群れから少数だけはぐれたイワシは、人間の観察者が近づいて来た時にも、捕食者が近づいた場合に似た反応を見せることがある。互いに身を隠そうとして仲間どうしが密集するのだ。それがただの時間稼ぎに過ぎず、根本的な解決にならないのは、この場合も同じだ。

だが、イェンス・クラウスらのチームは、無意味としか思えないイワシのこの「とっさに身を隠そうとする」戦略が功を奏する場面を目撃したという。ある時、何か海の中に浮かんでいる物を見つけ、ウィルソンはよく見ようと泳いで近づいて行った。どうやら死んだウミガメらしい。その周囲を一匹のバショウカジキが泳いでいた。

ウィルソンがさらに近づくと、バショウカジキはその場を離れた。そして、ウミガメは実は死んでいないことがわかった。

ウミガメが甲羅の中から頭を出し、泳ぎ始めると、一匹のイワシが姿を現した。群れからはぐれたイワシが、身を隠すための最後の手段としてウミガメを利用したらしい。バショウカジキに追い詰められ、生き残るために必死で取った行動が功を奏したのだ。ウミガメが去ると、イワシは急いで下へ移動し、大きな群れの中へと戻って行った。嘘のようだが、本当の話である。

4章

渡り鳥は「群衆の叡智」で空を飛ぶ

ムクドリの大群

もう随分昔、まだ動物を科学的に研究して生計を立てられるなどとは考えていない頃の話だ。その頃の私は、イングランド北部のブラッドフォードという街で退屈な仕事をしていた。ただ電車に乗って職場と自宅を往復するだけの日々。しかし、十一月のある日の夕方、当たり前の帰宅の途中に突如、驚くべきことが起きた。私はまだその時の光景をありありと思い出すことができる。

夕暮れ時、オフィスを出た私は駅に向かった。寒い日で、他の多くの人たちと同じく、コートにマフラーという服装で、身を縮めて歩いていた。歩道も建物も湿っていて、空気は冬の気配を感じさせた。人間の他に動物といえば、犬が何匹かと鳩が何羽かいるくらいだった。時々、小さな声を出しながら、誰かが手に持ったケバブをうっかり地面に落とすのを待ち構えているようだった。

だが、フォースター・スクエアまで来た時、何やら上から大きな音が聞こえ、近くにいた人たちが一斉に空を見上げた。頭上にいたのは、ムクドリの大群だった。ムクドリたちの演じる空中バレエである。群れは次々に隊形を変えていく。まさに壮観だった。見ていて圧倒され、畏れすら感じる。ムクドリはまるで誰かに振り付けでもされたかのように、

ムクドリ

整然と動く。

そして円を描くように並んだかと思うと、一斉に降下したり、上昇したりもする。群れ全体が何かのエネルギーによって振動しているかのようだ。鳥たちの互いに呼び交わす声で、車の音もかき消された。数分の間、地上にいる私たちは、ムクドリの群れによる自然界で最も素晴らしい集団ショーを見る特権を与えられていた。

しばらくすると、ムクドリたちはねぐらへと向かっていく。一握りのリーダーたちがショーの最後のその動きを先導するのだ。リーダーたちが急降下を始めれば、それが終わりの合図となる。個々のムクドリたちは、皆、自分の近くにいる者たちからその合図を受け取る。動きは群れ全体へとすぐに広がっていく。群れはほぼ完璧な調和を保ったまま、その場を去って行くのである。

黒い太陽

私がブラッドフォードの空で見たムクドリのショーは、一年のうちでも寒い時期、十月から三月にかけて、様々な場所で上演される。場所によっては、ムクドリの数は極端に多くなり、何百万羽という単位になることもある。

デーン人（ヴァイキングとしてブリテン島に侵攻した北方系ゲルマン民族の一派）は、この群れを「黒い太陽（sort sol）」と呼んだ。ムクドリは夕暮れ時になると集まってきて、夜、ねぐらに向かう前の約三十分間、共同でパフォーマンスを見せる。このような群れは、離れている鳥たちが一箇所に集まって来なければ作れない。そして、集まって来た鳥たちは互いに動きを合わせているわけだ。多くの鳥が集まっていれば、おそらく寒い時期には眠る時に互いに温め合うこともできるのだろう。

ただ、動物がこのような大きな群れを作って行動する理由は主に、捕食者に対抗することである。ムクドリは一羽や小さな群れでは弱く、ハイタカやチュウヒなどの猛禽類にまったく抵抗できないが、大集団になると強くなる。手強い敵がいるほど、ムクドリの群れは大きくなり、しかも長く維持される傾向にある。群れがショーをするのは、捕食者を混乱させるのに役立つ。多数が一斉に高速で旋回したりすれば、捕食者は一羽に狙いを絞るのが難しくなる。

捕食者を混乱させるには、群れに属する個体が協調して行動する必要がある。しかし、何百、何千、あるいはそれ以上にもなる多数の鳥がいて、群れに属する個体はいったいどうやって、全体の動きを察知できるのだろうか。答えは「そんなことはできない」である。

注意を向けるのはたった七羽

実は、どの個体も、自分のそばのだいたい七羽ほどの個体の動きに反応しているだけだと今はわかっている。鳥に限らず、どの動物も、協調して動く時には、近くにいる仲間の動きにだけ注意を向ける。私たち人間も、歩く時や、車を運転する時には同じようなことをする。

ムクドリにとって重要なのは、仲間どうし空中で衝突するのを防ぐことだ。衝突すれば大惨事だ。衝突を防ぐには、すぐそばにいる仲間たちとうまく動きを合わせなくてはならない。だが、なぜ七羽なのだろうか。生き物の世界ではそういうことが多いが、これもやはり「トレードオフ」なのだ。一度に注意を向ける仲間の数が多いほど、当然、協調行動はうまくできる。急な方向転換などにもすぐに対応できるだろう。

だが一方で、注意を向けなくてはならない仲間の数が増えると、その動きを追うのは容易ではなくなってくる。結局、六羽か七羽くらいの仲間だけに合わせるのがちょうど良いということになるのだろう。そのくらいの数ならば、さほどコストを上げることなく、ある程度、動きの変化に素早く対応できる。

個々のムクドリは近くにいるわずかな仲間のことだけを見ているのだが、それでも群れは全体で速度や進む方向を瞬時に変えることができる。驚くべき技だが、それについて説明するには、「臨界」という概念に触れる必要がある。

臨界は「ティッピング・ポイント」とも呼ばれ、あるシステムの状態が遷移(せんい)する瀬戸際の点のことを言う。山に雪が積もると、しばらくは安定した状態になり、美しい風景ができあがるが、突然、その安定が崩れて恐ろしい大雪崩が起きることがある。地球の構造プレートは互いに押し合っているのだが、普段は何ごともなく静かに見える。しかし、エネルギーが次第に蓄積され、臨界点に達すると、突如として大きな地震が起きるのだ。

臨界は元来、物理学の概念だが、ムクドリの群れの行動を説明するのにも役立つ。ムクドリの群れは常に捕食者の襲撃に備え、警戒態勢にある。絶えず、何かあったらすぐにでも飛行経路を変えられる臨界にいると言っていいだろう。群れの中の一羽が急に進路を変えれば、群れ全体がそれに合わせて進路を変えることになる。

つまり、すべての個体が群れの中の他のすべての個体に影響を与え得る。個体の飛ぶ進路、速度、高度の変化があれば、その情報が瞬時に群れ全体に伝わる。驚くべきなのは、群れを構成する鳥の数がどれほど増えてもそれは同じということだ。どれほど規模が大きくなっても、群れ全体が協調する能力は維持される。

それだけ、ムクドリにとって捕食者を攪乱するのが重要ということだろう。私も含め、あの寒い夕方にブラッドフォードでムクドリのショーを見た人たちの多くは、それを動物の見せてくれる素晴らしい芸術のように思っていたかもしれないが、当のムクドリたちにとっては、芸術どころではなく、まさに生死に関わる行動だったのである。

鳥の群れの隊形の秘密

鳥が群れを成して飛ぶ時の隊形には、明確に二つの種類がある。どちらもよく知られた隊形である。そのうちの一つを私たちは「クラスターフロック」と呼んでいる。これは、はっきりとした構造を持たない隊形で、全体としての形は連続的に様々に変わっていく。ムクドリは、この隊形を組む鳥の代表例だ。その他、特に小型の鳥の中には、捕食者となる鳥の攻撃を受けた場合、同様の隊形を組む鳥が数多くいる。

一方、自由度の高いクラスターフロックとは対照的な隊形を組んで飛ぶ鳥もいる。カモやガン、ガチョウなど、比較的、大型の鳥たちは、特に長距離の旅をする場合にはV字型の隊形を組むことが多い。必ず一羽がVの頂点にいて、皆を先導しなくてはならない。

だが、この役目を担う個体は定期的に交代する。先頭の鳥は、ちょうど自転車競技のツール・ド・フランスのプロトン（集団）の先頭にいる選手のような役割を果たす。自分が空気抵抗を受けることで、後続の者たちが受ける空気抵抗を減らすのだ。先頭が定期的に交代するのはそのためだ。負担が群れの中で公平になるようにしているわけである。

人間が手首につけるのと同じような心拍数モニター装置を鳥に取りつけてみると、空気抵抗の影響がどれほど大きいかがよくわかる。後続の鳥たちの心拍数は、先頭の鳥に比べると一〇パーセントほど少なくなる。

大した差ではないようだが、しかし、長距離を飛ぶ鳥たちは、持てる能力の限界近くまで使うことになる。ハクガンの場合、渡りの途上で若い鳥の三分の一は命を落とすほどだ。ほんのわずかの消費エネルギーの違いでも、無事に目的地に着けるか否かを分けることがあり得る。

ではどうして、この種の鳥たちはV字型の隊形で飛ぶのだろうか。鳥が羽ばたくと、羽によって空気が押し下げられる。すると、代わりに一塊の空気が上昇することになる。この空気の上昇（上昇気流）は、下降のすぐ後ろ、鳥の両脇辺りで最も大きくなる。

つまり、仲間の後ろや両脇で飛ぶ鳥たちは、その上昇気流に乗ることができ、エネルギーを節約できるのである。理論上はそのはずで、風洞に鳥を一羽入れて飛ばす実験も行われていたが、実際に空を自由に飛ぶ鳥たちにもこの理論通りのことが起きているかを確かめるのはそう容易ではなかった。

雪の上を歩く子どものように

私の同僚で、鳥類の研究に関して天才的な才能を発揮していたスティーヴ・ポルトガルは、鳥の渡りについて調査する中でこの課題に取り組むことになった。飛行中に細かなデータを収集するための小さなデータ・ロガー（記録計）を鳥に取りつけること自体はさほど難しくないのだが、問題は、何百マイル、何千マイルという距離を飛行する鳥から装置を回収することである。それは簡単ではない。

この問題を解決したのが、ホオアカトキの再生に取り組んでいるオーストリアの自然保護活動家たちである。ホオアカトキは、言ってはお世辞にも美しいとは言えない鳥だ。中央ヨーロッパではすでに何百年も前に絶滅したのだが、オーストリアの活動家たちは、その地域でこのホオアカトキを復活させようとしているのだ。

ただし、渡り鳥の再生というのはそう簡単な仕事ではない。まず、渡り鳥は渡りの経路を知る必要があるのだが、それを教えるのは、群れの中の年長の個体である。しかし、再生の場合、鳥たちに教えてくれる年長者はいない。

その鳥たちが最初の世代だからだ。つまり、人間が鳥たちに経路を教えてやる必要があるということだ。オーストリアの自然保護活動家は、それに超軽量航空機を使った。その航空機を追って飛ぶようホオアカトキを訓練したのだ。この方法だと、ホオアカトキがどこを飛んでいるかは常に把握できるし、いつ陸に降り立つかもわかる。仮にデータ・ロガーを取りつけたとしても、回収は容易ということだ。

これでデータを収集する手段も、調査の対象にする鳥も確保できたことになる。ホオアカトキを対象にすれば、自然界の渡り鳥にとってV字型隊形がどのような意味を持つのかを確かめられるということだ。

スティーヴ・ポルトガルが実際に調査したところ、驚くべき結果が得られた。前を飛ぶ鳥の生み出す上昇気流に乗ることで、後ろにいる鳥たちはエネルギーを節約できるはずではあるが、正確にどこを飛べば上昇気流に乗れるかはその時々で変わるので、実際にはさほどうまくいかないのでは、とも考えられた。

だが、そのような考えは、ホオアカトキに対する侮辱なのだということがわかった。ホオアカトキは、前を飛ぶ仲間との絶妙な位置関係を維持し続けただけでなく、上昇気流に最もうまく乗れるであろうほぼ完璧な翼の動きを絶えず継続したのである。後ろの鳥は、常に前の鳥と同じ経路をたどって飛んでいた。

スティーヴはこれを、雪の上を歩く子どもにたとえた。子どもたちは、大人がすでに歩いてできた足跡をたどって歩いて行くからだ。ただし、空の上には足跡のような見える目印はどこにもない。風、気流だけが頼りである。しかも求められる精度は雪の上を歩く子どもとは比較にならないほど高い。

また、さらに驚くべきなのは、ホオアカトキたちが飛行中に互いに協力し合うことである。よりエネルギーを使い疲れるはずの群れの先導役を交替で務めるのだ。ツール・ド・フランスのプロトンでは、選手の役割は明確に決まっていることが多い。先頭に出て空気抵抗を受け止める選手と、その陰に隠れてエネルギーを節約する選手だ。

ホオアカトキも理論的にはそれと同様のことをしてもいいはずである。群れの中でも上位の個体が下位の個体に群れの先導役という大変な役目を担わせたとしても不思議はない。しかし、実際には、見事に公平に役割を分担している。どの個体もエネルギーのいる先導役を同じくらいの時間担うし、前についていく楽な位置にいる時間もだいたい同じだ。特定の個体ばかりが大変ということもなければ、他の個体の労力にただ乗りする個体もいない。

シュバシコウの喉に刺さった槍

長い距離を移動する渡り鳥だが、私たち人間が鳥の渡りについて理解するまでにも長い道のりを歩む必要があった。それも仕方のないことだろう。周囲にいたはずの鳥たちがある季節になると突然、完全に姿を消してしまうのだ。そのことは現代人にとっても不思議だが、大昔の人々にはとてつもない謎だっただろう。

姿を消した鳥たちはいったいどこへ行くのか。昔の自然哲学者たちは頭をひねり、今から見ると滑稽な説を数多く考え出した。アリストテレスは、姿を消した鳥は冬眠をしているのだと言った。そして、おそらくは地下にいる。冬眠でなければ、季節によって違う種に変わっていることも考えられると主張した。

一方、アリストテレスの説を一笑に付し、きっと水中に移動しているのだ、と言った哲学者もいた。いや、そうではない、月まで飛んで行くのだ、と突拍子もないことを言い出す人さえいた。

だが、こういう愉快な学説の数々を完全に葬り去ることができたのは、今からわずか二百年ほど前のことだ。ヨーロッパでは広い地域で春になると、あちらこちらの煙突や屋根の上に小枝を材料にして作った大きな建造物が現れる。

これはシュバシコウの巣だ。翼幅二メートルにもなる鳥で、サーベルのようなクチバシをしている。毎年、この大型の鳥は、繁殖地であるヨーロッパへと渡って来て、小枝を組み合わせて巣を作る。

一八二二年、ドイツに、喉に槍が刺さったシュバシコウが現れた。その槍は、アフリ

シュバシコウ

カのどこかの部族のものだろうと思われた。槍を放った狩人の狙いは正確で、喉に見事に突き刺さっていたのだが、傷ついているはずの鳥は、それでもドイツまではるばる飛んで来ていたのである。サハラ砂漠も、地中海もそんな身体で飛び越えたわけだ。それでシュバシコウにとっての最悪の時は終わったかと思われたが、北欧にたどり着いた時に銃で撃たれてしまう。

その後、槍の刺さったシュバシコウはそのままの姿で剝製となり、ロストック大学で保管されることになった。これぞまさに悲運の記念碑とでもいうものだろう。その後、同じように槍の刺さったシュバシコウは二五例も見つかり、そのおかげで「シュバシコウは冬の間どこに行くのか」は完全に解決することになった。

上昇気流は燃料補給基地

喉に槍など刺さっていなかったとしても、シュバシコウのような大きくて重い動物が長距離を移動するのは簡単なことではない。そのため、シュバシコウは、高度を保つのに熱を利用する。太陽が地面を温めることで生まれる熱だ。

地面に他よりも温められたところがあると、そこから暖かい空気が上に昇っていく。この上昇気流を見つけると、シュバシコウはそれに乗って高度を上げ、その後は、次の上昇気流を見つけるまで羽ばたかずに滑空してエネルギーを節約する。その間に高度が落ちても、また上昇気流で上げることができ、また次の上昇気流まで滑空が可能になる。

つまり、鳥たちにとって上昇気流は踏石、あるいは燃料補給基地のようになっているということだ。

問題は上昇気流を見つけるのが容易でないことである――何しろ気流は目には見えない。雲の形などの手がかりはあるものの、それで確実に見つけられるわけではない。シュバシコウと同じく、航空機のパイロットも常に上昇気流は探しているが、鳥と違うのは、それを利用するためではなく、避けるために探していることだ。上昇気流は恐ろしい乱気流の原因になるからだ。

乱気流に巻き込まれれば、機体が揺れて、少なくとも飲んでいたコーヒーがこぼれるくらいのことは起きるだろう。航空機には様々な機器が搭載されているとはいえ、乱気流の発見のために重要なのは、先行する他の航空機からの情報である。同じ経路で先行する航空機から後続の航空機へと情報は受け渡されていく。

群れで飛ぶ鳥たちも同様の方法で情報を収集することができる。群れの中の一羽が上昇気流を発見すると、その上で円を描くように飛ぶ。その行動が「ここに上昇気流があるぞ」という信号になり、他の鳥たちも同じ気流を利用できるようになるのだ。

ただし、上昇気流が見つかれば、それで良いというわけではない。強い風が吹くと、それによって上昇気流は揺れるからだ。ちょうど、かがり火が風で揺れるのと同じように揺れる。シュバシコウはその揺れに対応し、群れ全体で位置を移動する。

上昇気流が気まぐれに位置を変えても、それにつれて自分たちの位置を変えていくのである。シュバシコウは上昇気流を最大限、利用し、螺旋を描くように上昇していく。そのおかげで、次の上昇気流が見つかるまで滑空できるだけの高度が得られる。

みんなの意見は案外正しい？

一九〇六年にイングランド西部のプリマスでは、動物研究にとって非常に重要な意味を持つ家畜家禽品評会が開かれた。もちろん、同じくらい重要な品評会は他にもあったのだが、科学的研究にとっての重要性では、当時、その品評会に勝るものはほぼなかったと言っていい。

エドワード朝時代だった当時、その品評会が開かれた郡のお祭りの場には、すでに年老いていた科学者で統計学者のフランシス・ゴルトンがいた。ゴルトンはとにかく「数えられるものはすべて数える」という主義で生きてきた人だった。

その品評会では、雄牛の重量（正確には食肉処理した後の重量）当てコンテストに注目していた。六ペンス支払ってチケットを購入し、それに重量の推定値を記入する、というものだ。当時の六ペンスは、ビールが三パイント（約一・七リットル）買えるくらいのお金だ。それでも、八〇〇人もの人がコンテストに参加し、チケットに名前と住所、そして重量の推定値を書き込んだ。

そのチケットのうち一三枚は無効だとして破棄された。書かれている文字が読めなかったからだ――おそらく記入する時にすでに三パイントのビールを飲んでいたのだろう。ゴルトンは残りのチケットを入手して、参加者の推定値の平均を計算した。

重量の正解は、一一九八ポンド（約五四三キログラム）だったのだが、コンテスト参加者の推定値の平均はなんと一一九七ポンド（約五四二キログラム）だった――つまりプリマスの群衆は、全体としては驚くべき正確さで雄牛の重量を推測していたことになる。

　ここまで読んだ人は、おそらく「なぜ牛の重量当ての話が鳥に関係があるのか」と疑問に思っているだろう。それは当然だ。私がこの話をしたのは、集団の持つ力がよくわかる例だからだ。大勢の提供する情報を組み合わせれば、驚くほど正確な認識ができる。

　中にはとんでもなく不正確な情報もあるが、それでも構わない――集団がある程度以上、大きければ、全体としては非常に正確な認識に到達できる可能性が高いのだ。集団全体は、どの構成員よりも優秀になり得るわけだ。これを「群衆の叡智」、「群知能」などと呼ぶ。グーグルのような検索エンジンが有用になるのは、そのおかげだ。人間だけではない。動物の集団にも同じことが言える。鳥の群れはその好例だ。

　鳥たちは渡りの途上、経路を決めるのに、地球の磁場、太陽や星の位置、低周波音、においい、山脈や海岸線といった目立つ地形など、多数の手がかりを利用する。それだけの能力を持っていても、個々の鳥の経路判断はどうしても少し不正確になってしまう。

　不正確といっても、せいぜい一度や二度のずれなのだが、長い距離を移動するうちには、ずれが大きくなり、目的とする土地にたどり着けない恐れがある。だが、群れで移動していれば、皆が情報を持ち寄ることで、全体としてはプリマスで牛の重量を当てた群衆のようにかなり正確な判断ができる。

　個々の鳥の経路判断は少しずつ違っているが、群れでまとまっている限り、皆の判断を平均することで、理論的にはより正確な経路選択ができると思われる。群れで情報を提供し合うことで、驚くほど正確な経路での飛行が可能だと考えられる。

ハトは社会的な鳥

ただし、これはあくまでも理論であり、おそらくそうだろう、というだけだ。実際にはどうなのだろうか。これまでに得られた証拠によれば、理論通りのことが実際に起きているらしい。たとえば、ヒバリや、ウミガモの一種であるクロガモは、大きな群れで飛ぶほど、うまく経路判断ができるようだ。

最も良い例はハトだろう。ハトはあまりにも身近な鳥なので、最近では、その奇跡的とも言える帰巣能力も見過ごされがちだ。しかし、かつてはそうではなかった。ハトは家畜化された最初の鳥だと考えられる。そして何世紀にもわたり、メッセンジャーとして使われてきた。

大事な手紙や薬、時には禁制品を運んだこともある。時速一〇〇キロメートルで確実に目的地まで行ける素晴らしいメッセンジャーだった。その役割のほとんどを電話、最近ではインターネットなどに奪われたものの、人里離れた地域ではいまだに有用な場合がある。

実際、アフガニスタンのタリバンや、中東のＩＳＩＳなどにとっては十分に大きな脅威となっており、ハトを飼うことを禁じたりもしている。ハトの愛好家は今も多く、有名人の中にも数多くいる。

たとえば、エルヴィス・プレスリー、マイク・タイソン、エリザベス女王などは特に有名だった。ハトをメッセンジャーとして使うことは廃れたが、ハトレースというスポーツはまだ盛んに行われている。レースバト一羽が何千ポンド――最近では一〇〇万ポンドということもあった――という額で取引されることもあるほどだ。

ハトは単独でも優れた経路探索能力を発揮するが、ハトもやはり社会的な鳥であり、集団でいるとさらに能力は高まる。近年、GPSテクノロジーが大きく進歩したおかげで、長距離を移動する動物の経路を正確に知ることができるようになった。そして、かつては信じ難いと思われていた動物たちの行動について理解を深めることができた。

単独で飛ぶハトと、群れで飛ぶハトのどちらがうまく経路探索をしているかを確かめるには、ハトたちに小型GPS装置を取りつけ、適当な地点で放して、自宅に戻るまでに使った経路を調べてみればいい。この実験をすると明確な結果が出る。群れで飛ぶハトの方が距離の短い、自宅に早く帰れる経路を見つけられる。

そして、群れのハトの方が、単独のハトよりも速く移動できる。ハトを一羽だけで放すと、しばらくの間は、円を描くように飛ぶ。その間にどちらに向かって飛ぶべきかを判断しているらしい。そして、その後は目印をたどるようにして飛んで行く。それだと必ずしも最短距離にはならないが、迷わず進めることを優先しているようだ。

渡り鳥と群衆の叡智

このように、一つ一つは正確とは言えない判断を数多く組み合わせる方法が経路探索に有効なのは間違いない。しかし、渡り鳥たちはその方法だけに頼っているわけではない。一つの判断が生死を分ける状況に置かれるのだから、それも当然のことだろう。

群衆の叡智の問題は、集団の構成員の判断が皆、同じように偏っている可能性があることだ。人間の政治的意見などにも同じようなことが起きる。普段から、自分と同じ意見を持った人とばかり話していれば、意見の偏りは修正されず、むしろ強化されることになるだろう。

渡り鳥にとっては、情報を収集することと同時に、収集した情報を絶えず更新することも重要だ。そうして、進みながら、常に経路の修正を繰り返すのだ。そうして修正をしていかなくては、群れでいることの有用性は維持されない。

渡り鳥の群れは全体で一つの巨大な空中センサーのようになる。群れのうちの一羽が何かちょっとした情報を得て、それに反応して速度や飛ぶ方向をわずかに変化させると、他の鳥たちも通常はあとに続く。

群れを構成する多数の鳥たちがそれぞれに情報を探し求め、何かが得られた時には即、進路の修正に役立てる。群れの中の一羽でも情報を得れば、群れ全体が利益を享受できるわけだ。単純ではあるが、経路決定の方法としては素晴らしいだろう。

ある鳥との友情

他者と関われば、自分の持っている情報が拡散する可能性が生まれる。シドニー大学の研究室では、私はだいたいいつも窓を背にして座る。その窓からは、交通量の多い大通りを見下ろすことができ、大通りの脇には、鳥たちにとっての大通りのような並木が立っている。

二年前の春は、春にしてはじめじめした日々が続いたが、ある日、研究室の窓台に、全身が濡れて悲惨な姿になった一羽の鳥が現れ、悲しそうに私を見つめた。

私の研究室には割に何でもあると思っていたが、その時、鳥の餌はなかった。何か餌になるようなものは、と思って見つけたのが、オーツ麦のポリッジ（お粥に似た料理）だった。試しに出してみると、鳥は貪るように食べた。

それが友情の始まりだった。美しい友情とは言えないかもしれないが、少なくともお互いに役に立っているとは言える。友情は徐々に深まっている。

ケンと名づけたこの鳥は、ノイジーマイナー（クロガオミツスイ）と呼ばれる鳥だ。「マイナー（炭鉱夫）」という名前は、全体に地味な灰色をしているためについた。マイナーはオーストラリアではあまり人気のない鳥だ。営巣期には人に襲いかかることもあるせいだ。私自身も「ポミー（イギリス人のこと）」というオーストラリアでは人気のない人種なので、親近感を覚える。

ただし、私は営巣期であろうがなかろうが、人を襲ったりはしない。ノイジーマイナーは社会的な鳥なので、一羽に餌をやったことで「あの窓に行けば食べ物がもらえるぞ」という情報がすぐに群れの中で広まったらしい。

私の研究室にやって来る鳥はすぐに増え、私はその対応に追われることになった。私は窓を閉めざるを得なくなった。友達になったケンだけは、私に窓を開けさせる秘密の合図を知っている。それは、窓ガラスを優しく叩くことだ。私がその合図に応えないと、次は叫び声をあげて私を呼ぶ。ただ、ノイジーマイナーの群れでは、個体間の関係が緊密なので、この合言葉が広く知れわたるのも時間の問題だろう。

牛乳瓶の蓋をこじ開ける鳥

長い歴史の中には、動物たちがもっとすごい学習、情報伝達をやってのけた例がある。今から百年ほど前、イギリスの南岸、サウサンプトンという街での話だ。

発端はアオガラというかわいい小鳥だった。牛乳配達が家々の玄関先に置いていく牛乳瓶の蓋をアオガラたちがこじ開けてしまうようになったのだ。蓋さえ開ければ、鳥は上に浮いた脂肪の多いクリームを飲むことができる。

これは常にそうだが、必要は発明の母である。冬は、鳥たちが最もこういうことをしそうな季節だ。どうしても食べ物が乏しくなるからだ。そんな時季に手に入る栄養の多いクリームは非常に価値が高い。この小鳥の知恵は数年のうちにイギリス諸島全体に広まっていった。

いわゆる「社会的学習」によって鳥から鳥へと伝わっていったのだ。一羽の鳥がうまく牛乳瓶の蓋をこじ開けてクリームを飲むのを別の鳥が見て「これは良い」と思えば、それを真似して自分も別の牛乳瓶で同じことをしようとする。それが繰り返されて多くの鳥にこの行動が広まった。

イギリス鳥類学トラスト（BTO : British Trust for Ornithology）は、この行動の伝播（でんぱ）について調べるべく、各地の自然史協会や報道機関などに質問表を送った。「この種の行動を見たことがあるか」、「最初に気づいたのはいつか」を問う質問表である。トラストが、二十世紀前半の間、変わることなくこの件に関心を持ち続け、質問表の送付も継続してくれたおかげで、私たちは、鳥たちのこの行動がどう広まっていったかをつぶさに知ることができる。

アオガラ

アオガラは行動範囲の広くない鳥で、自分の生まれ育った場所からそう遠くへは行かない。にもかかわらず、牛乳瓶の蓋をこじ開ける行動は、何百キロメートルも先へと広まった。だとすれば、最初に蓋をこじ開けた賢い鳥は一箇所ではなく、各地にいて、それぞれの地域で他の鳥たちがその鳥の真似をしたと考えるのが自然かもしれない。

コヴェントリーでもラネリでも、まず一羽が蓋をこじ開け、それを少数の鳥たちが真似をし、それをさらに少数が、ということが繰り返されて、同じ行動が広まっていったというわけだ。ただ、興味深いのは、アオガラの牛乳盗み行動が、幹線道路を通って都市圏から都市圏へと広まっているように見えることだ。

鳥たちの社会学習

中には、この行動がまったく広まらない地域もある。たとえば、バーミンガムのそばのリトル・アストンでは、この行動が普通に見られるが、すぐそばのストリートリーやサットン・コールドフィールドには広まっていない。かと思うと、鳥たちがただ瓶の蓋をこじ開けるよりも厚かましい行動に出る地域もある。

牛乳配達人を追い駆けて、配達前の瓶を襲う鳥までいる。蓋を開けられないよう、石などを瓶の上にのせて対策をしても、効果は長続きしない。そもそも蓋をこじ開けることができた鳥なので、新たな障害が現れても、それを乗り越えるのに大した時間はかからないのだ。

イギリス内の広い地域でアオガラたちが同じ行動を取るようになったのはたしかに興味深い話ではある。しかし、実のところ、これを、動物が社会的学習している科学的な証拠であると言い切っていいかどうかはわからない。

鳥たちが本当に他者の行動から学んでいるのか、それとも各個体が独立に同様の問題を同様の方法で解決したのかは確定できないからだ。また、広い範囲の数多くの個体が同様の行動を取ったとしても、それは、同種の他の個体から情報を伝えられたせいとは限らない。

　実は前から同様の行動を取る個体は数多くいたのだが、質問表を受け取ったことでより注意深く鳥の行動を見るようになったせいで気づいたのかもしれない。また、質問表を受け取る人の数が増えたせいで、その行動を見たと答える人が増えただけかもしれない。

　だが、ここで注目すべきは、牛乳瓶の蓋をこじ開ける行動の広まり方のパターンである。どうやら特定の一箇所で始まったものが、はじめはゆっくり、そして次第に速く、外へ外へと広まっていったようなのだ。このパターンは、鳥の間で社会的学習が行われたらしいことを示唆している。

コウモリの脳を食べる

　アオガラと同じカラ類であるシジュウカラは、ハンガリーではなんと、他の動物の脳を食べるという恐ろしい習性を持っている。もちろん、シジュウカラは、猛禽類のような武器を持っているわけではない。ただ、そういう自分たちでも脳を食べられる機会を見つけただけだ。

　アブラコウモリは洞窟で冬眠するのだが、シジュウカラは同じ洞窟を冬の食料貯蔵庫として使うのだ。コウモリたちは長い眠りから覚めると大きな声を出す。その音は同じ洞窟内にいるシジュウカラたちの注意を引くことになる。

冬眠から目覚めたばかりでまだ朦朧としているコウモリは、シジュウカラの格好の食料になってしまう。頭蓋骨は薄く、クチバシで突けば簡単に中の汁気の多い脳を食べることができるからだ。牛乳瓶の蓋をこじ開けるアオガラと同様（その行動はアオガラよりもはるかに罪深いように思えるが）、どうやらこの脳を食べる行動も、何世代にもわたってシジュウカラたちの間で伝えられてきたらしい。

他者の行動を見て学ぶことができる動物は、群れの中に蓄積された知恵を利用できることになる。牛乳の瓶の蓋をこじ開けるアオガラも、コウモリの脳を食べるシジュウカラも、社会的学習をしているようだが、絶対にそうだと言えるだろうか。科学的にそのことを証明するためにはどうすればいいだろうか。必要なのは、体系的な実験をして、その他の説明が正しい可能性を排除することだ。

オックスフォード大学の実験

オックスフォード大学のルーシー・アプリン率いるチームは、近年、まさにその実験に着手した。まず、実験では、カラにある課題を与える。カラの好物の虫がそばにいるのだが、そのままでは食べることができない。給餌器の使い方を理解しなくてはならないのだ。

つまり給餌器の使い方を理解して、虫を食べることが課題というわけだ。鳥たちの助けになるよう、カラを一定数、捕獲し、事前に給餌器の使い方を教え込んでおく。

給餌器には二つの扉がある。赤い扉と青い扉だ。捕獲した鳥たちは三つのグループに分け、一つ目のグループには、青い扉を左から右に動かせば給餌器は開くのだと教える。また、二つ目のグループには、赤い扉を右から左に動かせば給餌器は開くと教える。三つ目のグループには、給餌器を見せるだけで、使い方は教えない。教育が終われば、捕獲した鳥たちは放す。新しい知識を持った鳥たちが野生に戻り、その地域の他の鳥たちと交わることになる。あとは、あちらこちらに給餌器を置いておいて、何が起きるかを見守るだけだ。

実験の結果は驚くべきものだった。疑いなく、鳥たちには社会的学習の能力があるとわかったし、情報が鳥たちの間でどう広まるかもわかった。仮に給餌器の開け方をたった二羽に教えて、放しただけでも、三週間後にはその地域の同種の鳥たちの四分の三が開け方を知るようになった。

だが、給餌器を見せただけで開け方は教えなかった鳥を放した場合には、給餌器の開け方を知る鳥たちは同じようには増えなかった。とはいえ、カラは問題解決能力に優れた鳥である。事前に教育を受けた鳥たちがいる場合ほどの速さではなかったが、人間が教えたわけでもないのに、徐々に給餌器の中の虫を食べられる鳥が増えていった。

この実験では、他にも驚くべき発見があった。給餌器を開けるには、青い扉を使う方法と赤い扉を使う方法があったのだが、どちらを使っても得られる食べ物は同じであるにもかかわらず、放された鳥が使った方の扉だけを、地域の鳥たちの多くが使うようになったのだ。

もし試行錯誤によって給餌器の開け方を知るとすれば、どちらの方法で開ける鳥も同じくらいいておかしくないはずだが、実際には、人間から開け方を教わった鳥の真似をほとんどの個体がするのだ。鳥たちはいわば「伝統主義者」であり、自分の周囲の社会に影響を受けやすいのだと言える。

実験は四週間にわたって続けられ、給餌器はいったん回収され、次の冬に再び設置された。残念なのは、カラのような小さなスズメ目の鳥はさほど長くは生きられないということだ。給餌器の回収から九ヶ月ほど経った時点で、開け方を学んだ鳥たちのうち生き残っているのはせいぜい三分の一にすぎない。

だが、生き残った鳥たちは学んだことを忘れておらず、再び設置された給餌器を同じように利用する。そして、知らない者たちが知っている者たちから学ぶ、社会的学習がまた始まるのだ。驚くのは、二度目の冬には、二つの扉のうちどちらか一方を利用する傾向が前の冬よりもさらに強まることだ。青い扉を利用する伝統、赤い扉を利用する伝統のどちらかがさらに強化される。

カレドニアガラスを探して

ニューカレドニアは、オーストラリアから北東に一二〇〇キロメートルほど離れた太平洋に浮かぶ美しい島々である。太陽の光がさんさんと降り注ぐ、白く美しい海岸にヤシの木が並ぶ島々を見たキャプテン・ジェームズ・クックはスコットランドを想起し、この場所を「スコットランド」と呼ぶようになった。

カレドニアはスコットランドのラテン語名なので、現在の「ニューカレドニア」という名前は「新しいスコットランド」という意味だ。私には、キャプテン・クックのような想像力が欠けていたのだろう。二〇一八年にニューカレドニアを訪れた時にスコットランドを想起することはまったくなかった。

少しがっかりしたが、ともかく海の水は素晴らしく綺麗なので、まずはフェイスマスクをつけてシュノーケリングをすることにした。何時間か魚を見続けたら、少なくとも一時的には満足できた。海から上がると、私は、この地で最も有名な、一般の人たちはどうか知らないが、少なくとも生物学者の間では有名な動物――カレドニアガラス――を探しに出かけた。

一見、たしかにそう珍しい鳥ではない。大きくもなく小さくもないただの黒い鳥だ。だが、この地味な鳥が意外にも実に賢いのだ。カレドニアガラスは、ほんの一握りの動物にしかできないことをする。道具を使うのである。

私は、荒れた小道を歩いて深い森へと入って行った。森に入るとすぐ、過去の偉大な探検家たちも抱いたであろう孤独感を味わうことになった。歩きながら私の目はあちらこちらへ動いていた。少しでも変わった動物がいれば、すぐに見つけられるよう警戒していたのだ。

これだけ豊かな自然の中にいれば、必ず何かすごいものが見つかるに違いない、と私は確信していた。ただ、森の奥深くを数分歩いたところで、私は少し開けた場所に出た。そこには不機嫌そうなウシがいて、木の棒につながれていた。棒の周りにはゴミが散乱している。キャプテン・クックならば、きっとこの場所にもふさわしい良い名前をつけたに違いない。

だが、ウシも私を見て同じように思っただろうが、私はあまりにがっかりしてしまって、まったくつけるべき名前など思いつかなかった。気落ちしてはいたが、私はそのあともさらに歩いた。おそらく歩いている間に、どこかでカレドニアガラスの「カーカー」という声（現地では、この鳴き声に由来する名前がつけられている）を聴いたはずだとは思う。しかし、残念ながら、私はこの有名な鳥の姿を見ることができなかった。幸い、私以外に見た人はいる。

道具を使う鳥

カレドニアガラスは、動物の知性に関する常識を塗り替えた存在である。哺乳類でない動物で、ただ道具を使うだけでなく、道具使用に関する革新、改良を世代から世代へと引き継いでいくのは、カレドニアガラスだけである。いわゆる累積的文化進化が見られる唯一の非哺乳類ということだ。

カレドニアガラスは、水分の多い甲虫の幼虫を好んで食べるのだが、手に入れるのは容易ではない。樹木に開いた裂け目や穴の奥深くに隠れているからだ。そこでカレドニアガラスは、タコノキなどの樹木の長くて硬い葉を取り、クチバシを使って上手に加工する。最終的には鳥による芸術作品と呼べるほどのものができあがる。

カレドニアガラスにとって理想の道具は、獲物をしっかりと引っ掛ける部分があり、しかも十分な長さがあるというものだ。長さがあれば、元来、クチバシが届かない場所にいる幼虫を捕まえられる可能性が生まれる。木の裂け目の奥であっても届く可能性が生じるわけだ。葉を切り取ると、自然に切れ目が鋸(のこぎり)状になることが多いが、その鋸状の部分は幼虫を引っ掛けるのに役立つ。

だが当然、虫の側は引っ掛けられたくないので、それでは不十分な場合もある。その場

カレドニアガラス

合、カレドニアガラスは道具に改良を加えて、鉤(かぎ)をつける。このようにその時々の状況に柔軟に対応して問題解決をする能力は、長年、人間に固有のものだと考えられていたのだが、カレドニアガラスの存在により、実はそうではなかったことが証明されたのである。

ニューカレドニアの島々にカレドニアガラスたちが残した道具を収集し、詳しく調べると、この驚くべき鳥が長い時間をかけてどのように互いから学び、幼虫を捕まえる道具をどのように進歩させていったかがわかる。ニューカレドニアの中でも場所によって道具には違いがあるからだ。

カラスから人間が学べること

どうやら工学的知識が狭い地域内の鳥の間、特に親族の間で交換されているらしい。カレドニアガラスはカラス科の中で最も社会性の高い鳥というわけではないが、つがいになった成鳥たちは子どもたちと一年くらいの期間は共に過ごす。若鳥がかなり成長するまでの間はそばにいるわけだ。そのくらいの時間があれば、道具作りに関する伝統を受け渡すには十分だろう。

カレドニアガラスから私たち人間が学べることもある。人間を含め、大半の動物の場合、知識は年長者から年少者へ、先生から生徒へと一方通行で伝えられる。年少者から年長者へと何かが教えられることはまずない。若い犬が年老いた犬に知識を伝えることはない。ところがカレドニアガラスは、解決すべき新たな問題に直面した場合には、ただ一方的に年長者が年少者に教えるだけでなく、年長の鳥が若い鳥に学ぶこともよくある。

鳥のさえずりと方言

社会的学習によって伝えられるのは、採餌の方法や、進むべき経路だけではない。たとえば、鳥の歌、さえずりには実に様々な種類があるが、具体的にどうさえずるかは、その鳥が生きているコミュニティの影響で決まっている場合がある。鳥は、縄張りを主張する際や、交尾の相手を引きつける際、また仲間たちに警告を発する際に声を使う。

人間の場合も、言葉は明らかに生きている社会の環境の影響を受ける。方言は、属している集団を示す記章のような役割を果たす。

方言というものが成り立つのは、人間に、周囲の人たちの話し方を模倣したい、周囲に溶け込みたいという欲求があるおかげだろう。方言の習得はごく幼いうちから始まる。子どもは言語の学習に関しては非常に柔軟性が高く、移民の家族などでも、子どもたちの話し方が親たちとは明らかに違う、ということはよくある。

幼い子どもは、外国語でも直感的に身につけることができ、大人よりはるかに習得が速い。私の息子のサムは、三歳の時、中国人の少年と友達になった。それまでに一度も中国語を話したことがなかったのに、友達の言葉をうまく真似ることができた。発音の正確さには、友達の両親も驚いた。

だが、そういうことが可能な時期は短い。その時期を過ぎると、外国語でネイティブ・スピーカー並みの発音を身につけるのは不可能に近くなる。だいたい十代になる頃には、その能力が失われるようだ。例外はもちろんあるが、十代以降は、言語がほぼ固まってしまい、変更を加えるのは困難になる。

鳥の「言葉」も人間と同様、社会の影響を受けるので、語法や発音が地域ごとに違うのは当然とも言える。ミヤマシトドは北米の森にいる鳥だが、生後二、三ヶ月の間に、近隣の仲間たちのさえずりを聴いて、さえずり方を覚える。

このように地域ごとの社会的学習が行われる結果、さえずりには明確な方言が生じている。同じ国でも地域によって、極端に言えば、森によってさえずりが違っているのだ。周囲にさえずりを合わせるのは、近隣の仲間たちとの社会的関係だけでなく、繁殖のためにも重要である。

ミヤマシトドの雌は、一般に鳴き方が自分に近い雄を好むということがわかっている。このような淘汰圧がはたらくため、同じミヤマシトドであっても、生息場所が少し異なるだけでさえずりが大きく違うということが起きる。

たとえば、カリフォルニア州では、ほんの数メートルの違いで方言が違っている場合もある。ただ、そこまでになると、若い雄が両方の方言を学び、二つを使い分けて方言の違う雌たちをどちらも引きつけ、繁殖の確率を上げようとすることもある。

なぜ危険な崖に巣を作るのか

鳥の社会性で興味深いのは、繁殖の時、あるいは眠る時だけ集まる鳥がいるということだ。昼間は、または繁殖期以外の季節は、それぞれの鳥が単独で日々を送っているのだが、夜や繁殖期にだけ群れを成すのだ。

ヨークシャー州東岸のベンプトンには、海沿いに切り立った崖が一〇〇メートルにもわたって続いている場所がある。それは北海に面した崖で、絶えず北東の風と、激しい波を受けている。崖の上には、わずかではあるが、忍耐力のある低木が生えており、皆、強風のせいで、まるで難破船のように陸側に大きく傾いている。

フランボロー近くの岬は、私にとっては特別な場所だ。子どもの頃は、夏休みになるといつも家族で訪れたからだ。普段は都会に住んでいた私が自然の驚異的な多様性にはじめて触れたのはここでだったと思う。

だが、真冬の崖の上を歩いていると、常に海水に晒される冷たい岩の壁には、まったくと言っていいほど生物がいないように見える。このような場所で生存できる者がいるとは想像しにくい。ただそれも、季節によって変わることがわかっている。わずか数週間後でさえ、信じ難いほど変化する。崖はまるで祭りのような大変な騒ぎになるのだ。五〇万羽もの海鳥が繁殖のために戻って来るからである。

鳥たちは広い地域に拡散し、それぞれの場所で何ヶ月も過ごすのだが、繁殖期が近づくと、ベンプトンへと集まって来る。ミツユビカモメ、ウミバト、フルマカモメ、ウミガラス、ツノメドリの声には、鳴き鳥のような美しいメロディはないが、大変なエネルギーがある。

堂々たる姿のカツオドリもいるが、カツオドリのような大型の鳥は他からは少し離れた場所にいる。どうやら他の海鳥たちよりも高級な物件がお好みらしい。崖の上の平らになった部分に集まっている。石灰岩が堆積してできた地形だ。周りの柔らかい岩が侵食され、崖が後退して最後に残った部分である。

私は海鳥の都市とでも呼ぶべきこの場所を何度も訪れ、崖の周囲を飛び回り、時折、極めて不安定な場所に止まって羽を休めている鳥たちの様子を長い間、観察しているが、これほど狭くて危険なところで卵を産み、雛（ひな）を育てていることがどうしても不思議に思える。実際、雛の生活は危険に満ちている。崖にできた人間の手ほどの幅しかない割れ目にいるからだ。だが、逆説的ではあるが、これほど危険な場所にいるからこそ安全を確保できる面もある。この崖に挑もうとする捕食者はまずいないからだ。

セグロカモメが卵や雛を奪いに来て悩まされることもあるが、崖がここで繁殖をする鳥たちにとって比較的、安全で、腹をすかせた雛たちに与える食べ物を手に入れやすい場所であることは間違いない。

集団に引きつけられる性質

しかし、なぜこれほどの数の鳥たちが一箇所に集まって来るのか。どうやらこれは鳥たちにとって一種の伝統のようになっているようだ。自分が卵から孵(かえ)った場所に帰って来ているということなのか。それとも過去にここで雛を育てることに成功した体験があるからなのか。今や地球の裏側に住むようになった私が相変わらずここに戻って来るのもそれと似ているかもしれない。

あまり意識はしていないが、自分の原点はここにあるという気持ちが強いせいだと思う。鳥たちもおそらく私と同じような衝動にかられているのではないか。しかも、鳥たちの場合は、過去の経験から、ここが良い場所だと実証済みなのだ。戻って来たい気持ちはさらに強くなるだろう。うまくいっている習慣を変える必要はまったくない。

集団で繁殖する鳥たちには、そもそも集団に引きつけられる性質があり、それが余計に集団を大きくしている可能性もある。繁殖期以外の時期には単独で生きている鳥でも、繁殖期にだけは群れの中に入るのだから、群れを成すことにはよほど大きな利点があるのだろう。

若く経験のない鳥たちも、他の仲間たちの導きもあって、はるか遠くからここまでやって来る。慣れない土地であっても、同種の仲間たちの出す音やにおいに囲まれていれば、安心できるだろう。家族を作るには良い場所に違いない。

音やにおいといった手がかりはやはり重要のようだ。それはボボリンク（コメクイドリ。北米にいるスズメ目の小型の鳥）を対象にした実験でも確かめられている。若いボボリンクは、年長の経験豊かなボボリンクの声を録音して流すと、明らかに強く注意を引かれるのだ。その力は非常に強く、繁殖地の選択に関しては、本能をも上回る影響力を持つようだ。

繁殖期が続く間は、すべての親鳥たちは強い圧力に晒される。無限と言えるほどの食欲を持つ雛たちを食わせなくてはならないという圧力だ。だが採餌の技術を完成させ、最適な採餌場所を知るまでには時間を要するので、特に経験豊富で優秀な親鳥だけが子育てに成功する、ということも珍しくはない。海鳥の多くで、繁殖を始めるまでの生育期間が非常に長くなる理由もここにあるのだろう。

たとえば、カツオドリは、生まれてから年を経るごとに採餌能力を徐々に高める。そのため、おそらく繁殖を始めるまで五年待つのは賢明なことなのだろう。ただし、カツオドリは自分自身の知性にだけ頼って子育てをしなくてはならないわけではない――隣人たちの動向を敏感に察知する鳥だからだ。

採餌に成功してコロニーに戻って来た個体がいると、皆が注目する。それに刺激されて多くの仲間たちが同じ経路で海へと向かう。その経路で飛べば、良い漁場にたどり着ける可能性が高いからだ。海鳥たちが——群れを成す鳥の多くはそうだが——魚の群れなど、一箇所に多数が集まる習性を持つ動物を狙うのはそのせいだろう。

コロニーは情報センター

イカナゴなど獲物となる魚の密度の濃い群れはいくつか点在しているが、そこにたどり着くまでには何キロメートルも何もない海が続くことになる。魚の群れがいる可能性が高い海域とそうでない海域というのはあり、それを見分けるのには経験が重要になる。経験豊富な鳥が漁に出ると、多くの仲間たちがそのあとについて漁に出る。ベテランの持つノウハウに頼ろうという魂胆があるからだ。

コロニーは、鳥たちにとって情報センターのような役割を果たす。漁に成功する仲間がいれば、ともかくその真似をすれば自分も成功できる可能性が高まる。自分で良い漁場を探し回る手間が省けるわけだ。

ベンプトンで海鳥たちは、石灰岩の崖の割れ目や突起など、使える場所はすべて使って暮らしているように見える。もはやこれ以上の数が集まることはできない、飽和状態になっているように見えるのだ。

ハタオリドリのとてつもなく巨大な巣

海鳥たち自身も多少、窮屈に感じているかもしれないが、実はそうでもないのかもしれない、と思える鳥がいる。ハタオリドリというフィンチに近い小型の鳥だ。優れた巣作りの技術を持つことからこの名がついた。雄は——その名の通り——草などを編んで見事に複雑な巣を作り上げるのだ。この巣は、多くの鳥のようにカップのような形ではなく、通常は球形になっている。

下だけでなく、上にも身を守る盾があるわけだ。管状の部分を設けることもある。まるで玄関ホールのようだ。これで招かれざる客の侵入を抑えることができる。当然、それだけの巣を作るには大変な労力がかかるのだが、その労力は報いられずに終わるわけではない——雌は、作られた巣の美しさでつがいの相手を選ぶからだ。

ただし、雄のハタオリドリは、巣を一つ作ればそれで休めるわけではない。一つ完成すれば、直ちに次の巣を作り始める。一回の繁殖期で最高五〇もの巣を作るのだ。せっかく作った巣も、何らかの理由で雌に気に入ってもらえなければ、雄はばらばらに壊してしまう場合がある。そしてあきらめることなく次の巣を作るのである。

ハタオリドリにはいくつか種があるが、多くは社会性が高く、多数の個体が一箇所に集

ハタオリドリ

まり、コロニーを形成する。中でも、アフリカ南部に生息するシャカイハタオリという種は、体積が一〇立方メートルにもなる――キャンピング・カーくらいの大きさだ――巨大な巣を作る。この巣は一種の「集合住宅」で何百羽もの鳥を収容できる。多数の部屋に分かれており、一部屋を一つのつがいが利用する。

このとてつもない巣は、何十年も持ちこたえ、何世代にもわたって使われ続ける。この集合住宅は捕食者から身を守れるだけでなく、外の極端な温度変化から逃れるのにも役立つ。そのため、中にはシャカイハタオリだけでなく、トカゲや甲虫、ネズミ、他の鳥なども棲んでいる。

空を埋め尽くす

シャカイハタオリの集合住宅での密集ぶりはたしかにすごい。しかし、それも、すでに絶滅したリョコウバトの群れに比べれば大したことはないだろう。大きな群れには何百万羽というリョコウバトがいて、二〇〇平方キロメートル以上もの範囲を埋め尽くすほどだった。

当時の記録によれば、一インチ（二・五四センチメートル）に一羽いるくらいにリョコウバトが密集していたこともあったようだ。ハトの上にハトが重なり合うこともあったというので、それもあり得ないことではないだろう。

あまりに多くのリョコウバトが止まったために、人間の脚くらいの太さの木の枝が重みで折れたこともあったらしい。その下には、ハトの糞が雪のように積もった。悪臭のする雪だ。歩くと足が埋まるくらいには積もったという。

群れを成す鳥は、眠る時も集まって眠ることが多い。採餌を単独でする鳥が眠ることはあまりない。ただし、リョコウバトは極端な例だろう。リョコウバトは一つのねぐらに何百羽、時には何千羽と集まってしまう。繁殖期にはそれだけ集まれば喧嘩が絶えないが、それ以外の時期には、食料を蓄える巣も必要なく、餌を与えるべき雛もいないので、平和に集まって眠ることができる。

ミドリツバメは日中、大半の時間を飛んで過ごす。空中にいる昆虫を追いかけるのだ。単独か、緩やかな集団で行動する。しかし、夜になると、集団で眠る。時に驚くほどの数のミドリツバメが集まることがある。

ミドリツバメが集まり始めるのは日暮れの少し前の時間だ。集まるのは湿地帯か木立だ。集団で眠る鳥はどれもそうだが、ミドリツバメもやはり、同種の鳥たちの存在に引きつけられる。時には何キロメートルも離れた場所から集団に引きつけられてやって来る鳥もいる。

また、毎晩、同じねぐらに帰る鳥も多い。この二つの理由から、必然的に同じ場所に相当な数のミドリツバメが集まることになる。ミドリツバメの群れがそもそも何をきっかけにねぐらを定めるのかは今のところまだわかっていない。一つのねぐらに数多くのミドリツバメが集まっているほど、安全性は高まることになる。

数多くが集まりねぐらの規模が大きくなれば、それだけ騒ぎが起きやすく、捕食者の注意を引きやすいという面もある。ねぐらが定まっていると捕食者に待ち伏せされる危険もあるが、ミドリツバメは何らかの方法でその危険が少ない場所を選んでいるようだ。そして、毎晩、ねぐらに戻る前にわずかでも危険の兆候がないかを慎重に確認しているらしい。

協調は社会生活の大切な要素である。私たち人間にとっても他人との協調は毎日生活していく上で重要だ。カレンダーなどを使って他人と時間を合わせることもその一つだろう。たとえば勤務時間や食事の時間を他人に合わせることは多いし、毎年のお祭りの日や祝日が社会全体で定めてあるのも皆で協調するためだ。

ねぐらがあることで結束が保たれる

鳥たちにとっては、ねぐらを持つことが生活にリズムを生み、群れを構成する個体たちが社会的存在としての結束を保つのに役立っている。鳥たちは夜になると集まって群れとなり、朝になるとそれがばらばらになる（トラフズクのような夜行性の鳥はこの逆のパターンになる）。ねぐらは、そこに集まる鳥たちにとって情報センターとしての役割を果たす。

たとえば、有望な採餌場所などについての情報をねぐらで得ることができる。どこをねぐらとするかは、過去からの伝統で決まっていることが多い。多くの鳥たちが毎晩、同じ場所で眠り続け、そのこと自体が、さらに多くの鳥を引きつける社会的誘引となるのだ。ただ鳥の中には、他者を引きつける力が強い者と弱い者がいる。それは人間の社会と同じだろう。

仮に同じことをしたとしても、有名人は一般の人たちよりもはるかに模倣者を増やすことできる。宣伝の際に大金を払って有名人を使うのはそのためだ。鳥も同じく、地位の高い個体のすることに強く影響される傾向がある。

年長で地位の高い個体がねぐらの場所を決定すれば、若い鳥たちはおそらくその場所に引きつけられるだろう。これは良策と考えられる。年長で経験豊富な鳥の方がねぐらや採餌場所について良質の情報を持っている可能性が高いからだ。人間社会では有名人の宣伝するものが必ず良いとは限らないが、それはまた別の話だ。

上位の鳥にとっても、多くの追従者をそばに集めることは利益になる。上位の鳥は、ねぐら中でも特に良い場所にいることが多い。それは集団の中央か、木の最上部近くだ。周りを囲む、あるいは下にいる鳥たちは、捕食者からの攻撃を防ぐ盾になり得る。逆に言えば、下にいる者たちは自分が捨て石になる危険があるわけだ。これは単に屈辱的なだけではなく、羽が傷つくなどして、飛行にも、保温という意味でも不利になる恐れもある。自分で判断をせず他者を模倣すれば代償も伴うわけだ。

鳥たちが集団で一つのねぐらを共有するのは寒い季節であることが多い。これは、ねぐらの共有の目的の一つが保温であることを示唆する。ただし、これは暖かい方が居心地が良いからというような生易しい理由ではない。問題は、鳥たちは気温が低いとどうしても動きが遅くなるということだ。動きが遅くなれば、捕食者にとっては狙いやすくなる。

だが、そのために重要なのは、すでに書いた通り、ねぐらの中でも良い場所を確保することだ。多数の仲間に囲まれていれば、仲間たちが捕食者に対する盾になってくれるし、常に暖かく過ごすことができる。

エナガは、夜には木の枝に一列に並ぶのだが、列の中央を占めるのは群れのリーダーであり、地位の低い者は列の端に追いやられる。端にいると外気に多く触れるし、敵に襲われる危険性も高くなる。寒い冬には、どのエナガも毎晩、保温のために体重の一〇パーセントを失うが、列の端にいる者の負担は他の者たちよりもはるかに大きい。

身を寄せ合うエンペラーペンギン

群れを成すことによる保温は、南の高緯度地域ではもはや芸術の域に達している。寒いと言えば、南極のペンギンの繁殖地ほど寒い場所は地球上にはないだろう。エンペラーペンギンたちはそこでマイナス四〇度という寒さを経験するのだ。鳥は生存のために、中核体温を三七度くらいに保つ必要がある。保温のための何らかの手段が必要なのは明らかだろう。

実際、エンペラーペンギンの身体には、寒さに適応した優れた機能が数多く備わっている。足首の血管の「対向流熱交換（暖かい血液が体の外側へ流れ、冷たい血液が体の内側へと流れる仕組み）」という仕組みはその一つだ。足は身体の中でも最も冷える場所だが、そこを

エンペラーペンギン

流れる血液から熱が奪われるのをこの仕組みで防ぐ。また、二重構造の羽毛も保温に役立っている。外から見える羽毛の内側に、非常にきめが細かく柔らかい羽毛があるのだ。

実はペンギンの体表は「放射冷却」という現象により周囲の気温よりも温度が低くなっている。これは、羽毛の中の保温性が非常に高いせいでもある。内側の熱が逃げないために体表の温度が低くなるのだ。その他、エンペラーペンギンは、氷に足の裏全体をできるだけつけないようにしている。ほとんどは人間のかかとに当たる部分だけをつけている。

こうした身体の機能と同じくらいに有効なのが、エンペラーペンギンの作る「ハドル」である。南極の環境が厳しいのは気温が低いせいだけではない。気温が低い上に強風まで吹くのだ。それも体温を奪う要因となる。エンペラーペンギンは多数が身を寄せ合ってハドルを作り、保温をしようとする。ハドルは実際に非常に有効で、ずっと中央にいると暑くなり過ぎてしまうほどだ。

だから、ペンギンたちは頻繁に場所を交替する。中央にいた個体が外側に出ることもあれば、反対に外側にいた個体が中央に移動することもある。

フロリダカケスの拡大家族

採餌や飛行、睡眠、繁殖などの際に群れを成す鳥は多い。だが、中にはそれよりもさらに一歩進んで、「真の社会」と呼べるほどのものを形成している鳥もいる。つがいの相手をずっと変えない鳥は多いが、それでも、繁殖期以外の時期は離れていて、繁殖期になると複雑な儀式を経て再びつがいになることが多い。

フロリダカケスのように、絶えず同じ家族を維持するような鳥は珍しいだろう。厳しい自然環境でどうにか生き抜くためには、皆で協力し合わねばならない。青とグレーの美しい鳥、フロリダカケスは親子以外の親戚も含めたいわゆる「拡大家族」が共に生きることで知られている。人間の社会ではさほど珍しいことではないのだが、自然界では稀だ。

フロリダカケスの雛は、両親だけでなく、兄や姉によって育てられ、成長しても巣立つ

フロリダカケス

ことはなく、家族の中にとどまり、家庭内で役割を果たす。一家につき、だいたい八羽くらいの成鳥――両親と、すでに成鳥になった六羽ほどの子どもたちが一つの縄張りで共に暮らす。

すでに成鳥になった子どもたちは、いわば「家事手伝い」のような立場だ。その役割は重要だ。年少の家族のために乏しい食料を集めて来なくてはならないし、縄張りを捕食者や、近隣の同種の鳥たちから守る防衛の仕事は終わることなく続く。

こう書くと、フロリダカケスは非常に文明化され、洗練された鳥のようでもあるが、家事手伝いをしている当の本人たちにとっては、仕方なくそうしているだけ、一種の妥協でしかないのかもしれない。

人間の社会にも同じようなことはある。

奨学金の返済に追われて、あるいは不動産価格が高すぎるために、やむなく成人した若者が親と同居を続けることは珍しくない。フロリダカケスの成鳥たちが親と同居を続けるのは、それ以外に選択肢がないからとも考えられる。自分の住居を確保し、独り立ちするのが困難だから仕方なくそうしているということだ。

長い間そうしていれば、いずれは、家族の住居を相続できる可能性もある。自身の繁殖は遅れることになるが、しばらくは、弟や妹の世話をすることで良しとしているのかもしれない。このように大きくなっても子どもが親と同居し続ける種であっても、独立できるチャンスさえあれば、即座にそれに飛びつくことは多い。

メロドラマの悪役のような父

家事手伝いがいることは、親鳥たちにとっても便利なので、親鳥の方が、大人になった子どもたちに家に留まるよう求める場合もある。その場合、家事手伝いでいることは子どもたちの選択というよりは、強制されたことになるだろう。シロビタイハチクイの場合は、父親の鳥がビクトリア朝メロドラマの悪役のような行動を取ることもある。

息子が家を出て独立し、繁殖行動を取ろうとするのを妨害するのだ。父親はそのためには手段を選ばず、時にはさすがに酷いのでは、という方法を採る。息子の求愛行動を邪魔することもあるし、それに失敗した場合には、若いつがいが巣に入るのを邪魔することもある。わざわざ新しい巣に出向いて行ってまで邪魔をするのだ。あまりに長く嫌がらせを受け続ければ、息子たちも独立をあきらめて、元通りの家事手伝いに戻ることがある。

また、家事手伝いの立場に留まりながら卑怯(ひきょう)な生存戦略を採る者もいる。スズミツスイの若鳥は、父親が雛に食べ物を与える仕事を手伝うのだが、そこでちょっと「悪さ」をする。一応、巣に食べ物を持って来るふりをするのだが、巣に着くまでに自分でこっそり食べてしまうのだ。こっそり、というのは、誰も——困惑する雛を除けば——見ていない時に食べるということだ。

序列があることで争いが減る

序列、上下関係のことを英語で"Pecking Order(つつき順)"というが、あまりによく知られた言葉なため、今ではその由来を考える人はほとんどいなくなっている。英語圏ではごく当たり前のように、人間の上下関係、特に職場での上下関係のことを言う時にこの言葉を使うが、実際につつき合っている人はまずいない。

この言葉が、百年も前のニワトリ研究に由来すると知るとだいたいの人は驚く。トルライフ・シェルデラップ=エッベノルという、ノルウェーのサーガ(英雄伝説)のような名前の動物学者の研究だ。少年時代に、両親の鶏小屋にいたニワトリたちの間の社会関係に興味を惹かれ、ついにはニワトリ研究で博士号を取るまでになった。

シェルデラップ＝エッベノルは、鶏小屋の中に、いつも寝る時に良い場所を取り、食べ物も真っ先に食べるニワトリがいることに気づいた。そして、つつく、羽を引っ張るなどして、強引に取って代わろうとする者がいると、相手を攻撃してでも自分の特権を守ろうとする。巣の中で起こる争いのパターンを観察するうちにわかったのは、ニワトリの間には序列があるということだ。

優勢な者は、相手をつついて自分が優勢であることを示す。そのニワトリより序列が下の者は上の者とは争おうとはせず、下の序列の者をつつく。序列が最下位の哀れなニワトリは、良いものを食べることができず、寝るのも酷い場所で我慢しなくてはならない。

人間社会の序列に関しては正直なところ――その人の地位にもよるだろうが――あまり良い感情を持っている人は多くないだろう。しかし、動物の場合には、集団内の争いを減らせるという利点があるのだ。その利点は大半の動物にとって非常に大きい。

たとえば、ニワトリの序列は、一度決まれば、数ヶ月、ことによると数年続くことが多い。ただ、だからといって、ニワトリたち自身が自分の順位を良しとして受け入れているとは限らない。特に若いニワトリは、成長するに従い、少しでも序列を上げようと努力を始める。

また、序列に関しては、世襲の部分も多少ある。セキショクヤケイ（鶏の野生の原種）の群れでは、上位の雌が雌の子を産んだ場合、その子は母親のすぐ下の序列になることが多い。すると、他の鳥たちは押し出されるように一つずつ序列を下げることになる。それに抵抗するには、上位の母親と争う必要があるのだ。

家畜化されたニワトリの場合には、このような状況はあまりない。母親はおらず、雛、若鳥だけで飼われていることが多いからだ。その場合、ニワトリたちは、だいたい生後三週間から六週間くらいの時期から、できるだけ高い社会的地位を得ようとし始める。

ふわふわした小さな羽のボールのようなヒヨコたちが追い駆け合ったり、ぶつかりあったり、また羽毛を膨らませて自分の大きさや強さを誇示したりする様子は滑稽だが、ヒヨコたち自身は極めて真剣なのである。序列が決まり、皆にそれが周知されると、群れはすっかり静かになる。

ニワトリを大集団で飼うことの問題点

野生のセキショクヤケイは、最大で二〇羽ほどから成る群れを作る。群れを支配する雄が一羽いて、あとは雌と雛の集団がいるという構成だ。このくらいの大きさの群れだと、序列は安定している。群れを構成する個体が互いを認識できるからだ。家畜化されたニワトリでも、このくらいの規模の群れであれば、序列がいったん決まればその後は安定する。ただし、ニワトリの場合はもっと大きな集団で飼われていることが多い。そうなると、序列が安定せず、うまく社会的関係を築くことができない。互いに攻撃し合う無秩序が絶えず続くことになってしまう。

ニワトリを大集団で飼うこと自体が、ニワトリの自然な習性に反することだということだ。養鶏家は、この問題への対処を求められる。どうにか戦いが起きにくいよう対策を講じなくてはならないのだ。戦いのきっかけになるものとしてよく知られているのは、赤色である。群れの中に、怪我をした個体がいると、他の個体たちが傷口を狂ったようにつつく。

それでよく使われるのが、「何もかもすべてを赤にしてしまう」という対策だ。ニワトリの目に赤いコンタクトレンズ(本当にそういうものがある)を入れるか、赤い照明をつけるか、どちらかの方法が採られる。こうすると、何か赤いものが視界にあっても気づきにくくなるのだ。ニワトリのクチバシの鋭くなった先の部分を切り取って攻撃力を弱めるという方法もある。

ワタリガラスと三〇種の鳴き声

"Pecking Order"という言葉は、ニワトリの研究に由来するものではあるが、集団内の序列は、ニワトリ以外の鳥たち、動物たちにとってもやはり同様に重要なものである。ワタリガラスは、アラスカから東シベリアまで北半球の広い地域に分布し、神話などによく登場する鳥である。

地域によってはありふれた鳥ではあるが、だからといって、この素晴らしい鳥を観察する時に感じる興奮が減るわけではない。私は最近になってアイスランドのシンクヴェトリルを訪れた。そこには、ユーラシア・プレートと北米プレートの間の割れ目がある。二つのプレートは、どちらも巨大な地質学的な力によって引っ張られているからだ。

原初の地球を思わせる荒涼とした、しかし美しい風景が広がる。かつては処刑場でもあり、中世には議会場であったこともある。地球上でここ以上にワタリガラスに似合う場所を私は他に思いつかない。案の定、ここにワタリガラスは数多くいる。

深く、しわがれた「ガポッ、ガポッ」という鳴き声をあげながら、荒涼たる風景の中を飛ぶワタリガラスを私は見ていた。記憶よりも大きいなと感じた。ワタリガラスは昔から、凶兆、呪われた魂の象徴などとみなされることが多かった。

見ていると、その黒光りする鳥の一羽が、岩の上に降りた。私は、期待を込めて、その鳥の「ベース・コール」と呼ばれる朗々とした鳴き声が聞こえるのを待った。しかし、聞こえてきたのは、また違った声だ。少々高いが、それを除けば、ほとんどiPhoneの着信音だ。もちろん、電話に出ることはできないのだが。

実を言えば、ワタリガラスには、少なくとも三〇種類もの鳴き声があるとされる。それを状況によって使い分けるのだ。また、物真似が得意なので、それも加えると三〇種類よりも多いことは明らかだ。

民話などでは尊大で意地の悪い鳥とされがちだが、実際には頭が良く探究心旺盛で、遊び好きな鳥である。ワタリガラスには複雑な構造の社会、序列があり、鳴き交わすことで、互いの社会における位置、序列を判断する。

上位にいるワタリガラスは、鳴き方で自分の地位を相手に伝え、服従を求める。相手が下位の者であれば、服従の意を示す鳴き声が返って来るだろう。そうなれば何も問題は起きず、平和の時間が続くことになる。

だが、下位の者が自分の地位をわかっておらず、実際以上に高いと思っていると、逆に服従を求める鳴き方（「ドミナンス・リバーサル・コール」と呼ばれる）をすることになる。上位のワタリガラスはそれを黙って受け流すことはない――面子（めんつ）を潰されたままにしておくと地位が脅かされる恐れがあるからだ――当然、これは争いにつながることになる。

集団内の他の鳥たちは、混乱が生じるのを察知して動揺する。ただし、動揺の度合いは個体ごとに異なるし、争いの当事者が誰かによっても異なってくる。ドミナンス・リバーサル・コールが雄によるものであった場合は、雌によるものであった場合に比べ、集団内の雄たちの動揺は大きくなる。

キスをして絆を確かめ合う

ワタリガラスの社会では、雄が総じて雌に比べて上位になる。そのため、雌どうしで争いが起きても雄はさほど動揺しない。一方、雌のワタリガラスは、ドミナンス・リバーサル・コールの主が雄でも雌でも同じように動揺する。地位の低い者ほど、混乱の影響が大きくなるためだ。

ワタリガラスは、別の群れからドミナンス・リバーサル・コールが聞こえた場合にも動揺はするが、その度合いは、自分の属する群れから聞こえた場合よりもはるかに少ない。自分たちの群れだけでなく、他の群れにも同様の序列があることを理解しているらしい。驚くべきことに、はるかに高い知性を持つはずの私たち人間と同じように、自分たちの群れを超えた広い社会というものを理解しているようなのだ。

ワタリガラスはその名からもわかる通り、カラス科に属する鳥である。カラス科の鳥は全世界に一二〇種ほどいる。カラスは驚くほど賢く、驚くほど誠実な鳥だ。カラス科の鳥の社会の基本的な構成要素は、つがいである。

カラスは他の多くの鳥と同じく、一雄一雌で、どちらかが死ぬまで同じ相手と添い遂げる。ワタリガラスの場合も、つがいは何も繁殖期だけのものではない。つがいは一年のどの時期にも共に暮らしていて、互いに羽繕いをし、互いのクチバシをくわえたりして、絆を確かめ合っている。このクチバシをくわえ合う動作（ビル・トワイニング）は人間のキスに相当する動作なのだろう。

つがいで生きていれば、互いに協力し合うことができる。力を合わせて縄張りを守れるし、近隣と揉めたとしても味方がいれば心強い。子育てもつがいの方が単独よりもずっと楽になる。チームワークで動いた方が子どもに多くの食べ物を運んで来ることができ、一方が巣を守り、もう一方が採餌をするという役割分担も可能だ。

なぜ、食料を独り占めしないのか？

巣立ったばかりの若いワタリガラスにとって、つがいになること、自分の居場所を確保することは相当に難しいことだ。巣から出た若鳥はまず、独立のための第一歩を踏み出したことになる。

だが、巣から外に出ると、そこは両親の縄張りだ。若鳥にとって生きやすい場所ではない。そこで、少しでも生きやすくなるよう、若鳥だけで集団になる。人間で言うと十代の不良グループのようなものかもしれない。集団は何年も続くので、その間に、構成員の間に強い絆が生まれる。その絆が生きていく上で非常に重要になるのだ。長く共に生きていく間には集団内に必然的に争い事が起きる場合もあるが、結局は和解することになる。

その際には、そばに寄って羽繕いをするなど、互いに触れ合うという手段が採られる。集団の中の誰かが争いに巻き込まれそうになったら助けるし、誰かが攻撃に遭ったら慰める。鳥たちが十分に成長すると、集団から離脱し、成鳥として次の段階へと進む。自分の縄張りを持って、それを守るようになるのだ。

ただ、離脱から何ヶ月、何年と経っても、若いうちに生まれた絆を忘れることはない。そのことからも、ワタリガラスにとって社会的関係が非常に大事だとわかる。これは、個体を識別し、他者の感情を理解する高度な能力があってこそのことだ。

たとえば、アメリカのメイン州の冬は非常に寒く、気温がマイナス二〇度、三〇度くらいまで下がることもある。そこにいるワタリガラスたちが食料を確保して生き延びるには、知恵をはたらかせる必要がある。厳しい環境に負けて死んだ大型の動物がいれば、その死骸がワタリガラスたちにとっては最高のご褒美になるのだが、そういうことはごく稀だ——何百キロメートルも飛んで探し回ってようやく一頭見つかるかどうか、というくらいだろう。

もちろん、見つかれば、それが命綱になる。雪と氷の砂漠のような場所で、オアシスに出合ったようなものだろう。不思議なことに、若いワタリガラスが大きな動物の死骸を見つけると、すぐに大きな声を出して仲間を呼ぶ。

あるいは、場所を記憶していったん去り、あとで仲間たちを連れて戻って来ることもある。何十羽ものワタリガラスで分け合えば、死骸は一週間もすれば骨だけになってしまうだろう。なぜわざわざ分け合おうとするのだろうか。

見つけた個体が独り占めすれば、それだけで冬を越すのに十分な量の食料になるはずだ。近親者で分け合っているというのならまだわからなくはない――近親者は共通の遺伝子が多いので、近親者で食料を分け合う性質が進化的に有利になった可能性はある――しかし、さすがに何十羽という数になると、互いに特に親戚というわけでもない個体が多いだろう。

生物学者のベルント・ハインリヒはまさにこの疑問を抱いて、冬のワタリガラスを数ヶ月間観察し続けた。その時の体験は著書『ワタリガラスの謎（渡辺政隆訳、どうぶつ社、一九九五年）』にまとめられている。これは非常に示唆に富む本である。

ハインリヒは、大きな肉の塊、時には動物の死骸まるごとをワタリガラスの生息域に運んで行き、反応をすぐそばで観察した。その結果、わかったのは、ワタリガラスが発見した食料を仲間と分け合うのは、必ずしも利他心からではない、ということだ。まず、死骸は、コヨーテなど、他の肉食動物にも見つかる恐れがある。

つまり、独り占めしようとしたところで、長い間、食料にできる可能性はそもそも低いのだ。得た情報を広い範囲の仲間たちに伝えること自体は、発見者にとって大した手間でもないし、それは皆の利益になる。すぐに全部を一羽で食べられるわけでもないし、どうせ長く維持することもできないのなら、情報を共有した方が得になる。

また、死骸を発見したのが若い鳥だった場合、その場所が年長のつがいの縄張りだったとすれば、おそらくすぐに追い払われてしまうだろう。しかし、独り占めせずに若鳥の仲間たちを集めてくれれば、縄張りの持ち主から死骸を守れる可能性が高まる。

若鳥は、近くにいる若い仲間たちに情報を伝える際にはそのための特別な鳴き声を使う。死骸の周りに若鳥が数多くいれば、縄張りの持ち主である年長の鳥も、若鳥たちを追い払うのが難しくなる。そこは面子を捨てておとなしく分け前に預かる方が得になる。

マツカケスは同じ相手と添い遂げる

何年か前、ラスベガス近郊でパーク・トレイルをしたことがある。私はその場の静けさを存分に楽しんでいた。だが、見晴らしの良い場所に出て、赤い岩の渓谷全体を見渡したちょうどその時、静寂を破るように、一〇〇羽ほどの青灰色の鳥の群れが松の木立のすぐそばの地面に舞い降りた。地上付近で食べ物を探し回れることを喜んでいるのか、鳥たちは大声で騒いでいる。うるさいのはたしかだが、人を惹きつける強い魅力がある。

この鳥はマツカケスだ。ワタリガラスと同じく（と言ってもワタリガラスよりはかなり小さい）カラス科の鳥である。マツカケスの名は、ピニョン松に由来する。毎年、食用になる実のできる松だ。マツカケスもその実を食べる。秋になると、マツカケスたちは、ピニョン松の実をせっせと集める。一部はすぐに食べるのだが、ほとんどは身体の中に蓄えておく。蓄えておいた実は、好きな時に取り出して食べることができる。

マツカケスは、まるでスーパーで食材を吟味する人のように、集めた松の実の品定めをする。そして質が良いと判断したものだけを飲み込んで喉の中の貯蔵場所に入れる。見ていると、松の実が次々と詰め込まれていき、ついには外から見てもわかるほど首が膨らんでくる。まるで、トマトか何かを嚙まずに飲み込んだかのような具合である。

忙しく、しかし丁寧に数分ほどにわたって松の実を集めると、マツカケスたちは数多くの実を抱えたまま飛び立って行く。あとには元の静寂が残った。私はこの鳥についてもっと知りたいと思った。マツカケスはひたすら松の実を集める鳥なので、仲間たちとの協調行動、社会関係に、ハトなどとは違った秩序があるようだ。

ハトなどは採餌の際、仲間どうし喧嘩することがよくあるが、マツカケスにはそういうことがないのだ。私はその後、数日間、再び松の実を集めるマツカケスに出合うことを期待して歩き回った。

その間、私は本も読んでいた。まさに私に必要だった本が見つかったからだ。ジョン・マルツラフとラッセル・バルダの書いた『マツカケス：群れを成し協力し合うカラス科の鳥の行動生態学（The Pinyon Jay: Behavioral Ecology of a Colonial and Cooperative Corvid 未邦訳）』である。この本を読んで、この鳥には何か特別なものがある、と感じた私の勘は間違いではないことがわかった。

マツカケスは極めて社会性の高い鳥であり、それに加えて、群れの中で極めて秩序正しい生活を送る鳥でもある。カラス科の鳥らしく、マツカケスは、一度つがいになった相手とは生涯、添い遂げる。また、つがいは、他のつがいたちや、その子どもたちと同じ群れの中に留まる。群れの中には、三世代の家族もいる。マツカケスの群れは、多数の家族を組み合わせたものと見ることもできる。

中には、特に若い雌は、群れを離れて別の群れの鳥とつがいになろうとする場合もある。だが一方で、生涯、同じ群れで過ごす者も多い。そのため、群れを構成する個体間の結びつきは非常に強くなる。非常に強固な社会が形成されるわけだ。

マツカケスを観察すると、その行動が本当に秩序正しいのに驚かされる。群れの中の個体が皆、同じスケジュールで行動するのだ。誰かがスケジュールを決め、それを守るよう指示しているわけではない。群れは広い範囲を共に動き回って採餌をする。食べ物を見つけると、まず上位の鳥たちが採餌をする。終わると、群れの全員が採餌をするまで待っている。全員の採餌が終わってからその場を去るのだ。

懸命な見張り番

採餌の際には地上まで降りて来るので、捕食者に襲われる危険性が高い。そのため、見張り番を置く。同時に何羽も見張り番を務めることもある。近くの木の高い枝にとまって、危険がないかを見ている。見張り役の鳥は静止し、カケスとしては異常なほど静かにしている。

それだけ真剣に仕事に取り組んでいるのだ。少しでも異変に気づくと、下にいる仲間に大声で警告を発する。事態の切迫度は、鳴き声の高さで伝えられる――危険だと思うほど、見張り番の声は高くなる。

警告されると、群れは一斉に攻撃されにくい木の上へと逃げる。ただ、警告を発するだけでなく、勇敢な見張り番は、飛び立って捕食者を追い立てる時もある。時には、他の仲間たちも誘って招かれざる客を追い払うのだ。この追い立てがあまりに効果的なので、時にはマツカケス以外の鳥も、安全になった地上で共に採餌をすることがある。

群れを守らねばならない時には攻撃的になる場合もあるが、マツカケスの仲間どうしでの関わりは極めて穏やかに見える。パーク・トレイルでの出合いのあと、私はさらに二度、採餌をするマツカケスたちに遭遇できた。

いずれの場合も、私の存在に気づいたマツカケスたちに大声で警告を出されてしまったが、それでも群れによる松の実の収集は続けられた。私がそこに来たのは、マツカケスたちのすぐあとだったようだが、見ていると、皆、急いで実を集める作業を続けている。見張り番は一応、私の方を見てはいるが、どうやら危険な存在ではないと判断したらしい。互いに盛んに鳴き交わしはするが、攻撃をして来る様子はなかった――採餌に忙しくてそれどころではなかったようだ。

調印式のような儀式

ただ、穏やかだからといって、マツカケスの社会が平等かというとそうではない。マツカケスの群れにも厳然としたルールがあり、序列もある。序列の最上位は雄の成鳥で、その次が雌の成鳥だ。雄、雌どちらでも年長の鳥ほど優位になる。すでに触れたニワトリと同じく、若い鳥の間では小競り合いがあるものの、次第に群れの中での地位が決まり、おとなしくなってくる。雄の成鳥の間には競争はない。

採餌の際には、地位の高い個体に優先権があるが、上位の個体ほど多くの種を蓄えるわけではない。そのため、食べ物が乏しい季節には、下位の個体の蓄えた種を分けてもらうことになる。それでも、個体が単独でこっそりと採餌をすることはなく、日々、群れで採餌をするのは、こっそりと採餌をしてもあまり得がないからだ。

序列に関係なく、成鳥が若い鳥に喧嘩を売ることはない。どうやら生まれたあとの最初の一年を楽に生きるための暗黙のルールがあるようだ。マツカケスの群れの中にも対立がまったくないわけではないが、協力、協調が生きていく上で非常に重要なので、結局は仲良くやっていくことになる。

一年のうちのある時期になると、マツカケスの群れには変化が訪れる。新たにつがいになる者がいて、またすでにつがいになっている者たちも、関係を再確認する。まるで契約への調印式のような儀式が行われる。雌への思いが高まった雄が、静かに少し恥ずかしそうに、食べ物を雌に渡すのだ。

ただし、雄のこの求愛行為は、時が経つにつれ、ぞんざいになっていく。また雌の側も次第に厚かましくなっていく。雌が自分から食べ物を要求し、時には雄を追いかけ回すことすらある。卵を産むのには大変なエネルギーがいるので、雌が食べ物を強く要求しても当然と考えられる。

また、雌としては、パートナーが本当に信頼できるか、十分な食料供給能力を持っているか——雛が生まれるとこの能力が大切になる——を確かめる必要があるのだろう。求愛の儀式から数週間後には、繁殖期に備えて巣作りをする作業が本格化する。

朝夕の群れでの採餌は続けられるが、それ以外の時間、つがいは繁殖のための仕事に集中することになる。マツカケスは一応、集まって巣作りをするが、繁殖活動は正確には集団で行うわけではない。群れの中の成鳥たちが力を合わせて次世代の養育をするわけではないのだ。

マツカケスは、互いに間隔を空けて巣を作る。通常は一本の木につき巣は一つだけだ。にもかかわらず、マツカケスたちの繁殖行動は、信じられないほど同期するのだ。群れの中には、他よりも早く産卵の準備が整うつがいもいるのだが、それでも全員の準備が整うまで産卵を待ったりもする——これもマツカケスという鳥の同調性、相互依存性がいかに高いかの証拠だろう。

鳥たちの託児所

産卵すると、雌は基本的には巣から動かなくなる。身体を伸ばすため、また排泄のために時々出てくるくらいだ。雌が巣にいる間、採餌の負担は雄だけにかかることになる。雄は自分自身のためだけでなく、つがいの相手、そして孵化後は雛のために食料を得なくてはならない。

間隔を空けて作られるマツカケスの巣は、密集しているよりは見つかりにくいが、近くに仲間がいない分、見つかってしまえば攻撃には弱い。

特定の巣が捕食者の注意を引くと危険なので、雄たちは集団で一斉に採餌に出る。皆が驚くほど足並みを揃えて行動する。一斉に採餌をして一斉に巣に戻って行くのだ。雄が巣に戻って来るのは、一時間に一度ほどだが、決して採餌場所からまっすぐに戻って来ることはない。必ず少し手前で捕食者がそばにいないことを確認する——最悪なのは自分自身で捕食者に巣の場所を教えてしまうことなので、それを絶対に避けようとする。大丈夫だと判断すれば、急いで巣に戻る。

雄はまるでF1のピット作業員のような素早さで、集めてきた食料を雌に渡し、すぐに再び、他の雄たちとともに採餌に出かける。雛が育ってきた時には、雌も採餌を手伝うようになる。ただし、採餌はやはり主に雄の役目であり、雛の世話や巣の掃除は主として雌の役目だ。孵化から三週間が経過し、羽毛が生え揃った雛は「クレシュ」へと連れて行かれる。クレシュは、一種の託児所だ。

一ヶ月ほどの間は、このクレシュに集められた何十羽という雛たちを、両親が採餌に出ている間は、数羽の成鳥たちが世話する。一箇所に押し込まれて押し合いへし合いしている多数の雛の中から我が子を見つけ出すのは簡単ではないはずだが、親鳥はそれを見事にやってのける。我が子を食べさせたあとに、親鳥が我が子ではない雛に食べ物を与えることもある。

野生動物にはあり得ないほどの気前の良さにも思えるが、雛を静かにさせる目的もあるようだ。クレシュにいる雛たちが空腹のあまり騒々しい声を立てると、捕食者の注意を引くことになるからだ。

私もあなたを助けます

マツカケスはその生涯にわたって驚くほど社会的な鳥でい続ける。社会生活は巣立つ前の雛の時代から始まっている。巣の中では、兄弟姉妹と互いの羽繕いをする。それはクレシュに移ってからも続く。クレシュの中で雛たちは、群れの中で生きるとはどういうことかを少し学ぶことになる。

人間の場合もそういうことは多いが、マツカケスも、クレシュを出て本格的に群れの中で生活し始めても、同じ時期に生まれた仲間たちとの強いつながりは続く。群れの中での密な関係から容易にわかる通り、マツカケスは非常に優れた個体識別の能力を持っている。ただし、個体が識別できるだけでは十分とは言えない。

マツカケスのような複雑な社会を維持するには、直接関わっている相手の意思や感情を理解するだけでなく、周囲にいる仲間たちすべての動向を把握していなくてはいけない。規模の大きい、互いの結びつきの強い社会で生きる動物にとっては、それが必須の能力である。それがなければ、社会に適応することができない。集団の構成員どうしの関係を察知する能力も、高度な社会的動物には絶対に必要だ。特に社会学で言う「推移的推論（既知の関係についての知識から未知の関係を推し量ること）」の能力は大切だ。マツカケスは、社会性の高い他の鳥たちと同じく、この能力に長けている。

だが、マツカケスがこれほど「公共意識」の高い行動を取るのはなぜだろうか。群れで採餌をする際に見張り番をする、採餌や繁殖のタイミングを他と同期させるといった行動には大きなコストが伴うはずだが、なぜあえてそのようなことをするのか。群れがすべて親族だけで構成されているのならまだわかる。

しかし、マツカケスの場合、群れを構成する個体間の平均の血縁度は非常に低い。他に考えられるのは、公共性の高い行動を取ると、群れの中での地位が高まる、あるいは、つがいの相手となる異性を惹きつける力が強くなるのではないか、ということだ。

今のところ明確なことはわからない。ともかく、マツカケスの群れが、互恵的利他主義とでも言うべき論理で成り立っているのは確かなようだ。「あなたが私を助けてくれるのなら、私もあなたを助けますよ」という論理だ。

ホルモンと利他性

哺乳類の社会的行動には、オキシトシンというホルモンが深く関係していることがわかっている。人間はオキシトシンの量が増えると、より利他的になることがわかっており、サルや犬でも同様の現象が見られるとわかっている。

鳥の場合、同様の役割を果たすホルモンはメソトシンだ。マツカケスもこのホルモンの影響を受けているらしい。マツカケスは元来、近くにいる仲間たちと食べ物を分け合うことの多い鳥だが、メソトシンの量が増えると、異常なほど気前が良くなる。マツカケスの仲間どうしの絆が強いことや、互いに非常に協力的なことには当然、メソトシンが深く関わっていると考えられる。

マツカケスには、とにかく絶えず話をしている、という特徴もある。私がパーク・トレイルで見たマツカケスたちも常に互いに鳴き交わしていた。ただ騒々しいだけにも思えたが、こうしたコミュニケーションがマツカケスの群れでは非常に重要なのだ。それは人間の社会でも同じことだろう。

つがいが子育てをする際にも、群れ全体で協調行動をする時にも、声を出すことで互いの動きを調整しやすくする。また、声をかけ合うことは群れの結束の維持にも役立つ。個体を識別し、互いの行動の意図や感情を理解する手がかりにもなるし、もちろん危険を知らせる警告信号にも使える。

現状、動物の言語に関してはようやく少しわかり始めている、という程度だ。ただ、社会性の高いカラス科の鳥たちが、何十種類もの鳴き声を使い分けていることはすでにわかっている。どの鳴き声も高さや大きさを調整して意味を変えることができる。この鳴き声が、互いの関わりに役立っているのは確かだ。社会の基盤となっていると言ってもいい。

単に、鳴き声を交わし合うだけではない。知性の高い鳥は優れた記憶力も持っている。マツカケスは、食料として一年に何千という数の松の実を収集しなくてはならない。そのためには、以前、どこで松の実を採集したかをよく記憶しておく必要がある。過去の出来事を記憶する能力があれば、それを活かして未来の行動を決めることができる。

また、この記憶力は他者との良好な関係を維持するのにも役立つ。マツカケスのように仲間どうし複雑な関係、複雑な社会を築ける鳥には、多種多様な行動パターンがあり、それを巧みに使い分ける。その種の鳥たちの脳は当然、高度に発達しており、また複雑な行動が脳の発達を促した面もあるだろう。

5章

ネズミ、都市の嫌われ者が私たちに生き方を教えてくれる

気がついたらネズミだらけ

シドニー大学生物学部の建物のそばには、共用のバーベキュー設備がある。その一角には芝生が植えられていて、周りは木々で囲まれている。そこにまるで演壇のようなバーベキュー設備があるのだ。以前、私の研究グループで、ここを利用したことがある。皆がほろ酔いのとても楽しい会だった。

ちょうどクリスマスの時期で、私たちはそれにふさわしく大いに食べて、飲んで浮かれ騒いだ。やがて日が落ちてきて、蚊の大群が襲ってくるようになった。そろそろ終わりの合図だ。シドニーの蚊は貪欲で容赦ない。小さいが鋭い嗅覚で人間の存在を敏感に察知し、腕や脚に取りつく。そして、大量の血を吸い取るのだ。放っておけば、すぐに身体中の血液がなくなってしまうのではないかというほどの勢いである。それはさすがに誇張しすぎかもしれないが、怠惰な私たちが慌てて後片付けを始めるくらいの脅威ではある。

片付けを進めていると、あれこれと物を詰め込んだばかりのゴミ箱から何やらカサカサと音がする。見ていると、中から身を伸ばしたらしいネズミのひげの生えた鼻先が見えた。まるで潜水艦の潜望鏡のようだ。

けいれんするように動き、盛んににおいを嗅いでいる。ネズミは用心深く、鼻から下の頭も外に出した。ブラックベリーのような色の目は、一部、ナトリウムランプの光を反射してオレンジ色になっている。その目で私たちを凝視しているのだ。ほんの一瞬、あらゆる動きが止まったが、すぐにネズミは私たちの食べ残しのソーセージの欠片(かけら)をくわえてゴミ箱から飛び出し、闇の中へ消えた。

私たちは、突如、周囲のネズミたちの存在に気づいた。一匹ではない。何十、何百という数のネズミが動き回っている。ゴミ箱の中にも、すでに飛び出した一匹だけではなく、数多くのネズミが入り込んでいたのだ。信じ難いことに、私たちは皆、生物学者であるにもかかわらず、自分たちがネズミに囲まれていることに気づかずにいたのである。

人間が繁栄を助ける

ただ、これも仕方のないことだろうとは思う。世界中どこでも、人間のいるところには、ほぼ間違いなくネズミもいるのだ。私たちがその存在に気づいていなくてもネズミはいる。「ネズミから六フィート（約一八三センチメートル）以上、離れられる人はいない」と言う人さえいる。

本当にそうだろうか。そもそも地球上にどのくらいの数のネズミがいるかすらよくわからない。夜行性でもあるし、多くは人間から見えないところでひっそりと暮らしているのだから、実数を数えるのはまず不可能である。推測するしかない。

その推測値は、ネズミ嫌いの人にとってはぞっとするようなものになる——少なく見積もっても、全世界に何十億という数のネズミがいることになるからだ。南極大陸や、ごく小さな離島などを例外として、ネズミは全世界、人間のいるところなら、ほぼどこにでもいると考えていい。

これは偶然ではない。私たち人間が、ネズミの生きやすい環境を作り出しているからだ。もちろん、ネズミの適応力の高さも生息域を広げるのに役立っている。都市のネズミたちは、都市の環境に適応するように進化し、田舎のネズミよりも速く成長、成熟するようになっている。人間の側はネズミを駆除すべくあれこれと工夫をしてきたが、一方でネズミたちはそれをかいくぐる術(すべ)を身につけてきた。

そして、人間が多く暮らす都市で急激に数を増やした。人間がいくらネズミを嫌ったとしても、結果的には人間の存在がネズミの繁栄を助けている。ネズミを今のような動物にしたのは人間である。

人間の生活とネズミの生活は密接に結びついているのだ。私たちはまったくそう望んではいないのだが、図らずもネズミは人間の文明のパートナーになっている。だからこそ私たちはネズミを憎むのかもしれない。

一口にネズミと言っても、実は細かく多数の種類に分かれている。ここでの話で特に重要なのは、「ドブネズミ」という種だろう。学名は“*Rattus norvegicus*（ノルウェーネズミ）”である。こういう学名がついたのは、この動物の起源が長らく誤解されていたせいだ。いまだに「ノルウェーネズミ」と呼ぶ人もいるくらいだが、実際にはノルウェーと特別な関係はない。ドブネズミの起源はフィヨルドの国ではなく、おそらくアジアのステップや草原にある。現在の中国北部だと考えられる。元は植物の種などを食べて細々と暮らしていただけで、特別に繁栄している動物というわけでもなかった。

ドブネズミはほとんど単独行動

状況が変わったのは人間と出合ってからだ。ドブネズミは人間のそばで生きるようになり、人間の行動から恩恵を受けるようになった。人間が交易路を広げると、人間と密接に関わるようになったドブネズミたちも、それに便乗して様々な土地へと拡散するようになった。

人間はドブネズミたちに、知らない間に寝床や乗り物を提供していたのだ。ドブネズミが地球上で最も繁栄したネズミ、そして最も繁栄した動物になったのはまったく不思議なことではない。

条件さえ良ければ雌のネズミは大変な繁殖能力を発揮する。ネズミの妊娠期間は三週間

ドブネズミ

ほどで、一度に八匹の子どもを産むのが普通である。ネズミの子が成熟するのにかかる期間は誕生から五、六週間ほどだ。つまり、一年もあれば一匹のネズミは何百匹という数に増えるということだ。

知らない間、ネズミたちを養い、育ててしまっている私たち人間だが、これだけ殖えるとなると、どうすればそのネズミたちを駆除できるのかということに関心が向くだろう。ただ、私たちがいくら努力したところで、ネズミを完全に駆除することはできない。都市部では、毒餌や毒ガス、ドライアイスなどを利用したネズミ駆除が行われ、それで一時的に九〇パーセントのネズミを死滅させることはできる。しかし、一年もすればネズミの数は元に戻ってしまう。

一九六〇年代に「ラット・パック（Rat

Pack＝ネズミの群れ）」と呼ばれるエンターテイナー集団が大活躍したこともあり、ネズミには、「群れで行動する動物」というイメージがある。だが、一般的なイメージに反し、ドブネズミには、単純に群れで行動する動物と言えない面もある。ドブネズミが食べ物を探して人知れずうろつき回る時には、ほとんどが単独行動だ。とはいえ、ドブネズミの生存の基本がコロニーにあるのは確かだ。

ドブネズミのコロニーは通常、多数の巣から構成される。都市のネズミの場合は、移動に地下鉄や下水道を利用するのだが、巣もその中にあることが多い。一つの巣には、だいたい五、六匹の雌がいて、それぞれに自分の部屋を持っている。部屋の中には、周囲から集めてきたお気に入りのものがあれこれ並べられている。

この部屋は、ドブネズミを産み出す工場のようなものだ。雌はその中で次々に子どもを産み、育てるからだ。生まれたばかりの子は、目も見えず、毛も生えておらず、まったくの無防備だが、三週間もしないうちに一人前の自立したネズミに成長し、いつでも巣を離れられるようになる。

ただし、子どもたちは、遠くへ行って自分のうちを作ろうとはしない――生まれた場所から数メートルの範囲内に留まり続けるのだ。巣は時が経つにつれて徐々に大きく広がっていく。都市の公園や道路の地下でドブネズミは次第に勢力を広げていくわけだ。

ピザを運ぶネズミ

ネズミの強みはただ数多くの子を産めることだけではない。ネズミは賢く、様々な環境に適応できる。二〇一五年、ニューヨークの地下鉄でピザを運ぶネズミ（ピザ・ラット）の動画が話題になった。洒落た名前をつけられたが、このピザ・ラットは珍しい存在ではない。

ネズミは食料を確保するためならばこのくらいのことは簡単にやってのける。世界中でネズミたちは、食べ物を得るために様々な驚くべき手段を駆使している。イタリアには、ポー川に飛び込むネズミがいる。川床に潜って二枚貝を集めるためだ。アメリカの一部の地域には、魚の卵の孵化場を荒らすネズミがいる。

水の中に入って行って、腹をすかせたマスから卵を横取りして食べる。また、マスを捕まえて食べることもある。ドイツには、まるで小さなライオンのように振る舞うネズミがいる。丸々と太った小さなスズメが地面に降りた時に、こっそりと忍び寄って襲いかかるのだ。ネズミは元来、植物の種などを食べる動物だったが、賢いネズミたちは、食料の選択の幅を自らの力で広げ、多様な環境下で生きられるようになった。

また、ネズミにとって大事なのは仲間どうしのネットワークだ。そのネットワークのおかげでネズミは互いから様々なことを学べる。ネズミの学習は、ごく早い時期から始まる。誕生の前、母親の胎内にいる時から、母親が何を食べているかという情報が血流を通じて伝えられるからだ。

誕生後は、母親と食べ物の好みが同じになる傾向がある。母親の真似をしておけば間違いないということだろう。母が子に飲ませる乳によっても、同様の情報は伝えられる。乳の味や香りは母の食べている物によって変わる。どういう乳を飲んだかで、子の食生活は変わることになる。ネズミは、哺乳類の中では早くこの現象が確認された動物ではあるが、同じように食生活が世代から世代へと受け継がれる哺乳類がネズミの他にいないわけではない。同様のことは実は私たち人間にも起きる。

人間の母乳の味や香りは、母親の摂取した物――バニラ、ニンニク、ミント、ニンジン、チーズの他、アルコールやニコチンなど――によって明らかに変化することが確かめられている。この味や香りの記憶が、子どもの後の人生での食べ物の好みに影響すると考えられる。

母親の元から離れたあとも、子どもたちは年長者のそばにいて、学習を続ける。年長者のそばで採餌をすることで、自然に似た物を食べるようになる。ただ年長者のすることを受動的に観察しているだけではなく、時には寛容な年長者から食べ物を横取りすることもある。そうして、何を食べるのが良いのかを学んでいくわけだ。

ネズミは単独で採餌することも多いが、その場合でも、仲間への情報伝達はする。巣と採餌場所の間で、ネズミは壁や塀に沿って移動することが多い。これは目的地に容易にたどり着けるからでもあるが、攻撃される方向を減らすためでもある。身体をできるだけ壁から離さないようにして移動すれば、毛やひげが何度も壁に当たることになるだろう。つまり、通ったあとにかすかなにおいがつくということだ。

他のネズミはそのにおいをたどって採餌場所に行くことができる。そうすることで、ますますにおいは強くなっていく。採餌場所で何を食べたかは、吐く息のにおいからわかる。何か新奇な食べ物を見つけていれば、巣の仲間たちは、息のにおいからそれを察知する。ネズミの嗅覚は非常に鋭いので、息のにおいだけで多くの情報を得ることができるのだ。採餌から帰った仲間の息のにおいから、新奇な食べ物の存在を知ったネズミたちは、それに刺激を受けて自分でも同じ食べ物を探しに行こうとする。

巧みに毒餌を避ける

ネズミは用心深い動物でもある――新しく珍しい食べ物を見つければ、腹をすかせたネズミはすぐに群がって貪り食うのではと思うが、実際にはそうではない。まずは慎重に吟味をする。ほんの少し試しに食べてみて、これは大丈夫だと判断できるまで本格的に食べ始めることはない。ネズミの駆除が難しいのは、この慎重さのせいでもある。

人間の置いた毒餌をうっかり食べてしまっても、それで体調を悪くして苦しめば、以後に同じ餌を見ても避けて食べなくなる。さらに毒餌を置き続けると、ネズミたちは警戒態勢を強める。新奇な食べ物に遭遇しても避けるし、仲間のネズミたちが怪しい物を食べないか警戒する。

ネズミたちがあまりにも巧みに毒餌を避けるので、十九世紀には「毒を見つけたネズミは急いで巣に戻って、仲間たちにそのことを知らせ、警戒を促すのだ」と信じられるようになった。

さすがにこの考えは正しくないが、事実とそうかけ離れてもいない。ネズミは実際に、近くにいる仲間たちから膨大な情報を得ており、その中には「食べて良い物、良くない物」という情報もあるからだ。

鉄よりも硬い歯

私自身は実はネズミが好きで、ペットとして飼っていたこともあるくらいだ。だが、ネズミを飼っていて困るのは家に人を招いた時だ。家に動物がいても、それがネコやイヌならば、客は程度の差はあっても、皆ある程度、その存在を受け入れる。

だが、ネズミだとそうはいかないのだ。ネズミが家にいるとほとんどの人は嫌悪感を示す。さすがに見るだけで吐いてしまう、というほどの人はまずいないが、たいていはネズミのいるケージには近づこうとしない。中には毒吐きコブラでもいるかのような反応をする人もいる。嫌われる原因の多くは外見にある。

特に毛のない尻尾を嫌がる人が多い。たしかにあまり魅力的とは言えない尻尾だが、ネズミが生きていく上では大切な役割を果たしている。尻尾のおかげで走ったり跳んだりする時に身体を安定させることもできる。また、毛の生えた尻尾に比べて滑りにくいことも重要だ。

ネズミを嫌う合理的な理由もあるにはある。まず、あちらこちらを齧って建物などに損害を与える。貯蔵しておいた食べ物をだめにすることもある。また、様々な病気を媒介するのも困ったところだ。

ネズミの歯はどこまでも伸びる上、非常に硬い――人間の歯よりも硬いし、実は鉄よりも硬い――その歯で木でもプラスチックでも簡単に噛みちぎってしまう。ネズミは、ほんの直径三センチメートルくらいの小さな穴さえあれば、どこにでも入り込むことができる。

自分で穴を開けることもあるが、悪臭のする下水道など、すでに存在するものを通路にしてトイレに行くなど、かなり自由な移動ができる。反対にトイレから下水道を通ってあちらこちらに移動することもできるだろう。

ネズミは移動とともに、サルモネラ菌、出血熱ウイルス、腺ペスト菌など、様々な病原体を運ぶ。レプトスピラ症は、ネズミの尿の中にいる細菌に汚染された水に触れることでかかる病気だが、湖や池に入って魚を探す時に私が特に恐れたのがこの病気である。

実際、私のところには、母親がレプトスピラ症にかかったという学生がいたので、余計に怖くなった。その人はシドニーの学校で教師をしていたのだが、生徒が絵筆を洗うのに使っていた屋外の流し台で感染したのだという。彼女は昏睡状態に陥り、その後、目を覚ましたが、歩いたり話したりできるようになるまでにはリハビリが必要になった。幸い、全快はしたようだが、皆が同じように運が良いとは限らないだろう。都市に多くの人が集まるほど、人とネズミという二つの種の接点は増え、その分、ネズミが原因の病気にかかる危険性も高まるのだ。

ネズミの都市

人間と都市で共存しているにもかかわらず、ネズミは研究が難しいことでよく知られる動物だ。ネズミたちの活動の痕跡は数多く見つかる。トローチに似た形の糞や、歯で齧られた物たち、またネズミたちの日頃使っている通路も簡単に見つかる。頻繁に通る場所は地面が少し踏み固められているからわかるのだ。

しかし、生きて動いているネズミの姿はなかなか見られない。このことが、ネズミの駆除の大きな障害になっている。たしかに毒餌を使って一時的に数を減らすことはできるがそれでは根本的な解決にはならない。実を言えば、この問題が、二十世紀の動物行動学研究において最も有名で最も影響力の大きい研究へとつながったのだ。

アメリカ南部のテネシー州で子ども時代の大半を過ごしたジョン・カルフーンは、とにかく動物を観察することが好きだった。当然、大学でも動物について学んだし、ついには、ボルチモアのジョンズ・ホプキンス公衆衛生大学院で研究者となった。

カルフーンの動物の標本を収集する能力、また種を同定する能力は、北米小型哺乳類調査（North American Census of Small Mammals）という研究プログラムで大いに発揮された。これは、市当局とジョンズ・ホプキンス大学による共同の研究プログラムであり、主にネズミについて理解すること、そしてネズミを駆除することを目的としていた。

カルフーンがボルチモアで研究を始めた一九四六年の時点ですでに、毒餌だけでは効果に限りがあることはわかっていた。駆除の効果を上げるためには、ネズミと、ネズミの生きる環境について深く理解することがどうしても必要だった。

大学が協力的で、自分の良いと思う研究を行う自由を与えられていたこともあり、カルフーンは、はじめは空想でしかないと思われたことを実行に移した。自宅の裏の土地に囲いを築き、そこを「ラット・シティ（ネズミの都市）」と名づけたのだ。その閉じた空間でネズミの行動を観察することが目的だった。

そうすればまず、ネズミの繁殖の様子がよくわかると考えた。カルフーンは最初に、五組のネズミのつがいをラット・シティに入れた。生存に必要なものはすべて与えた上で、二年と少しの間、放置した。その間は、見張り塔から注意深く観察をした。

ネズミたちは、十分な食べ物と棲み処にできる場所を与えられ、捕食者からも守られている。カルフーンは、ラット・シティのネズミの数は五〇〇〇くらいには達すると予想した。

はじめのうち、ネズミの数は予想通り順調に増え、都市は発展を遂げた。何もかもが順調に見えた。ところが、ネズミの数が一五〇に達したあたりで奇妙なことが起きた。ネズミの行動に根本的な変化が起きたのである。平和的だったネズミたちが超攻撃的に変わった。

そのため、精神的な傷を負い、繁殖ができなくなる者や、普通に生きることさえできなくなる者が多くいた。ラット・シティというネズミの都市は決して繁栄することがなかった。二年経っても、ネズミの数は二〇〇を超えなかった。予想よりはるかに少ない。

興味を惹かれたカルフーンは、何年にもわたって同様の実験を何度も繰り返した。ネズミをいわゆる「ラット(クマネズミ。ドブネズミもこの中に含まれる)」から「マウス(ハツカネズミ)」に替えたこともある。この実験結果を踏まえ、カルフーンは次に、ネズミの集団の大きさと行動の関係、ネズミの密度が行動に与える影響を重点的に調べるようになった。カルフーンはラット・シティと同じような閉じた空間を多数作った。そして、そこに棲むネズミたちに豊富な食料と棲み処となる場所を与えた。また、人間の都市と同じように、空間をいくつかの地域に分け、高層の住居なども提供した。

ただ、唯一提供できなかったものがある。それは無限の空間だ。ネズミの数が増えるほど、使える空間は埋まっていくことになる。一匹あたりの空間が小さくなりすぎると、どうやらネズミの社会構造は崩壊を始めるらしい。

子育てを放棄する母親たち

カルフーンが作ったネズミの都市は、いずれも最初はユートピアだったかもしれないが、そこは間もなくすべて生き地獄のような場所に変わってしまったのだ。通常のような「近所付き合い」はもうできなくなり、そのあとには悪夢のような混乱だけが残る。暴力が蔓延し、攻撃的な雄たちが弱い者たちを襲う。

母親たちはもう子どもたちをまともに世話せず、子どもを捨てる母親まで現れる。乳児死亡率は九六パーセントにまで達する。交尾はもはや暴力と化す。雄たちは、出くわす相手すべてと交尾しようとする。集団の中に心の傷を負う者が増える——特に集団の中での地位が低い者たちの状況が酷い——何もせずただ呆然としたネズミたちが数多く集まるようになる。

　生きてはいるが、もはや何をすることもできない。カルフーンの作ったネズミの都市では、ネズミたちが二種類の理由で死んでいった。一つは肉体的な損傷による死で、もう一つは精神的な損傷による死である。同じように狭いところで数が増え、密度が濃くなると、ラットだけでなくマウスにもやはり同じことが起きた。

　カルフーンの作った都市で精神を病んだネズミたちは、外に出されても、もう正常な状態に戻ることはなかった。取り返しのつかない変化が起きたということだ。マウスにしろラットにしろ、一度、おかしくなると元へは戻らないのである。カルフーンの実験の結末はいつも同じだった——ネズミは正常な社会を維持できなくなり、多くのネズミが死に、集団は崩壊する。

　カルフーンは自らの実験で見たこの現象を「行動シンク」と名づけた。ネズミが過密状態になると、行動に病理学的な影響が出るという現象だ。この現象は、特に、カルフーンが、現代の都市における人間社会の破綻、崩壊になぞらえたことで、多くの人々に知られるようになった。

　一九七二年の自らの実験についてカルフーンは「実験そのものはネズミを対象としているが、私の頭にあったのは人間のことだ」と書いている。ネズミの実験と同様のことが、アメリカを含む西欧社会全体で起きていると言いたかったのだろう。

小説や映画にも大きな影響を与えた

一九六〇年代、七〇年代、西欧社会には、暴動、戦争などいくつもの大きな混乱が生じた。都市化が進み、都市に大量の人口が流入する動きと同時にそうした混乱が起きているように見えた。人口が増え、空間が不足したために、市の当局者は、高層住宅を建設して、狭い場所に数多くの人を押し込もうとした。

カルフーンの研究は、こうした当局の措置の結果、恐ろしいことが起きると予言しているようでもあった。カルフーンは、動物の個体が健全に対応できる社会的交流の数には上限があると主張する。ネズミでも、人間でもその数は一二だという。上限を超えたネズミには、「行動シンク」に危険が生じる。人間の場合も、人との関わりを避けるようになる、あるいは他人に攻撃的になる、などの変化が生じる。

これは小説や映画の格好の題材となった。都市に人が密集しすぎて皆が人間性を失い、攻撃的、暴力的になる、という悲惨な未来をネズミたちの行動が予言していると捉え、その考えを元に作品が生み出されるようになったのだ。カルフーンの実験に影響された世界観は、たとえば『ソイレント・グリーン』、『2300年未来への旅』などの映画、トム・

ウルフ、J・G・バラード、アンソニー・バージェスなどの小説、そして2000AD連載の漫画『ジャッジ・ドレッド』などに出てくる。

創作の世界だけではない。評論家や政治家からも、人間の未来を憂える声はあがっている。ただし、実を言えばカルフーン本人は意外に楽観的だった。たしかにネズミの実験と同じような悲惨な未来が人間に訪れる恐れはあるが、人間にはその問題を解決する力があるとも考えた。だが、そこに注目する人は少ない。人間はどうしても良い報せよりも悪い報せに目を向けやすいものだからだ。

ジョン・カルフーンの実験は、ネズミ研究のごく一部にすぎない。二十世紀の動物行動学において、ネズミは実験対象として特に重要な動物だった。心理学を学ぶ学生たちは長年、ネズミを使って実験をしてデータを収集する、という手法に頼ってきた。時にはネズミの身体に手を加えることもあった。そうして、動物の学習、発達、知性、遊び、性、子育て、攻撃性などを詳しく調べてきたのだ。嫌われ者のネズミだが、ネズミは人間に大きく貢献してくれている。ネズミの研究が、人間の行動をより深く理解することにつながった例は多い。

親切は伝染する

ネズミの研究がなぜ人間の理解につながるのか、と疑問を持つ人もいるだろう。当然の疑問だ。ネズミは、私たち研究者が「モデル生物」と呼ぶ生物種の一つである。モデル生物とは、生物学における問いへの答えを見つけ、謎を解き明かすための手段として利用する生物のことである。

ネズミは私たち人間と同じ哺乳類である。つまり、人間と共通する部分が多いということだ。人間とネズミの身体の構造、性質は基本的には同じで、刺激に対する反応にも共通点が多い。もちろん、ジョン・カルフーンが自らの体験で知った通り、ネズミでの実験結果をいつでもそのまま人間に当てはめられるわけではない。両者の間には大きな違いもあるからだ。

それでも、ネズミの研究が、人間についての詳しい研究の基礎づくりに役立つのは確かだ。すでに書いたように食べ物の好みが母から子へ伝えられるとわかったのはその一例だが、他にも同様の例は数多くある。

ジョン・カルフーンの実験結果を見ると、ネズミはいかにも好戦的、攻撃的な動物のように思えるが、そうなるのはあくまで過密状態で社会が崩壊した場合であって、通常の状態のネズミの性質とは違う。

ネズミも、人間やその他多くの社会的動物と同様、大半の時間を集団の仲間たちの中で過ごす。同じ仲間たちと長い間関わることになるので、互いに親切に振る舞う方が結局は得になる。少なくとも、相手が親切にしてくれれば、お返しに自分も相手に親切にする、という態度が有効になるだろう。そのため、通常の状態のネズミは、当然のことながらカルフーンの実験の場合とは異なり、互いに非常に協力的になる。

そして、驚くべきなのは、協力的な行動の洗練度である。誰をいつ助けるかの判断が実にきめ細かいのだ。直近の過去に誰かの親切に触れ、気分が良くなったので、自分も誰かに親切にしようとする、そのようにして親切が集団内を伝染していく。

これは人間の集団でも同じことだ。親切はドミノ倒しのように広がっていく。たとえば、混雑したラッシュ・アワーの道路で、誰かが道を譲っているのを見ると、次に誰かが待っているのを見たら道を譲ろうという思いやりの気持ちが生まれる。これは単に相手にとって助けになるだけでなく、皆の気分が良くなる行為だ。

互恵的利他主義

とはいえ、ネズミも人間も、単なる「お人好し」ではない。実際に親切にするか否かは、関わる相手についての過去の経験によって変わってくる。直近の過去に親切な行動を取った人には、冷酷な行動を取った人よりも親切にする可能性が高くなる。

これは「互恵的利他主義」と呼ばれる行動である。特に、集団内の個体が皆、常時行動を共にする場合には、互いに血縁でない個体どうしでも相手に親切に振る舞うことが多い。どの個体も、過去に助けてもらったことのある相手には親切にする。そうしておけばまた、相手が自分に親切にしてくれるため、結局、得になるからだ。

一方、付き合う相手があまり変わらない安定した社会においては、利己的な行動は排除されやすい。利己的な行動で周囲にいる仲間たちの気分を害すれば、長期的には損になるからだ。こうして書くと、互恵的利他主義は良いこと尽くめのようだが、その割にはこの戦略を採る動物は決して多くない。利他的行動のように見えて、実際には、地位が高く権力を持った個体が弱い下位の個体を搾取しているだけということもある。

親切そうに見える行動に裏の動機が隠されていることもある。また、親切な行動に「ただ乗り」する者もいる。特に、常時つき合う集団の中にいるわけではなく、単なる「通りすがり」の時には、ただ乗りをして相手の気分が害したとしても仕返しをされる危険が少ないので、ただ乗りの方が得になる可能性が高い。

人間の社会には、個人に親切な行動を促す暗黙の規範が存在する。この規範に反する行動を取ると、周囲の人たちに低い評価をされることになる。低評価を恐れる人が多いため、規範は行動を正す強い力を持つ。子どもの頃、親に「怒っているんじゃない。お前にがっかりしているんだ」と言われて悲しくなった経験を持つ人は多いだろう。

何らかの社会的なルールに基づいて自分の行動を理解する、あるいは自分の行動を決める、などということが果たして動物にできるのか。この場面では相手はこう行動するはずだから、自分はこう行動しよう、などという判断が動物に可能なのだろうか。

飢えた仲間に食べ物を分ける

おそらく可能だと思う。正直に言えば、今のところそれは誰にもわからない。ただ、ネズミは——特に雌のネズミは雄に比べて社会性が高い——少なくとも仲間どうし協力し合う傾向が強いようには見える。興味深いのは、ネズミが状況によって協力の度合いを調整することだ。

たとえば、ネズミは、仲間が飢えているほど、気前よく食べ物を分け与える。相手の切迫度に応じてどの程度助けるかを決めているように見える。だが、そもそも飢えているネズミは、食べ物を分けてくれという要求が激しくなるはずだ。

分け与えてくれそうな相手がいれば、手を伸ばし、大声をあげて必死に懇願するだろう。飢えたネズミの懇願の声を実際に聴いたわけではない。ネズミの音声コミュニケーションは、周波数が高すぎて人間の耳には聴こえないからだ。ただ、飢えたネズミは態度が協力的になるという傾向も見られる。そうした方が仲間から親切にしてもらえる可能性が高いことを理解しているようだ。

食べ物はネズミどうしの取引における重要な通貨だが、唯一の通貨というわけではない。毛繕い（グルーミング）も重要な通貨になり得る。うまい毛繕いをしてもらったネズミは、してくれた相手に必要な時に気前よく食べ物を与える可能性が高いし、また後に同じように毛繕いでお返しをすることも多い。

性格が良いネズミは仲間に進んで食べ物を分け与える、という単純な話ではないことがわかる。目の前の相手に食べ物を与えるか否かを判断する際には、その相手が直近の過去に自分に対してどのような態度を取ったかを考慮する。

攻撃的な態度のネズミは、仲間の協力ネットワークから外される可能性が高い。つまり、「良き市民」でいる方が得ということだ。カルフーンの実験では不道徳の極みのように見えたネズミだが、実は相手がどの程度、道徳的かできめ細かく対応を変える、高度な社会性を持った動物なのである。

「相手のしてくれることをこちらもする」という関係は、ネズミの社会の重要な部分ではある。しかし、最も密接に関係し合うのは、母と子だろう。もちろん、母と子の絆が強いのは、人間も含め哺乳類のほとんどに共通する特徴ではある。ただ乳を飲ませればいいということではない。哺乳類の子どもの健全な発達には、母親との身体的、精神的な親密さが欠かせない。

「幼少期の体験」が影響をもたらす

辛い子ども時代を送ると、それが生涯、傷となって残ることが多い、というのは私たちが昔からよく知っていることである。悲しいことだが、常に強い不安に悩まされている人をよく調べてみると、幼少期のトラウマが原因であるとわかることが多いし、刑務所で服役している人には、一般の人々に比べて、幼少期に苦しい思いをした人が異常に多い。

不思議なことに、そうなる理由がわかり始めたのは、ネズミについての研究がきっかけだった。ネズミの中にも、良い母親とそうでない母親はいる。子に十分に乳を飲ませ、毛繕いもし、大切に育てる母親もいれば、一方で子をほとんど放置してろくに世話もしない酷い母親もいるのだ。

こうして生じる幼少期の体験の違いは、子どもに大きな影響を与える。母親に大切に育てられた子どもたちは、穏やかな精神のバランスが取れた大人になる。しかし、十分な世話をしない母親の元で育った子どもは、常に不安を抱えた大人になる。母親がまともに世話をしなかった子どもはそもそも、集団の中での地位が低くなることが多いし、深刻な病気にかかることも多い。

常に不安を抱えていること自体は悪いとは限らない——世界は危険がいっぱいだからだ。不安であれば絶えず警戒を怠らずに生きることになるだろう。ただ、それではほとんど安らぎを得られる時がない。

子どもの発達には遺伝子が大きな役割を果たすというのは誰もが知っていることだ。遺伝子はDNAから成り、生物の身体を作るための「取扱説明書」のようなものだと言われることがある。そのため、生物の運命は遺伝子によってあらかじめ決まっており、変えることができないと考えてしまう人もいる。

遺伝子はたしかに重要だ。しかし、すべてを決してしまうわけではない。いつ、どの遺伝子が発現するかには、発達の際の周囲の環境が大きく影響する。逆に言えば、生きている環境に合わせて発達の仕方を変えられる柔軟性があるということになる。母親の態度が重要な意味を持つのはそのためだ。母親に大切に育てられた子どもの身体では、ストレスへの対処に役立つ遺伝子が発現することになる。

人間の場合

これはネズミの話だが、では人間はどうだろうか。また確実とは言えないが、どうやら人間の子どもにも同様のことが起きると考えて良さそうな証拠が見つかってはいる。親との触れ合いが多かった子どもの遺伝子発現パターンには、人間とネズミで共通する部分がある。我が子やペットのネズミに幼い頃、十分な愛情を注げていなかったかもしれない、と不安になった人もいるだろう。

そういう人に朗報がある。その不足はあとから埋め合わせることも可能だ。冷たい母親に十分な世話をしてもらえなかったネズミも、その後、心地よい環境で暮らせると、ストレスへの対応が改善する。もちろん、ネズミの子と人間の子は同じではない。しかし、親との触れ合いが多く、大切に育てられた子が幸福な大人になる可能性が高いのは人間でもネズミでも同じだと言っても、反論する人は少ないに違いない。ネズミについての研究が人間をより深く理解するのに役立ったのだ。

仲間からの大いなる学び

ネズミの子は、やがて母親の巣を出て、より広い世界、仲間たちのコミュニティへと入って行く。それから先は色々なネズミたちと触れ合うことになる。また、広い世界に出れば、それまで知らなかったあらゆる種類の怖い体験をする可能性がある。他のネズミたちが周囲にいることは、そうした怖い体験に対処する上で助けになることが多い。

第一に、周囲にネズミがいれば、起き得る危険について間接的に学べることがある。もしかすると命を失うかもしれない危険について自分で体験せずに学べるのだ。第二に、他のネズミたちがいれば、それだけでストレスを受けた時に慰めになる。これはネズミに限ったことではないだろう――魚から私たち人間まであらゆる社会的動物に同様のことが言える。どの動物も、より良く生きる上で仲間の存在は欠かせない。コミュニティの役割についても、ネズミについて詳しく調べるだけで、驚くべき発見がある。

若いネズミにとっては毎日が学びの日だ。集団の他のネズミたちのする仕事を見ているだけで、生きていく上で何が良いことで、何が良くないことなのかを知るのに必要な情報が得られる。まず、すでに書いた通り、他のネズミたちの行動を見ていれば、美味しい食べ物、安全な食べ物とはどういうものかを知ることができる。また、身近に潜んでいる危険、罠などについても情報が得られるだろう。

集団の中の誰かが何かを恐れるのを見た時や、大きな失敗をするのを見た場合には、学習してその後、同じような行動を取らないように注意する。自ら直接、危険な体験をする必要はないのだ。仲間が何かを恐れているのを見れば、それだけで危険を避けるための貴重な情報になる。

もちろん、ネズミが言葉で、たとえば「なあ、知ってるか、あいつネコに捕まったんだよ。そこから出たらネコがいるからな、気をつけろよ」などと危険を知らせ合っているわけではない。しかし、仲間のうちの誰かが何かストレスを抱えていれば、周囲のネズミにはそれがはっきりとわかる。ストレスを抱えたネズミは行動が目に見えて変わるからだ。また、発するにおいにも変化がある。周囲のネズミたちはそれを本能的に察知し、きっと何か危険が迫っているのだなと理解する。

恐怖は伝染病のように

集団の中に恐怖を感じているネズミがいると、その恐怖は、伝染病のように他のネズミたちにも伝わっていく。恐怖が伝わったネズミの心拍は速くなる。自分も同じように恐怖を感じる出来事に遭遇しないよう、用心深くなる。

この種の反応が特に強くなるのは、仲間の恐怖心がどのような出来事によって引き起こされたのかがわかった場合だ。未知の捕食動物に遭遇した、裸電線を齧ったら電気ショックを受けた、など、恐怖の原因が明確にわかる場合である。

このように因果関係がわかった場合には、他のネズミたちも、恐怖の原因になったものを避けようとする。言葉を使わずに、仲間の恐怖を感じ取る能力は実は人間にもある。人間は恐怖を感じると、特別なにおいを発する。

私たちは普段、それを意識することがないが、それは、人間があまり嗅覚が鋭くない動物だからだ。しかし、恐怖を感じた時には、汗に普段とは違う物質が混じり、それが独特のにおいを発する。犬などの動物はそのにおいから人間の恐怖心を察知できる。ホラー映画を見た人の汗と見ていない人の汗、はじめてスカイダイビングをした人の汗と、ただジムに行っただけの人の汗を嗅いでその違いを区別できる人もいる。それができるのは女性の方が多い。平均すると女性の方が男性より嗅覚が鋭いからだろう。

感情の伝染は、社会的動物にとって有益なものに違いないが、闇雲に伝染されると、混乱を招くし、集団ヒステリーにつながる危険もある。中世のヨーロッパでは「舞踏狂」という現象が見られた。踊りが人から人へと伝染していき、ついには何百人という人たちが踊り出し、疲れ切るか、命を落とすまで踊り続けるという現象だ。意外にも集団ヒステリーは女子修道院から発生することも多かった。

時には、修道女たちが一斉に、人を口汚く罵る、性的に挑発的になる、など修道女らしくない態度を取り始めることもあった。また、修道女たちが全員、猫のように「ニャー」と鳴き始めることもあったという。中世ということもあり、こういう現象はすべて「悪魔の仕業」とされた。祈禱師や聖職者にとっては、自分の力を見せつける良い機会になるはずだったが、結局はまったくの無力であることが証明されてしまった。

近年でも、学校や工場の中で集団失神、集団絶叫、集団哄笑などが起きたという記録は多数残っている。失神、叫び、笑いなどが人から人へと伝染し、止めることができなくなったのだ。共通しているのは、大勢の人たちが一箇所に集まり、密接に関係し合っていたことだ。

その人たちの感情が一斉に高ぶった状態になった——最初の一人の感情が高ぶっただけだったのが、急速に広まり、集団がヒステリー状態になった。動物にも同様の現象が起きることはあるが、驚くほど少ない。

感情の伝染を抑える方法

たとえば、大きな小屋に入れられたブロイラーが集団パニックに陥った例はいくつかある。また、二〇一三年には、オランダの動物園にいたヒヒの大集団が普段通りの活動を一切やめて皆が一箇所に固まり、呼びかけにもまったく反応しなくなる、ということが起きている。

感情の伝染が過剰になれば集団ヒステリーのような現象が起き得ることは多くの人が認識している。だが、一方で、舞踏狂を街で見かけることはめったにないし、ウィルドビーストの群れが一斉に失神するといったこともめったにあるものではない。たしかに起きるが非常に稀な出来事ということである。社会的動物は、仲間の苦痛や恐怖を敏感に察知することができるが、そのせいで行動が制御不能になるようなことはあまりない。

これは興味深いことである――感情の伝染が過剰にならないよう抑える何らかの仕組みが存在することを示唆するからだ。そういう仕組みは実際に存在し、「社会的緩衝作用（社会的バッファリング）」と呼ばれている。簡単に言うと、これは、集団の仲間の存在によって感情が穏やかになるという効果である。不安やストレスがあっても、仲間がいると緩和される。時には大幅に緩和されることもある。それで速く元の状態に戻ることができるのだ。

ネズミの場合は、ごく幼いうちから他者と密接に触れ合っている。まだ毛もなく無力な子ネズミは、常に母親のそばにいて温めてもらっているからだ。母のいる巣を離れてからも、集団内の他のネズミたちの存在によって、世界で生きていく上での不安を和らげてもらえる。孤立したネズミが、縁もゆかりもないネズミとともにいるだけでも、ある程度、この効果は得られる。

しかし、やはり密接な関係のある仲間といる場合に、効果は特に強くなる。感情を和らげるために親しい者のそばにいようとするというより、そもそも感情を特に和らげてくれる者を親しい仲間として選んでいるという方が正確だろう。微妙な違いのようだが、これが実は重要な違いなのだ――私たち人間も含めた社会的動物の関係ネットワークの形を決定づけるような違いだからだ。

コロニーの喧騒（けんそう）の中にいて、仲間たちの姿を見、鳴き声を聞き、身体に触れることも大切だが、どれだけ神経が高ぶっているネズミでも、楽天的で呑気な仲間のにおいを嗅ぐだけで落ち着くということがある。ネズミの場合、社会的刺激によって、脳内の恐怖反応を引き起こす部位の活動が抑制されることがわかっている。つまり、社会的緩衝作用というのは、何となく気分が穏やかになるとか気分が良くなるという曖昧な話ではないということだ。この作用は動物の脳に直接、影響を与え、考え方までも変えてしまう。

興味深いストレス・テスト

社会的緩衝作用は私たち人間にとっても重要である。乳幼児期においては、脳内のストレスを緩和してくれるのは、親、特に母親の存在である。おしゃぶりや人形などでも、泣いている乳児を静かにさせることはできるが、乳児の脳内にある不安を母親のように和らげることはできない。

成長すると、その役割は親から友人などに移っていく。ただし、単純に友人たちが親の役割を引き継ぐのかというとそうとも言えない。幼い頃に生じた親との結びつきが、成長してから他人との友人関係を築くための基礎となるのだ。つまり、親の社会的緩衝作用は、子どもが大人へと成長する上でも役立つことになる。

心理学では、トリアー社会的ストレス・テストと呼ばれる実験がよく行われる。この実験ではまず被験者に「人前で短いスピーチをしてもらうので準備をして欲しい」と告げる。その上で、いくつか暗算の問題を解いてもらう。

こうすれば、被験者は確実にストレスを抱えることになる――おそらく誰でもそうだろう――それこそがこの実験の狙いである。実際にどのくらいのストレスを抱えているかを知るため、この実験では、被験者の唾液中のコルチゾールというホルモンの濃度や、心拍数を調べる。どちらも抱えているストレスのレベルを知るための指標である。

その後は、親や友人、パートナーがそばにいることで、このストレスがどの程度、軽減されるかを見る。親がそばにいると、乳幼児期から青年期、人によってはそれより年長の被験者でも、ストレスが大きく軽減されることがわかる。

友人の場合は、状況はもっと複雑になる――友人の存在は、特に青年期においてはどちらの方向にも作用する。十代後半の若者の場合、実験中、親友がそばにいると、ストレスが軽減されることが多いが、被験者の中には友人や、同年代の知人が実験中にそばにいると、ストレスがかえって増す人もいる。ティーンエージャーは難しいということだ。

これがもっと年長の成人になるともう少しわかりやすくなる。友人の存在が総じてストレスを緩和することになるのだ。ただし、その程度には性差があるなど、まだ十分に説明のつかない不思議な現象も起きる。異性愛の男性の場合は、実験時に女性のパートナーがそばにいるとストレスが大きく軽減される。その程度は、異性愛の女性のそばに男性のパートナーがいた場合よりも大きい。

おそらく、女性は、こういう状況で男性のパートナーを応援するような行動を取ることが多いからではないかと思われる。反対に、男性の中には、（無意識なことが多いとはいえ）こういう状況で女性パートナーを貶める行動を取る人がいるのではと想像される。実験前の男性と女性の関わりがどのようなものだったか、特に実験に関してどのような話し合いがなされたかが、結果に大きく影響したようだ。

女性は、男性パートナーに無言で手を握られながら、あるいはマッサージをされていると、ストレスが大きく軽減されるとわかっている。男性の場合は、女性のパートナーが黙ってそばにいると同様の効果があるようだ。今のところ、まだ断片的なことがわかっているにすぎず、点と点がつながって線になるまでには時間がかかりそうだ。だが、ネズミを使った実験がこの場合も役立つことは間違いないだろう。

「仲間の存在」とストレスの関係

誰かの存在がストレスを和らげることもあれば、逆に誰かがいることでストレスが増すこともある。だとすれば、この二つの相反する力の間には、常に主導権をめぐる争いがあるのだろうと想像できる。

たとえば、脅えているネズミがそばにいれば、そのネズミは、周囲のネズミたちに恐怖を与えるようなあらゆる種類の信号、においを発しているだろう。同時に、穏やかで、皆に安心感を与えるネズミもきっとそばにいるだろう。

どちらが勝つのだろうか。前者が勝てば、穏やかだったネズミまでが恐怖にかられてしまうかもしれない。反対に後者が勝てば、脅えていたネズミが落ち着くことになるだろう。両者の間には微妙なバランスがある。ネズミは複雑な動物で、個体ごとの差異も非常に大きい。同じ入力があれば必ず同じ出力を返すコンピュータ・プログラムとはわけが違うのだ。

ストレスを抱えたネズミは、単独でいるよりも、仲間といる方がストレスが軽減されるというのは概(おおむ)ね間違いない。ストレスを抱えたネズミから他のネズミのストレスを増やすような信号が出されるのは確かだが、そういうネズミであっても、ただ存在するだけで、他のネズミに社会的緩衝作用をもたらす。

とはいえ、穏やかなネズミが、ストレスを抱えたネズミがそばに来たことで穏やかでなくなる可能性はある。ストレスを抱えたネズミがいるということは、何か注意を必要とする状況があることを意味するからだ。穏やかなネズミが、仲間からの危険を知らせる信号を無視して穏やかなままでいれば、遅かれ早かれ、死んでしまう可能性が高い。

あるネズミから拡散された恐怖の感情は、いずれにせよ他のネズミたちによる社会的緩衝作用によって徐々に弱まっていくのだが、それでも完全に消え去ることはない。おかげでネズミのコロニーは集団パニックに陥ることなく、同時に周囲への適度な警戒態勢を保つことができているのだろう。

ネズミは扉を開く

ネズミの場合、そばに他のネズミがいるだけで社会的支援になることが多いのは確かだが、そこに私たち人間が関わるとまた話は複雑になる。私がティーンエージャーの頃、我が家の戸外の納屋にネズミが出た時のことを覚えている。

真っ昼間、小屋の屋根の上で、一匹のネズミが静かに毛繕いをしていた。父が大きなハンマーを手にして、このネズミにこっそり近づいて行った。ネズミには大きな危険が迫っていたことになる。このままでは命を落とす可能性がある。大きな捕食者らしき動物が近づいてきたので、ネズミは毛繕いをやめて音もなくその場から離れた。

おそらく、仲間に「妙な奴に襲われそうになった」と知らせるのだろう。私の父のことを本当に「妙な奴」と伝えたかはわからない。それはあくまで私の想像だ。父は、ネズミを見た人間としてはごく普通の行動を取っただけだろう。

人間は総じてネズミには厳しく当たる。多くの病気を媒介する危険な動物なので、それは仕方ないことだろう。だが、それでも、ネズミが称賛に値する動物であることは、仮に気が進まなくても認めざるを得ないと私は思う。ネズミは賢く、創造力に富み、仲間どうし助け合う動物だ。近年の研究によって、ネズミのいくつもの思いがけない側面が明らかになり、私は驚かされることになった。

憂鬱な雨の日に家にいて、ふと窓の外を見たとしよう。するとそこにずぶ濡れの人が一人立っている。あなたはどうするだろうか。家の中に招き入れ、乾かしてやるだろうか。そうする人もいるだろうし、ただカーテンを引いて、読書やゲームなど、していたことに戻る人も多いだろう。

実を言えば、ネズミはこういう時、ドアを開けて外にいる者を招き入れる動物だ。近年、隣り合う空間に棲む二匹のネズミを使った実験が行われている。一方の空間は乾いており、居心地が良いが、もう一方の空間は湿っていて、居心地が良くない。

ネズミは一応、泳げる動物ではあるが、できることならなるべく泳ぎたくはないだろう。二つの空間の間にはドアがあるが、開けられるのは、乾いた方にいるネズミだけだ。居心地の良い空間に棲むネズミと、居心地の悪い空間に棲むネズミがいるが、後者の境遇を変えられるのは前者のネズミだけ、ということだ。

果たして、前者のネズミはドアを開けて、後者のネズミを招き入れるだろうか。実験では、招き入れる、ということがわかった。また、湿った、居心地の悪い空間に棲んだことのあるネズミは、そうでないネズミよりも早くドアを開けることもわかった。つまり、自分の経験を基に他者の境遇を慮(おもんぱか)り、救いの手を差し伸べる能力を持っているということだろう。

隣の空間が湿っていない場合には、ネズミはドアを開けようとしない。隣のネズミが困っているからドアを開けただけで、仲良くなりたくてドアを開けたわけではないということだ。

感情の「進化的起源」を知る

一方のネズミが罠にかかっているという状況の実験も行われている。もう一方のネズミは罠にかかった仲間を助けてもいいし、助けなくてもいい。しかし、ほぼ間違いなく、ネズミは仲間を助けるのだ。なぜだろうか。罠にかかっているのがネズミでなければ助けることはない。ネズミは決して気まぐれに行動しているわけではないのだ。間違いなく、仲間が罠にかかって苦しんでいることを認識し、意思を持って助けている。

他者に感情移入するのは、人間ならば当たり前のように持っている能力だが、ネズミの場合はどうだろうか。ネズミのような単純な動物にそんな能力があるのか、と思う人もいるかもしれない。だが、どうやらあるらしい。ネズミたちは強い意思で仲間を助ける。時には、大好物のチョコレートを食べるチャンスを逃してでも、苦境にある仲間を助けようとするのだ。

ただし、こうした研究結果には批判もあり、反論する人もいる。特に「ネズミは苦境にある仲間を助けたくて助けている」という結論には異論も多い。単に近くに仲間がいて欲しいから助けているだけ、と説明する人もいる。

ネズミはあくまで利己的な理由で動いているというわけだ。行動の理由を探ること、動物の心の内を知ることは簡単ではない。感情移入の問題は重要だ。人間性、人間の社会の根幹を成す感情移入の能力の進化的起源を知る手がかりになるからだ。その他、ストレスがこの利他的行動にどう影響するかなど、探るべきことは数多くある。

すでに書いてきた通り、社会的動物は、仲間どうし互いの日々のストレスを和らげることができる。ストレスというと、良くないものと考えるのが普通だが、実を言えば、適度なストレスがあるのは悪いことではなく、むしろ良いことである。

大学で講義に向かう時、私は、学生たちをどうにか生物の驚異の世界に引き込みたいと思い、緊張する。そうして少しアドレナリンが出るおかげで私は良い講義ができるのだ。しかし、もう随分昔だが、はじめての講義の時のように緊張しすぎると、言葉もうまく出てこず、途中で立ち往生することになる。逆に緊張感があまりにないと、退屈で面白みのない講義しかできず、学生たちの興味を惹くことなどできない。

ストレスにはちょうど良い量がある。ちょうど良い量のストレスがあると良い仕事ができる。政治家もスポーツ選手も、人前に出る人たちは皆、同じことを言っている。では動物の場合はどうだろうか。ネズミの場合も、程よい量のストレスがあると、良い行動が促進されるとわかっている。他のネズミを積極的に探し、密接な関係を築こうとする。その結果、攻撃性は減り、資源は進んで分け合おうとする。互いを助け合おうとする姿勢も強くなる。

それに対し、まったくストレスのないネズミは、そもそも他者と関わって生きるなどという面倒なことをしようとしない。ストレスがないので、それを和らげてくれる仲間の存在を必要としないのだ。

一方、極端にストレスの多いネズミもあまり他者と関わろうとしないが、それは別の理由からだ。あまりに酷い出来事に遭遇して強すぎるストレスがかかると、ネズミは自分だけの世界に引き込もってしまうのだ。他者と関係を結び、それを維持することがうまくできず、結果として孤立する。

鬱病、PTSD（心的外傷後ストレス障害）の時の人間に似ている。もちろんネズミの観察結果を人間に当てはめることには慎重にならなくてはならないが、過度に強いストレスがかかった時のネズミと人間の生理状態には重なる部分も多いようだ。過度のストレスが人間に害をもたらすことなど、誰もがすでに知っているだろうが、ネズミにも同じようなことが起きると知って驚く人もいるだろう。

まったく同じにはできないが、同じ社会的動物として、似通っている面も数多くある。ネズミは、様々な分野で、人間を知るためのヒントを与えてくれている。嫌われ者のネズミではあるが、複雑で興味深い動物である。少なくとも姿を目にした途端、大きなハンマーを持ち出して退治すべき動物とは言えないだろう。

ハダカデバネズミの奇妙な見た目

生物の進化の驚異は、チャールズ・ダーウィンが『種の起源』で書いた「単純なものから始まり、それが絶え間なく変化して、最高に美しく、最高に素晴らしい形態が生じ、今も生じつつある」という言葉に集約されている。

たしかに、見ていると思わず詩人になってしまうような美しい生物は数多くいる。だが同時に、正直なところ見ていてどうにも心が踊らない生物が数多く存在するのも確かである。あまりの醜さに見た途端、息を呑むような生物もいるが、ハダカデバネズミはその最たるものだろう。ドブネズミの遠い親戚だが、ある研究者は「ペニスに歯がついたような動物」と表現していて、言い得て妙だと思ったことがある。

ドイツ西部のある大学で最初にハダカデバネズミを直に見た時にはそんなふうには思っ

ハダカデバネズミ

ていなかったのだが、いったんそう思ってしまうと、もうペニスがあちこち動き回っているようにしか見えなくなった。私は醜さに驚いたと同時に、このネズミに興味を惹かれた。

ただ見た目が醜いだけではない。なかなか恐ろしいところのあるネズミで、その特徴的な歯は、ニンジンをひと噛みで真っ二つにできるともいう。それが本当か嘘かはわからないが、ほとんどの人は抱いてみるかと言われても拒否するだろう。膝の上にのせてかわいがるなど、絶対にしたくないような動物だ。

長生き、そしてガンにも強い耐性

見た目から言えば、ハダカデバネズミが動物の中でも特に醜い部類に入るのは確かだが、何が美しいかは見る人次第で変わるものだ。生物の研究者にとってハダカデバネズミは非常に価値の高い動物である。

まず、このネズミは長生きをする。三十年以上生きることも珍しくない。より身体の大きいドブネズミが約一年しか生きないのとは大違いである。ハダカデバネズミは、人間ならば死んでしまうような酸素の少ない環境でも生きられる。

ガンになることはまずなく、皮膚には痛覚がない。絶望的に酷い外見を無視してよく観察すると、実は驚くべき特徴を数多く備えた動物であることがわかる。私たち人間が学ぶべきところをたくさん持っているのだ。

まず間違いなく重要なのは、ガンに対して高い耐性を持っている理由である。鍵を握るのは、ヒアルロン酸という物質だ。この物質は、人間の医療に応用できる大きな可能性を秘めている。また、ハダカデバネズミの生態は、動物学者にとって非常に興味深いものである。

女王の糞を食べる意味

ハダカデバネズミは、東アフリカの乾いた土の中に長く複雑に入り組んだ巣を作って暮らしているが、哺乳類には珍しく真社会性の動物である。つまり、ハチやアリ、シロアリなどの昆虫に似た社会を形成して生きているということだ。ある意味で究極の社会を作っているといってもいいだろう。

ハダカデバネズミのコロニーには、ただ一匹の女王がいる。繁殖ができ母親になれる雌は女王だけだ。そして、わずか数匹の雄だけが繁殖に参加する。その他には特に何もしないネズミたちが少数いて、残り——多ければ何百という数になる——はワーカーたちだが、そのすべてが繁殖能力を持っていない。

繁殖能力がないのは、コロニーの支配者である女王の発するフェロモンのせいだ。ワーカーをコロニーの外に出すと、繁殖能力が復活する。だが、この圧政から逃げ出すネズミはまずいない。ワーカーの中でも小さい者たちには、迷路のような巣の中を歩き回り、皆の食料になる木の根や地下茎を探すという仕事がある。

そして大きいワーカーたちは、コロニーの防衛を担う。コロニーの中心部には寝室が一つあり、その日の労働を終えた（地下なので昼夜の別はなく、何時頃なのかは定かでない）ネズミたちが皆、そこへ集まってきて休む。この共同の寝室では、王族だろうが、ワーカーだろうが子どもだろうが関係なく、皆が一箇所に集まる。

その他、巣の中には、食料貯蔵庫として使われる部屋やトイレなどもある。実は、食料貯蔵庫とトイレはかなり重複している。ハダカデバネズミは糞をよく食べるからだ。女王から乳離れしたばかりの若いネズミは糞を常食としているし、ワーカーたちも食べている。

糞を食べるというと嫌悪感を持つ人は多いだろうが、一度食べた物をもう一度食べるのは、食べ物を最大限活かせるので非常に効率的である。また、それだけでなく、ワーカーが女王の糞を食べることにも意味がある。女王の身体を通り、そのホルモンをつけられた物を食べることになるからだ。そうして多くのエストロゲンが身体に入ったワーカーは、子ネズミたちにとっての良き代理母になる。

少数派の重要な役割

安心できる暮らしかもしれないが、ハダカデバネズミは同じ巣の中で何十年も過ごす。しかも、集団を構成する顔ぶれはほとんど変わらない。この巣の外へ出て何か大きなことを成し遂げてやろうなどと考える者は基本的にいない。

本来はそういう者が少しはいた方がいいはずである。ずっと同じ顔ぶれの集団にいると、近親交配が繰り返されることになるからだ。そこで重要になるのが、特に何もせずにうろうろしている少数のネズミたちの存在だ。そのネズミたちは自分の生まれたコロニーにいる間は怠惰で、ワーカーたちのように働くことはない。何もせずに食べるだけ食べて栄養を蓄えているが、それはいつか巣から逃げ出す時のためだ。

だが、地上は危険に満ちた世界である。腹をすかせ、ハダカデバネズミが現れたらすぐにでも食べてしまうような捕食者が数多くいる。巣を飛び出したとしても、他のコロニーにたどり着いて女王やその配偶者になって繁殖ができる可能性は低いし、自らの手で新たなコロニーを作り上げる可能性も低い。

しかし、それでも中には成功する者もいる。コロニーを出て女王の支配から逃れれば、成熟して繁殖能力を持つようになる。少数の集団でコロニーから離れる者もいれば、単独で離れる者もいる。

新たに自分のコロニーを作ろうとする者は、まず、小さな巣穴を掘り、その入口の周りに糞をする。それが、次なる冒険者に対する「中に来てくれ」というメッセージになるのだ。変わった方法ではあるが、ハダカデバネズミはこのようにして新たなコロニーを作っていく。

動物が生きていく上で直面する課題に対処する方法は一つではない。たとえば、ドブネズミには私たち人間に似たところがある。弱く小さい動物に付き物の不安、ストレスを、そばにいる仲間たちの存在によって和らげるのだ。ハダカデバネズミの社会は、ドブネズミよりも高度に分化が進んでいる。コロニー全体の繁栄を個体よりも優先させる。

私たち人間には、どちらが優れているかを決める権利はない。どちらも立派に繁栄している以上、同様に優れていて、同様に素晴らしいということだ。

6章

家族の死を悼むゾウ

家畜との出合い

十代前半の頃、私は家族とともに都会から田舎へと引っ越した。これはつまり、観察できる生き物が増えるということで、私にとっては良い報せだった。実際に引っ越してみると、周囲のほとんどは農地で、それまでに嗅いだことのないにおいに囲まれることになった。常に少なくとも五〇種類くらいのにおいを感じる。そのほとんどは「悪臭」に類するにおいだが、農地のそばに暮らしていればそれは当然のことだ。

また、結局は動物には大して関心を向けなかった。せいぜい、友達と野原でサッカーをしていて、完璧なハーフボレーを決められると思ったら牛の糞にくっついてボールの動きが急に止まったり、羊の糞に当たって不規則な跳ね方をしたりした時に、存在を意識するくらいだった。動物たちは、私のサッカーが思い通りにいかないことにはまったくの無関心だった。

実のところ、何に対してもまったくの無関心に見えた。元来は動物好きのはずの私の方も、牛や羊には特に興味はなく、ただの風景でしかなかった。だが、時が経つにつれ、はじめのうちは気づかなかった、一頭一頭の微妙な行動の違いがわかるようになった。どれも無個性な肉の塊などではなく、それぞれに独特の癖、個性を持った存在なのだと理解するようになったのである。知れば知るほど興味深くなる、というのはこの場合も同じだった。

まずそもそもの始まりの話をしよう。

始まりは、人間が狩猟採集生活から、最後の氷期のあと、農耕生活へと移行したことだ。この農耕革命、あるいは新石器革命は人間にとって大事件だった。現生人類がいつ頃、地球上に現れたのかについては、様々な意見があり、どれが正しいかは今のところわからない。ただ、古くても三十万年前くらいと考えておけばそう間違いはないだろう。

しかし、人間が自然を利用すること、植物を栽培し、家畜を飼うことを始めたのは、せいぜい今から一万二千年ほど前のことである。

この時、別の変化も起きた。それは住む場所に関する変化である。それまでは一箇所に留まらずに放浪していたのが、決まった場所に定住生活をするようになったのだ。人間は土地を耕し、作物を収穫する動物、家畜を飼う動物になった。次第に同じ場所に暮らす人の数が増えていき、それに伴って社会には変化が生じた。

四大家畜の起源とは

家畜化された哺乳類は、全世界に主なものだけで三〇種ほどいる。そのすべてが群れを成す動物である——どの動物にも社会的行動が見られる。これは偶然ではない。実のところ、それが家畜にするための必須条件だったと言える。ダーウィンはすでに今から一世紀半前にそのことに気づいており「動物を人間に服従させられるかどうかは、その動物に社会的習性があるか否かにかかっている。社会的習性のある動物であれば、人間を群れや家族の長だと思わせればいいのだ」と言っている。また大きな集団で生きる動物を家畜化しやすいのは、皆が一箇所に集まり、皆が同じように行動することが多いためである。

新石器革命が起きたのは、いわゆる「肥沃（ひよく）な三日月地帯」と言われている。ナイル川から地中海沿岸、現在のトルコ、そしてチグリス川、ユーフラテス川を遡ってペルシャ湾へと至るまさに三日月のような形の地帯だ。この肥沃な三日月地帯が文明のゆりかごとなり、そこで人間は歴史上でも特に大きな転換をすることになったのだ。豊かな土壌と良い気候のおかげで作物はよく実り、また家畜の餌となる草もよく茂った。

現在、四大家畜と呼ばれている動物はすべて、肥沃な三日月地帯で一万年前から一万二千年前頃にはじめて家畜化された。ヒツジは、現在のイラクのアジアムフロンという動物が原種だとされる。ヤギの原種はアイベックスとされ、ブタの原種はイノシシである。現在のウシは、DNAを調べると、驚いたことにすべてオーロックスという野生のウシの八〇頭から成る一つの群れの子孫だとわかる。

背中のコブと長く垂れ下がった耳が特徴のゼブ（コブウシ）のように、別の地域のオーロックスに由来するウシもいる。ただし、ウシは世界中に拡散し、交配も進んでいることから、全世界に一〇億頭以上いると言われるウシの大多数の血統は、肥沃な三日月地帯にいた八〇頭のオーロックスまで遡れるだろう。

大昔の農民は、当然のことながら自分たちのすぐそばにいる動物以外、家畜にはできなかったはずである。仮に肥沃な三日月地帯の動物相が違ったものだったら、あるいは新石器革命が他の地域で起きていたとしたら、どういう動物が家畜になったかはまったくわからない。

羊飼いという職業

初期の農民は、その場所から次第に各地へと拡散していったが、その際には家畜も連れて行った。牧畜というと、現代の私たちは、柵や壁で囲った中に動物を入れて飼うもの、と思いがちだが、実はそうなったのは比較的、最近のことだ。長い間、動物をばらばらにならないよう一箇所にまとめておくのは容易なことではなかった。

だから羊飼いや牛飼いが職業として成り立ったのだ。これは、家畜が同等の野生動物に偶然出くわす可能性があり、その野生動物が群れの中に入り込み、家畜と交雑する可能性もあることを意味する。家畜の牛すべての源である野生のオーロックスは、十七世紀の

オーロックス

はじめ頃に絶滅した（最後のオーロックスは、角がポーランド国王ジグムント三世の杯になった。気高い獣の一部が高貴な人の調度品になったわけだ）。

しかし、オーロックスの遺伝子は現代の牛の中に生き続けている。イギリス諸島ではそれが特に顕著だ。中世には、野生のオーロックスと家畜化された牛とが特に親しい関係にあった場所である。こう書くと、ひょっとすると、家畜の牛から、逆にヨーロッパの生物遺産とも言える絶滅したオーロックスを再生することもできるのではないか、と希望を持つ人がいるかもしれない。

だが、どれほどうまくいったとしても、できるのは正確には「オーロックスのようなもの」にすぎない——残っているＤＮＡの断片をつなぎ合わせて、絶滅した動物を完全に蘇らせるのは不可能である。オーロックスの復活を望むのは、主にヨーロッパを部分的にでも野生に戻し、過去の生態系を再構築したいと考える人たちだ。オーロックスは過去の生態系の大きな部分を占めていた動物だからだ。

オーロックスの活動はヨーロッパの景観に大きな影響を与えていたと言ってもいい。大型草食動物には、人間に管理されていない環境での樹木の生育を制御する役割がある――大型草食動物がいなければ、どこも森林ばかりになってしまう。

野生のオーロックス（のような動物）を再生できれば、牧草地と森林とがモザイク状に組み合わさった環境が自然にできあがる。だが、これはあくまで机上の論理だ。同じようなプロジェクトは、オランダやドイツ、ハンガリーですでに進行中である。放棄された農地を元のような自然に戻そうとする試みが盛んになってきている。

牛に限らず、現在、家畜となり人間と密接な関係を持つようになった動物たちも、それ以前の野生動物だった時代には、獲物として狩られる存在であり、当然のことながら、人間を見ると逃げるような習性を持っていたはずだ。家畜化が実際にどのように行われたのかは推測するしかない。ただ、おそらく狩猟採集生活から農耕生活へと移行する途上ではまず、狩猟で獲れる動物が一定数以下に減らないよう管理する、ということが行われたはずだ。

そのためには、たとえば、競合する他の肉食動物たちが人間が食べるはずの動物たちを奪わないようにする努力も必要だっただろう。それが次第に、獲物となる動物の行動範囲を制限することにつながり、ついには、動物たちを一箇所に集めるところにまで行き着いた。そういうことではないだろうか。

こう書くと簡単そうではあるが、相手は野生動物である。今もそうだが、野生動物が、自分を狩ろうとする相手が近づいて来るのを手放しで喜ぶわけがない。武器を持った人間がいる気配を少し感じただけで一目散に逃げる動物が、現在のようにおとなしく人間に飼われる動物へと変わるまでには長い時間を要したに違いない。

小型化した家畜の脳

そもそもオーロックスやイノシシなどは、強く危険な動物である。オーロックスは、体高は長身の男性くらいにもなり、長さ一メートルほどの鋭い角も持っていた。たとえば、ユリウス・カエサルは『ガリア戦記』の中で、オーロックスのことを「その強さ、速さは大変なものだ。この動物に姿を見られてしまえば、人間であろうが、野獣であろうが、もはや無事ではいられない」と書いている。

ただし、どの動物でも、その性質は個体ごとに異なっている。同じ動物でも、気が荒く攻撃的な者もいれば、おとなしくて人に慣れやすい者もいる。後者は、おそらく生活環境が変わったとしても順応しやすいだろう。現在の牛の中にも気が荒く好戦的な者はいるが、そういう牛は真っ先に屠殺されることになる。

遺伝学の発展した現代ならば、それを繰り返していればどうなるかは予想がつくが、大昔には誰もそんなことを意識はしなかっただろう。しかし、無意識とはいえ、大昔の農民たちが、従順な個体を選んで飼いならし、そうでない個体はすぐに殺して食べるということを繰り返した結果、従順な個体ばかりが残り、家畜化が成功したと考えるのが妥当だろう。

ある動物が家畜化されるまでの細かい経緯を書こうとすれば、それだけで一冊の本になるくらいの物語になるだろう。ともかく間違いなく言えるのは、何千年もの間に、野生動物が習性を変えて家畜になっていったということだ。野生の先祖と比較して、現在の家畜は従順でおとなしく攻撃性も低い。脳は小さくなっている――それも大幅に。

顕著な場合には灰白質が先祖に比べて三分の二ほどの大きさになってしまっている例もある。牛の脳は、同じくらいの大きさの他の哺乳類に比べて半分程度のサイズである。豚の脳はそれより小さい。人間のせいで愚かになってしまったのだろうか。いや簡単にそう決めつけてはいけない。正確には、脳が小さくなったというよりも、身体のサイズの割に肉が多く重くなったと言うべきだろう。

山羊や羊にはそのような傾向が見られない。肉が極端に増えているということはないのだ。脳と身体のサイズのバランスも他の多くの哺乳類と同じである。

現代の牛や豚が、画一的で退屈で、刺激の少ない環境に置かれていることが脳のサイズに影響している可能性はある。このような環境で育てられた動物の脳は、複雑で考えるべきことの多い環境で育てられた動物に比べて脳が小さく単純になるかもしれない。しかし、家畜は決して愚かではない。愚かな方が気楽に食べられると思う人もいるだろうが、残念ながらそうではないのだ。

物理学者のニール・ドグラース・タイソンが以前、こんなツイートをしていた。「牛は、人間の発明した生物学的機械である。草をステーキに変える機械だ」。牛に関して同じように考えている人はきっと多いだろう。あまりにもあからさまな発言で、それだけに反発の声も非常に多かったが、賛同する人が相当数いたのも事実である。

牛は仲間の顔を見分ける

だが、実際のところ、この発言は正しいのだろうか。

ある意味では正しい。論理自体はたしかに間違っていないのだが、問題は物事をあまりに単純化しすぎていることである。このツイートでは、生きていて、意識を持つ動物を単なる「物体」のように扱ってしまっている。「私は牛に対する思いやりの心を持たない」と発言すること自体は、冷たいとはいえ、間違いとは言えない。しかし、もし「牛は知性のない動物だから苦しめてもいい」と言う人がいたとしたら、それは誤りと言う他はない。

たとえば、家畜となった動物たちの、個体が互いを見分ける能力について考えてみよう。社会集団に属し、個体が互いに関係を築き、それを維持していくためには、それぞれを認識しなくてはならない。

当然のことながら、牛は個体の違いを見極めることができる。驚くのは、本物の牛だけでなく、牛の写真――つまり二次元の画像だ――であっても違いを見極められる。顔を認識することは私たち人間にはごく自然にできるが、これは実はそう容易なことではない。

たとえ同じ顔を見たとしても、見る角度や光の当たり方、その人が動いているかいないか、といったことで見え方は違う。そして、表情が変われば、顔は大きく変化する。私たちの脳には、他人の顔が静止画として保存されているわけではない。誰かの顔を思い浮かべようとしても、どうもうまくいかないことが多いのはそのためだ。

しかし、それでも、群衆の中に親しい友だちがいれば、即座にその顔を認識できる。なぜだろうか。人間の脳には、顔の認識だけに特化した専門の部位がある。その部位の中には、それぞれに顔の特定の属性の認識だけに特化した細胞が存在している。

たとえば、顔の大きさの認識に特化した細胞があるかと思えば、鼻の相対的な位置、唇の形、目と目の間の距離だけを認識する細胞などがある。人間は、基本的に人の顔を一枚の静止画のかたちで記憶することはなく、部分ごとの特徴を記憶しているのである。それぞれに担当の違う細胞が認識した情報を、まるでモンタージュのように組み合わせることで、顔を作りあげるのだ。

驚くべきことだが、霊長類の顔認識を担当する多数の脳細胞の活動パターンを詳しく調べると、その動物が見ている顔を再現することができる。

このように個体の識別は決して簡単ではないのだが、牛は写真であっても見事に個体を識別できる。なんと人の見極めさえもできる。全員の服装を同じにしても、一人一人を見分けることができるのだ。自分への態度が悪かった人間はよく覚えているし、美味しい食べ物をくれるなど良くしてくれた人もよく覚えている。

羊も同様のことを、牛よりもさらに見事にやってのける。羊は、群れの仲間の顔を少なくとも五〇頭、識別できる。二年間会わなかった仲間の顔ですらかなりの確率で思い出すことができる。また、孤立するなどして不安な時に家族の顔を見ると、不安が和らげられる。心拍数は減り、血中のストレス・ホルモンの濃度が下がるのだ。

牛と同じように、羊も私たち人間を顔で見分けることができる。大勢並んだ中から、自分に馴染みのある人を選び出すこともできる。

動物の知性にとって重要なこと

もちろん、羊も牛も、人間よりも、自分と同種の羊や牛の方がうまく識別できる――脳がそのように進化しているから――しかし、種の違う人間の顔ですらこれほど見事に見分けることからして、苦しめられて当然の愚かな動物などではないことは明らかだ。

写真を見て個体識別をできることは、いわゆる「社会的認知」について知る上で大きな手がかりになる。たとえば、牛や羊が群れの中で仲間たちとの関係をどう築き、維持しているかを知る手がかりになるということだ。

動物の知性にとってまず重要なのは、自分の周囲の環境とうまく関わるための能力だろう。自分が今、どこにいて、これからどちらに向かえばいいのかを知る能力は特に重要だ。野生の動物であれば、どこに行けば食べ物や水が見つかるか、危険が迫った時にどこに逃げればいいのかを知ることも必要だ。

「家畜の牛は餌になる草がどこに生えているのかを自分で把握する必要はないし（普通は常に草の上に立っているからだ）、逃げる場所を知っている必要もないだろう（人間が提供してくれる）」と言う人がいるだろうが、たしかにその通りだ。

だが、牛が家畜化されてからまだ千年単位の時間しか経っていない。そんな短い時間で、何百万年もの長い時間をかけた進化で得た能力が完全に失われることはあり得ない。そもそも、今のように柵で囲まれた場所に牛が飼われるようになってからはまだ数百年の時間しか経っていないのだ。

牛の表情が乏しい理由

動物の空間学習の能力について調べるのには、迷路がよく使われる。動物の身体の大きさに合わせ、迷路の大きさも変えなくてはならないが、そのための標準的な方法は確立されているので、異なる種の動物どうしを比較することも可能だ。動物たちには、迷路を解けば報酬として食べ物がもらえるということを学習させる。

ただ、大変なのは、解くべき迷路が一二種類用意されていることだ。動物たちは、一二種類の迷路のうちのいずれかをランダムに提示される。どの迷路であれ、提示されたものを解かない限り、報酬は得られない。前に解いたことのある迷路の場合は、解き方を思い出す必要がある。牛は迷路をかなりうまく解くことができる。ネズミやイエネコよりもうまく解けることもある。「単なる生物学的機械」と言い切ってしまうにはあまりにも優秀だと言えるだろう。

「牛は生物学的機械だ」と言い放ったニール・ドグラース・タイソンは、何も「牛には知性がない」と言いたかったのではないだろう。

　こういう考えを持つにいたったのは、牛という動物が表情に乏しいせいかもしれない。そのせいで一見、何も考えておらず、愚かなように見えるのだ。たしかに、牛の顔を少し見ただけだとそこには何の感情も読み取れないし、一頭一頭の区別も難しい。だが、これは、常に危険に晒される環境に生きる動物のほとんどに共通する特徴である。

　ほとんどがそうなるように進化しているのだ。人間でも、たとえば、刑務所に入ったとすると、他の囚人たちに、自分の弱みを見せないよう気をつけるはずだ。そうしなければ、いじめの対象になるかもしれないからだ。

　刑務所の中では、感情を隠し、常に仮面をかぶっているようにして生きる者が多い。被食者になりやすい動物にも同様のことが言える――弱い動物は、できる限り平静を装おうとする。たとえ痛みを感じていても、それを表に出してはならない。それは弱さの証拠になるからだ。

　捕食者にとっては「ここに簡単に餌食になる動物がいる」という信号になってしまう。他の家畜もそうだが、牛も、まだ野生動物だった頃には、近くに捕食者がいた。そういう環境では、少し何かあったくらいで騒いでいては、捕食者の注意を引くことになる。

　だから、絶えず平静を装うようになり、その習性が子孫である今の牛にも引き継がれているのだ。牛は、感情表現の面においては、非常に「イギリス的」な動物だと言える。苦しいことがあっても、それを顔に出さないのだ。だが、それでも観察眼の鋭い捕食者は、かすかな手がかりから「この動物は弱っているのではないか」と気づくことがある。

顔の表情はまったく変わらなくても、耳や尻尾にわずかな変化が現れることがあるからだ。それだけでも、捕食者は、その動物が何か苦しんでいると察知する可能性がある。

母親と引き離された子牛は成長が遅れる

本書で取りあげた多くの動物たちと同様、牛の場合もやはり母と子の絆は非常に重要である。野生のウシ属の子は、だいたい生後六ヶ月頃に乳離れするが、中にはそれよりあとになる者もいる。また、仮に乳離れしたとしても、母と子の親密さは少なくとも生後一年くらいまでは維持される。

酪農の現場では、牛の子を生まれたその日に母親から引き離すのが普通で、単独で檻に入れて育てることもある。たしかにむごいことではあるが、仕方がない面もある。子が生まれた母牛は多く乳を出す。だから、子牛に飲ませるのではなく、商品にしなくてはならない。酪農家は牛乳を安くせよという強い圧力に晒されているので、できる限りコストを削減しなくてはならないのだ。牛乳より水に高い金を出すような我々消費者の態度にも問題がある。

母牛と子牛を引き離せば、当然、どちらにも悪影響がある。声が聞こえる範囲にいる場合には、母と子は壁越しに互いに呼び合う。血中のストレスホルモンの濃度はどちらも上昇することになる。子を失った母牛は、気を紛らわすためか何かに身体を盛んにこすりつける。

母親と引き離された子牛はそうでない子牛に比べて成長が遅くなる。問題はそれだけではない。まず、孤独な状態で育つと、その後、他者とうまく関わることができなくなる。ストレスへの対処がうまくできず、過敏になったり、攻撃的になったりもする。これが肉牛よりも乳牛が危険とされることが多い理由の一つだろう。

母から引き離された子牛でも、集団の中に入れると状態がかなり改善される場合はある。時折、互いに乳を吸おうとすることもあるが、母親の完全な代わりにはもちろんならない。また、感染症や膿瘍（のうよう）などの問題を引き起こす場合もある。現代の酪農家がこのように効率優先の方法を採るのは、経済的な必要性からやむを得ないことではあるが、動物の側がそのために高い代償を払わされている。

対策がないことはない。採取できる牛乳の量を保ちつつ、動物福祉にも配慮すれば、母牛と子牛を日に一度は限られた時間でも接触させる、という妥協案が考えられる。ただ、これにもコストがかかる。問題は「消費者は果たしてそのコストを支払うか」ということだ。

一般の人は、時々、車の窓から通りすがりの牛の群れを見るくらいで他に牛を見る機会はまずない。なので、牛は日がな一日、牧草地を歩き回って草を食べ、たまにおならや糞尿を出すという単調な生活を送っているという印象を持つくらいで特に牛について何か考えることはない。それも仕方のないことだろう。家畜となった動物にはできるだけエネルギーを節約しようとする傾向がある。よほど必要がない限りはあまり動かず、跳んだり跳ねたりなどはまずしない。

だが、長く観察していると、少し見ただけではわからない真実が明らかになってくる。何より重要なのは、牛が元来、社会的動物だということだ。放っておけば、牛は群れを作る。群れの構造は、他の草食哺乳類と基本的に同じだ。

群れの中核となる単位は雌牛と子牛である。大人の雄牛には単独で行動する者もいれば、小規模な集団を作る者もいる。牧場で牛たちは同性ばかりの集団を作ることが多い。集団内には絆と序列が生じる。

まだ若い子牛たちは自分と同じくらいの子牛と共に行動することが多く、母牛がその様子を見ている。ただ、特別に美味しそうな草がすぐそばにある時などには、その仕事をベビーシッター役、あるいは見張り役の牛に任せることもある。

習慣の動物

最初の数週間、数ヶ月の間に子牛たちは互いの関係を築き、誰がボスなのかも決まる。序列が一度決まると、それは生涯変わらずに続くことが多い。牛には年長者を敬う傾向がある。たとえ小さく体重の軽い牛でも、年長であれば、年少の牛たちのボスになることがある。

大きな群れでは、仲の良い友達から成る小集団どうしが連携し合うこともある。牛たちはあまり遠くまで歩いて行くことはない。生まれた場所、母親に育てられた場所のそばに留まろうとする。そのため、大規模な牧場では小集団が狭い場所に数多く集まることになる。牛たちは物理的にも社会的にも緊密になるわけだ。

牛は保守的な動物だ——特に老いた牛は驚きを嫌う。牛は習慣の動物であり、新奇なものは好きではない。自分の周囲に新しい物が現れるのも、群れに新しい牛が加わることも嫌がる。何かの理由で、すでによく知っている牛か、見知らぬ牛のどちらかを選ばねばならない状況になれば、必ず前者の方を選ぶだろう。

つまり、大人の牛たちの、すでに確立されている群れに新しい牛を加えるのは非常に難しいということだ。牛が年長になるほど、現状維持を強く望むようになる。同様のことは私たち人間を含め、多くの動物に言える。

若いうちはまだ新しいことに柔軟に対応できても、歳を取ると変化を嫌うようになっていく。自分で牧場を歩いてみればよくわかるだろう。年長の牛たちは、人間が近づくと逃げていく。しかし、若い牛は人間に近づいてきて、観察しようとする。時には大胆にも至近距離まで来て、人間を舐める者までいる。

社会的動物は通常そうだが、牛もやはり仲間どうしかなりの程度、心が通じ合う。そしてともかく、危険が迫っていることを特に敏感に察知する。仲間が危険に晒されているところを直接、目にしなくても、仲間が残したにおいを嗅ぐだけで危険が迫っているとわかる。

その反対もある。ネズミと同じく、牛も、たとえストレスを感じている時でも、仲間がそばにいるだけで、心地よい毛布に包まれたように、ストレスが和らぐことがあるのだ。ストレスを抱えた牛は、安心するために、心が穏やかな仲間を探し求める。

特に良いのは、群れの中でも馴染みの深い者や近親者だ。牛たちは互いに毛繕いをすることで、舌から頭や首周辺へとメッセージを伝える。そうしていると、心拍数が低下してリラックスする。

牛のすぐそばで働いている人も、牛たちにとっての「社会環境」になる。つまり、牛たちは、その人たちの感情も察知するということだ。一般に、飼い主が穏やかであれば、牛たちも穏やかになる。反対に、飼い主が常に不機嫌であれば、牛たちも不機嫌で気難しくなるだろう。

私が田舎に移り住んで最初に家畜に対して持ったのと同様の印象を持っている人はきっと多いだろう。ニール・ドグラース・タイソンのツイートと同じように感じている人も少なくないだろう。

多くの人にとって、家畜の動物は一種の「道具」であって、役には立つが興味深くはない。生きてはいるが知覚を持つ存在ではない。家畜の動物たちと深い関わりを持つ人は少ない。だからこそ私たちは気軽にその肉を食べることができるのだ。普段、家畜の動物について深く考えることはめったにないだろう。

しかし、一万年前から今に至るまで、牛も羊も豚もいなければ、人間の暮らしは果たしてどうなっていたか。想像するのも難しい。私たちの文明は、私たち自身の社会性だけでなく、これまで共に旅をしてきた社会的動物たちの存在を基礎に築き上げられたのだ。自分のことを文明人だと思うのであれば、家畜の動物は決して愚かではなく、少なくとも敬意を持って接するべき相手だと認識する必要があるだろう。

象に追われる！

「人生は箱に入ったチョコレートのようなもの。食べてみなければわからない」とは、映画『フォレスト・ガンプ』の名台詞だ。アフリカの低木地帯についてもまったく同じことが言えるだろう。

私は現地のガイドとともにぼろぼろのトラックに乗って、まさにそのアフリカの低木地帯を走ったことがある。途中、少し土地が高くなった場所を通った時に、私たちは雄の象に出くわした。象は身をこわばらせて方向転換し、大きな耳をはためかせて私たちに向かって歩いて来た。全身で怒りを表現している。訪問者を歓迎していないことは明らかだった。

象は次第に大またになり、やがて走り始めた。私たちとの間の距離は危険なほどに近づいた。象はよく攻撃をしかけるふりをして相手を脅すことがあるが、象は脅しているだけのつもりでも大惨事になることはあり得る。

ドライバーは急いで老朽化した変速機を操作して、ギアをバックに入れた。エンジンが唸（うな）りをあげ、車はバックを始めた。わずかに、しかし確実に象よりも速く後退したのだ。

自分のメッセージが伝わったことに満足したのか、象はスピードを緩め、やがて脚を止めた。そして道の真ん中で砂浴びを始めた。象は、我々を通すつもりはないらしかった。こうなってはもはや待つしかない――ドライバーはこれを「アフリカの交通渋滞」と呼んだ――私たちは象に敬意を表し、ただ遠くで止まって待つだけだった。

象は私たち人間にとって馴染み深い動物である。世界中で様々なマークに使われているし、動物園でも人気があり、映画にもよく登場する。しかし、野生の象を目の当たりにしたことで私の象に対するイメージは大きく変わった。

その大きさに驚いたし、力の強さもよくわかった。飼育されている象を見るのとはまったく違う畏怖とスリルを感じた。そこは象の国だった。私が出合った雄の象は、黄土色の砂を浴び、その場から動かずにいた。絶えず、低い唸り声をあげている。振動で骨が揺さぶられるような声だ。私は完全に時が経つのを忘れ、ただその場で固まっていた。

自然の作った傑作という他ない素晴らしい動物とこれほどの至近距離で対峙(たいじ)できる特権が得られることはそうないだろう。この体験をどういう言葉で表現していいかわからない。しばらくすると、風に乗って来た何かのにおいを察知したのか、象は頭を横へ向け、そしてその方向へと移動を始めた。

信じがたいことだが、象の大きな身体は、間もなく、アカシアの林の中へと消えた。大きく見えたが、牙の様子や元気の良い足取りなどから見て、まだ若い象らしい。密猟者に狙われる立派な牙を持つ象は年老いていて、体重は一〇トンにも達することがある。だが、私たちが対峙した象はその半分くらいだ。

それにしても途方もない動物である。これほど驚異的な動物を殺して、くだらないアクセサリーを作る人間がいるのも許しがたいことだ。私には、名画《モナリザ》からレオナルド・ダ・ヴィンチのサインだけを切り取るくらいの暴挙に思える。

そういうことをするのはもちろん、金のためである。この象との出合いから数日後、私は、アフリカの「ビッグ5」に数えられる他の動物たちとさらに接近することになった。「ビッグ5」とは、元々、アフリカでも特に重要とされた五種類の哺乳類のことである。いわゆるトロフィー・ハンターたちに最も狙われた五種類の哺乳類と言ってもいい。

具体的には、象、ライオン、ヒョウ、水牛、そして近づく時に私が最も緊張した動物、サイである。重量で言えば陸上の哺乳類では象に次いで二番目となる巨大な動物は、その時、眠っていた。軽く触ってみろと言われた私は、用心深く触ってみた。その感触は、生

「ビッグ5」の悲劇

きている動物というよりは岩石のようだった。

私が触ったのは脇腹のあたりだったが、非常に硬く、軽く触ったくらいでは気づかないのではと思うほどだった。そのサイは人に慣れたおとなしい個体だった。若い頃に戦いで男性器を失っていた。懸命な看護のかいあって健康を取り戻していたが、野生に戻るのは無理と判断され、二十四時間、人間の管理下で生きるようになった。ケニア人はサイの扱いをよくわかっているので安心だ。

サイのいる柵の入り口のところに武装した衛兵がいるのには、十分な理由がある――サイという動物は、生きているよりも死んだ方が金銭的な価値が上がるのだ。このサイも、もし死んだとすると、ケニアのその地域の人たちの年収の三倍を超える価値を持つことになる。

それというのも、サイの角の粉末が薬になると信じられているせいだ。中高年男性がそれを服用すると、衰えた性的機能が回復するというバカげた迷信があるのだ。サイの角は実際には、ほとんどがケラチンからできている。ケラチンとは私たちの爪を形成するタンパク質だ。

それでも、需要があれば市場は生まれてしまう。サイの角があれば巨額の金銭を手にすることができる。密猟者は、動物を一頭殺せば、家族を守れるだけの収入が得られ、貧しい田舎暮らしから抜け出すパスポートを手にすることになる。

その行為を非難するのは簡単だが、動機を知れば、簡単に非難できることではないとわかるだろう。同じ動機を持つ者は無数にいたため、世界のサイの個体数は九〇パーセント以上も減少し、地域によっては絶滅してしまったところもある。同様のことは他の動物にも起きた。象もそうだ。

追い詰められる象

商品として売られる部分はサイとは異なる――角ではなく牙だ――が、象も構造は基本的に同じだ。強欲と黙認と無知という最悪の組み合わせにより、象は危機に追い込まれたのだ。ピーク時には、大型の象一頭の牙に一〇万ドルもの値がついた。金の力は大きい。

二十世紀末までは、一日あたり平均で二〇〇頭の象が違法に殺されていた。近年は殺される象の数が減少しているが、それは取り締まり不十分で特に密猟が盛んな場所の象がそもそも減少しているせいで、無知な象牙愛好家への啓蒙活動が功を奏したからではない。

密猟は個人が思いつきで動いているわけではない。もはや一つの産業となっており、大人数の組織が動いている。密猟者たちは国境も平気で越え、高度な武器を持ち、組織のネットワークのインフラに支えられている。

象から採取した血塗れの牙を商品化して流通させるサプライ・チェーンも確立されてい

る。おぞましい象牙取引を抑制する動きはあまり進んでいない。特に東アジアではその動きは遅い。ただ、法規制が遅れた中国でも、象牙の価格は近年、急激に下落している。儲けが少なくなれば、その分だけ、象への脅威は減るが、完全になくなったわけではない。象牙の真の価値は金銭などでは測れないものだと皆が認識しない限り問題は解決しないだろう——今、行われているのは動物の迫害であり、地球上で最も驚異的な動物を絶滅の危機に追い込んでいるのだと皆が認識する必要がある。

残念ながら象牙取引だけが象にとっての脅威ではない。人間の拡散によって象の居住できる土地は減っている。大きい動物ほど、この問題は深刻である。当然、最も大きな象への影響が最も大きくなる。

象が怪力の動物であることは誰もが知っているだろう。力が強いことは見ればわかる。しかし、どのくらい強いのかはよくわからない人が多いはずだ。象は一頭で、立派な木を倒してばらばらにしてしまう。その様を自分の目で見てはじめて、象の強さを実感するだろう。

太さが人間の脚ほどもある枝でもばらばらに破壊できるのだ。その破片をブロッコリーのように食べてしまう。少々、棘(とげ)が生えていたとしてもお構いなしだ。その時、私のいたケニア中央部には、実に様々な種類の草食動物がいたが、その中に象ほど破壊的な動物はいなかった。

仮に象たちが農地を標的にしたとすると、その結果は悲惨なものになる。生産者はあっという間に生計手段を奪われることになる。作物が踏み潰され、食われてしまうからだ。象一頭だけでも、一日に四分の一トンも食べる。一ヘクタール分のトウモロコシを食べ尽くしてしまうほどの量だ。

その事実を知ると、農業生産者たちが象に対して憎悪を募らせていると聞いてもまったく驚かない。実際、自分たちの利益を守るために、象を犠牲にするのはやむを得ないと考えている人は少なくない。先進国のしかも都市に住んでいる人間は簡単にそういう人たちを非難しがちだが、他人の立場になってものを考えることも大切だ。地元の人たちの協力がなければ、動物の保護のためにどれほどの努力をしても無駄になるので、これは非常に重要な問題である。ともかくまず、世界最大の作物泥棒である象にどう対抗すべきか、その手段を考えなくてはならない。

射殺する、という簡単な手段を採るわけにはいかない。栽培されたトウモロコシの味を覚えてしまい、どうしても食べたいと襲って来る巨大な動物を、銃以外でどう追い払えばいいのか。

古くから使われているのは、スズメバチやミツバチを、農地の周辺で巣作りするよう促す、という方法である。象はハチが好きではないので、これにはある程度、効果があるようだ。電気柵を使う方法もある。

ただ、残念ながら、一部の地域では、象たちが電気柵への対応策を学んでしまった。大きな木の枝を柵の上に落として壊し、電気をショートさせてしまうのだ。また、中には、電線をたどって電力供給源をつきとめて破壊する賢い象もいる。

最近では、象の嫌いなチリペッパーを利用した方法がある程度の成功を収めた。象の糞とチリペッパーを混ぜて固めてレンガ状にし、火をつけるのだ。すると、くすぶるように燃えて、「スパイシー」な煙が上がるのである。その煙を嫌った象たちは何もせずにその場から去っていく。さらに効果的だったのは、チリペッパーと爆竹を詰めたコンドームを使う方法だ。爆竹が炸裂すると、火の熱さとともに、チリペッパーの辛味成分であるカプサイシンが撒(ま)き散らされるので、象はたまらず退散することになる。

その他には、象の社会的行動を利用した巧妙な方法もあるらしい。農作物を襲うのは、家族から追い立てられて孤立した若い雄の象であることも多い。孤立したために、食べ物を得るのになりふり構っていられなくなったのだ。

若い雄象は年長の雄に影響を受けやすく、長年、農作物を荒らしている年長の雄が近くにいると、その悪行を真似ることもある。だが、イギリスのユーモア小説家のP・G・ウッドハウスの作品を愛読している人たちには馴染み深いことかもしれないが、若い雄の象たちは、自分のおばに当たる雌など、権力のある年長の雌の叱責に弱いのだ。

そういう雌象の鳴き声を録音しておいて再生すると、たとえ勇敢な若い雄でも怯えて逃げ出す可能性がある。効果がどれほどかはわからないが、こういう方法を数多く考え出すことが必要だ。何もせずに現状を放置すれば、象の保護活動がまったくの無駄になる恐れがある。

あまりにも鋭い嗅覚

現代の象はかつては単純に「アフリカゾウ」と「アジアゾウ」の二種類に分けられているだけだったが、遺伝子の解析により、最近ではより詳しいことがわかるようになっている。

アフリカの象は実は一種ではなく二種いる――サバンナゾウと、小型のあまり知られていないマルミミゾウだ。アジアゾウはアフリカのサバンナゾウとマルミミゾウの中間くらいの大きさで、それ自身もいくつかの亜種に分かれる。

アジアゾウとアフリカゾウが分岐したのは何百万年も前のことである――アジアゾウはアフリカゾウよりもむしろ絶滅したマンモスに近い。どの象も非常に大きいことの他に、もう一つ動物の中でも他に類を見ないほど際立った特徴を共有している。それは鼻だ。象の鼻は上唇と結合しており、極めて優れた器官になっている。赤ん坊の象や三〇〇キログラムある木の幹を持ち上げる力強さと、トルティーヤチップスを壊さずに持ち上げられる

サバンナゾウ

器用さを兼ね備えているのである。

これだけ大きい鼻なのだから、象の嗅覚が鋭いと言われて驚く人はまずいないだろう。実を言えば、象の嗅覚は鋭いどころではなく、とてつもなく鋭いのだ。

象は、他のどの動物よりも、嗅覚だけに関わる遺伝子を多く持つ。その遺伝子が作りあげる嗅覚センサーのおかげで、象は自分の周囲に存在する物質の化学組成を極めて正確に把握することができる。数十キロメートル先に水たまりがあると察知できるのも、食物のほんのわずかな違いに気づくのも、この優れた嗅覚のおかげである。

最近の実験では、象は、二つのコンテナのうちどちらにヒマワリの種が多く入っているかをにおいだけで当てられることがわかった。

象はにおいで人の区別もできる。衣服のにおいを嗅ぐだけで、マサイ族が着たものとカンバ族が着たものを区別できる。これには十分な理由がある。マサイ族では、若い男性が通過儀礼として象を槍で突くことがあるからだ。

つまり、象にとってマサイ族は自分たちを攻撃してくる恐怖の対象であり、そういう相手として対応しなくてはならない。鋭い嗅覚を持っていれば、当然、チリペッパーのにおいにも非常に敏感になる。だからこそ農地から象を追い払う効果的な手段になり得るのだ。たとえば、すでに書いた通り、ミツバチの巣箱を農地の付近に置いておくという手段は、すでに象避けのために広く使われているのだが、実を言えば、ハチそのものがいなくても、ハチが攻撃する時に分泌するフェロモンをわずかな量、農地のそばのどこかに塗っておくだけでも効果を発揮する可能性がある。

歓喜の儀式

象は集団で生きる動物である。群れの仲間たちとは密接な関係を長期間、維持することになる。これは、クジラや類人猿など他の群れを成す動物たちと同じだ。象の社会の中核となるのが家族である。多くの場合、二頭から二〇頭ほどの雌とその子どもたちで一つの群れを作る。群れは共に行動し、協力し合って食べ物や水を見つける。群れを構成する個体間には強い絆があり、困った時には年長者、年少者を問わず互いに助け合う。はじめて母親になった雌は、子育てのために様々なことを学ぶ必要があるが、その場合に群れの中の年長の雌があれこれと教えることが多い。群れは通常、行動を共にするのだが、乾季の食べ物や水が乏しくなる時期には、一時的にいくつかの小さな集団に分かれてそれぞれに食べ物や水を探すことがある。

そうしてかなりの長期間、離れていた象たちが再会する時には、驚くほど熱烈な儀式が行われる。まず、興奮して大きな唸り声をあげながら、駆け足で互いに近づいていく。そして、それぞれに耳をはためかせて喜びを表現する。仲間どうしの結びつきが強い動物は他にもいるが、象ほど熱烈な再会の挨拶をする動物は他にはいない。これだけで、象にとって社会的関係がどれほど重要なものかがよくわかる。

一〇キロメートル離れた仲間との対話

象が発する声は、仲間と再会した時の唸り声だけではない。他にも様々な種類の声がある。よく知られているのは、キーっという鋭い声、トランペットに似た甲高い声、そしてゴロゴロという低めの声だが、象がコミュニケーションのために発する声には他にも多くの種類があり、最近までそうした声についてはほとんど何もわかっていなかった。

長年の間、象を見続けた人たちは、象たちがかなりの広範囲に散らばっている場合にも、互いに対話をしているように見えることがあると気づいていた。それまで大股で歩いていた小さな集団の象たちが、人間の耳には何も聞こえず、まったくの静寂にもかかわらず急に歩みを止め、そのまま動かずにいるということもある。

何かが起きているのは間違いない。

だが、一体、何が起きているのだろう。象はテレパシーが使えるのだろうか。この謎が解明されたのは一九八〇年代のことだ。コーネル大学のキャサリン・ペイン率いる研究チームは、象たちが可聴下音——つまり人間の可聴域よりも低い音——を使ってコミュニケーションしていることを発見したのだ。

人間にはまったくの無言に感じられた象たちが、実は秘密のうちにあれこれと話をしていたというわけだ。可聴下音は、遠く離れた仲間とコミュニケーションをするのに便利な手段である。低い音は波長が長く、その分、広い範囲にまで伝わる。だから群れの仲間が散らばった場合にでも連絡を取ることができる。

条件が良ければ、象は、一〇キロメートル離れた仲間の発する可聴下音を察知できる。二～三キロメートルの範囲なら、可聴下音でかなり細かい情報まで伝えることができるのだ。象の発する可聴下音は、空気だけでなく、象が立っている大地を通しても伝えられる。象たちが立ち止まって静かに動かずにいるのは、この大地の振動を聴くためだった。

巨大な足で、また時には敏感な鼻を埃っぽい大地に押しつけて、遠くから伝わって来る仲間の声を受け取ろうとしていたのだ。その音は象の身体、骨格を通して耳にまで届く。この方法により、象たちは、仲間がたとえ近くにいなくても情報のやりとりができるわけだ。

可聴下音のメッセージによって伝達される情報は多岐にわたる。仲間がどこにいて、どう動いているかもわかる。どの声がどの象から発せられたものかもわかるのだ。象はおそらく、一〇〇頭ほどの可聴下音を聞き分けられると考えられている。象たちが地面を使って、私たちにはまったく聞き取れない会話を繰り広げていると思うと不思議な気持ちになる。

リーダーの条件

象の群れは一頭のリーダーに率いられている。「マトリアーチ」と呼ばれるそのリーダーは、経験豊富な年長の雌だ。群れの中で競争に勝った者、自己主張の強い者がリーダーになるわけではない。リーダーになるのは、自信を持っていて、仲間たちからも信頼される者である。

象は寿命の長い動物で、私たち人間と変わらないくらいの期間、生きる。雌の象たちは、その大半を、ほぼ同じ仲間たちと関わりながら生きる。全員がお互いを深く知っている緊密で排他的な集団の中で生きるわけだ。当然、マトリアーチがどういう象なのかは群れの全員がよく知っている。その点は非常に重要である。

象たちは、リーダーがすぐには古くならない質の高い知識と優れた判断力を持っていると知っているからこそ、彼女に従っているのだ。過酷な乾季には、新鮮な食料と綺麗な水を見つけ出すことが、特に子どもにとっては生死を分ける大問題になる。

群れの中の大人はすべて群れに貢献するのだが、最も大きな負担がかかるのはマトリアーチである。彼女は膨大な量の情報を蓄える。その中には自分自信が経験で学んできたこともあれば、世代を超えて時の流れに耐えて群れの中で長年受け継がれ、蓄積されてきた情報、群れの文化とも言える情報もある。

マトリアーチの導きにより、群れは長い距離を移動して、何箇所もの好ましい生息地を行き来する。どこも確実に綺麗な水が手に入る場所ばかりだ。どう移動すればいいか、その経路は、遠い先祖から受け継がれ、昔から群れの記憶に深く刻まれている。

幼い子どもたちに危険が迫った時にも、マトリアーチは他のどの象よりも的確な判断を下す。たとえば、強い雄のライオンは、雌のライオンよりも、子どもたちにとって大きな脅威になり得る。マトリアーチはそういうことをよく理解している。雄のライオンが近くにいるのを察知すると、マトリアーチは群れの者たちを子どもたちの周囲に集め、大人たちを盾にして子どもたちを守るようにする。

象は寿命が長いので、マトリアーチは、自分の管理下で二世代が繁殖するのを見守ることもある。祖母の世代となるマトリアーチが群れにいると、子どもたちの成長に非常に役立つ。彼女がそばにいれば、いない場合に比べ、子どもの象が大人になれる確率が八倍ほどに高まる。

マトリアーチは群れの中でも最も大きな影響力を持っている存在なので、群れがどこへいつ移動するかを決定する際にも大きな役割を果たす。群れを動かす際、彼女は進むべき方向に顔を向け、深く響き渡るような声を出す。

その声が「さあ行こう」という合図になる。群れの者たちがすぐについて来なかった場合には、ついて来るのを待つ。振り返って仲間たちを見つめ、また大きな声を出して出発を促すのだ。ただし、これをするのはマトリアーチだけではない――象の社会は皆で助け合うもので独裁社会ではないのだ――が、皆を最も積極的にまとめようとするのがマトリアーチである。マトリアーチは群れの中心にいて、皆を結びつけて群れを安定させる役割を担っている。

後継者選びと派閥の分裂

そのことが否応なしに明らかになるのが、マトリアーチが死んだ時だ。リーダーの座は、年齢順に自動的に引き継がれるわけではない。誰が次のマトリアーチにふさわしいかを皆で決めなくてはならない。マトリアーチを引き継いで、群れをまとめられるのは、皆に尊敬されている象だけだ。後継者選びが円滑に進むとは限らない。

リーダーを失った象の群れは複数の派閥に分裂し、それぞれが別の道を歩むことがある。悲しいことだが、マトリアーチは群れの中でもひときわ大きいため、密猟者の標的になりやすい。何十年もの間、蓄積された知恵が、一発の弾丸で一瞬にして失われることがあるのだ。そうなると、群れの象たちは、いきなり大混乱に陥る可能性がある。

サバンナゾウが何百頭と一箇所に集結している壮観な光景が見られることも最近は以前に比べて減った。だが、血縁関係にある象たちは今も定期的に集合している。それが遠縁の象どうしが旧交を温める機会となっているのだ。これがいわゆる「離合集散社会」の特徴だ。

一つの群れがさらに小さな集団に分かれ、普段はその小集団の単位で行動する。象の社会の日々の生活における基本単位は家族だが、遺伝子を共有する家族だけでなく、文化を共有する者たちで大集団を形成する。

象は仲間を忘れない

象たちの家族を超えた大集団を構成する個体は、地理的に非常に広大な範囲に分布する。普段は多数の小集団、家族に分かれてそれぞれが違った場所にいるし、時々、所属する集団を移る象もいる。独立間近になった雄の子象は、母親を避け、別の誰かと行動を共にするようになる。

また、雌の子象は、今までいた集団を離れて、別の集団へと移ることもある。それまで属していた集団内の雌たちとの関係がさほど強くない場合には、集団を移る可能性が高くなる。大集団に属する象たちは非常に広範囲に散らばるため、可聴下音を使ったコミュニケーションすら不可能なほどの距離を隔ててしまうことも多い。

つまり、同じ大集団に属していても、かなりの長期間、まったく連絡を取り合わないことがあるということだ。

では、遠く離れてしまった仲間のことはすっかり忘れてしまうのかといえば、そうではない。象には驚異的な記憶力があるからだ。長く離れていて、最後に会ったのが何十年も前、という個体どうしだとしても、その声を聞き、においを嗅ぐことで相手を認識し、熱烈な、感動的ですらある反応を見せるのだ。

ある雌の象の録音した声を、二十年ほど前に別れた仲間たちに聞かせると、皆が声をあげて喜んだ、ということもある。また、動物園にいる大人の象に、母親のにおいを嗅がせると、必ず明確にわかる反応を見せる。母親と別れて三十年近く経っていたとしてもそれは同じだ。

雄の象も子どものうちは、姉や妹たちとともに母親やマトリアーチなどの保護の下、集団の中で生きる。しかし、ある程度以上、成長すると、雄たちは集団から離れて過ごす時間が長くなり、十代のうちには完全に単独で生きるようになる。家族の助けがあった環境から離れるのだから、雄の象にとって独立したばかりのその時期はとても苦しい。

独立したての若い雄は、身体はすでに非常に大きいのだが、それにもかかわらず、単独で生きていると様々な危険に直面する。ボツワナのチョベ国立公園には、若い雄の象を狙うライオンの群れが少なくとも一つ存在する。何頭ものライオンが協力し合って、若い雄象を水に沈めて殺すのだ。もちろん、ライオンも大変な危険に晒されるが、成功した場合の報酬がとてつもなく大きいので、危険を冒す価値が十分にあるのだ。

大人の雄の象は専ら単独で行動するもので、社会的行動を取るのは雌だけ、と思われることが多い。だが、よく観察していると、実は雄の象も仲間を求めているとわかる。雌と同じように、血縁の近い同性の象たち、特に年齢が同じ象たちと行動を共にすることが多い。

象が引き起こす大虐殺

若い雄の象たちはよく小競り合いをする。それでお互いの勇気、強さを確かめるのだ。後に地位をめぐって争う際に、この勇気や強さはとても重要になる。ただ、いつも喧嘩しているわけではなく、外からの脅威があれば、皆で協力してそれに対抗する。

雄の象だけのこの「バチェラー・クラブ」的な集団内では、年長の雄が重要な役割を果たす。それは、雌の集団におけるマトリアーチの役割とも似ている。

年長の雄は驚くほど遊び好きでもある――巨大な雄の象が、跪いて若い雄とじゃれ合うことさえあることが知られている。ただし、雄の象の集団がいつも和気あいあいの楽しい雰囲気かと言えばそうでもない。

生きるのが厳しい乾季になると、実は集団の中に厳然たる序列が存在することが明確になる。たとえば、水辺で象たちは列を成すのだが、若い雄たちは自主的に列の後ろに並ぶのだ。序列が下の雄は、優位の雄に対し、独特の挨拶をする。鼻の先を自分の口に持っていくのだ。これは、服従の意思を示すジェスチャーである。

このように厳しい序列があり、水辺などではそれに従ってはいるが、一方で雄たちは互いに驚くほどスキンシップをする。鼻を相手の背中にのせることもあれば、その巨大な耳で叩き合うこともある。人間で言う「ハイタッチ」のようだ。同じように水辺にいる時でも、雌たちの集団とは行動が明らかに違っている。

それはおそらく、雌は子どもたちが危険に晒されることを常に警戒しているせいではないかと思われる。雌たちは水辺にいる時、比較的おとなしく雄たちほど派手な動きはしない。

若い雄の象たちは比較的、気軽に互いに親しみを表現するのだが、雄の象は年齢を経て成熟する間に、時々まるで「ジキルとハイド」のような変貌を遂げることがある。非常に穏やかだった象が、一定期間いわゆる「さかりがついた」状態となり、凶暴で危険な象に変わってしまう場合があるのだ。

この時、象の身体の中では大量のテストステロンが分泌されている。雄の象がこの状態になると、近くにいる者すべてがその犠牲になり得る。実際、さかりのついた象が周囲の動物の大虐殺をし、何十頭ものサイが殺されるということも起きた。ホルモンが急激な攻撃性の高まりの大きな要因であることは間違いない。

ただ、この時期の雄は、こめかみのあたりの腺が大きく膨張する。それが顔面神経を圧迫するので酷く痛むのだろう。その痛みも雄の象を凶暴にする要因のようだ。

変貌する表情

さかりがついた雄は見るとすぐにわかる。目のすぐ後ろあたりから、ねばねばしたものがにじみ出ていて、顔が黒くなっており、また十代の少年の寝室にも似た独特の臭気があるからだ。仮に少し見て確証が持てなかったとしても、歩きながら悪臭のする尿を垂れ流しているので、それが決め手となるはずだ。さかりのついた雄は、普段なら服従の姿勢を見せるはずの上位の相手にさえ攻撃的になるので、象の社会の調和を乱してしまう。

完全に大人になった雄の象の戦いは、見ていて恐ろしくなるほどの大変な迫力だ。これは雌をめぐる争いである。発情期の雌は、雄たちにとって魅力的なにおいを発する。また、同時に艶（なま）めかしい鳴き声も出すので、近くにいる雄は興奮して活発になる。

そして、複数の恋人候補が一箇所に集まると、問題が起きるわけだ。雌に近づいて来た雄が、すでに別の雄がそこにいることに気づけば、戦うしかない。戦いに勝たなくては子孫を残すことができないからだ。両者は向かい合い、どちらも相手を脅すために地面を強く蹴って砂埃を立てる。大きな唸り声をあげ、耳を広げて少しでも大きく、強そうに見せる。二頭の大きさが同じくらいであれば、正面からぶつかり合うことになる。

何しろ二頭合わせて重量は一二トンにもなり、その二頭が身体をぶつけるのだから、凄まじい戦いであることは間違いない。牙と牙がぶつかると、雷鳴のような大音響が轟く。どちらもが少しでも優位に立とうと必死になる。

両者が互角であれば、必然的に戦いは長引き、どちらもが疲れ切ってしまう。やがてどちらか一方が降参して戦いは終わる。降参の意を示した雄は相手に背を向けて立ち去る。通常はこれですべて終わりなのだが、さかりがついた雄どうしの戦いなのでそうもいかないことがある。勝者が殺意を持って、降参した相手を追いかける場合もあるのだ。追いかけて行って牙で刺し、重症、あるいは致命的な傷を負わせることもある。

こうした暴力とは対照的に、象のような社会的動物は一方で、子どもを育てる行動や、仲間を守ろうとする行動も取る。それは見ていて実に感動的な行動である。象は子どもであっても身体は非常に大きい。しかし、経験の少ない子象は弱く、周囲の助けがなければ日々、直面する問題に対応していけない。群れの中に蓄積された「ちょっとしたノウハウ」が子象の生存に非常に役立つのだ。

仲間に刺さった矢を抜く

もちろん、子象の世界において最も重要な存在になるのは母親だが、群れの中の他の象、中でも最も経験豊富な雌の象——子象にとってはおばや大おばにあたることが多い——も子象にとって支えになり、大きな影響を与え得る。

子育ては群れ全体で取り組むことであり、群れにとって最も重要な仕事でもある。母親以外の象たちもベビーシッター役となり、乳を飲ませることもあれば、群れから離れて遠くへ行きそうな子象を引き戻すこともある。

子象は子象どうし、悪ふざけをして暴れることもあるが、群れの大人たちは、それが行き過ぎないように間に入って止める。興味深いのは、大人の象たちが、子象たちが暴れ始めてから対応を始めるとは限らないことだ。

問題が実際に起きる前にそれを予測して発生を防ぐことも多い。象にはそういう賢さがある。子象たちになにか危険がおよぶようなことが起きないか、絶えず予測しながら行動している。行く手に沼地や、深い池などがあるとわかると、進む経路を変えることもある。また、やむを得ずぬかるんだ場所や、傾斜のある土手などを通らなくてはならない場合には、鼻で子象を持ち上げて安全を確保することもある。また、牙を使って土を掘り、土手の傾斜を緩やかにし、子象の小さな脚でも通りやすくすることもある。

助けるのは子象だけではない——群れの中では大人どうしも互いに助け合う。人間が象に介入しようとする時によくそういう光景が見られる。人間は象をおとなしくさせるためにやむを得ずダート銃で麻酔矢を射つことがあるのだが、象は、群れの仲間に矢が刺さっているのを見ると、抜いてしまうことが多い。

悲しいことだが、現代では、このように象を管理するために麻酔矢を使うことがどうしても必要になる。象の行動、移動を制限して、保護地域の中に留めなくてはならないからだ。これは象の安全を守るだけでなく、遺伝的多様性を保つためにも必要なことである。ただ、象という動物の社会的関係の強さによって、それが困難になっている。

この点に関しては、オランダ系イギリス人獣医で環境保護活動家のトニ・ハーソーンが詳しい説明をしている。ハーソーンは、群れの仲間に麻酔矢が刺さった時に象たちが実際にどう反応するかを目にしている。

ハーソーンは遠く離れた地点からダート銃を射ち、象に矢を命中させた。やがて鎮静剤が効いて、象は地面に倒れた。動物は普通、近くに麻酔矢を射った者がいるというだけで激しく動揺するし、仲間のうちの一頭に矢が命中したとなれば、その途端にパニックになって一斉に逃げ出すものだ。

しかし象は違う。ハーソーンによれば、象たちは、仲間に矢が刺さったのを見てまず、「言葉ではとても表現できないような凄まじい叫び声」をあげ、倒れた仲間を助け起こそうとしたらしい。

人間の致死量の何百倍という強さの薬が使われたため、矢が刺さった象は二時間ほどまったく動かなかったが、仲間の象たちはその間ずっと彼女を助け起こそうとしていた。倒れた象が意識を取り戻し、どうにか立てるようになると、仲間たちは守るように彼女の横に立ち、やがて皆で木々のそばの安全な場所へと連れて行った。

このように複数の象が団結して守るため、特定の象に近づくことは非常に難しい。協力し合って互いの安全を守ろうとする象の本能は常に揺るぎないものだ。

負傷した、あるいは危険に晒された仲間を助ける行動から見て、象たちの間に強い絆があることは明らかだ。また、たとえ血縁関係にない仲間であっても同じように助けるのが象の特徴だ。

人間を助けた話

さらに、象は種の境界線を超えて誰かを助けることさえある。使役象に重い木の柱を運ばせようとしたら、象がその柱を地面に下ろすのを拒んだので、よく見たらそこで犬が寝ていた、という話もあるのだ。実は人間を助けてくれることさえあるという。

もちろん、象どうしのような関係を人間との間に築くことはないが、それでも、象が人間を助ける行動を取ってくれることはある。インドの西ベンガル州で、一頭の象がある村にやって来た時、その象がおそらく何か腹の立つことがあったか、混乱したかで、村の中の家を一軒、壊してしまった。家の中にいた家族は無傷だったが、小さなベッドに寝かされていた赤ん坊は、家の中でも最もひどく破壊された部分にいたために閉じ込められてしまった。

象は立ち去り始めていたが、赤ん坊の泣き声を聞くと戻ってきて、慎重に瓦礫をどけて、家族が赤ん坊を助け出せるようにした。赤ん坊は無事に、無傷で救出された。赤ん坊が悲嘆の声をあげていることは象も理解していたようだ。つまり、泣き声をあげるのは人間だけに固有の行動ではないと考えられる——そのことがわかる象のエピソードは他にも数多く存在する。

たとえば、二〇一三年に生まれた子象の話は心に残る。中国の公園で生まれたこの子象は、すぐに母親から拒絶される。母親は子象を拒絶しただけでなく、攻撃を加えようとさえした。危険を察知した飼育係は二頭を引き離した。幸い、子象に大きな怪我はなかったが、心には深い傷を負ったようで、それから五時間ずっと泣き続けた。毛布をかぶって横たわり、目から涙を流す子象の姿を想像するだけで悲しい気持ちになる。

こうした逸話から言えるのはどういうことか。

母親に虐待されて泣く子象はまるで人間のようで、私たちはつい自分たちに引き寄せて考えてしまう。泣いている子象も、瓦礫の中から人間の赤ん坊を救い出した象も、私たち人間と同じような感情を抱いているはずと思ってしまうのだ。

だが、現在のところ、「象は人間と同様の感情を持つのか」という問いは科学というよりも哲学に属する。科学の研究には、管理された条件下で定量的な証拠を収集することが必要になる。単に逸話を多く集めても、それは科学とは言えない。いかにもそうだと思える逸話を数多く知ると、「象には間違いなく人間と同様の感情がある」と断じたくなるが、それは科学的態度ではないだろう。

また反対に、今の段階では「象には人間と同じような感情は絶対にない」と言い切ることもできないのだ。言えるのは、象に限らず、集団で生きる動物の多くが、どうやら従来信じられていたよりもずっと深く豊かな認知能力と感情を持っているらしい、ということだ。

象の葬儀

象は死者を独特の厳粛な態度で悼む。よく言われる「象の墓場」は単なる伝説にすぎないが、象たちが死んだ象の骨に対して特別な反応を見せるのは確かである。象に象牙で作った製品を見せるだけでも不安げになり、強い関心を持つ、という報告もある。

象牙で作られたアクセサリーを目の前にすると、よく見ようと近づいて来るというのだ。そして、最も私たちの心を打つのが、家族の死に対して象たちが見せる態度である。象の葬儀を見ると、象たちも私たちと同じような喪失感を持つらしいと思える。

セレンゲティのあるレンジャーは、自分が見た象の葬儀の様子を私に話してくれた。そ

ジャッカル

の時は酷い日照りが続き、年老いたマトリアーチが目に見えて弱っているのがわかったのだという。周囲の植物は日に日に枯れていき、乾いた大地に強い風が吹きつけることで砂埃が舞った。マトリアーチはやせ衰え、歩くのもおぼつかなくなった。日照りは乾季の間ずっと続いた。最期の数日間もマトリアーチはゆっくりと歩き続け、すぐそばには、四頭の大人の雌象が離れずに付き添っていた。

おそらく彼女の娘たちだろう。そして最期の日、マトリアーチはもはやほとんど動くことすらできなかった。その日の夜、彼女はついに倒れ、そのまま死んでしまった。

夜が明けると、家族がマトリアーチの周りに集まって来た。不気味なほど静かで、重苦しい空気の中で、象たちはマトリアーチの身体に触れた。その様子を広い範囲にいる他の多くの象たちが見守っていた。祈りを捧げるようにして静かに数時間、象たちは立っていたが、やがてマトリアーチの身体に木の枝や葉、土などをのせ始めた。

象たちは、影が次第に長くなり、夜が近づいて来ても、その場を離れようとしなかった。一度、一頭のジャッカルが興味ありそうに近づいて来たのを追い払った他はほとんど動くこともなかった。夜になると、象たちは動き出した。早く食べ物と水を見つける必要があった。しばらくの間、苦しむマトリアーチを世話することが優先されて、そちらはおろそかになっていたからだ。何週間かあと、象たちは再び同じ場所に戻って来た。

その時には死んだマトリアーチの身体はもうほとんど残っていなかったが、それでも象たちは静かに、彼女に敬意を表するような態度を取った。もちろん、種の違う動物の心の中を本当に知ることなどできない。

しかし、象たちはたしかに深く悲しんでいるように見える。見てすぐにそうだと感じるのだ。象という並外れた動物は、どうやら死とは何かを理解しているようなのだ。つまり、その逆の、生きているとはどういうことかも理解しているのだと思われる。

人類が解決すべき問題

今からそう遠くない昔、象はこの地球の広い範囲に分布していた。アフリカの大部分と、イラクから中国、インドネシア、ボルネオに至るまでのアジアの広い地域に象がいたのだ。二百年前には、全世界で二〇〇〇万頭から三〇〇〇万頭ほどの象がいたと推定される。だが現在は、多く見積もっても五〇万頭ほどしか残っていない。

それとは反対に、人間の数は急激に増加している。たとえば、アフリカの人口はこの四十年で倍になった。人口が増えるにつれ、必要とする土地も増えている。農地はもちろんだが、道路などのインフラにも土地が必要になる。道路ができると当然、大地はそこで分断されることになる。象は単に数を減らしただけでなく、生息範囲も縮小してしまった。

以前は大陸を自由に行き来できたのが、今では行動可能な区域が島のようにあちこちに点在しているような状況だ。その島でさえ、人間が開発を進めるにしたがって、分断され、狭められている。象はもはや広い範囲を歩き回ることができず、ごく狭いところに閉じ込められるようになっているのだ。

これは、象の近くで暮らしている人々だけの問題ではない。人類が皆で解決すべき問題だ。象を今後も生存させ続けるには、世界中の人々が足並みを揃えて協力しなくてはならない。象の隠された複雑な生態が徐々に明らかになるのは素晴らしいことだが、私たち人間が象を地球上から消し去ってしまうかもしれないという恐ろしい事実に正面から向き合わねばならない。

7章

ライオン、オオカミ、ハイエナが生き延びるための策

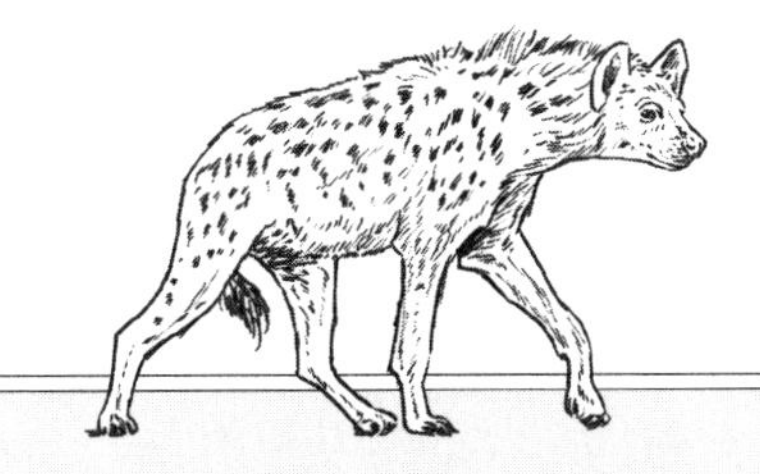

アフリカの夜、ライオンの鳴き声

それはアフリカでの最初の夜だった。「バンダ」と呼ばれる伝統的な円形の小屋の中で横になり、動物たちの出す音に耳を澄ませていた。近くには私と同じように眠らずにいる動物がいたのだ。

私は警戒していた。共に同じバンダにいた二人の研究者は先に到着していて、賢明にも窓から離れたベッドを選んで寝ていた。私の頭は、開いている窓のすぐそばにあった。窓には棒が渡してはあるが、ガラスはなく、とても安心はできなかった。

冒険好きなヒヒが来て、私の頭に手を伸ばしたとしたら、その棒ではとても止められないだろう。きっと髪の毛をかき回されてしまう。あるいは、進取の気性に富むヒョウが前足で私の顔に触れることも止められないに違いない。

夜中には発電機が止められていたので、完全な暗闇になっていた。何も見えないので、ただ音だけが窓を通って流れ込んで来る。そこは中央ケニアの森の中であり、何か物音がすればそれはすべて動物たちのたてる音だ。ホーホー、クワックワッ、ブーブー、キャンキャンといった鳴き声とともに、草木のカサカサという音、そして時折、小枝の折れる音も聞こえる。どれも私には新鮮で、まったく聞き慣れない音ばかりだった。

ライオン

クワックワッという音は、ハイエナの声ではないかと思った。私は嬉しかった。その、誤解されることも多いが、実に魅力的な動物に是非、会いたいと思っていたからだ。やがてまた別の音が聞こえた——説明の必要のまったくない音だ。その音を聞くと、私の奥深くに眠っていたであろう原初の感情が呼び起こされるようだった。

遠く離れていても、それがライオンの吠え声であることはよくわかった。暗闇の中に響く吠え声は、他に似たもののないほど素晴らしく、そして恐ろしかった。私はすぐに昔読んだ「ツァボの人食いライオン」のことを書いた本を思い出した。

ツァボは、私の寝ていた場所からそう遠くはない。一八九八年の数ヶ月間に、ツァボ川の架橋工事に携わった多数の労働者たちが二頭の人食いライオンの犠牲になったという事件があったのだ。夜の闇に紛れてライオンはキャンプに忍び込み、叫び声をあげる労働者をテントから連れ去って行った。

結局、イギリス陸軍将校で工事の現場総監督だったジョン・パターソンがライオンたちを退治するまでの間に、三〇人近い労働者が殺されることになった。パターソンは、キャンプのそばで寝ずの番をして、ついにライオンを退治することに成功したのだ。だが、ライオンは手強かった――二頭のうち一頭は、六発の銃弾を受けてもまだ生きていた。そのことが頭にあったので、私はその晩、どうしてもトイレに行くことができなかった。

ほとんど類のない体験

遠い祖先の記憶があるせいで、ライオンを本能的に恐れてしまうのではないか、などと考えたくもなる。かつては、アフリカだけではなく、南ヨーロッパから中東、インドにかけての広範囲にライオンがいた時代もあったからだ。現在のライオンの近縁種ですでに絶滅したホラアナライオンはヨーロッパ全土に分布していた。一九五〇年代には、トラファルガー広場の下からも化石が見つかっている。

私の大昔の先祖は、このホラアナライオンのすぐそばで暮らしていたのだろう。先祖たちは窓に渡された棒すらもないところで寝ていたのだ。人間を捕食する動物は比較的少ないと思われるが、ライオンはその可能性がある動物である。私がライオンの吠え声に強く反応するのはごく自然なことなのだろう。だが一方で、近年、ライオンの分布地域が減少していることに私は悲しみを感じてもいる。

現在、ライオンは、サハラ以南のアフリカのごく狭い地域にいるのと、わずかな数がインドに残っているだけだ。捕食者としてはとてつもなく優秀なライオンではあるが、現代の人間の生態系破壊に対抗するのは難しいようだ。

ライオンの吠え声でアドレナリンが分泌されたものの、しばらくすると眠気に負けたらしく、野生動物に邪魔されることもなくぐっすり眠ってしまい、ごく普通に目覚めることができた。バンダにいた二人の研究者とともに、私は朝のゲーム・ドライブに出かけた。トラックに乗り、ライキピアの低木地帯に動物を探しに行ったのである。

一時間ほど経った頃、私たちは周囲より少し高くなった場所で車を停めた。その一時間ですでに信じられないほどの種類の生物に遭遇し、私はすっかり興奮していた。私は有頂天だった――それまでにほとんど類のない体験をしたのだ。

ハーテビーストは生まれたばかりの子の世話をし、自分の足で歩くよう促していた。ベルベットモンキーは、元気いっぱいの人間の子どものように木々の間を跳ね回っていた。三頭のキリンが走っている光景は現実とは思えなかった。遠く離れていたため、進む速度はとてもゆっくりに見えた。見るものすべてが私には珍しく、圧倒的だった。

驚くような巨大哺乳類が数多く見られる点で、アフリカのこの地域に並ぶ場所は地球上にない。トラックから見ているというのも重要なことだった。トラックから降りてしまえば守ってくれるものはなくなる。もしかすると気休めかもしれないが、トラックにいれば一応は安心していられる。しかも、経験豊富な地元のガイドもそばについていてくれる。ガイドは当然、拳銃を持っているだろう。

念のため尋ねてみると、「いや、拳銃は持っていない」という答えだった。ガイドの一人が先の尖った棒を持っているだけだった。私は動物園でよく見かける「動物にエサを与えないでください」という注意書きを思い出していた。ここでは、それが違う意味になり得る。

茂みから飛び出してきたもの

私は決断を迫られていた。このままトラックに留まっていれば、ひとまず安全で、動物のエサになることはないだろう。しかし、トラックを降りて外を歩くという選択肢もある。生物学者としての私が前面に出て来る――生物学者としては、この場を存分に体験したい。文明に守られた普段の生活では考えられないほどの危険が待っていたとしても、そうしたい気持ちは強くあるのだ。

それに、ガイドの様子を見る限り、今のところ大きな危険が迫っているわけでもなさそうだ。ガイドはここで育った人たちである。この場の状況は、私が本を読むのと同じように読むことができるだろう。そう思ったら安心したので、私はトラックを降りることにした。

草木の茂みのそばまで来た時、突然、目の前で何かが大きく動いた。隠れていた三頭の大きめの動物が飛び出し、私に向かって来たのだ。私は身を守るためにうずくまることもせず、急いでどこかに身を隠そうともしなかった。とてつもない恐怖の中、私は本能的に凍ったように動きを止めていた。

すると、三頭は私の脇を猛スピードで通り過ぎて行った。三頭がもしライオンだったとしたら、有名な協調行動など取らなくとも、簡単に私を捕まえることができただろう。私を食べるのは、ポークパイを食べるくらいに容易いことである。幸い、三頭の動物は私には興味がなかった。きっとポークパイにも興味はなかっただろう。ブッシュバックだったからだ。ブッシュバックは体高七〇センチメートルほどのレイヨウに似た動物で、当然のことながら草食である。だが、これに懲りて、もう勝手にうろつくのはやめた。

それから数日経つうちに、私は次第に低木地帯を歩くのに慣れていった。もちろん、現地のガイドに比べればまったくだめだが、それでも少なくとも、愚かなまねだけはしなくなった。また、ガイドたちと話しているうちに、どの動物が実際にどの程度危険なのか、正確なところがわかるようになったのも大きい。危険な動物はたしかに数多くいるのだが、そのほとんどは、対処可能な危険であるというのがガイドたちの一致した考えだった。

ケニアのその地域の動物の中で、本当にどうしようもなく危険なのは二種類の哺乳類、ヒョウとスイギュウだけらしい。ヒョウは夜間には驚異的な捕食者となるし、スイギュウは不意打ちで攻撃してくることがあり、油断していると殺されることもあるという。地元の人たちはライオンに対して深い敬意を抱いているが、敬意が恐怖になることはないという。ガイドたちの長い経験によれば、一定以上の距離を置いてさえいれば、少なくとも日中、ライオンが人間にとって危険になることはまずないようだ。

トロフィー・ハンティング

実のところライオンがどういう動物なのかをよく知っている人間は多くない。トロフィー・ハンティングをする者たちにとって、ライオンは最高の獲物である。ライオンを撃つために、多くの人たちが何万ドルという大金を費やし、何千キロメートルもの旅をしてやって来る。相当な遠距離から撃たなくてはならないので、皆、高性能ライフルを携えている。それだけの価値があると思っているからだ。

また、ライオンのそばに暮らしている人たちの間には、通過儀礼としてライオンを狩る習慣がある。トラが数を減らしたことで、代わりにライオンが同様の薬効を持つ大型のネコ科動物として扱われることも増え、そのせいで密猟者も増加している。

ただ、ライオンの減少の最大の原因は、アフリカという場所そのものの変化である。ケニアやその隣国のタンザニアでは、この百年の間に、人口がおよそ一〇倍に増えた。人口が増えれば、必然的に人間が生きるために必要な土地は増える。そうなると、動物が生息できる土地は減る。それはライオンにとっては獲物となる動物が減ることを意味する。

人間とライオンの距離がかつてないほどに縮まったことで、両者の関係は次第に緊迫し始めている。それで思いがけないことが起きる場合もある。一九九四年には、飼い犬からジステンパーが伝染したことで、セレンゲティ国立公園のライオンの三〇パーセントが死んだ。かつては野生の哺乳類たちの命を支えていた草原が、次々に人間の農地に変わっている。獲物になる野生動物が減少すると、ライオンがやむなく家畜や人間を襲うことは増える。すると、農業経営者がやむなくライオンを毒殺することも増える。

ライオンの減少は驚くほど急速だ。

二十世紀半ばには五〇万頭くらいいたのだが、現在はわずか二万頭くらいにまで減ってしまった。ただ数が減っているだけでなく、柵や道路といった人間の構造物によって分断もされている。他の哺乳類と同じく、ライオンも、つがいの相手を求めてあちこちに分散する性質を持っている。それができなくなると、近親交配が増え、遺伝的多様性が失われる。つまり、一つの病気で一気に数を減らす可能性や不妊になる可能性が高まるということだ。

ライオンは生息環境の破壊により、絶滅の危機にある。ライオンを救うべく多くの人が献身的な努力を続けているが、その努力が功を奏し、ある意味で野生動物の象徴とも言えるライオンが本当に救われるのかどうかはまだわからない。

地球上で最も恐るべきハンター

人間の文化において、ライオンは力や勇気、強さ、騎士道などの象徴となっている。稀に人間を襲うことがあるにもかかわらず（いや、だからこそ、かもしれない）、ライオンという動物を好意的に見ている人は圧倒的に多い。特に、ライオンが今も生息する、あるいはかつて生息したことのあるアフリカ、アジア、ヨーロッパ全域にわたってその傾向は強いと言えるだろう。

「シン（=Singh ライオンを意味する）」は、世界で六番目に多い姓となっている。「レオ」という名のローマ教皇はこれまでに一三人いた。シンガポールという地名は「ライオンの街」という意味である。こういう例はいくらでもある。ライオンに関わる数字をいくつか列挙するだけでも、その凄さがよくわかるだろう。

大人の雄ライオンは体重二〇〇キログラム、肩までの高さ一・二メートルにもなる堂々たる体格である。雌のライオンは体格の面では雄に劣るが、敏捷性は上で、こちらも同様に強い動物である。その巨大な頭と顎は、人間の五倍もの噛む力を生む。

恐ろしく鋭い四本の犬歯は、人間の指くらいの長さがあり、硬い肉を引きちぎるのに使われる。口の奥の臼歯は、ギロチンのように動物の皮膚、腱、骨などを簡単に切断してしまう。皿のように大きな足の鋭い爪もやはりライオンにとって重要な武器である。しかも、ライオンは驚くほど走るのが速い。加速度もあり、最高速度は、人間の最速ランナーの二倍ほどもある。そのおかげで、ライオンは地球上で最も恐るべきハンターになり得ているのだ。

ライオンのすごさはそれだけではない。ライオンという種が成功できた理由、南アフリカからヨーロッパ、さらにはインドまで生息域を広げることができた理由は他にもある。それは集団行動だ——ライオンは実はネコ科の動物の中では唯一、真の意味での社会的動物なのである。

大型のネコ科動物が数いる中でなぜ、ライオンが社会的動物になったのか。それについてはいくつかの説があるが、おそらく大きな、究極の要因は、「他のライオンの存在」だろう。ライオンの間では縄張り争いがあり、その中で、強さによる序列も決まるはずだ。最も良い縄張りは水辺に近い場所である。

水辺が近ければ簡単に水が飲めるだけでなく、植物がよく育つので、休むための木陰も見つけやすいだろう。そして重要なのは、獲物となる動物も水を飲むためにそこに数多くやって来るということだ。単独で生きるライオンが、群れを成すライオンに打ち勝ってそのような良い場所を手に入れるのはほぼ不可能だろう。つまり、単独よりも群れの方が、小さい群れよりも大きい群れの方が有利ということだ。多くが集まって協力し合うほど、良い場所を縄張りとして獲得し得る力が持てるわけだ。

だが、縄張りを獲得すればそれでいいというわけではない。獲得した縄張りは守らねばならない。縄張りを得た群れに属するライオンたちは、においづけをし、吠え声をあげることで、縄張りの所有権を主張する。この吠え声はとてつもなく、驚くほど大きい。その音量は一一四デシベルにもなる。これは、緊急車両のサイレンの音にも匹敵する大きさだ。

障害物のない開けた土地であれば、一〇キロメートル先にも届く。それだけの広範囲に強く警告を発することができるわけだ。においづけの効力もそれと変わらないくらいに強力だ。雄のライオンは、尿とフェロモンが混じり合ったにおいの強い液体を茂みや木の根本、石などに撒く。においが新鮮であれば（つまり、液体が最近撒かれたものであれば）、吠え声とともに、周囲への強いメッセージになる。それだけでは十分でないのか、ライオンたちは、目立つ植物に引っかき傷などをつけて縄張りを主張することもある。

これだけのことをしておけば、付近を通りかかるすべてのライオンに「すぐに立ち去れ。

侵入する者がいれば容赦しないぞ」というメッセージが伝わるだろう。メッセージを受け取ったライオンは、多くの場合、何もせずにおとなしく立ち去るだろう。

しかし、そうでない場合もある。対抗するライオンたちは、吠え声などのメッセージから その群れがどの程度の大きさかを推し量ることができる。それによって、もし戦いを挑んだ場合、勝てる確率がどのくらいあるかもわかるのだ。

草食動物を育てる!?

ライオンの社会性、協調行動は、縄張りを勝ち取り、守るためだけのものではない。そのことについて触れる前に、まず、ライオンの群れ（プライド）とは具体的にどういうものかを詳しく見ていこう。

哺乳類の群れと、本書ですでに取りあげてきた鳥類や魚類の群れとの大きな違いは、おそらく、哺乳類の群れが通常、大人の雌を中心に作られるということだろう。ライオンの群れも例外ではない。ライオンの群れにも、その中心には多数の雌ライオンたちがいる。その雌ライオンたちは皆、血縁的に近いことが多い。一つの群れの中に何世代ものライオンが共存していることもある――娘、母親、祖母、稀には曾祖母まで共存している場合もある。

群れの中の雌ライオンたちは、他の雌が入って来ることを徹底的に拒む。そのおかげで群れは血縁者ばかりになるのだ。血縁者なので、時には、群れの中の他の雌の子を世話することもある。狩りや他の群れとの戦いで母親が死んだ場合には、孤児を別の雌が引き取ることとさえある。

ライオンのように恐ろしく情け容赦のない捕食動物が、このように強い母性本能を持っているのは矛盾していると感じられるかもしれない。ごく稀にだが、雌のライオンが、本来は獲物になるはずの動物の子を世話することもあるのだ。生後数日くらいのオリックス、スプリングボック、ガゼルが雌ライオンのそばにいる姿が目撃されたこともある。

雌ライオンは、そうした動物の子をまるで我が子のように世話し、守る。本物の我が子が死んでしまった雌ライオンがそのような行動を取ることが多いようだ。そのことが、この行動の理由を知る手がかりになると考えられる。先駆的な動物行動学者、コンラート・ローレンツは、そもそも動物の子どもには、「世話をしたい」と思わせる特徴がいくつか備わっている、と主張した。

たとえば、身体に比して不釣り合いに大きい頭、小さな鼻、大きな目などは、そうした特徴だと言える——実際、今のテディベアのぬいぐるみはそのような姿をしている。しかし、ビクトリア朝時代のテディベアを見ると、現在のもののようないかにも「かわいい」姿ではなく、もっと「熊らしい」姿をしていることに気づくだろう。

当時は、食物連鎖の頂点に立つ捕食者の実物そっくりなぬいぐるみがベッドで共に寝ていれば、子どもが強く育つはず、と考えられたのかもしれない。だが、その後、子どもっぽいかわいらしい見た目のぬいぐるみの方が愛着を持たれやすい、と玩具メーカーは気づいたのだ。そういうぬいぐるみだと、子どもが親に買ってくれと強くせがむのでよく売れる。

そのため、テディベアは次第に現在のようなかわいい見た目に変わっていった。私たちは生まれつき、動物の赤ちゃんをかわいいと思うようにできているらしい。雌ライオンが、本来、被食者であるはずの動物の子どもを世話する理由もそこにあるのではないだろうか。とはいえ、ライオンの群れは、もちろんガゼルの子どもが育つのに適した環境とはとても言えない。ある雌はその子を守りたいと思っていても、別の雌が腹をすかせていればそれで終わりかもしれない。

ライオンの群れの真実の姿

活動的に思われがちなライオンだが、実は何もしないで過ごしている時間がとても長い。一日二十四時間、木陰でただくつろいでいることもある。ただし、そんな「シエスタ」の間には盛んに会話が交わされるのだ。ライオンの出す声、音には数多くの種類がある。ブタのような声、うめき声、すすり泣くような声、鼻を鳴らす音、遠吠え、唸り声、猫のようなニャーという声など、多様な声や音を状況に応じて駆使して、感情を表現する。

会話の際には、相手に鼻を擦りつける、互いの頭を舐め合うといった社会的行動も取り、それによって群れの仲間どうしの絆を強める。この種のグルーミングは、同性間で行われることがほとんどだ。つまり、雌は雌どうし、雄は雄どうしでグルーミングをする。

この一見単純な行動パターンから、ライオンの群れの真実の姿が垣間見える。ライオンの群れを、皆が強固な絆で結ばれた永続的なチームのように思っている人も多いが、実際には全体としては二つのグループの緩やかな連合体なのだ。

一方は、血縁的に近い雌のグループ、もう一方は雌のグループよりは規模の小さい雄のグループだ。どちらもグループ内の絆は強い。雄のグループの個体は、雌のグループの個体とは血縁関係にないことも多いが、血縁関係がある者もいる。

雄は行き来が激しいが、雌は常に同じ群れにいる。社会性哺乳類には珍しく、雌ライオンの間には、序列はほとんど、あるいはまったく存在しない。どの雌も群れの中での位置が同じで、また同じくらいの数の子を産む。一方、雄は雌のような平等主義者ではない。通常、群れの中には最上位の雄がいて、その雄がほとんどの子の父親となる。

たてがみは何のためにあるのか

「プライド」は、大人の雌のグループとその子どもたち、そして優位の雄たちから構成される。合計で一〇頭あまりの個体から成ることが多い。子ライオンの中でも雌は、成長して大人になってもおそらく同じプライドの中に留まれる可能性が高いが、雄の子ライオンが直面する未来は雌とはまったく違っている。雄の子ライオンが二歳くらいになり、成熟すると、群れを去ることになる──あるいは群れから追放される。

成熟の印となるのは、たてがみだ。たてがみが生え始めると、それがきっかけとなってプライドから追放されることも多い。追放された雄たち──皆、同い年で、兄弟や従兄弟どうしの個体が多い──は、新しい、未知の世界に直面するのだが、そこで団結して互いに助け合うことになる。追放される雄は、わずか二頭のペアのこともあれば、七頭くらいのグループの場合もある。

いずれにしろ、少なくともその後の数年間、時には生涯にわたって、雄たちは互いに完全に依存し合って生きることになる。時が経つにつれ、雄たちのたてがみは生え揃い、立派になっていく。旧約聖書のサムソンのようなたてがみは、雄ライオンの強さの象徴である。

長い間、このたてがみは、生涯の中で何度も経験するであろう戦いで首や肩を怪我から守るのに役立つと考えられていた。だが、その考えが正しいことを示す証拠はほとんど見つかっていない。どうやらたてがみは、他のライオンへの信号となっているらしい。色が濃く、光沢のあるたてがみは、その持ち主が強く、活力にあふれていることを意味する。

他の雄たちに対しては「自分は敵に回すと危険な存在だ」と知らせ、雌たちに対しては「自分は交尾の相手として魅力的な存在だ」と知らせるのだ。

「独身」の若い雄たちは集団で絶えず移動しながら生きる。時が経つと、この雄たちは、行く先々で定住している雄たちを追放できるだけの能力と強さを身につけるようになる。定住している雄たちよりも優位に立つことができるのだ。放浪生活は常に命がけであり、強くなくてはそもそも生き延びることができない。また、重要なのは「タイミング」である。

定住している雄との対峙が早すぎれば、放浪する雄たちは若すぎて、相手を追い出すだけの力を持っていない可能性がある。だが、遅すぎれば、年老いてしまい、新しい世代に負けてしまう恐れがある。放浪する雄は常に近くのプライドの様子を探っている。そして時間をかけて自分たちが勝てる見込みがあるかを推測する。決して負けるわけにはいかない。

そのため、どのプライドを標的にするか、その選択は生涯で最も重要と言ってもいい。

適切なプライドを選択すれば、自分の血統を繋げる可能性が高まる。だが、相手の力を過小評価し、選択を誤ると、命まで失いかねない。

侵入者との戦い

いずれかのプライドの縄張りの中へ侵入する際、放浪する雄たちはしっかりと隊列を組み、互いに離れないようにする。若い活力にあふれ、強い決意で行動してはいるが、用心は怠らない。放浪雄の侵入に刺激され、プライドの中の定住雄たちも行動を開始する。侵入者の存在を察知すると、定住雄たちはまず、大きな恐ろしい吠え声をあげる。

この吠え声は侵入者に対する「侵入は絶対に許さない。プライドは自分たちが絶対に守る」というメッセージだ。この時が撤退のラスト・チャンスとなる。撤退しなければ、ほぼ間違いなく、事態はどちらかが死ぬかもしれない戦いへと発展する。戦いが始まる時には、両者は大地を揺るがすような大音量の吠え声をあげる。

雄たちは皆、尻を持ち上げ、互いに強力な打撃を与える。爪による攻撃で深い傷を負い、血を流す者もいる。どちらも一歩も引かない姿勢で臨んでいるため、必然的に戦いは非常に激しくなり、身体がまともに機能しなくなるほどの重傷を負う者も多い。もし、放浪雄が有利になり、定住雄の勝利が難しくなると、定住雄は新たな問題に直面する。

それは、どうすれば命を守って逃げることができるかという問題だ。戦いで優位に立った側は、不利になった相手を徹底的に叩きのめそうとするからだ。定住雄は敗れれば、できるだけ速くその場から立ち去らねばならない。さもなければ、殺されることになるだろう。生きて逃げ延びることができれば、また態勢を立て直して再び戦いを挑むこともできる。

大人の雄ライオンの中には、過去の戦いの印である深い傷跡を顔や脇腹に残している者も多い。勝つと負けるとでは大違いなため、雄どうしの戦いは流血の事態になるのが普通である。暴力は決して絶えることなくいつまでも続くのだ。

雄ライオンの全盛期はわずか二年か三年だと考えられる。自分のプライドを持てるとしたらその間だというわけだ。人間のボクシングの世界にも似ている。ヘビー級のチャンピオンが王座を防衛できるのは平均すると二年半くらいの間だ。身体的に最も優れた能力を発揮できるのはほんの短い間でしかないのである。雄のライオンにとって、勝利の重要性は人間のボクサーの比ではない。勝利してプライドを支配しない限り子孫を残せないからだ。

子殺しの理由

親元を離れたその瞬間から、タイムリミットへのカウントダウンが始まる。雌ライオンは、他の哺乳類と同じように、子どものために乳が出ている間は排卵しない。だが、雄ライオンには時間がないので、自然に再び排卵が始まるのを待っていられないこともある。そのため、人間の目には恐ろしいことに見えるが、雄ライオンが雌ライオンの育てている子どもを殺してしまうこともあるのだ。

子殺しをするからといって、即、ライオンは冷酷な動物だということにはならない。ただ、雄ライオンはそれだけ過酷な現実の中に生きているということだ。もちろん、雌は必死に我が子を守ろうとするが、雄の方が身体が大きいため、守るのにも限界がある。

ある程度以上、大きくなっている子どもであれば、その場から逃げ出して殺されずに済むこともあるが、まだ乳を飲んでいるくらいの子どもが助かる見込みはまずない。雌が、我が子を殺したまさにその雄とつがいになるなど、人間にはとんでもないことに思えるが、それがライオンの社会の現実なのだ。子を失った雌はすぐに発情する。すぐに次世代を産み出す準備に入るのだ。

子殺しをした新たな定住雄が長くプライドを保持できれば、生まれた子が大人になるまで育つ可能性が高まる。ただし、プライドが安定していたとしても、子ライオンが絶対に安全かというとそうではない。

ハイエナやヒョウなどの肉食獣たちは、隙さえあれば子ライオンを殺そうと狙っている。母ライオンの大事な役割は、子どもを頻繁に移動させることだ。同じねぐらを使い続けず、次々にねぐらを変えていかねばならない。母親は、必ず子の首筋をくわえ、持ち上げて移動させる。地面ににおいの跡を残さないためだ。においの跡があると、肉食獣に追跡されてしまう。「百獣の王」と呼ばれるライオンだが、生まれた子どものうち大人になれるのは五頭に一頭しかいない。

チームプレーで象を殺す

セレンゲティの開けた草原では、ガゼル、インパラ、ウィルドビースト、シマウマなど、様々な草食動物がいるが、皆、食事をしながらも常に警戒している。油断をすればいつでもライオンが襲いかかってくるとよくわかっているからだ。ただし、草食動物も簡単に食べられるわけではない。群れで行動し、数多くの目で見張っているので、危険が迫ればすぐに察知できる。

また、長い脚を持った草食動物は、相当な速度で走って逃げることもできる。ライオンはそれに対抗するため、夜に狩りをすることも多い。暗いと接近しても気づかれにくいし、気温が下がって草食動物の動きも鈍くなる。だが、夜だからといって必ず狩りに成功するわけでもない。季節や相手にもよるが、獲物を仕留められる確率は、せいぜい三分の一である。仕留められないばかりか、角や蹄(ひづめ)で攻撃され、負傷することさえある。

脚を骨折することも、酷い刺し傷を負うことも、頭蓋骨を骨折することもある。過酷な自然界でそれだけの重傷を負えば、遅かれ早かれ死ぬしかない。食う者と食われる者の間では果てしない戦いが続くが、ライオンには一つ切り札がある。それは仲間との協力である。

ライオンには単独でも十分に獲物を捕らえる能力があり、実際、可能だと判断すれば単独で狩りをすることもある。だが、仲間どうし協力し合う方が腕前が上がることは間違いない。獲物を仕留められる確率は、プライドの雌たちが協力し合った時、特にその中に経験豊富なハンターが多く含まれている時に最高になる。

ボツワナでは、ライオンたちはチームプレーによって信じ難いことをやってのける。なんと、象に襲いかかって殺してしまうことがあるのだ。体重が最高で自分の一五倍もある相手である。ライオンには生まれつき、獲物を追い詰めて狩る本能があるのだが、優秀なハンターになるには、学習、訓練によって技術を磨く必要がある。母ライオンは子どもたちに、草食獣の子どもなど、簡単に追い詰めて襲いかかることのできる標的を与え、練習させることがある。

まだ未熟な子ライオンから獲物が逃げてしまった時には、母ライオンが引き戻して再度、襲わせる。獲物が長い時間弄ばれているように思えるので、それは人間が見ると辛い光景ではある。

だが、そうして訓練をしなければ、子ライオンは狩りの技術を身につけられないのだ。もちろん子ライオンはいずれ卒業しなくてはいけない——実際の狩りに参加できるようにならねばならないのだ。

狩りを成功させる秘訣

初心者が混じっていれば、失敗して獲物を仕留められない可能性が高まるのだが、その経験は将来、生きることになる。長期的な利益のために短期的な損失にはある程度、目をつぶるわけだ。

狩りの成功は、チームがいかに協力、協調するかにかかっている。ナミビア、エトーシャ国立公園の雌ライオンたちは、自分たちの狩りの戦略をもはや芸術と言ってよいほどの域まで磨きあげている。獲物の群れに近づいて行く時、相手を驚かせないよう、チームのメンバーたちは植物を使って身を隠す。一頭か二頭のライオンが標的の両脇にこっそりと移動する。

その際には、腹が地面につくくらいに姿勢を低くし、全神経を獲物に集中する。一部のライオンたちが獲物を挟み撃ちにするために両脇へと移動しても、残りのライオンたちは中間地点で引き続き隠れている。

その状態でいつでも攻撃が始められるよう待機するのだ。脇か中間か、得意の位置は個体ごとに違っている。それぞれが得意な位置にいることで、狩りの成功率は高まるのだ。細心の注意を払って、両脇のライオンたちはゆっくりと獲物に近づいて行く。

相手に発見される前、あるいは姿を現す前に、一メートルでも近づければ、その価値は非常に大きい。やがて、すべてのライオンたちが適切な配置につき、罠が完成する。そして突如として攻撃が開始される。両脇のライオンたちが突進して行くと、獲物たちの群れはパニックに陥って散り散りになる。中には、中間地点で隠れているライオンの前まで押し出される者もいる。まさにそれが狙いで待ち構えているのだ。

また、恐怖に駆られた獲物が、両脇にいるライオンと鉢合わせになることもあり、それも大きなチャンスだ。経験豊富なライオンは、気道を噛み潰すことで、獲物を即死させることができる。大型の獲物の場合は、口で相手の口と鼻を覆い隠して窒息させる。

獲物を仕留めると、そのあと、プライドの中の個体どうしの関係が明らかになる。最初に獲物にありつくのは、雄たちだ。雄たちが身体の大きさや、プライド内での序列の順に食べていく。狩りにどの程度関与していたか（していなかったか）は無関係である。酷い話のようだが、狩りで負傷した者がいても、特に優先されるようなことはない。

なんと、優位な雄たちは獲物を何時間もの間、独占するのだ。雌や子どもたちは近づけない。近づこうとすると、雄は脅したり、激しい攻撃をしたりして追い払う。子どもたちはプライド内での地位が低いため、獲物が手に入らない厳しい時期には餓死することもある。ただ、雄の存在がプライドの役に立っている面もある——雄たちがいることで、ハイエナなどに獲物を奪われる可能性は低くなるからだ。ハイエナは、ライオンが狩りをしていると、近づいて来て隙があれば獲物を奪い取ろうとする。

雄も実は狩りをする

ライオンのプライドでは、雌ばかりが狩りをしていると言われることがあるが、それは間違いだ。雄も狩りをする。ただし、雌とは方法が違うのだ。雄、雌はそれぞれ自分たちの強みを活かした狩りをする。ライオンの性差は、地上の肉食哺乳類の中でも特に顕著だ。雄の巨大な身体は、外敵との戦いにおいては武器となるが、身を隠し、素早く動く必要のある狩りにおいてはそれがハンディになる。

身体が小さく敏捷な雌の方が有利なのだ。雄の象徴であるたてがみも、草原の中では目立ってしまい、狩りには邪魔になる。しかし、単純に雄は雌の捕らえる獲物に依存していると言うのは正しくない（実際にそんなふうに言う人が珍しくないのだ）。どうしても人間の目に触れやすいのは、開けた草原で行われることが多い雌ライオンの狩りなので、そう思う人も増えてしまう。だが、雄たちも実は人間の目につかないところで狩りをしていることが近年わかってきている。

大人になり、生まれたプライドを出た雄たちは、しばらくの間、プライドなしで生きることになる。そうした「独身」の雄たちが食べ物を得る方法は二つしかない――他の肉食獣が仕留めた獲物を横取りするか、自ら狩りをするかだ。実際、雄たちはそのどちらの方法も使う。

その後、プライドを手に入れた雄は、雌たちが素晴らしいチームプレーで狩った獲物を食べることができる。雄は、雌たちのような種類の狩りにはあまり役立たない。むしろ参加するとかえって雌たちの邪魔になると言ってもいい。雄たちはまず、雌たちとは違う場所で狩りをする。必然的に、雌が狙うような動きの速い動物は標的にしない。

雄が狙うのは、森林にいる大きく、重い――そして危険な――スイギュウのような動物たちだ。森林なら雄たちもうまく自分の身を隠すことができる。そして適切な獲物を選ぶことで、スピードはないが力は強いという自分の特性を活かすことができる。

狩りの方法は違うが、雄ライオンの狩りの成功率は雌とほぼ同じだ。たとえば、スイギュウは獲物にするには恐ろしい動物である。肩までの高さは一・七メートルほどもあり、体重は一トンにもなる。ライオンが近くにいるだけで簡単に脅えるようなことはないし、集団で身を守る術（すべ）も持っている。正面から攻撃を仕掛ければ、角で命を奪われかねない。

勝つために必要なのは、まず、スイギュウたちをパニックに陥らせ、群れをばらばらにすることだ。そのためには、群れの両脇から近づいて驚かせる必要がある。ただし、近づき過ぎてはいけない――スイギュウには、角で突いてライオンを簡単に殺してしまう力があるからだ。体当たりでライオンを空中に飛ばしてしまうことさえできる。

だが、雄が得意とするのはこういう命懸けの狩りなのだ。成功すれば、百獣の王にふさわしい巨大な獲物が得られる。狩りの戦略も標的とする動物も違うため、雄と雌はプライド内で競合せずに済んでいる。

「嫌われ者」の真実

地球上の大型哺乳類の中で、ハイエナほど評判の良くない動物はあまりいないだろう。東アフリカの民間伝承では、魔女（小さい魔女だと思われる）は、ハイエナの背中に乗っているとされている。また、西アフリカの神話では、ハイエナは不道徳や不正と結び付けられることが多い。ハイエナの悪い評判は、作家や映画製作者によって作りあげられた面も

ハイエナ

ある。

アーネスト・ヘミングウェイは、『アフリカの緑の丘（Green Hills of Africa）』の中で、ハイエナのことを「雄雌の区別なく貪欲に死肉を漁る動物」と書いている。映画『ライオン・キング（The Lion King）』に出てくるハイエナは臆病で、意地が悪く、信用できない動物である。自然もののドキュメンタリーですら、ハイエナを、気高い動物が苦労して仕留めた獲物を横取りするような泥棒、寄生動物のように描くことがある。

ハイエナは、ドブネズミやゴキブリと同じく、嫌われ者の代表のようになっているわけだ。だが、ドブネズミやゴキブリとは違い、ハイエナは人間の生活空間に侵入してくることはない。実のところ、たとえ人間と関わることが可能であったとしても、ハイエナたちは完全にそれを避けることを選ぶだろう。

なぜハイエナはこれほど評判が悪いのだろうか。暗く悪魔を思わせるような目をしているなど、決して美しいとは言えない外見のせいかもしれない。人間の品の良くない笑い声にも似た鳴き声のせいもあるかもしれない。もしかすると、何かと物語を求める人間の性質が原因になっている面もあるだろう。ライオンという動物を人間が「良い」とする属性の象徴とする一方で、その反対の「敵役」のような存在を求めたのかもしれない。

ハイエナと牧夫

私自身はハイエナを非常に魅力的な動物だと感じており、アフリカに行った時には最も見たいと思っていた動物だった。ハイエナの作る社会は他に類を見ない独特のもので、またその行動の中にはいくつか驚くべきものがあった。とはいえ、ハイエナを実際以上に良く見せたいとは思わない。ライオンと同じく、過去にはハイエナが人間を襲った事例もあるし、それで亡くなった人もいる。

二十世紀後半、アフリカの中でも戦争で荒廃した地域では、死んだ兵士の遺体をハイエナが喜んで食べるということがあった。アフリカには、マサイ族など、人が亡くなると遺体をハイエナに食べさせる伝統を持つ部族もいる。その場合、ハイエナが食べたくなるよう、牛の血を遺体にかける。遺体がハイエナに拒まれることは不名誉とされているためだ。

それで人間の肉に馴染んでいるハイエナが増えたこと、また獲物となる動物が減ったことがあいまって、ハイエナが生きている人間を襲う事例は増える傾向にある。暑い時期に、夜、屋外で眠る習慣がある人たちもいるが、寝ているところをハイエナに襲われる危険性が高くなった。密猟者のように夜間に行動する人たちも同様の危険に晒されるようになった。

稀にだが、ハイエナが日中、人を襲うこともある。私が滞在した場所に近いナニュキでも、牧夫がハイエナに襲われたことがあったという。ハイエナは牧夫の腕に噛みついた。牧夫は空いている方の手でハイエナを叩いたが効き目がなかったので、咄嗟（とっさ）にハイエナの耳に噛みついた。噛みつかれたハイエナは牧夫の腕を放して去って行った。思いがけない反撃を受けて、人間に対する見方も修正せざるを得なくなったかもしれない。

ボーン・クラッシャー

ハイエナと一口に言っても一種ではなく、四種のハイエナがいる。ワライハイエナとも呼ばれるブチハイエナは中でも最大の種で、体重は八〇キログラムにもなる。ブチハイエナ以外の三種は、アードウルフ、シマハイエナ、そしてカッショクハイエナである。

ブチハイエナは中でも最も社会性が高く、少なくとも私にとっては最も興味深いハイエナだ。なのでここではブチハイエナに対象を絞って話を進めることにする。ブチハイエナは、サハラ砂漠以南のアフリカ全域に分布している。一見すると犬に近いようだが、実は驚くべきことに猫に近い動物だ。猫よりもさらにミーアキャットやマングースに近いことがわかっている。

背中の傾斜もハイエナの特徴で、そのせいでこそこそした、ずるそうな印象を持たれてしまうことも多い。ただ、これは進化で獲得した能力とのトレードオフのようだ。ハイエナの前脚、肩、首は非常に頑丈で、そのおかげで高い攻撃力が得られている。また、大きな肉の塊を運ぶこともできる——これもハイエナの大きな特徴の一つだ。

ハイエナのもう一つの特徴は嚙む力の強さだ——「ボーン・クラッシャー」という異名は伊達ではない。人間の大腿骨の三倍の太さの骨でさえ嚙み砕くことができる。つまり、獲物の身体をほとんど無駄にすることなくすべて食べることができるということだ。

肉食動物は、次の食事がいつになるかわからない。そのため、食べられる時にできる限り多く腹に詰め込もうとする。一頭のハイエナが、最大で一気に一五キログラムくらいの量を食べられると言われる——よく食べる人間が一週間かけて食べる量だ——ハイエナが十分に空腹であれば、肉や皮だけでなく、骨や蹄、角や歯まで、美味しく楽しんで食べることができる。驚くべきことに、ハイエナは硬い甲羅を持った亀も平気で嚙み砕いて食べてしまうことがわかっている。

ハイエナのクラン

ブチハイエナが日中を過ごすセレンゲティのねぐらは静かな場所だ。地面は草も生えておらずむき出しで、埃っぽい。いくつかのトンネルをくぐると、ハイエナの子どもたちが休む部屋へとたどり着く。ただ、その日に私が見たのはねぐらで休むハイエナの姿ではなかった。その日は私の目の前で、一〇頭ほどの大人のハイエナが太陽の下、伸びをしたり、座ったりしていた。

そのそばでは、何頭かの子どもたちが遊んでいた。子どもどうしで取っ組み合いの喧嘩をすることもあれば、時には大人たちにちょっかいを出しに行くこともあった。全体としては、平和で、くつろいだ雰囲気だった。

だが、常にこうだというわけではない。夕暮れ時になると、ねぐらの周囲の動きが活発になる。大人のハイエナたちは立ち上がり、会話を始める。その不思議な声、言語を人間が聞くと少し困惑し、落ち着かない気分になる。そろそろ群れが移動を開始する時間らしい。「クラン」と呼ばれるハイエナの群れは、すでに書いてきたライオンの「プライド」にも似た社会集団である。

クランは大きな集団で、通常は三〇頭ほどのハイエナから成るが、最大で九〇頭ほどの集団になることもある。地上の肉食哺乳類の中では最大の群れだし、すべての哺乳類の中でも最大級の群れだと言えるだろう。

ニセの陰茎の役割

ただし、ハイエナの社会が興味深いのは、クランが大きいということではない。クランの中での個体どうしの関係が独特で、非常に複雑なのだ。雌が雄よりもわずかに大きい(哺乳類では、雌の方が大きい種は珍しいが、実は動物全体を見れば、これはむしろ普通で珍しいことではない)ハイエナの社会では、雌の方が雄よりも攻撃的で、全体としては優勢な性となっている——最下位の雌ですら、最高位の雄よりも地位が上であることがほとんどだ。

雌のハイエナは雄のハイエナより優位というだけではない。実は雌のハイエナはいわゆる「雄性化」をしている。まず、陰茎によく似た「偽陰茎」を持っている。

その名の通り、本物の陰茎ではなく、正確には陰核が肥大したものだ。しかも、二つの陰唇が結合して陰嚢(いんのう)に似た「偽陰嚢」を形成している(予想できた読者もいるかもしれない)。つまり、両性とも、脚の間に外見のよく似た器官を持っているということだ。

当然、ハイエナの雌雄の見分けは非常に難しく、両性具有だと思われることもあれば、性的に「逸脱」していると思われ、それがまたハイエナという動物の悪評につながることもあった。ある動物園が、繁殖のために二頭のハイエナを飼っていたが、何年も経ってから二頭とも雌だとわかった、という話もある。そもそもなぜ、偽陰茎なるものができたのかはよくわかっていないが、ハイエナの社会において、陰茎と偽陰茎が非常に重要な役割を果たしていることは確かだ。

おかげで、両性ともに「社会的勃起」という独特の信号を発することができるからだ。社会的勃起はディスプレイであり、性行為とはほとんど関係がない。実は服従を意味する信号となっている。

雌の方が雄よりわずかに大きいとはいえ、クランでの地位の高さは身体の大きさや戦闘力では決まらない。クランは近縁者のネットワークである。血縁、近縁関係を基礎としたネットワークということだ。人間の封建王国、貴族社会に似ているかもしれない。

たとえば、優位の雌から生まれた雌は、自動的に母親のすぐ下の地位になり、母親の下にいるすべての雌たちよりも上になる。ブチハイエナの子どもたちはごく早い時期からクランの社会の仕組みを学んでいく。母親と行動を共にしながら、母親がクランの他のハイエナたちとどう関わるかを注意深く観察するのだ。

二頭のハイエナが出合った時に、両者が取るべき態度はあらかじめ細かく決まっている。必ず下位の者は明確に服従の意思を示すのだ。ハイエナのクランでも時には暴動が起きることはあるが、礼儀作法が細かく定められているおかげで、暴動は最小限に食い止められている。内輪もめをしてもクラン全体にはまったく得にならないので、それが起きにくいのは良いことだと言えるだろう。

ハイエナの笑い声

ハイエナたちは実に様々な手段で自分の地位を互いに伝え合っている。たとえば声――その中には有名な笑い声のような声も含まれる――は、自分が何者であり集団の中でどのくらいの地位にあるか、という情報を伝える。声で伝えきれない部分は、ボディ・ランゲージで補う。ハイエナと人間とで似た動作でも意味が逆のものは多いが、笑い声もその一つだ。

ハイエナが笑い声をあげるのは、恐怖を感じている、緊張しているという信号である。下位のハイエナが上位のハイエナに出合った時には、笑い声で恐怖を感じていると伝える。同時に尻尾を丸めて身体の下に入れ、頭をおじぎをするように下げる。

時には、下位の者が上位の者に近づいて文字通りひざまずくことさえある。何より印象的なのは、長く会わなかったクランのメンバーどうしが再会する時に行われる儀式だ。犬も同じようなことをするが、二頭のハイエナは縦に並び、後ろの者が前の者の尻に鼻をつける。下位の者は、片方の脚を上げ、上位の者に自分の生殖器のにおいを嗅がせる。

そして、社会的勃起をしていることをはっきりと見せる。これは非常に無防備な動作である。だからこそ、ハイエナの礼儀作法ではあえてこの動作をすることが求められる。一つ間違えれば酷い目に遭うからこそ、この動作は意味を持つのだ。

母親のこのような行動をそばで見ていて、娘のハイエナは自分が社会の中でどう振る舞えばいいのかを覚えていく。子どもなので身体はまだ小さいがそれは関係ない。母親が上位でさえあれば、それに守られて上位の行動を取ることができる。

クランの中の雄たちも、雌たちも皆、少なくとも母親がいる時には彼女に服従する態度を取る。セレンゲティのクランでは、移動する獲物の群れを追って、数時間、あるいは数日間、娘をねぐらに置いて出かけることがある。怖い母親がそばにいなくなるので、他のハイエナたちとすれば、必ずしも娘にへつらわなくてもよい、ということになる。日頃の借りを返す絶好の機会と言ってもいいだろう。

王朝は引き継がれる

最上位の雌が自分の娘も確実に最上位の雌にさせるということは、彼女と血縁的に近い者たちが一種の王朝を形成するということだ。第二位の雌は自分の娘も第二位になる。そして第三位の雌の娘は第三位に、という具合に、最下位の雌にいたるまでの強固な序列が維持される。さらにその下に哀れな虐げられた雄たちが位置する。

この体制はもちろん、最上位の雌にとっては大いに利益になる。彼女とその娘は、仕留められた獲物を最優先で食べることができるし、最も良い場所で休息ができ、ねぐらの中でも最も良い場所を占めることができる。多く食べられれば、それだけ多くの子どもを産むことができ、生まれた子どもたちに多くの乳を飲ませることもできる。

彼女の子どもたちは健康になり、早く成長するし、早い時期に子どもを産むことになるだろう。寿命も延びるに違いない。上位であることの利益はとてつもなく大きいと言える。「王朝」は時が経つごとに成長し、強さを増す。

一方、上位の雌の息子も、姉や妹ほどではないがやはりその血統の恩恵を受ける。クラン内での序列は、雌たちよりはるかに下になるが、食べ物をめぐる競争に際して母親からの庇護を多少でも受けられる分、有利にはなる。

それに、姉や妹からは、他の雄たちに比べれば優しくしてもらえる。雄のハイエナは子育てにおいて重要な役割を果たすことはないが、上位雌の娘たちは、自分たちの父親には比較的、優しい態度を取る。

他の多くの哺乳類と同じく、ハイエナの場合も、若い雄は大人に近づくと生まれ育った群れを離れることが多い。通常、雄はその後、近隣の別のクランに加わり、その中で序列の最下位になる。わざわざクランを移るのは繁殖のためだ。自分の生まれたクランに留まっていては繁殖の機会が非常に限られてしまう。いずれ子どもが欲しいのなら、移動するしかない。

クランを移ったあと、地位を向上させられる可能性はあるが、そのためには辛抱強く待たねばならない。自分より上の雄が死ぬかクランを離れるかして空位が生じなければ、自分の地位が上がることはないからだ。

最上位の雌の息子たちは、小さい頃から栄養が良く、大事に育てられているが、そういう雄は地位の低い雌の息子に比べ、クランを移ってもうまく生きていくことが多いようだ。だがいずれにせよ、ハイエナの世界で雄として生きるのは楽ではない。

においで血縁を見分ける高度な能力

ハイエナのクランは、基本的には地位と権力をめぐって争うはずの個体どうしが協力し合い、時に裏切ることもある、というネットワークである。その複雑な社会でうまく生き抜くため、ハイエナたちは、非常に優れた個体識別の能力を持っている。誰が誰かを見分けるだけでなく、クランの中の誰と誰がどういう関係にあるかを把握、理解する高度な能力も持っている。

血統、血縁がクランにおいて重要だということは、ハイエナたちがそれだけ自分の血縁者を認識することに長けているということだ――兄弟姉妹は言うまでもなく、いとこのように少し関係の遠い血縁者までも間違いなく見分けることができる。

なぜそのようなことができるのか。人間もそうだが、ハイエナも、大多数の脊椎動物と同様、主要組織適合遺伝子複合体（Major Histocompatibility Complex ＝ ＭＨＣ）と総称される遺伝子群を持っている。これは病気への抵抗性を決定する重要な遺伝子群だが、それに加えて体臭に影響を与えるという副作用もある。

動物の個体にはそれぞれ独自の「化学的署名」のようなものがある。その一部は、食習慣、生活様式、遺伝子などによって変化する。血縁者は、祖先を共有していることから、遺伝子の多くが共通している。そのおかげで、血縁者以外と比べると、においが似通っていることが多い。人間は嗅覚があまり鋭くないので、体臭の微妙な違いまで嗅ぎ分けられる人は少ない。

しかし、ハイエナは嗅覚が優れているので、体臭を手がかりに血縁者かそうでないかを識別できるのだ。血縁関係は、ハイエナにとって非常に大事な情報だ。誰が誰かだけでなく、誰と誰が血縁的にどの程度近いかが明確にわかれば、個々がクランの中でどういう地位を占めるかもよくわかるからだ。

ハイエナたちは皆、自分のクランの中での地位を高め、権限を強めようと努力するのだが、その際にこうした情報が役立つ。地位を維持する、あるいは高めるために、クラン内の他のメンバーと協力関係を築くという作戦を使う者もいる。

味方が多くいるハイエナは当然のことながら強い。より良い協力関係を築くため、ハイエナたちは、できる限りクラン内での地位の高い個体に気に入られるよう努力する。ハイエナたちに最初に地位を与えるのは母親である。若いハイエナたちは、少しでも自らの立場を強めるため、母親や、近縁者たちとは緊密な関係を維持し続ける。

母親は常に娘たちを支援してくれるし、何か困ったことがあればすぐに駆けつけてくれるので、母娘関係は決して失ってはならない。関係維持には挨拶の儀式が重要である。その儀式をうまくやれば、関係の強化ができるが、失敗すれば他の誰かに取って代わられる恐れがある。

すでに書いてきた通り、新たなクランに移った時点で雄のハイエナは、序列の最下位となり、はじめは一頭の味方もいない。雄が序列を上げるには、ともかくクランの中で他のハイエナたちとの関係を築いていくしかない。

すべては雌が決める

いずれ子どもを持ちたいと望むのであれば、まずは周囲に溶け込むことが重要になるだろう。ただし、それには時間がかかる。他の多くの哺乳類とは違い、ハイエナの場合、誰を繁殖のパートナーとするかについては、すべての選択権が雌の側にある。

雌には、知り合ってから長い時間――何年という単位のことも多い――が経過していて、すでに強固な関係が築けている雄を好む傾向がある。雄は雌に選ばれるために、献身的な愛情を注がなくてはならない。交尾したい相手に何週間も常について歩くのだ。

そうすることでようやく交尾に同意してもらえる可能性が生まれる。しかも、たとえ雌とつがいになれたとしても、その関係は排他的なものにはならない――同じ雌との関係を続けたいのであれば、雄はいったん関係ができたあとも維持のための努力を怠ってはならない。

クランはたしかにハイエナの社会の基本単位ではあるが、その縄張りの中で常時、一体となって行動するわけではない。中には単独で行動する者や、小さな集団で行動する者もいる。複数の小さな集団が合流することもある。

つまり、クラン内は、絶えず離合集散を繰り返す、いわゆる「分裂融合社会」になっているということだ。同じハイエナがある時は単独でさまよい歩いていたかと思うと、またある時は何頭かでチームを組んで狩りをするということがあるわけだ。ハイエナの社会は非常に洗練された社会だということである。クランの中では常に競争が行われている。

特にわかりやすいのは、狩りで仕留められた獲物を先に食べる権利をめぐる競争だろう。

その様子を観察していれば、クラン内のハイエナたちどうしの関係がどうなっているかがよくわかる。クランの中には、いくつもの小集団があり、環境が悪化した時ほど、その小集団の絆が重要な意味を持つ。ハイエナは皆、自分の近縁者を優遇するが、特に優遇するのは、普段から行動を共にすることが多い集団のメンバーである。

仕留められた獲物をめぐる競争においても、小集団の仲間は協力し合って優先権を得ようとする。時にはそのために集団外の個体を力を合わせて追い払うこともある。ハイエナの社会では、何ができるかよりも、誰を味方につけているかの方が大切になるわけだ。

若いハイエナは一般に、年長者が食べ終わるまで待たねばならないので、わずかな分け前しかもらえない。しかし、地位の高い雌の子であれば、親の権力のおかげで、若いうちから多くの分け前をもらえることがある。

クランにおける地位や小集団の絆がいかに重要かがわかると、ハイエナが挨拶の儀式に熱心になるのも納得できるし、自分に歯向かってくる恐れのある者を徹底して押さえつけようとするのも当然と思える。ハイエナたちは、クランの中での個体間の関係変化を敏感に察知する。

攻撃性を司るホルモン

人間もそうだが、ハイエナもやはり関係の変化は好まないようだ。クラン内で二頭のハイエナが戦っていると、ほとんどのハイエナは上位の側に味方して戦いに加わる。たとえ上位の側が負けそうになっていたとしてもその点は変わらない。ただし、どのハイエナも、戦いへの介入には慎重である。介入することにはリスクがあるからだ。

そのせいでこれまでの自分の地位を失う恐れもある。介入するか否かの判断には、戦っている個体と自分の関係がどの程度近いかが大きく影響する。たとえば血縁関係の近い個体が戦っているのなら助けた方が良いだろうが、関係の遠い個体なら、おそらく助けるべきではない。

ハイエナは総じて攻撃的な動物だが、それはなぜだろうか。その問いの答えは、おそらくホルモンにあると思われる。具体的には、アンドロゲンというホルモンだ。これは一般に「男性的」とされる性質を司るホルモンである。テストステロンもその一種だ。ハイエナは誕生前の発達の過程で大量のアンドロゲンを浴びる。そのため、生まれつき非常に男性的なのだ。

生まれたその日から針のように鋭い歯を持ち、目も完全に開いているハイエナの子どもたちは、すぐに自分の兄弟姉妹を攻撃し始めることがある（撮像装置で調べた結果によれば、実は子宮内でもすでに喧嘩をしているらしい）。その結果、通常は二頭同時に生まれる新生児のうち、一頭が死んでしまうことは多い。

特に、食料の乏しい時期に子どもが生まれた場合にはそうなりやすい。後には親族の助けに頼って生きることになるにもかかわらず、生まれてすぐに兄弟姉妹を殺してしまうのは不思議にも思えるが、二頭いる子どものうち一頭が死ねば、生き残った方が二倍の乳を飲めるのは確かだ。

ハイエナは、早い時期に攻撃性を高めるアンドロゲンを大量に浴びるために、後になっても好戦的な性質を保ち続けるのだと思われる。また、上位の雌の子どもは、下位の雌の子どもに比べ、発達の段階で多くのアンドロゲンを浴びる。

そのことが、生まれの良い子どもたちが母親と同様の地位を維持することに役立っていると考えられる。ただし、成長すると、雄と雌では分泌されるホルモンに違いが生じる。ハイエナも、他の哺乳類と同じく、大人では、雄の方が雌に比べてはるかに多くのテストステロンが分泌されるのだ。攻撃性を高めるはずのホルモンが多く分泌されるにもかかわらず、雄のハイエナは雌に従属するということだ。

つまり、大人のハイエナの場合は、雌をより攻撃的にしているのはテストステロンではないことになる。では、いったい何が原因なのか。原因はいくつかあると考えられる。

まず、ハイエナの雌は、テストステロンではないアンドロゲン（アンドロステンジオン）の分泌量が多く、それと、ハイエナ独特の生化学的構造があいまって、雌の攻撃性を高めていると考えられる。さらに、脳内の攻撃性を司る部位は、ハイエナの場合、雌の方が雄よりも大きい。それも雌の優位性を高めるのに寄与しているようだ。

ただし、このように個体の攻撃性が極めて高いにもかかわらず、ハイエナのクランでの競争、内輪もめで重傷を負う者がめったにいない点には注目すべきだろう。つまり、ハイエナという動物は非常に強いのだが、その強さを制御する能力も驚くほど高いということだ。獲物を前にして戦ったとしても、勝った方が負けた方を徹底的に痛めつけることは少ないのである。

ハイエナ・バター

クラン全体の存続が脅かされるような危機が迫った時には、中での競争は二の次になる。ンゴロンゴロ・クレーターのハイエナたちは、自分たちの縄張りの範囲を非常に明確に設定しており、他のハイエナたちの侵入を決して許さない。

それにはもっともな理由がある。縄張りには資源がある——中でも特に重要なのは食料だ——生存にはその資源が絶対に必要である。縄張りを少しでも失えば、それだけ資源が減り、クランは苦境に陥ることになる。皆が餓死するかもしれない。

それを防ぐべく、クランは団結して縄張りを守るのだ。普段は単独で、あるいは小集団で自分の行動圏内を歩き回っている者たちも、縄張りによそ者が侵入したとなれば集まって来る。そして一〇頭、二〇頭、あるいはそれ以上のハイエナが共同で前線を防衛する姿が見られることになる。防衛において大事なのは数だ。防衛に参加するハイエナの数が多いほど、勝てる可能性は高まる。だからいつもはばらばらの個体、小集団が集結して、縄張りの防衛に当たるのである。二つのクランの境界線がどこなのかは、どちらのクランも了解しているし、境界を示す明確な目印もつけられている。

目印に使われるのが、「ハイエナ・バター」と呼ばれる独特のペースト状の分泌物だ。これを、長い草の茎など、植物につけることで縄張りの境界線を示す目印とする。「バター」と言っても、人間がパンに塗るバターとはまったく違う。

これはハイエナの肛門の分泌腺から出される物質である。ハイエナ・バターは、ハイエナの名刺のようなものだ。この物質から、つけた個体の性別、クラン内での地位の高さ、繁殖の状況などの情報が得られる。重要なのは、クランに特有のにおいもあるということだ。

つまり名刺に加えてどのクランに属しているかを示す「会員証」の役割も果たすのだ。ハイエナたちは、クランの仲間が出すハイエナ・バターのにおいに強い関心を示す。また仲間の出した分泌物を自分の分泌腺に塗りつけることもある。この分泌物には、様々な細菌が含まれていて、それが独特の臭気を生む。

つまり、他者の分泌物を塗りつけるのは、細菌を自分の身体につけることでもある。そういうことが長い間、繰り返されていれば、同じクランに属するハイエナたちは身体に共通の細菌を多く持つようになる。これは、分泌物のにおいも似たものになるということだ。

ハイエナ・バターを塗りつける行為は縄張り全体で見られるが、特にねぐらのそばで行われる事が多い。ハイエナたちが縄張りの境界線近くにハイエナ・バターをつけて回る様子は、不良少年たちが街の壁などに落書きをする様子に似ている。

縄張りと侵入者

縄張り境界線の力は絶大である。二十世紀にンゴロンゴロ・クレーター、セレンゲティで研究活動をした偉大なフィールド生物学者の一人、ハンス・クルークは、ウィルドビーストを追跡していたハイエナの集団が、縄張りの境界線に到達した時の反応を目の当たりにした。なんとハイエナたちは急に進行を止めたのだ。

隣のクランの縄張りに侵入して戦いになるよりも、獲物を逃がす方を選んだということになる。ただし、雄のハイエナは、多くが生まれたクランを出て別のクランに移るので、どうしても一度は縄張りの境界線を越えるという危険を冒さねばならない。

境界線を越えれば、当然、中のハイエナたちは、単独の侵入者を疑いの目で見るし、敵意を持って接してくる。ただし、縄張りが非常に広い場合には、雄の一頭くらいは誰にも気づかれずにかなり奥まで侵入できることがある。

侵入に気づいた者がいれば、ゆっくりと、だが敵意むき出しでその雄に近づいて来る。その後、侵入した雄がどうなるかは、ボディ・ランゲージによるコミュニケーションによって決まる。雄はほぼ間違いなく、尻尾と頭を下げて服従の意思を示すことになるだろう。たとえそうしたとしても、必ず雄は追い駆けられ、噛みつかれる。だが、新しいクランに受け入れられるためには、ひたすらそれに耐えなくてはならない。

縄張りの境界線では、常に少数のハイエナたちがパトロールをしている。このパトロール隊が、別のクランのパトロール隊と遭遇した場合には、両者の間で一通りの挨拶の儀式が行われ、その中で互いを知ることができる。

問題は、パトロール隊が、隣のクランのハイエナたちが境界線近くで狩りをしているところに遭遇した時だ。この場合には両者の間で戦いが起きることがある。特に、境界線近くで獲物が仕留められていた場合には戦いは非常に激しくなる。雌たち、そしてその下位の雄たちは協力して侵入者を攻撃する。

驚くべきことに、クランを移った雄たちが、自分が生まれたクランの近縁者を攻撃することも珍しくはない。仮に相手が自分、あるいは自分の子どもの近縁者であろうとも攻撃の手を緩めることはないのだ。自分のおばやいとこと戦う雄は多くいる。クランを移り、そこで受け入れられれば、忠誠心の向かう先が変わるのだ。血の繋がりよりもクランの絆の方が優先されるのである。

環境が厳しい時期には、ハイエナたちがあえて境界線を越えて他のクランの縄張りにまで入り込むことがある。そんなことをすれば危険であることは、ハイエナたち自身にもよくわかっている。たとえば、通常、うっかり他のクランの縄張りで獲物を仕留め、それが見つかってしまった場合にはやむなく縄張りの持ち主のクランに獲物を譲ることになる。

スカベンジャーと「ただ飯」

仮に自分たちの方が数の上で勝っていたとしてもそうするのだ。何もしていなくても、単に縄張りの境界線を越えてしまったというだけで神経が高ぶる。境界線を越えて獲物を仕留めたことが発覚していない時にも、ともかく急いで獲物を食べ、解体して、自分たちの縄張りへと運ぶ。ただ、どれだけ急いでも時間はかかるので、途中で発覚する恐れはある。

その場合には血みどろの戦いにまで発展することがある。そうしたクラン間の抗争では重傷を負う、あるいは死亡するハイエナもいる。ただ、戦いでの死は必ずしも無駄にはならない。人間の目には異様に映るが、ハイエナたちは必要であれば戦いで死んだ仲間を食べるからだ。

ハイエナは腐食性動物（スカベンジャー）とされることが多い。その見方は間違いとは言えない。また、長らくずるく卑怯な動物だと思われているのも、この見方のせいだろう。ハイエナは腐肉でもまったく平気で食べる。また、ジャッカル、野犬、チーターなどが苦労して仕留めた獲物を奪うこともよくある。ライオンの獲物を奪おうとすることすらあるのだ。

自然ドキュメンタリー番組でもお馴染みのシーンである。ライオンがすでに死んだ動物を食べていると、その周りをハイエナの集団が取り囲み、何やら盛んに話しながら、しつこく攻撃を仕掛けて百獣の王の食事を邪魔するのである。

だが、時を遡って見てみると、実はその獲物を元々仕留めたのはハイエナで、ライオンはそれを横取りして食べていただけ、ということも珍しくはない。アフリカのサバンナにおいては、他の動物が仕留めた獲物を食べる「ただ飯」ほどありがたいものはない。ライオンにとっても同じだ。

そのため、ハイエナが狩りをしているのを見つけると、どうにか獲物を奪ってやろうと狙うのだ。殺されたばかりの動物がいて、そのそばにライオンとハイエナの両方がいた場合、仕留めたのがどちらかを見分けることは実は可能だ。ライオンは獲物の喉に噛みついて殺すことが多い。また、肩や脇腹にはっきりとわかる爪痕があることも多い。これは、追跡の最後の段階でつけられたものだ。これに対し、ハイエナは、逃げる動物の後肢部に噛みつくのが普通だ。また、ハイエナの顔に新鮮な血液がついていた場合は、獲物を自ら仕留めたと考えて間違いない。

ライオンへの対抗策

身体の大きさがまったく違うので、ライオンと一対一で向かい合えば、ハイエナに勝ち目はない。ハイエナに勝ち目があるとしたら、数を増やすしかない。どうやらハイエナの数がライオンの四倍になると、ハイエナにも勝機が生まれるようだ。そのくらいの比率なら、仕留めた獲物を守ることや、ライオンから獲物を奪うこともできる可能性がある。

ライオンはだいたい四時間くらいは、ハイエナを寄せつけずに食事を続ける。吠え声で脅し、時には攻撃を加えたり、追い回したりして、腹をすかせたハイエナを遠ざけるのだ。ハイエナもおとなしく、ライオンとの間に一定の距離を保っていることが多いが、可能だと思った時には、急いで走って行って獲物の一部を奪い去ることもある。

ライオンはハイエナを殺すこともあるが、食べることはほとんどない。ハンス・クルークによれば、自分を殺そうと近づいてくるライオンに気づくのが遅れ、逃げられなくなったハイエナが驚くべき行動を取ったことがあるという。なんと、ライオンがこれから食べるであろう獲物の死体の中に隠れたのだ。他に隠れる場所を思いつかなかったらしい。そして、ライオンが獲物を食べ、満足して立ち去るまで、じっとその場を動かずに待っていたようだ。

ライオンとハイエナは食べるものがほぼ同じなので、必然的に両者の間には激しい競争がある。ライオンは自ら獲物を捕らえるハンターだが、ハイエナはその獲物を横取りするスカベンジャーだという見方は実のところまったく正しくない。ライオンがハイエナが仕留めた獲物を奪うケースの方が、その逆の二倍もあるからだ。

シマウマを三十分で食べ尽くす

まず重要なのは、ハイエナはスカベンジャーというよりもむしろハンターだということだ。ハイエナの狩りは非常に騒がしい。狩りの際にハイエナはあの独特の笑い声をあげるからだ。そのせいで何キロメートルも先にいる他の肉食獣たちの注意を引いてしまう。自分たちの得になるとは思えないのに、ハイエナたちはなぜ狩りの時に大騒ぎをするのだろうか。

　その理由は推測する他はないが、一つ言えるのは、ハイエナは食欲旺盛にもかかわらず、仲間どうしで食べ物をめぐって戦うことが少ない動物だということだ。そして、あの有名な笑い声はハイエナの間で、お互いを安心させる重要な「声のディスプレイ」の役割を果たしているようなのだ。また、仕留めた獲物のそばでハイエナたちが声を出していれば、クランの他のハイエナたちの注意を引き、そばにいる仲間の数を増やすこともできる。数が増えれば、それだけライオンに獲物を奪われる危険性も下がるだろう。

　いずれにしろ、ハイエナは驚くほど早食いである。ウィルドビースト、シマウマなどの大型の動物でも、解体し、食べ尽くすのに三十分とかからない。そのあとには地面に血痕が残るくらいであとはほぼ何も残さない。横取りを恐れてか、獲物の一部を仕留めた場所から遠くへと運んで食べることもある。また、隠しておいてあとで食べる場合もある。食べ物をしばらくの間、水の中に貯蔵しておくこともある。そうすれば温度を低く保つことができるし、他の肉食獣に見つかりにくくもなる。

　ハイエナにとって狩りは数のゲームだ。ハイエナは数多くが協力し合い、ライオンよりも明らかに組織だった方法で狩りをする。ウィルドビーストはハイエナのお気に入りの獲物だ。大人のウィルドビーストを狩る際には、群れの中でも弱い者を探して襲うという戦略を採る。

日中、草を食べるウィルドビーストは平原に広く散らばっている。ハイエナたちは、ウィルドビーストの間を動き回って様子を探る。どういう個体がいるのかそれぞれの品定めをするのだ。不思議なのは、ウィルドビーストは、自分たちの天敵がすぐそばをうろついていても特に慌てないことだ。

ハイエナがすぐには攻撃して来ないとわかっているらしい。ハイエナがウィルドビーストから数メートルの場所を移動することもあるが、ウィルドビーストは敵意に満ちた目で見るくらいでほとんど反応しない。

標的を選び抜く

だが、しばらくすると様相が変化する。ハイエナがいよいよ、積極的に標的の選別を始めるからだ。まず一頭のハイエナが、ウィルドビーストの集団に向かって突進する。突進されたウィルドビーストは速足で逃げる。身を固くして警戒はしているが、まだ全速力で逃げるというほどではない。

ハイエナは立ち止まり、突進の結果を吟味する。この動作は数回繰り返すことがある。そしてようやく標的の選定が終わるのだ。ハイエナは、ウィルドビーストの個体ごとの違いをよく見ている。ポーカーのチャンピオンが対戦相手を注意深く観察して分析するように、ハイエナはウィルドビーストの動きを見て、どこかに「こいつは弱い」とわかるような証拠がないかを探るのだ。

突進によって標的にできる個体をあぶり出せれば、あとは群れから引き離せば、いよいよ本格的に狩りの開始だ。その段階で、近くで見ていた仲間たちも追跡に加わる。群れから引き離され、孤立したウィルドビーストは窮地に陥る。ハイエナは足が速い上に、とてつもないスタミナの持ち主だからだ。

ハイエナの心臓は、身体に対する比率で言えば、ライオンの二倍近くもの大きさということになる。おかげでいくらでも長く走ることができるのだ。標的にされたウィルドビーストとしては、群れのいる方へ向かって、多くの仲間に紛れてしまえば助かる確率が高い。しかし、それができずにただ逃げたとすれば、ハイエナはたとえ五キロメートル逃げても平気で追って来るだろう。

追跡が長くなればなるほど、ハイエナがウィルドビーストを捕らえる可能性は高まる。ハイエナはウィルドビーストのあとをずっと遅れずに走りながら、時々、後ろ脚に噛みつく。やがてウィルドビーストは疲れ切って速度が落ち始める。

追いつき捕まえてしまえば、あとは肉食獣としてごく当たり前の行動を取るだけだ。まず獲物の後ろ脚に噛みついて引きちぎる。柔らかい乳房や睾丸なども引きちぎってしまう。腹部や脚の筋肉などは食べやすいので先に食べ始める。引き倒されたウィルドビーストは、多数のハイエナたちが群がって姿が見えなくなる。生きたまま食べられていくので、少し食べられる度に大変な苦しみを味わうだろう。クルークによれば、この段階になるとウィルドビーストは抵抗らしきことをほとんどしなくなるという。抵抗したところでもはやほとんど意味はないので当然かもしれない。ただ、もう自分の命が奪われるのを甘んじて受け入れるしかないのだろう。

ウィルドビースト狩りはこのように、一頭、あるいは少数のハイエナから始まる。一頭、あるいは少数で突進して、標的を選別するところから始まるのだ。しかし、相手がシマウマになると戦略は違ってくる。シマウマ狩りは、一〇頭かそれ以上の集団で開始する。より多くの力を集結させるわけだ。

人間になついた「ソロモン」

体重が一〇〇キログラムから一五〇キログラムのウィルドビーストに対し、シマウマは体重が四〇〇キログラムにもなる大きさなので、それだけ狩りも難しくなる。また、シマウマ、特に雄のシマウマは反撃してくるのだ。シマウマ狩りには、組織的な準備作業が必要になる。準備はねぐらを出る前から始まっている。まるで出発前から具体的にどのシマウマを標的にするかまで予定して狩りに行っているようでもある。

シマウマを狩る場合、ハイエナは驚くほどの長距離を歩くことになる。ただただシマウマの群れを見つけるという一つの目的だけのために何十キロメートルもの距離を旅するようなのだ。狩りの仕方そのものはウィルドビーストの場合と基本的には同じだ。

ともかく標的になる個体を群れから引き離し、その後、追い詰めて倒すのだ。面白いのは、クランの中に、実際に獲物を仕留めることを専門にする個体と、専らそのあとからついていく個体とがいることだ。獲物を仕留めた個体は真っ先に食べ物にありつくことができる。

そして、年長の個体や子どもなど、速く走れない個体は、獲物が仕留められてから合流することになり、食べる順番もあとの方になる。ウィルドビーストの子どもや、トムソンガゼルなど小型の動物が標的の場合には、獲物を仕留めるだけ仕留めて食べないハイエナも多い。

同じような行動は、鶏舎を襲うキツネや、イエネコなどにも見られる。どうやら、生き物を殺す本能は、厳密には食欲からは独立しているようだ。また、ハイエナの場合、自分が食べるわけでもない動物を余分に殺す個体がいるおかげで、クラン内の他の個体は食べ物が得られて助かることになる。

ここまでに書いてきたことからすると、ハイエナは非常に攻撃的で、自分の兄弟姉妹を殺すこともあり、共食いまでする動物ということになる。それは間違いではない。とんでもない動物と思う人もいるだろう。だが、だからといって、ハイエナという動物を悪役に仕立て上げてしまうのは正しいとは言えない。

ハイエナが極めて優秀な捕食者であるのは確かだが、この動物には実はあまり知られていない別の面がある。数少ないながら、飼いならされた例があるのだ。少なくとも人間になつくようになったハイエナは意外にいる。人間と穏やかな心温まるような交流をしたハイエナが実際に存在したのである。

ハンス・クルークはフィールドワークをしながら、一頭のハイエナを飼いならし、ソロモンと名づけていた。ソロモンはクルークとともに旅をし、テントの中で彼の隣で寝ていた。ただ、クルークは結局、ソロモンをエディンバラ動物園に送ることを余儀なくされた。サファリ・ロッジのチーズやベーコンの味を覚えてしまったのが問題だった。

ソロモンはいくらでもチーズやベーコンを欲しがり、ロッジから追い払うことができなかった。観光客用のビュッフェからつまみ食いをすることもあった。そのままだと、観光客を食べてしまう恐れもあったのだ。これまで、行動の調査のため研究施設で飼育されたハイエナも少なからずいたが、ハイエナと研究者との間には強い絆が生まれ、顔を合わせると愛情の込もった挨拶をするようにもなった。

ハイエナの川遊び

人間と同じく、ハイエナは非常に社会性の強い動物であり、他者との関係を築くのに長けている。また、社会的動物の多くがそうであるように、ハイエナもまた知的な——しかも驚くほど知的な——動物である。複雑な相互関係から成る高度で洗練された社会を築いていることからも、脳が非常に発達していることがわかる。霊長類にも匹敵するほどだ。

状況によって、ハイエナはチンパンジーをも上回る知力を発揮することがある。たとえば、報酬を得るために仲間との協力を必要とするような課題を与えると、ハイエナはチンパンジーよりもうまくこなす。その課題では、二頭のハイエナそれぞれがロープを引かねばならない。報酬を得るには、二頭のハイエナがまったく同時にロープを引く必要がある。つまり、二頭の間での協力、動作の調整が必要ということだ。

類人猿を含め、サルの多くは高度な社会性を持っているのだが、ハイエナほどこの種の課題をうまくできる種はほとんどない。サルたちにはどうやら、こういう協力は難しいらしい。ハイエナは、事前の訓練もなしで、すぐに課題をこなしてしまう。ハイエナの一般的なイメージとは合っていないかもしれないが、これは厳然たる事実なのだ。

ハンス・クルークは、ハイエナたちが川で遊ぶ様子を目にしている。川に飛び込み、水しぶきを飛ばして、ふざけ合い、大騒ぎで楽しい時を過ごしていたのだ。ハイエナという動物の悪い評判を覆すべく、私はよくその話をしている。読者には、くれぐれも固定観念にとらわれないようにしてもらいたい。

オオカミの群れ

それは早春のカナダ北部でのことだった。川は表面上、まだ凍りついてはいたが、その下ではわずかに水が流れ始めていた。氷が解け始めていたのだ。とはいえ、地上から冬の名残が完全に消え去るまでには、まだ数週間はかかるだろう。夜明けとともに、粗末な山小屋から森の住人が一人、出て来た。

彼はコートの前をかき合わせ、銃の点検をした。そして次に、前日に仕掛けた罠の中を見た。雪と氷の地面をブーツで歩くと大きな音がした。男は人気のない森の中を一人で歩いて行った。

木々の間にいくつかある見慣れた目印を注意深く見ながら進んで行く。一つ目の罠には何もかかっていなかった。二つ目も同じだ。

さらに歩みを進めて行くと、何か動くものが見えた。コヨーテだろうか。オオカミだろうか。男は肩からライフル銃を下ろすと、動きを止め、息も止めて、樺（かば）の木の木立の奥に目を凝らした。何も動かない。手の中のライフル銃の重みに力を得て、男は再び歩き始めた。何歩か進むとまた何かが動くのが見えた。木々の中から男の前に一頭のオオカミが姿を現わし、左へと歩いて行った。オオカミまでの距離はおそらく二〇〇メートルくらいだっただろう。オオカミは男を恐れる様子はなく、歩く速度を落とした。銃で狙えるくらい近づくことはできるだろうか。

オオカミは雌だったが実は一頭ではなく群れだった。群れのオオカミすべてが空腹で狂わんばかりになっていた。ずっと厳しい冬が続いたのだから当然のことではある。

最初のオオカミのすぐ脇の木々の陰から、彼女の息子が現れた。二頭はどちらも警戒していた。経験から人間は警戒が必要な相手だと知っていたからだ。ただ、痛いほどの空腹のせいで、その警戒心も覆い隠されてしまいそうだった。

雌のオオカミは、振り返って自分の後ろの木々の中を見た。群れの他のオオカミたちも集まってきていた。彼女は動き始めた。木々の脇、人間のすぐそばを速足で駆け抜けようとしたのだ。不意に彼女のすぐ後ろの木に一発の弾丸が当たった。その一瞬後にライフルの銃声が響いた。

外した！　男は悔しがり、慣れた手つきで弾丸を再充填（じゅうてん）した。そのあと、改めて前を見て驚いた。通常であれば銃声を耳にすれば逃げて行くはずのオオカミが逃げないばかりか、数が増えていたからだ。しかも、オオカミの数はまだ増え続けている。四頭だったのが六頭に、そして一二頭になり、まだ増えている。それを見た男は不安になり、ライフルを再び構えた。

オオカミたちは銃声で立ち止まりはしたが、尻尾を巻いて逃げた者は一頭もいなかった。最初に現れた雌のオオカミは一歩、また一歩と男に近づいてきた。他のオオカミたちも、とてつもない空腹に後押しされてそれに続いた。オオカミの群れは歩みを進め、男との間の距離は徐々に小さくなっていく。

男はまた発砲した。今度は命中。一頭のオオカミが弾丸に当たって転がり、動きが止まる前には死んだ。しかし、群れはそれでも怯(ひる)まない。むしろ速度を上げ、男に向かって突進して来る。男はまた発砲した。一発、二発、三発。いずれも命中。

これで四頭のオオカミが死んだが、残ったオオカミはまだ走って来る。さらに三発撃ったところで、オオカミは男に襲いかかった。一頭が大腿部(だいたい)に嚙みついた。男はライフルの銃床でオオカミを殴ったが、どうにか効き目があり、オオカミの頭蓋骨は砕けた。だが、その間にさらに二頭が男の脚を引き裂こうとしていた。

男は必死に二頭の頭に重い銃床をぶつけ、三頭目の顎も強打した。しかし、オオカミの数が多すぎる。重いオオカミが胸に乗ると、男は倒れてしまった。他のオオカミたちは倒れた男の腕や脚に嚙みついた。男も腕や脚を動かして抵抗はしたが、あまりにもオオカミの数が多すぎてどうにもならなかった。

男は敵の圧倒的な力を思い知らされた。噛みつく顎の力も凄かったが、感じるのはもはや痛みというよりも衝撃と言う方が正確だった。オオカミにとって人間という動物は食事としては貧弱であり、しかも食べるには大きな代償が伴う。何日か後に誰かがここを通りかかれば、凄惨な光景を目にすることになるだろう。一一頭のオオカミが死んでいる。七頭は射殺、四頭は撲殺だ。そして一人の男の死骸がそのオオカミたちに取り囲まれている。

人間に慣れてしまったオオカミ

森の住人には恐ろしい運命が降り掛かったわけだ。当初、犠牲者はベン・コクランだとされた。カナダ、マニトバ州、ウィニペグ湖のそばに百年近く前に住んでいた人だ。ところが数週間後にコクラン本人が自分ではないと名乗り出た。コクランは元気いっぱいで健康そのもの。どこにも怪我はしていないようだった。なぜ、その死体が自分だとされたのかわからず驚いていた。犠牲者が本当は誰だったのかは結局わからないままだ。

実に恐ろしい事件なのは間違いないが、こういうことは非常に稀である。オオカミは本能的に人を避けようとするからだ。なので、その本能を凌駕（りょうが）するほどの極端な空腹に襲われるか、狂犬病にでもならない限り、通常、人を襲うことはまずない。ただ、人間の近くで長年暮らしたことで人間に慣れ、恐怖心をなくすオオカミがいなくはない。それでも人間がオオカミに襲われる事件は昔より減っている。

かつての居住地域の多くから排除されてしまったことも大きいし、オオカミが人間や、人間の持っている銃を避けるようになったということもある。ただ、特に北の地域では、民間伝承の影響が強いのか、オオカミは人間にとって「冬の間の四本足の友達」であるというイメージが強い。

不思議と言えば不思議なことではあるが、近縁種である犬が人間に強く愛され、人間の忠実な友達とみなされていることを思えば、当然なのかもしれない。犬が人間と現在のような関係を築けているのは、犬という動物に社会性があるからだが、それとまったく同じ性質がオオカミにもあり、その性質がオオカミの生態に大きな影響を与えている。

オオカミは人間と同じように集団で生きる動物であり、同じ群れに属する者は強い絆で結ばれている。この性質のおかげで、人間と犬の間にも強い絆が生まれるのだ。

オオカミというとすべてが同じ一種の動物だと思う人も多い。だが現代の技術で遺伝子を細かく調べると、明らかにいくつかの種に分かれていることがわかる。ただし、具体的にいくつの種に分けるべきか、種どうしの関係がどうなっているか、といったことに関しては今も議論が続いている。ある人が独立した種だとするオオカミを、別の人は他の種の亜種だとする場合もある。

すべてのオオカミはイヌ科に属し、またその中のイヌ属に入る。イヌ属にはオオカミ以

ハイイロオオカミ

外に、ジャッカルやディンゴ、そしてイエイヌなどが含まれる。オオカミは大きく三種に分かれる。アメリカアカオオカミ、エチオピアオオカミ、そして最大で最も広く分布しているハイイロオオカミである。ここまでは特に問題はない。

しかし、ハイイロオオカミは多数の亜種に分かれるのだ（専門家の中には、亜種ではなく、いくつかの独立した種に分かれるとする人もいる）。しかも、亜種は互いに交配しており、しかもイエイヌとも交配していて、種の境目は非常に曖昧になっている。

それだけではない。ハイイロオオカミと呼ばれているオオカミがすべて「灰色（グレー）」ならばまだいいのだが、実のところ、そうとは限らない。たしかにグレーの者もいるが、白、黒、茶色、赤いオオカミまでいる。さらに、ハイイロオオカミにはいくつもの異名がある。タイリクオオカミ、シンリンオオカミ、プレーンズオオカミ、あるいはツンドラオオカミなどとも呼ばれている。事態が実に込み入っていることをそろそろわかってもらえただろうか。

細かくどう分類すべきかはともかくとして、ハイイロオオカミはかつて実に幅広い地域に分布していた。北米、グリーンランド、ヨーロッパ、インドから日本にいたるまでのアジアなど、北半球のほぼ全域にいたと言ってもいい。だが、この何世紀かの間に、多くの地域で人間がオオカミを排除してしまった。オオカミが生き続けている場所は今もあるが、ほとんどが非常に寒い地域や、人里離れた地域である。人間から恐れられ、神聖視されてきたオオカミという動物を間近で見るためには、そういう場所に行くしかないのだ。

オオカミは危険な動物なのか

だが、オオカミを見つけるのは簡単なことではない。特にヨーロッパ大陸では困難である。たとえば、ベルリンの南の、かつて東ドイツに属していた地域には今もオオカミが生息している。そこはソ連軍が演習に使っていた場所で、民間人は入ることができなかった。ソ連軍の軍需品が現在も残されているという噂もあり、ほぼ打ち捨てられているような土地だ。

ドイツのオオカミは、二十世紀のはじめには絶滅したと考えられていたが、ポーランドから国境を越えてドイツに入り、赤軍が演習をしていたあたりに縄張りを定めたオオカミの群れがいたらしい。私は、オオカミに会えることを期待して、その地域まで行ってみたが無駄足に終わった。

たしかにオオカミが生息している証拠はあるのだが、なかなか姿を見ることはできない。私も足跡や糞などオオカミの活動の痕跡は見つけたが、実物を見ることは叶わなかった。私はオオカミの姿を見ていなかったが、向こうは私の姿を見ていたし、近くにもいたと感じていた。ポーランドでは、私の友人の一人がオオカミと偶然、遭遇した。その友人は特にオオカミを探していたわけではなく、何世紀もの狩猟によって数を減らし、近年また復活しつつあるヨーロッパバイソンを、ポーランドの原生林であるビャウォヴィエジャの森で調査していたのだ。

過去にその場にいたであろう何世代もの生き物たちに思いを馳せながら彼は深い森の中を慎重に移動していたのだが、開けた場所で思いがけずオオカミと正面から向かい合うことになったのだ。しばらく両者は完全に静止しながら、静かに互いを見つめていたのだが、やがてオオカミは彼に背を向け、ゆっくりと歩き出し、森の中へと消えて行った。

オオカミは凶暴で危険な動物だと思っている人にとっては、このような行動は意外だろうが、実のところ、特に最近では、人間に遭遇して襲いかかるオオカミはほとんどおらず、このように人間を避けるような行動を取るオオカミの方が普通だ。たしかに人間がオオカミに襲われたという事例は過去に無数に記録されている。たとえば、フランスでは、十五世紀から、オオカミがほぼ一掃される二十世紀はじめまでの間に、人がオオカミに襲われる事件が五〇〇〇回以上も起きている。しかし、二十世紀後半には、北米、北欧、ロシアなどに残った生息地をすべて合わせても、オオカミに襲われて亡くなった人はわずか一一人にまで減っている。

現在はオオカミの数自体がさらに減った。また、人間の暮らし方も過去とは大きく違ってきている。都市部に住む人が多くなった上に、オオカミという動物に対する理解が進んだこともあって、襲撃事件は極端に減った。あらゆる動物の中でもオオカミほど研究が進んでいる動物は少ないだろう。おかげで現在では、オオカミの生態、とりわけその社会的行動に関してはかなり深く理解できている。

群れの序列

オオカミの群れ（「パック」と呼ばれる）は、家族から構成されることが多い。両親とその子どもたちが共に行動する。ただし、その家族から成るパックがさらに大規模なパックに属していることもよくある。パックには厳格な序列がある。まず、パック内には、一組のつがいのオオカミがいる。「アルファ」と呼ばれるこの二頭が、パックの他のオオカミたちを支配している。繁殖ができるのはこの二頭だけだ。

アルファは群れの中で最大の個体とは限らないが、最も強い個体がアルファになるのが普通だ。他の個体たちが権力を奪おうと絶えず戦いを挑んでくるので、それを跳ね返さなくてはならない。アルファは、ボディ・ランゲージで自分たちの優越性を他に伝える。頭と尻尾を持ち上げ、耳を立てるという動作で「自分は優位だ」と知らせるのだ。

パックに属する他のオオカミたちは、このアルファたちに対し服従の姿勢を見せる。尻尾を脚の下に入れてしゃがみ込み、何かを懇願するようにアルファの鼻を舐める。その間、アルファは平然として威厳を保つ。真っ直ぐ前を見据えて、相手の媚（こ）びへつらう態度を受け入れるのだ。下位のオオカミが背中を下にして寝転がることもある。

あえて無防備な態勢を取ることで服従の意を示すのである。下位のオオカミがこうしたディスプレイで服従の意を示さなければ、戦いが起きかねない。この場合、アルファは唸り、歯を剥き出しにする。明らかに脅しているとわかるディスプレイである。どのオオカミも戦いはできれば避けたい。そこで両者は、歯をかみ鳴らす、接触せずにお互いに向かって突進する、といった攻撃的な儀式をいくつか続けることで、事態の打開を図る。

それも失敗すると、いよいよ戦うことになる。いざ戦うと、その戦いは凄惨なものになる可能性がある。挑戦者がアルファに勝ってしまうと、パック内の他のオオカミたちは、かつてのリーダーに敵意を向け、集団で襲いかかってパックから排除する。権力の座を追われたアルファは、生きて逃げられればまだ幸運である。

パック内のオオカミたちは皆、その中での序列をよく把握している。ただ、だからと言って、それを覆そうとする者が現われないわけではないのだ。序列の低い雌がアルファ雄を誘惑しようとすることもあるし、反対に下位の雄がアルファ雌と交尾しようとすることもある。アルファのオオカミは雄も雌もそういうことが起きないよう、常にパック内の他のオオカミの行動に目を光らせている。

アルファ・ベータ・オメガ

繁殖の欲望はあまりに強いので、危険を冒してでも密かな逸脱をする者は必ずいる。特に規模の大きいパックだと、両親のどちらかがアルファでない個体は必ず一定の割合で存在している。

多くの場合、そうした子どもの親のどちらかはいわゆる「ベータ」の個体である。ベータは、アルファの次の序列であり、アルファに挑戦する可能性が最も高い。パック内で序列最下位の個体は「オメガ」と呼ばれる。オメガの個体は酷いいじめに遭いやすく、食べ物が乏しい時や、アルファの機嫌が悪い時には、仕留めた獲物を食べさせてもらえないこともある。

ただ、興味深いのは、オメガがどうやら、パックをまとめるのに重要な役割を果たしているらしいということだ。オメガが暴力のはけ口になっているおかげで、他の個体たちは平和に共存できるようだ。パックの団結には「遊び」も役立っている。パック内のオオカミたちは日常的に戦いごっこや追い駆けっこをする。

追い駆けっこに誰かを誘う時には、おじぎをするように頭を下げ、後四半部（あとしはんぶ）を持ち上げて、尻尾を立てて振る。前脚と頭は地面につくくらいに低くするのだ。遊びの際には序列はさほど重要な意味を持たない。オメガがアルファの個体を追い回すことすらある。遊びの楽しさがすべてに優先されるのである。

子どもたちは、まだ幼いうちは、パックと自分の両親、つまりアルファに守られて生きることができる。アルファは通常、仕留められた獲物を最初に食べる権限を持っているが、乳離れした子がいれば、その権限を譲る場合もある。もちろん、大人になると事情はまったく変わる。

食料は貴重であり、パック内に大人のオオカミが一頭増えるだけでも足りなくなる恐れがある。また、成長すれば当然、交尾の相手を探すことになる。パックに属するオオカミどうしは強い絆で結ばれているとはいえ、それで交尾相手が見つかるわけではない。

こうした理由から、子どものオオカミが成長して大人になると、生まれたパックを離れることが多い。また自分から離れなくても追い出されることもある。この場合の選択肢は限られている。すでにできあがっているパックに孤独なオオカミが加わることはめったにない――パックの縄張りの中へ侵入すれば殺される危険性が高いだろう。

血縁者の助けが得られない孤独なオオカミはとても弱い。パックを離れれば大変な苦労をするし、生き延びるのは非常に難しい。仮に生き延びたとしても、何週間、何ヶ月もの間、単独で放浪するはめになるし、その間に生まれたパックからは何百キロメートルも離れたところへ移動することになる。

縄張りをめぐる争い

放浪するオオカミは皆、交尾の相手――おそらく放浪しているオオカミの中から探すことになるだろう――を探している。そして、自分の縄張りにできる土地も探している。オオカミが多く分布している地域では、すでにいずれかのパックの縄張りになっている土地が多いはずだ。

したがって、若いオオカミは争いにならないよう、通常は他のパックの縄張りを慎重に避けてモザイク状の縄張りを設定することになる。パックを離れて放浪するのは危険だが、危険を冒すからこそ道が拓けることもある。どこかのパックの雌が孤独な雄のオオカミを誘惑することもあるし、孤独なオオカミどうしが旅の途中で出合ってつがいになることもあり得る。つがいの相手さえいれば、自身のパックを作ってそこのアルファになれる可能性が生じるのだ。

オオカミのパックの生存にとって、縄張りと、その場所にいる獲物を狩る権限を守ることは非常に重要である。ライオンやハイエナと同様、オオカミもやはり、においづけ行動によって縄張りの主張をする。特に縄張りの端の通路になるところでは盛んににおいづけをするし、有名な吠え声でその補強をする。ともかく近隣のパックのオオカミたちに、「ここまでは我々の縄張りだ」とわかりやすく伝えるわけだ。

だが、縄張りを主張すれば必ず受け入れられるわけではない。異議を申し立てられ、奪われる脅威に晒されることも多い。どのオオカミにとっても、ただ既存の縄張りを維持するだけでなく、他のパックの縄張りを奪い取ることが生存、豊かな暮らしのために不可欠なのだから仕方がない。強さは数である——小競り合いにしろ、全面戦争にしろ、近隣のパック間の戦いの勝敗はパックの規模、そこに属するオオカミの数でほぼ決まってしまうと言ってもいい。

多くのオオカミで一斉に吠え声をあげれば、周囲にパックの規模を知らせることができる。大きなパックに属するオオカミたちは積極的に吠えるのだが、反対に一頭で行動しているオオカミは賢明であれば、できるだけ吠えないようにする。

パック間の戦いは激しいものになり、犠牲者も数多く出る。オオカミを最も多く殺しているのは他のオオカミである、という地域は多い。ただ、パックの内部でも、パック間でも、互いを攻撃し合うことの多いオオカミだが、その一方でオオカミどうしに強い同盟関係——人間で言う「友情」のようなものと言ってもいいかもしれない——が見られることもよくある。その点は人間の社会に似たところがある。

仲間が死ぬと、その死を悼む行動を取るというのは、長年、オオカミを観察し続けている人たちがよく言うことだ。パック内の仲間が死ぬと、そのパックがしばらく狩りに出なくなることさえあるという。

私は科学者なので、簡単に動物の感情が理解できたなどと言うわけにはいかない。だが、たとえば、ホルモンの分泌量を調べることで、その動物がどの程度、ストレスを感じているかを推し量ることはできる。

動物がストレスを感じると、ある種のホルモンの分泌量が増えることがわかっている。パックの仲間を失ったばかりのオオカミたちは、ストレス・ホルモンであるコルチゾールの分泌量が増える。オオカミが仲間の死を悼むという話はどうやらまったくの嘘ではなさそうだ。

忠犬ハチの献身

東京、渋谷駅のそばには、有名な犬の銅像がある。これは、古くから知られる人間と犬との間の心温まる友情の物語にちなんで作られた像だ。

犬のハチは、飼い主の東京帝国大学の教授、上野英三郎が毎日、仕事から帰る時、渋谷駅まで迎えに行った。悲しいことに、ハチを飼い始めてからわずか一年後、上野は亡くなってしまう。しかし、その後、自身が死ぬまで十年もの間、ハチは毎日、飼い主を迎えるため、渋谷駅そばの同じ場所に通った。

ハチの献身ぶりは特別だが、それでも、犬という動物がいかに献身的で愛情深いかは、世界中の愛犬家が身をもって知っているだろう。だから、オオカミが死んだ仲間を悼むと聞いても、愛犬家はさほど驚かないのではないかと思う。犬にとって飼い主は、オオカミにとってパック（群れ）の仲間と同等なのだと考えられる。犬もやはりオオカミと同じく群れを成して生きる動物だからである。

オオカミはどのように「犬」になったのか？

犬と野生のオオカミの行動はどの程度、似通っているのだろうか。

その問いに答えるにはまず、時を遡って現代の犬の起源を明らかにする必要がある。犬と人間の関係には長い歴史がある。実のところ、あらゆる動物の中で、最も古くから人間と親しい関係にあったと言える。考古学的証拠によれば、犬は少なくとも今から一万四千年前から人間のそばで生きていたと考えられる。おそらくもっと前からだろう。ことによるとその二倍くらいの歴史があるかもしれない。

墓地の遺跡を発掘すると、犬が飼い主とともに葬られているのが見つかることが珍しくない。埋葬のされ方で、飼われていた犬だとわかるのだ。犬がはじめて人間のパートナーになった頃、文明はまだ初期段階にあった。大半の人間は狩猟採集民で、自分の手で食料を作り出すには至っていなかった。本来、これはありえない環境なのだ——人間も犬も、高度に進化した捕食者だったからだ。

つまり、互いにとって大きな脅威のはずであり、互いを恐れ、互いに対し敵意を抱くのが当然である。いったいなぜ、そのような条件を乗り越えて、犬と人間はこれほど深い関係を築くまでになったのか。捕食動物は実は家畜の有力な候補になり得るのだという意見もある。捕食動物は他の動物をあまり恐れないからだ。

しかも社会的な動物であれば、他者とともに生きることは得意だ。オオカミは両方に当てはまる動物だ。二つの種の間に具体的にどのようにして関係が築かれていったのかは謎に包まれている。今できるのは、得られている限られた証拠を基にある程度、信憑（しんぴょう）性のありそうなストーリーを作りあげることくらいだ。

一つ考えられるのは、人間の定住地の周縁で暮らしていたオオカミたちが、人間の捨てた食べ物をあさることを覚えたのではないか、ということだ。他の動物もそうだが、オオカミにもやはり一頭ごとの明確な個性がある。非常に攻撃的な性格の者もいれば、非常に穏やかな者もいる。

穏やかな性格のオオカミは、定住地の人間たちからも受け入れられやすかっただろう。反対に攻撃的なオオカミは排除された可能性が高い。受け入れられたオオカミたちは次第に定住地のそばで長い時間を過ごすようになり、人間への恐怖心をなくし、人になつくようになってくる。オオカミにとっては安定的に食料を得ることができるという利点がある。

生まれてくる子どもたちの多くも、おとなしく人間になつきやすいだろう。その中でも特に人間に従順なオオカミは、人間からより多くの利益が得られるはずだ。人間にとってオオカミは、見張り番や、狩りの仲間として役に立つ。時が経つごとに両者の絆は強くなり、人間と生きるオオカミは野生のオオカミとは大きく隔たった動物になる。人間がオオカミを飼いならし家畜化した、と考える人は多いだろうが、正確にはオオカミ自身が進んで飼いならされ、自ら家畜になっていったということかもしれない。

注目すべき実験

このストーリーには賛同者も多いが、批判する人もいる。この時代の人間たちは、食べ物を捨てるのにもっと用心深かったのではないか、というのだ。うかつに捨てると、それこそオオカミやクマなど、歓迎できない動物が集まって来てしまうからだ。

また、仮に食べ物を捨てたとしても、人間の食べ残しくらいでは、オオカミのような大型の動物を満足させる量にならなかったのでは、という意見もある。そもそも、人間は昔から、ゴミをあさる動物を歓迎していなかったのでは、という人もいる。ゴミをあさる動物と将来、良い関係が築けると思う人が果たしていただろうか。

人間とオオカミの関係が深くなったのは、単に長い間、同じ場所で共存していたからではないか、という意見もある。長年、同じ土地に暮らして資源を共有し、互いから学ぶことも多かったせいではないかというのだ。長く近くにいて慣れていると、互いを侮るようになる可能性もあるが、両者の間に互いを尊重する気持ちが生まれた可能性もある。それが互いへの寛容や、協調関係にまでつながったのかもしれない。

各地の先住民たちの生活を研究している人たちの中には、この説を支持する人も多い。ネイティブ・アメリカンや、ユーラシア大陸北部の狩猟採集民は、オオカミを尊敬し、崇拝すらしている。オオカミと人間は、狩りの最中や、仕留めた獲物のそばにいる際に互いに遭遇することが多かっただろう。そのためどうしても互いをよく理解する必要があった。どちらも互いにとって危険な競争相手なので、互いをよく理解して注意して行動しなくては怪我をしてしまう。互いを理解するようになれば、両者で協力し合うことにもなっただろう。うまくいけば大きな力を得ることができ、双方にとって大きな利益になったはずである。

オオカミがどのようにして飼いならされたのか、今ところ私たちは真実を知らない――それを解明するのは、ピースが多数欠けたジグソーパズルを解くようなものだ――ただ、二十世紀後半にロシアで行われた注目すべき実験のおかげで、それでもかなり理解は進んだ。

一九五九年にドミトリ・ベリャーエフが始めた、キツネの育種実験である。この実験でベリャーエフはキツネを選抜して繁殖させた。キツネを選ぶ基準はただ一つ、人なつこさである。

キツネにはそれぞれ、人間に対する行動によってスコアをつけた。人間に進んで近づこうとする個体、人が近づいた時に恐れもせず、攻撃的にもならないキツネはスコアが高くなる。スコアが特に高くなったキツネだけに繁殖をさせるのだ。そして子どもが生まれる度に個々にスコアをつけ、特にスコアが高い個体だけに繁殖をさせる、ということを何世代か繰り返した。

もちろん、正しい実験のためには必ず対照群を設けなくてはならない。そこでベリャーエフは同時に、無作為に選んだキツネの繁殖を何世代も繰り返すことも行った。前者と後者では、対象となる個体の選び方が違うだけで、他の条件はすべて同一である。実験の間、ベリャーエフは、キツネと関わりすぎないよう注意した――人間と多く関わるとそれが訓練になって人間に慣れてしまうのではないかと恐れたのだ。

キツネに起こった信じがたい変化

繁殖を三世代続けると目に見える結果が出始めた――前者のキツネが最初に比べて人なつこくなったのだ。人なつこいキツネの割合は世代を追うごとに増えた。二〇世代後には全体の三分の一が、三〇世代後には半数が人なつこいキツネになった。そして、二十一世紀のはじめ頃には、前者のグループのキツネたちのすべてを事実上、家畜化することに成功した。一方、対照群のキツネたちの性質は今世紀になっても概ね、実験を開始した時と同じだった。

もちろん、これだけではさほど驚きはない——ある特徴を持った個体ばかりを選んで繁殖させることを繰り返せば、その特徴が強まり、またその特徴を持った個体の割合が増えることは誰もが知っているからだ。

興味深いのは、実験の中でキツネに、人なつこさ以外にも変化が見られたということだ。キツネたちは単に人間に対して寛容になっただけではない。もっと根本的な変化が起きたのだ。簡単に言うと、キツネたちは飼い犬のような行動を取るようになった。遊び好きになり、盛んに尻尾を振るようになり、人の手を舐めるようになった。

また、競って人間の注意を引こうとするようにもなった。キツネの外見にも変化が生じた。毛皮の色が変わり、鼻口部は短く、歯は小さくなり、耳は柔らかく垂れるようになった。信じ難いのは、こうした変化はすべて、キツネの人間への態度を基準に繁殖をしたことの副産物として生じたということだ。

同様のことは、飼い犬でも起きている。どうやらこれは、人間に飼い慣らされることと「セット」で起きる変化のようだ。はるかな昔に同じことがオオカミにも起きたと考えるのは筋が通っている。それによって、オオカミは私たちが今知っている犬になっていったということだ。

ベリャーエフの実験で人なつこくなったキツネには、その他にも明らかな変化が生じた。

人間の仕草の意味をよく理解するようになったのだ。これもやはり、実験での選別には無関係の性質である。また、人間と多く触れ合ったことによって身についた性質というわけでもない。キツネが人なつこくなる過程で、それと同時に身についた性質だ。

キツネたちは、飼い犬の子どもと同じくらいには、人間の仕草を理解できるようになった。これは驚くべきことだ。犬は、動物の中でも特にそれを得意としているからだ——極めて知能が高く人間に進化的に近いチンパンジーよりもはるかに得意だ。犬を飼っている人は、ボールを投げて、投げた方向を指差すだけで犬がボールを取りに行くのを当たり前のように思っているかもしれない。

飼い主のちょっとした気分や態度の変化を犬が敏感に察知するのを特別不思議とも思っていないかもしれない。飼い主があくびをすれば、そばにいる犬もあくびをすることがある。飼い主との関係が深くなるほどそういうことが起きやすいだろう。それだけ人間を理解できるよう進化しているということだ。

元々、オオカミどうし、犬どうし、キツネどうしうまくつき合っていくために進化した能力が、少し拡張されて人間にも適用されたらしい。人間は犬の社会の一部となり、犬も人間の社会の一部となったわけだ。

8章

クジラ、イルカ、シャチ、最も謎めいた動物

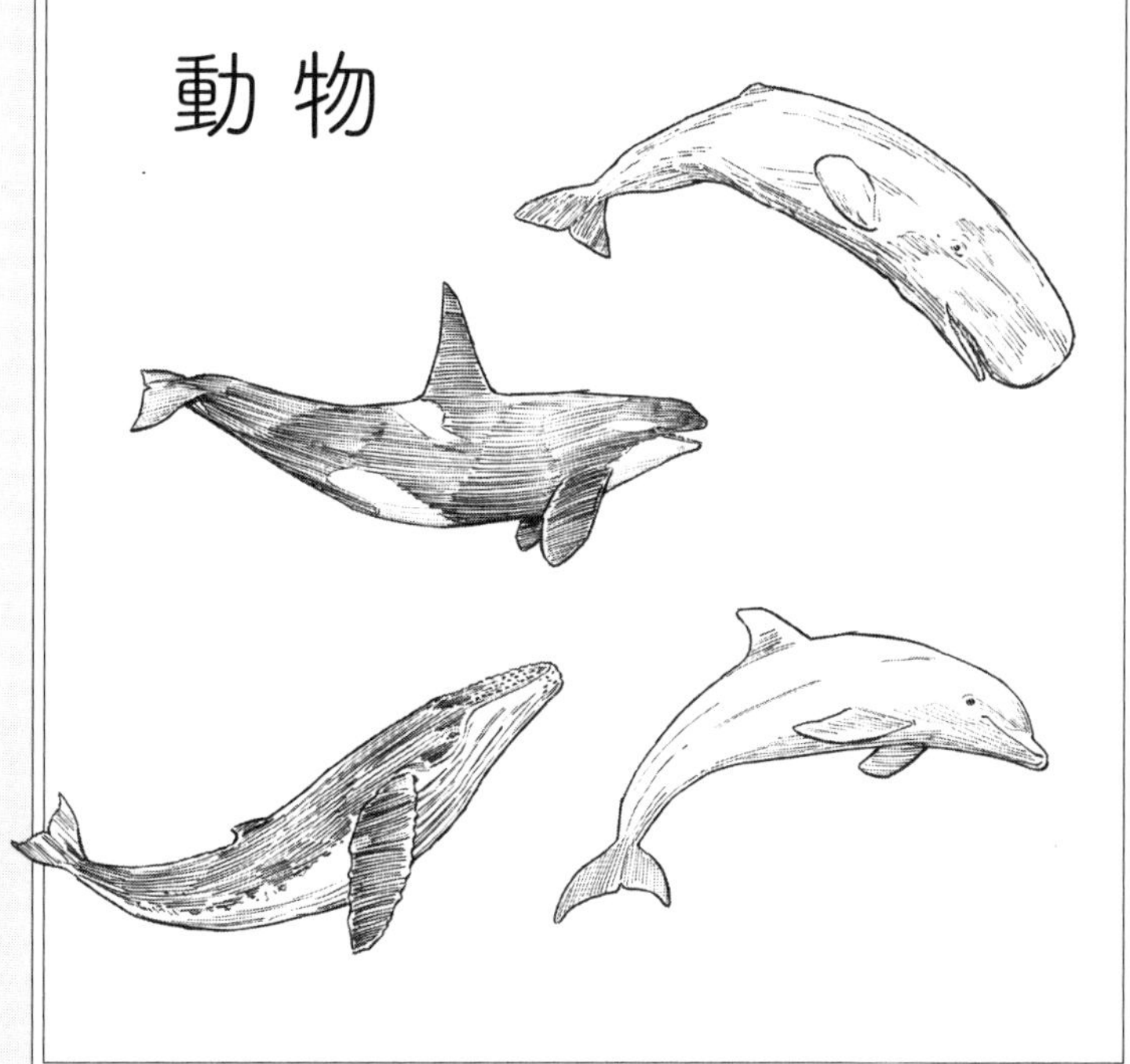

荒れた海でクジラを探す

私は脚だけを水に浸け、ボートの端をしっかりと握って合図を待っていた。ボートがうねりの頂点に達した時、スキッパーが遠くに何かを見つけ、エンジンを停め、「今だ、行け！」と叫んだ。

私はバディとともにボートの脇から大西洋へと飛び込んだ。海底は何千メートルも下にある。すぐにボートは見えなくなり、私たち二人だけになった。水は澄み、その上の空気と同じくらいに透明だった。底の見えない水の中に浮かんでいると、少し目まいがする。ついパニックになりそうになるのを懸命に抑えていた。

教わった通りに水面を見るようにする。今はただ待つしかない。希望を持って待つ。やがて青い視界の端に大きな物が見えた。大きな物は一つ、また一つと増える。次第に形がはっきりとわかるようになる。こちらに真っ直ぐ近づいて来るのだ。私は海に浮かんだまま驚きに震えていた——地球上でも最大の捕食動物が三頭も目の前にいるのだ。有名な海洋小説『白鯨（Moby-Dick）』の恐るべき主人公である。私はマッコウクジラと正面から向かい合うことになった。

私はクジラの社会的行動の研究のため、アゾレス諸島に来ていたのだが、実は不安を感

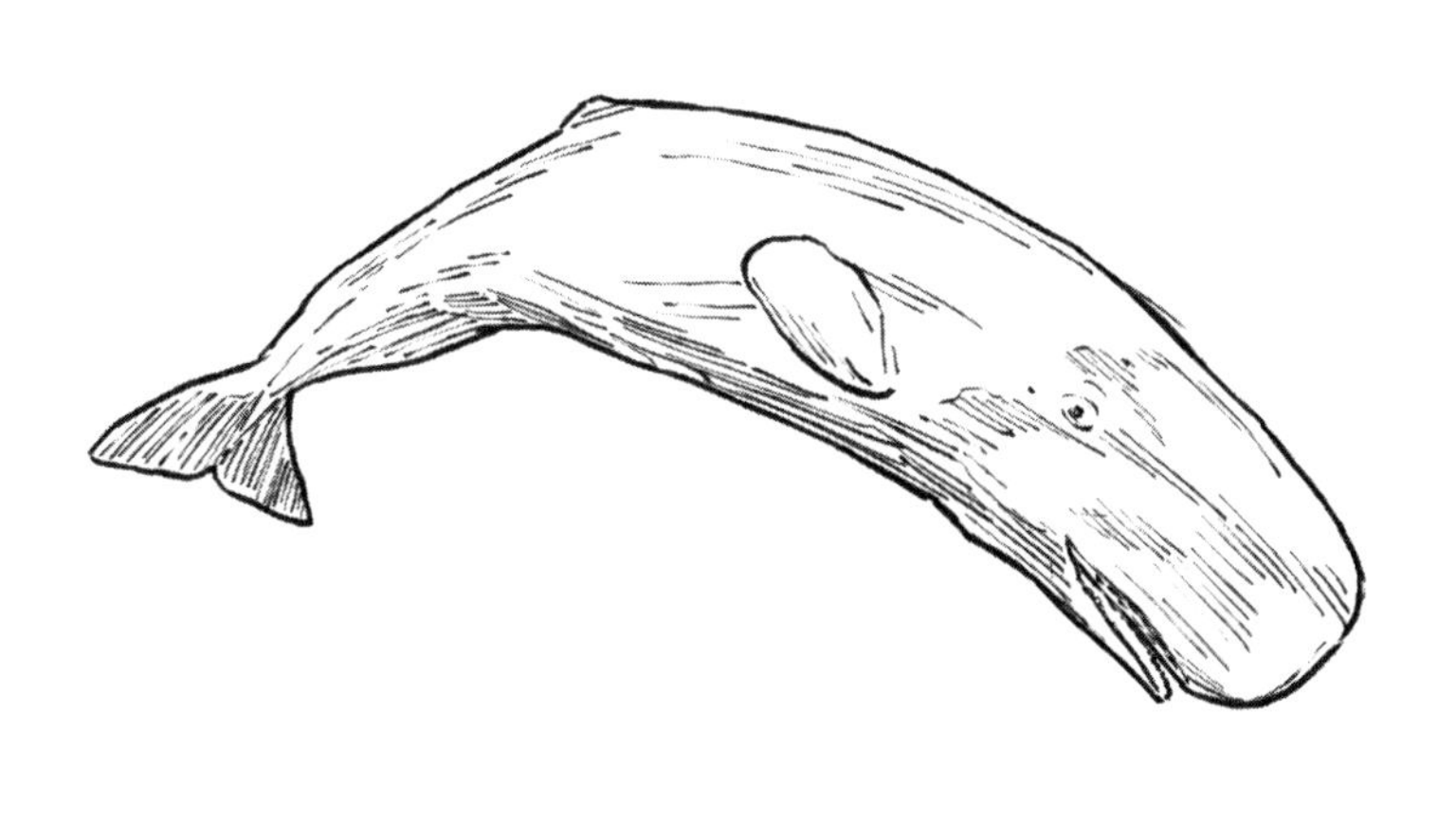

マッコウクジラ

じていた。この大西洋中央部に浮かぶ群島の付近は、たしかにマッコウクジラの生息域であり、私たち生物学者がこの巨大な動物について研究するのに最適な場所ではあるのだが、島の人たちとクジラたちの関係は必ずしも平和的なものとは言えなかったからだ。

捕鯨は一九八四年に至るまで長年、この地域の文化の重要な一部となってきた。マッコウクジラは、他の多くの近縁種と同様、寿命の長い動物である。その寿命は私たち人間と同じくらいだ。アゾレス諸島での捕鯨が終了してから二十七年が経過していたが、その地域の大人のクジラたちの多くは、ハンターだった人間に遭遇した経験を持っているだろう。賢い動物なので、水中で私たちに遭遇すれば、当然、警戒するだろうし、攻撃的になる可能性もあるだろうと私は考えた。

とはいえ、最大のハクジラにまさにその生息域で遭遇する機会はあまりにも貴重だ。無駄にするわけにはいかない。そもそもクジラに遭遇する許可を得るのが簡単ではないのだからなおさらだ。次の機会があるという保証はどこにもないのだ。

だが、はじめてマダレナ港から出航した時、私は、メルヴィルの有名な小説を原作にした一九五六年の映画の一シーンを頭に思い浮かべていた。グレゴリー・ペック演じるエイハブ船長が、銛の刺さった巨大なクジラの体によじ登るシーンだ。その日と、続く何日かは、クジラが思わせぶりにほんの少し姿を見せただけで、すぐに海の中に消えてしまった。

私たちの使っていたボートは小さくて操作性は良かったのだが、小さいだけに大きなうねりには対応できない。荒れた海でクジラを見つけるのは至難の業と言えた。まるで船酔いに慣れる訓練の速習コースを受けているようだった。私は事前にとんでもない量の酔い止め薬を飲んでいた。仲間の一人だったロメインは、自分の身体を神聖なものと考え、酔い止め薬などという化学薬品は飲まないと決めた。

その結果、彼はほとんどの時間をボートの端にもたれ、「いっそ死にたい」と思いながら過ごすことになった。最初の何日かは、完全に前の日の繰り返しだった。大西洋の大波にただ翻弄され、水平線を飽きるほど見つめるだけだ。

変化と言えば時折、ロメインが本当に苦しそうに嘔吐する音が聞こえてくるくらいだ。

何時間もかけて成果はゼロ。しかし、野生動物を探すというのは元来そういうものだ。絶対に見られる保証が欲しいのなら動物園に行くしかない。

水深二〇〇〇メートル、驚異の潜水能力

私たちが頼りにするのは、経験豊かな船乗りのジョアンの目だった。私たちは彼を見張り役として雇い、ピコ島の火山の中腹にある小屋で待機してもらっていた。ジョアンのクジラを見つける能力は、長年、捕鯨に携わったことで磨かれたのだ。時代が変わり、捕鯨は行われなくなったが、不思議にも、彼の仕事自体は昔と変わらなかった。

私たちの目的はクジラを理解することであって、殺すことではない。四日間、ジョアンは荒れる海でクジラの姿を探し求めていた。クジラの存在を示す手がかりになるのは、噴出物だ。海面に上がって来た時に噴気孔から出る霧状の呼気や、綺麗とは言い難い物質が手がかりになるのだ。ある程度以上の大きさのクジラであれば、呼気は水面から数メートルの高さにも立ち上るのだが、広い海の上ではよほど幸運に恵まれなければ発見できない。

海面のはるか下では、クジラたちが食事をしていたはずだ。クジラの潜水能力は驚異的だ。水深二〇〇〇メートルにもなる真っ暗な漸深層（ぜんしん）（ミッドナイト・ゾーン）に連続で一時間以上も潜っていられる。ただし、通常はそこまでがんばる必要はない――がんばる必要

があるかどうかは、食べ物が見つかるかどうかで変わる。

マッコウクジラは並外れたハンターで、一日のうちにイカや魚などを五〇〇キログラムくらいは簡単に食べてしまう。マッコウクジラの餌場はほとんどが光の届かない深い海の中であり、そこでは、コウモリやイルカと同じような「エコーロケーション」が頼りになる。ただし、深海のイカの中には、発光の能力を持つ者も多い。仲間とのコミュニケーションや狩りの際に、身体の光を点滅させるのだ。

巧みな「非常線」

真っ暗で何も見えないところを、わざわざ自分で光ってくれれば、もちろんクジラにとっては助けになる。しかし、光を点滅させるイカが周囲に多数いると、混乱してしまう恐れがある。賢いマッコウクジラは当然のように、漁船に近づき延縄（はえなわ）にかかった魚を引き抜いて食べることも覚えた。この方法だと、クジラの途方もない食欲を満たして余りあるほどの量の餌を簡単に得ることができるのだ。

特に大型の、逃げ足の速い獲物を狙う場合、クジラたちは複数で協調、協力をする。餌場までペアで、あるいは小さな集団で降りて行き、一種の「非常線」を形成する。獲物の群れを効率的に見つけ出すための、全長一キロメートルにもなるクジラの非常線だ。

ただし、どこかでイカの大群を見つけたとしても、それで戦いは終わりではない。クジラの身体に水中GPS装置を取りつけて集めたデータによると、クジラたちは分かれて狩りをすることがわかっている——まず一頭が深くまで潜って行く。そうしてイカたちの深海への逃げ道を塞いだ上で、他のクジラたちが、イカの群れの側面から攻撃を仕掛けるのである。ただし、マッコウクジラの狩りについてはわからないことが多い。狩りだけでなく、マッコウクジラの生態は、全般的にまだ詳しく調べ始められたばかりと言っていいだろう。

マッコウクジラ対巨大イカ

マッコウクジラの獲物の中でも最も恐ろしいのは巨大イカだろう。伝説の海の怪物、クラーケンの元になったと思われる全長一〇メートルほどにもなるイカがいるのだ。マッコウクジラとさほど変わらないくらいの大きさだ。長く生きているマッコウクジラの頭には、大きな円形の傷跡がついていることがよくある。巨大イカの吸盤の跡だ。海の巨大生物どうしが激しく戦った歴史を物語る証拠だ。

マッコウクジラの死骸を解剖すると、巨大イカの残骸が出て来ることがあるので食べていることは間違いないのだが、どのようにしてこれほどの怪物を倒しているのかは謎である。マッコウクジラの下顎は外見上、驚くほど繊細そうだ。長く円錐状の歯を持ってはいるが、年長のクジラの中には歯をすでに失って、それでもどうにか餌を食べているという者もいる。

クジラの体内から見つかる巨大イカの残骸には、歯の跡がないものも多いのだ。つまり、戦うこともなく食べられている可能性がある。パズルのピースをつなぎ合わせると、どうやらマッコウクジラは、信じ難い方法で巨大イカを倒して食べていると考えられる。

マッコウクジラの巨大な頭は一種の「音響レンズ」として機能するのではないか、という説もある。この音響レンズで集めることで、発した音の音量を増大させることができるというのだ。強力な音の衝撃波をぶつけて、獲物を気絶させるというわけだ。なるほど、理に適った説のようではあるが、実は正しくないらしい。

クジラが発する音で他の動物を気絶させられるかを確かめる実験はすでに行われている。研究室内での実験だが、クジラの発する音にはそのような力はなさそうだった。最近、狩りの際にマッコウクジラが発する音が録音されたが、エコーロケーションのためのクリック音やブーンという音はあっても、衝撃波というほどの大音響は入っていなかった。

現状、マッコウクジラがいかにして恐るべき巨大イカを倒すのかは謎のままだ。数いるクジラの中でも最もカリスマ性が高いとも言われるマッコウクジラを彩るミステリーの一つということだ。

海は荒れ続け、私はここに来るべきではなかったと思い始めていた。だが、五日目になってようやく波が穏やかになった。これならどうにかなるかもしれない。思った通り、間もなく無線機から声が聞こえた。興奮した声だ。ポルトガル語で進むべき方角を伝えている。スキッパーは進路を変更し、私たちに「マッコウクジラが北西二キロメートルの地点にいる」と告げた。

それまで四日という時間があったので、私たちは一応、どのようにしてクジラに近づくか計画を立てることができていた。スキッパーはクジラの進路を予測してそれについて行く。クジラたちとの距離が数百メートルにまで近づいたと思われる時に、私たちは海に潜る。そして、ボートは離れた場所まで移動する。

その後はただクジラが来るのを待つか、少しでもクジラを観察できる可能性が高まる場所まで泳いで移動するかすればいい。クジラが途中で進路を変えてしまうか、深海に潜ってしまえば、ツキがなかったとあきらめるしかないだろう。クジラに遭遇できるか否かはすべてクジラ次第ということだ。

また、クジラは静かに泳いでいる時でも、その速度は相当なものだ。いくらフィンをつけていると言っても、とても一介の生物学者に太刀打ちできる速さではない。最初の数日間、私たちとクジラとの邂逅（かいこう）は回数もほんのわずかで時間もごく短かった。

クジラたちは私たちの視界の端か、はるか下を通り過ぎるだけだった。あるいは、一時の間横向きになって、驚くほど小さな目で私たちを見上げた後に、すぐ姿を消したこともあった。クジラがそばにいる時間は数秒といったところ。その貴重な時間に、素早くメモを取ったり、個体識別をするのがせいぜいかもしれない、と感じていた。

クジラと暮らすイルカ

しかし、今回はどうやら違うようだ。波が穏やかなだけではない。クジラも穏やかで、あまり先を急いでいるようには見えなかった。すぐに通り過ぎてしまうことはなく、私たちのそばに留まっていた。気づくと、私たちの周りではクジラの家族があちらこちらへと泳ぎ回っていた。それは素晴らしい体験だった。このような体験ができるとは夢にも思わなかった。

とはいえ、ただ水面近くで漂い、その状況を受動的に楽しむというわけにはいかなかった。クジラたちがはしゃぎ回り、時に危険なほどに近づいて来るからだ。私はどうしても動いてクジラたちの通り道を空けなくてはならなかった。クジラがそばを通る度に尾びれで殴られそうになった。クジラは全部で四頭だった——全長一〇メートルを超すリーダーの雌（マトリアーチ）、リーダーの四分の三ほどの大きさの個体、そして二頭の子どもたちだ。

これだけでも喜ばしいのだが、ここに贅沢なおまけがついた。まるでケーキの上にチェリーが載っているようだった。マッコウクジラたちに加えて、そばに一頭の大人のバンドウイルカがいたのだ。

両者は互いに対して寛容なのだが、生態も食べ物の好みも異なるため、そもそも関わり合うことはめったにない。問題はそのイルカの脊椎が一見してわかるほど湾曲していることだ。背びれのすぐ後ろあたりから身体が曲がってしまっている。怪我をしているわけではなさそうだ（傷は見当たらなかった）。どうやらこれは生まれつきらしい。通常は生き延びるのが難しいはずだが、このイルカは大人になるまで生きることができた。

この身体では、他のバンドウイルカのような速度で泳ぐことはできないだろう。バンドウイルカも仲間どうし密な関係を結ぶ動物だが、その社会からは孤立したのかもしれない。その代わりにクジラの社会の中に入り込んだ可能性はある。

なんのために「抱擁」するのか

その後、約二十分の間、クジラたちは会話を続けた。ドアがきしむような音、打撃音、舌打ちのような音など、様々な音が聞こえる。いずれもどこか神秘的な音だ。時折、イルカが発しているらしい周波数の高い音も聞こえてくる。クジラたちは水面近くの波の中を泳いでいた。巨大なマトリアーチの周りを小さな子どもたちが円を描くように泳ぐ。

やがて驚いたことに、クジラたちはまるでゲームをしているような不思議な動きを始めた。マトリアーチがオール状の下顎を下げて口を開けると、一頭の子どもが彼女の口の中へと入って行く。マトリアーチの口の片側から子クジラの頭が、反対側から尾びれが出ている状態になった。マトリアーチは、子クジラを一秒か二秒ほどの間、優しく噛むような仕草を見せた。噛まれた子クジラは、再び口の中から外へ出て、他のクジラたちとともにまた円を描くように泳ぎ始めた。

すると、また別の子クジラが同じようにマトリアーチの口の中に入って同じように噛んでもらう。この遊びにはバンドウイルカも加わっていた。イルカも子クジラと同じくマトリアーチの口の中に入って優しく噛んでもらっている。私は感動していた。クジラたちと別れたあとも、その感動は長く続いた。その生態がよくわかっていない動物の驚くべき社会的行動を間近で見られたのである。これほどの幸運はそうないだろう。

陸に上がってから、私は考えた。クジラにとって、マトリアーチの口にしばらく挟まれることは一体どういう意味があるのだろうかと。霊長類にとっての毛繕いに似ているのかもしれない。毛繕いは直接的には、文字通り、毛を繕うための行動である。毛のつやを保ち、寄生虫を取り除くのだ。

ただ、その裏にはもっと重要な役割が隠れている。個体間の関係を築き、維持することだ。霊長類のような手足がないクジラには、毛繕いはできない。おそらくこれは、クジラなりの身体的な自己表現の方法なのだろう。マッコウクジラは母系の社会集団を形成する。集団の中心になるのは、血縁関係にある雌たちだ。祖母、母、娘、その子どもたち、といった構成になることが多い。雄は子ども時代だけ集団にいる。

性的成熟が近づくと、雄は集団から離脱して、基本的には単独で行動するようになる。ただし、一頭あるいはそれ以上の雄と緩やかな集団を形成することも珍しくはない。その日、私たちが見たのは、まさに典型的なマッコウクジラの集団だった。口の中に挟むという奇妙な「クジラ式抱擁」も、母親としての愛情表現の一つだったのだと思われる。

イルカも自ら挟まれに行っていたのは、そうしても危険がないとわかっていたからだろう。マトリアーチはイルカにも愛情を向けていた。つまり一時的にせよ、イルカは集団に受け入れられていたということだ。

クジラにも方言がある

マッコウクジラは比較的、視力が良いと考えられているが、コミュニケーションの主な手段は音である。海では、視覚的なコミュニケーションが難しくなることも多いが、音は空気中より水中の方が伝わりやすい。多くのクジラが音を積極的に利用するのはそのためだろう。

クジラは何種類もの音を出すが、中でも特に印象的だったのは、私たちに最初に近づいて来た時に出した音だ。ドシン、ドスンというような、不快ではないが、とても強い、全身を貫くような音だった。鉄の棒でタイヤを思い切り殴った時の音に似ているかもしれない。クジラに攻撃の意図はないようだった。近づいて来たのは単に好奇心からのようだ。視覚と聴覚の両方で私たちのことを調べていたらしい。この音はそのための音だったようだ。

クジラの場合は、音声、聴覚を使った調査の能力が特別に優れている。そのために頻繁に発するのが、カチッというようなクリック音や、ギーという何かがきしむような音だ。いずれも深く、よく響く音で、短く切って何度も発せられることが多い。

クジラたちはそれぞれが、クリック音の連続による「コーダ」と呼ばれるコミュニケーションをする。コーダの中でクリック音をどのように組み合わせるかは、個体ごとに異なっており、それが個体識別に役立っている。おかげで視界の外のはるかに遠い場所にいる仲間とも連絡を取り合える。また、コーダのレパートリーは社会集団ごとに異なっている。

ただし、マッコウクジラの社会の特徴は、この社会集団そのものも、「クラン」と呼ばれる、より規模の大きい緩やかな社会構造に属しているということだ。個々の社会集団は多くても一〇頭ほどの個体から成るのが普通だが、クランには、幅数千マイルもの範囲に分布する数百頭から、場合によっては数千頭もの個体が属する。

マッコウクジラのクランが興味深いのは、それぞれの個体が「方言」を使いながらも、個々のクランに特有のコーダが存在するということだ。方言は、個体が生息する地理的範囲に結びついている。これは、人間の方言が居住地域に結びついているのと同様だ。マッコウクジラどうしが出合った際には、使う言葉を手がかりに、相手がどの社会集団、どのクランに属している個体かを知ることができる。

コミュニケーションの能力は、動物の社会がまとまる上で当然、重要である。そして、クジラにとっては、特に深海の底から戻って来る時にお互いの位置を確認するために、コミュニケーションが非常に重要になる。幼い子どもはまだあまり深いところにまでは潜れないので、母親が深海のイカなどを探しに何百メートルもの深さまで潜る時には、海面近くで待っていることになる。

生まれたばかりの子どもでも全長は四メートル、体重一トンくらいにはなるが、最初の何日間かは脇腹に折り目がある。これは、母親の胎内で折りたたまれていたことの名残りだ。人間と同じく、子どもは大人とは違い、明らかに高い声でコミュニケーションをする。

新生児の存在は母親だけでなく、集団全体にとって重要である。当然、新生児は母親に大きく依存する。身を守ってもらい、授乳もしてもらうからだ。しかし、集団内の他の個体も子育てには関与する。また母親以外の近縁の雌が子どもの世話をすることもある。母クジラは、近くにいる近縁の雌に恩を売り、そのお返しとして子育ての手伝いをしてもらうのだ。

カッテージ・チーズのようなクジラの乳

クジラも哺乳類なので、新生児は当然、乳で育つことになる。ただし、クジラのような水生動物とって授乳は簡単ではない――要するに、液体の中にいるのにどうやって液体を飲めばいいのか、ということである。この問題に対処するため、クジラの乳は液体ではなく、カッテージ・チーズのようになっている――クジラの子どもは乳を吸うのではなく食べるのだ。

実は、この固体の乳を、子クジラだけでなく、近縁の若い雌も食べるのだ。十代になっても食べる者がいる。若い雌は、乳をもらったお返しに、母クジラが採餌に行っている間、海面に残って幼い子どもの面倒を見る。ただ、いつも必ず世話してくれる者がいるわけではない。母クジラが子クジラだけを残して採餌に行ってしまうこともあり得る。他の動物でもだいたいそうだが、マッコウクジラの場合も子どもは好奇心旺盛で遊び好きだ。

私も一度、イルカの群れを観察しようとして失敗した際、水面付近にいたマッコウクジラの子どもが近寄って来た、という体験をしている。理由はわからないがとにかく私たちに興味があったらしく、小さなクジラが警戒することなく近づいて来て、私たちに鼻を擦りつけたりしてきた。その出合い自体はたしかに素晴らしいのだが、かなり危険でもある。

人間と鬼ごっこのようなことをして楽しく遊んでいるように見えても、子クジラにストレスがかかるようなことは絶対に避けなくてはならない。母クジラがどう反応するかを常に考えておくことも大切だ。体重一四トンにもなる巨大な母クジラが我が子を守るために必死になったら、何をするかわからない。

不安ではあったが、子クジラはなかなか私たちから離れて行かなかった。私たちが少し泳ぐと、あとをついて来る。いくら幼い子どもとはいえ、惨めな水泳能力しか持たない私たちより速く泳ぐことなどクジラには簡単なのだ。

もはや子クジラの好奇心を受け入れる以外に選択肢はない。不安を抱えながらも母クジラが帰って来るまでなるべくおとなしく観察されているしかないのだ。数分後、母クジラは水面近くまで戻って来た。母クジラは私たちのことを特に気に留めておらず、しばらくの間そばにいたがすぐに子クジラを連れて去って行った。

旅の最後に私たちはもう一度、クジラに会うため海に出た。あの「異種混合集団」に最初に遭遇してから四日経っていたが、私たちはついていた。再び同じ集団に出合うことができ、一頭のイルカがまだ共にいることも確認できたのだ。私たちがこの海の楽園を去ってから数週間後、ガイドたちはまた同じクジラの集団を見たという。その時もやはりイルカが一緒だったようだ。どうやら私が思っていたよりも長期におよぶ関係だったらしい。イルカは、クジラの社会集団と驚くほど深い関係を築いていたのだ。

多くの疑問

この一件から少なくとも、クジラ、イルカという動物の社会性がいかに強いかはよくわかる。そばにいる者と関係を結ぼうとする本能がそれだけ強いのだろう。種の違う相手とまでこれだけ親しくなるのは相当なことである。

クジラとイルカが種を超えて行動を共にするという特異な事例を目の当たりにすると、それで何かがわかるというよりも、多くの疑問が湧いてしまう。

まず、疑問なのは、イルカは脊椎の湾曲した不自由な身体でどのようにして食べ物を得ているのか、ということだ。外見から判断する限り、栄養は十分のようだった——実のところ少々、太り気味と言ってもよかった。

クジラたちと共に採餌することはできないはずだ。あのイルカはマッコウクジラたちのようにとてつもなく深い海に潜ることはできないはずだからだ。イルカは自らの力で食べ物を得ているのか。それともクジラが何らかのかたちで食べ物を提供しているのか。

時折、マッコウクジラが捉えたイカを海面近くまで運んで来ることはあった。イルカはそのイカを少し食べられるのかもしれない。確実な証拠はなく断定はできないが、そうしてクジラの集団の中で食べ物も得られているのだとすれば、イルカは完全に集団の一員として受け入れられていることになるだろう。

そのようなことがあり得るくらい、マッコウクジラの社会の構造は特異なものだということだ。哺乳類の場合、集団に受け入れられるためには、通常は他の構成員たちと血縁的に近い関係である必要がある。マッコウクジラも基本的にそれは同じである。

ただ、マッコウクジラにとって血縁関係は重要ではあるが、それだけで仲間になるか否かが決まるわけではない。遺伝子を調査した結果、マッコウクジラが長期的な関係を結んでいる個体の中には、血縁者もいれば、そうでない者も含まれていることがわかった。イルカまで仲間にしてしまうのは極端だとしても、それがあり得るほどの柔軟性がクジラとイルカの双方にあるわけだ。

「冥界からの魔物」

マッコウクジラという動物は、脅威への対処方法も独特である。ごく最近まで、マッコウクジラ、特に大人のマッコウクジラは、捕食者の脅威とは基本的に無縁だと考えられて

シャチ

いた。これだけ巨大な動物を攻撃できる捕食動物などいないだろうと思われていたのだが、実は、それができる動物もいるとわかってきた。

シャチは高い知能を持つハンターであると同時に、身体もマッコウクジラを襲うのに十分なほど大きい。英語でシャチを意味する"killer whale"という名前は、スペイン語の"asesina ballena"に由来するという説もある。これは直訳すると"whale killer（クジラ殺し）"になる。スペインの漁師や捕鯨船員たちが、自分より大きなクジラを襲うシャチを見て、その話を人に聞かせていたことからこの名前がついたとも言われている。

当然、シャチという動物にも敬意を持つべきであり、その点からすると、「殺しる。

ク、シャチが地球上でも知的で創造力に富み、同時に冷酷なハンターであるのは事実であ
ン語で「冥界からの魔物」という意味だからだ。名前の話はそのくらいにするが、ともか
orca”を縮めたものなのだが、実は、この学名自体、あまり良い名前とは言えない。ラテ
は、英語でシャチのことを“orca（オルカ）”と呼ぶ人も多くなった。これは、学名の“*Orcinus*
屋クジラ」「クジラ殺し」という名前はどうなのか、と思う人も増えたのだろう。最近で

シャチがマッコウクジラを襲った話は数多くあるが、アメリカ海洋漁業局のロバート・ピットマンらの話ほど恐ろしく、印象的な話も少ないだろう。

一九九七年に、カリフォルニア沿岸で、三五頭のシャチの集団が九頭のマッコウクジラの集団に襲いかかった時のことだ。攻撃は早朝に始まり、数時間続いた。その一部始終を、アメリカの調査船に乗った科学者たちが見ていたのだ。シャチの攻撃を受けたマッコウクジラたちは集まり、「マーガレット・フォーメーション」と呼ばれる陣形を組んだ。マーガレットの花に似た形になることからついた名前だ。

この陣形では、マッコウクジラたちがそれぞれに自分の頭を花の中心に向け、身体は花びらのように外に向けることになる。子どもなど小さく弱い個体は花の中心に置いて、安全度を高める。ゴンドウクジラなどクジラ目のもっと小さな動物たちも同様の方法で身を守ろうとすることが知られている。

頭を内側に向けることで、自分たちの最も強力な武器である尾びれを攻撃相手に向けることできる。ジャコウウシなど、陸上の動物も同様の陣形を作ることがあるし、人間も昔の歩兵たちがやはり同じような陣形で身を守ろうとしていたことがある。しかし、この陣形が破られてしまうこともある。相手の方が圧倒的に数が多い場合などには、とても対抗できない。

三五頭のシャチは、クジラの数を少しずつ減らしていく、という戦略で慎重に攻撃を進めていった。そうすれば、自分たちが逆に攻撃されて負傷する危険性を最小限に抑えることができる。

シャチは交代でクジラを攻撃しては退却することを繰り返していた、とピットマンは証言している。攻撃は成功しているようだった。シャチがクジラたちの中で動き回る度、クジラのものであろう新鮮な血が流れたからだ。また、シャチが攻撃したあとには、クジラから流れ出たと思われる脂も溜まっていた。

凄惨な最期

海に大量の血が流れると、シャチの攻撃は激しさを増した。すると、マッコウクジラはさらに深刻な傷を負うことになる。ピットマンによれば、皮膚やその下の脂肪層が引き裂かれ、大きな破片が散らばっているクジラや、腸がむき出しになっているクジラもいたようだ。マッコウクジラたちにとっては悲しいことだが、終わりの時が近づいているのは明らかだった。

攻撃を始めてから四時間ほど経った午前十一時頃、ついにシャチは、マッコウクジラの陣形を崩すことに成功した。そうなると、すでに疲れ果てたクジラたちをさらに簡単に攻撃することができる。

とどめは、巨大な雄のシャチによる攻撃だった。そのシャチは、もはや力なく海に漂うだけの無防備なマッコウクジラの脇腹に向かってとてつもない勢いで突進して行った。獲物をしっかりと捕まえたシャチは、巨大なクジラを振り回した。犬がネズミをくわえて振り回しているようだった。

攻撃は終わった。あとは、ゆっくりと獲物を食べるだけだ。シャチたちは、その後、一時間くらいかけてクジラを大いに味わった。殺され、食べられたクジラ以外に、この時、生き残ったクジラもいるのだが、その後、どうなったかはわからない。逃げてその後も長く生き続けた可能性もなくはないが、負っていた傷の深さを考えると、長くは生きられなかったと考える方が自然だろう。

その日、ピットマンらの目の前でこのような凄惨な出来事が起きたのは確かなようだが、実のところ、シャチによるマッコウクジラへの攻撃がこれほどうまくいくことは稀である。

この時のシャチの勝因は、とにかく「数」だろう。シャチの方がマッコウクジラよりもはるかに多かったのだ。

マッコウクジラの利他

マッコウクジラの身体についた傷跡を見れば、シャチがどのような攻撃を加えたのかがわかる。ある調査によれば、マッコウクジラの約三分の二には、シャチに噛まれた傷跡があるという。しかし、ピットマンの一件のように、シャチによるマッコウクジラへの攻撃を直接、目撃した信頼できる記録は数少ない。

シャチはたしかに、子どもを連れたマッコウクジラの集団を標的にすることがあるが、多くの場合、クジラはその攻撃を退けている。シャチに攻撃の意思があっても、雄のマッコウクジラが集団の近くに一頭いるだけで、あきらめてしまうことはある。雄のマッコウクジラは雌よりも三〇パーセントから四〇パーセントくらい身体が大きい。その分だけ、シャチにとっては手強い敵になるわけだ。

ただ、雄のマッコウクジラでも、近くにシャチがいることを察知すれば、やはり用心する。完全に大人になったマッコウクジラの雄をシャチが襲うことはまずないのだが、シャチを見ると幼い頃の経験が蘇るのかもしれない。

子どものマッコウクジラにとってシャチは非常に恐ろしい存在だからだ。シャチの音が聞こえると、巨大なマッコウクジラは水面まで上がって来る。おそらく、念のために酸素を補給しておこうというのだろう。そうすればシャチが潜れないくらいに深く潜ることができ、逃げられる。

だが、逃げるのが第一の目的というわけではない。大きな雄のマッコウクジラは警戒しながら、仲間たちの近くに行く。仲間たちが襲われないようシャチを威嚇するのだ。自らを防護壁のようにするのである。

雌と子どもだけから成るマッコウクジラの集団は、シャチに襲われる危険がある。幼いクジラは深海まで潜れないため、そのことが母親にとっても制約になる。どうしても海面近くに長く留まる必要があるのだ。最も襲われやすい幼い子どもを守るには、マーガレット・フォーメーションくらいしか手段がない。

ただし、これは単なる防衛手段ではない。マッコウクジラという動物に強い利他的精神がなければ取り得ない手段である。母親が我が子を守りたいと思うのは本能だろうが、それだけでこの陣形は取れない。先に書いたような容赦ない攻撃が続く間、マッコウクジラたちは互いに助け合う。シャチは陣形を崩そうと盛んに攻撃を仕掛けて来るが、クジラたちは崩されないよう協力し合うのだ。

時折、中の一頭が陣形から引き離されてしまうこともある。すると、孤立したその一頭はより恐ろしく激しい攻撃を受けることになる。だが、そこで何よりすごいと思うのは、孤立した個体がいれば、別の一頭か二頭が陣形から一時離れ、孤立した個体を元の陣形に連れ戻そうとすることだ。もちろんそんなことをすれば、助けに行った個体もシャチの激しい攻撃の標的となる恐れがある。非常に高い代償を伴う行為ということだ。

ピットマンらは数日後に再び、シャチのマッコウクジラ襲撃を見ており、その時の様子を詳しく記述している。その時もやはりマッコウクジラたちは協力し合って自分たちの身を守ろうとしていたことがよくわかる。

この時、水面近くにいたのは五頭から成るクジラの集団だったのだが、付近にはその他にもマッコウクジラがいることがわかった。子クジラも含むもう一つのマッコウクジラの集団が、一キロメートルほど離れた場所にいたのだ。さらにそこから一キロメートル先には、五頭のシャチの集団がいて、二つ目のマッコウクジラの集団に向かって進んでいた。危険が近づいているのを察知したからなのか、二つ目の集団はごく短時間、深く潜った。

なぜそうしたのか、理由は明確ではないが、その動きが、もう一つの集団への一種の警告信号になっていた可能性もある。その警告信号を受け取ったからなのか、それとも単純に自らシャチの接近に気づいたからなのか、一つ目のマッコウクジラの集団は進路を変更した。

二つの集団は出合うことになったが、それ以外にもマッコウクジラは集まって来た。深海での採餌から戻って来たところのようだ。どうやら警告信号を受け取ったらしい。マッコウクジラの集団は結局、一五頭にまで膨れ上がった。ただし、これだけではシャチは攻撃をあきらめなかった。

一頭の雌のシャチがマッコウクジラの集団に近づいて来て、集団の中を動き回った。海面にクジラの脂肪が流れ出て、糸のようになったことからして、シャチは「仕事」をしたようだ。クジラは傷を負っている。攻撃されたクジラたちの動揺、混乱ぶりは見ている人間には明らかだったが、それはそばにいた他のマッコウクジラたちにとっても同じだっただろう。

遠くから駆けつけた仲間

その後、信じられないことが起きた。なんとその場所に四方八方からマッコウクジラたちの集団が集まり始めたのだ。中には、七キロメートルも離れた場所からやって来た集団もいた。クジラたちがあまりに速く泳いでいたため、船首波のような逆V字型の波が立っていた。ついには五〇頭ほどのマッコウクジラが一箇所に集結した。

マッコウクジラの小さな集団が攻撃を受けた場合には、すでに書いたマーガレット・フォーメーションを組んで戦うことになるが、これくらいの大集団になると行動はまた違ってくる。クジラたちは密集し、一体となり、皆が同じ方向に顔を向ける。シャチのいる方向だ。この時は、シャチよりもクジラの方が圧倒的に数が多くなり、勝ち目がないと見たシャチはその場から姿を消した。危機が去ると、マッコウクジラたちはまた小集団に分かれ、散り散りになった。

共通の敵と対峙するために、広い範囲から仲間を集める、という行動は人間にも似ている。たまたま近くにいた一族、隣り合っていた国が、危機に直面して団結した、という例は人間の歴史には数多くある。たしかにマッコウクジラの利他的な行動を見ていると、私たち人間にも同じように素晴らしい側面があるなと思う一方で、人間にはクジラとは違う醜い面があることも思い出さずにはいられない。

マッコウクジラには、同じ集団内の誰かが苦痛を抱えているとそれに反応する性質がある。たとえば、一頭のマッコウクジラが負傷すると、集団内の他のクジラたちが負傷したクジラの周りに集まって来る。捕鯨船に乗るとすぐにそういう光景を目にすることになる。この性質があるため、負傷したクジラを使ってクジラをおびき寄せて捕らえるということも行われていた。クジラの利他性、純朴な性質が、クジラ自身の破滅を招くことがあったということだ。

マッコウクジラは、この数百年ほどの間ずっと人間にとって注目すべき存在であり続けた。マッコウクジラを研究したのは、最初は捕鯨のため、捕まえて利用するためだった。しかし、最近では、商業的な目的ではなく、純粋に科学的な目的での研究が続けられ、マッコウクジラのことがより深く理解できるようになってきた。

シャチは違う。捕鯨船員は、シャチに無関心というわけではなかったが、マッコウクジラほどの利用価値がなかったので、どうしても関心は低くなりがちだった。シャチはマッコウクジラに比べると小さく、脂肪も少なかったので、捕まえたとしてもさほど役立たなかったのだ。しかし、マッコウクジラの場合と同様、最近では純粋に科学的な研究が行われるようになり、シャチに関してもその行動や社会構造などがかなり深くわかるようになってきた。

エコタイプとニッチ

シャチについて話をしようとすると、ある問題にぶつかる。それは、シャチがいくつもの亜種に分かれているということだ。それをひとまとめにして話すのが適切かはわからない。困ったことに、そもそも「種」という言葉の定義自体が曖昧で、いくつもの定義が共存している。

簡単に言えば、少々、混乱した状態にあるわけだ。幸い、本書は動物の行動についての本なので、そういう面倒な論争からは距離を置くことができる。分類に関しては、それの専門家に任せてここでは深入りしないでおこう。

確実に言えるのは、世界の海には驚くべき動物が多数いて、その生態には困惑するほど幅広い種類があるということだ。個々の種類のことを「エコタイプ（生態型）」と呼ぶことがある。エコタイプはそれぞれ、特定の生態学的地位（ニッチ）に対応している。

シャチにも様々なエコタイプがあり、それぞれ別の生態学的地位に対応しているのだ――最もわかりやすいのが食べ物の違いである。たとえば、南極にはペンギンを食べるシャチもいれば、すぐそばで生きているにもかかわらずペンギンを食べずにアザラシを食べるシャチもいる。かと思うと、わざわざ苦労してクジラを狩って食べるシャチもいるのだ。

魚ばかり、しかも限られた種類の魚ばかりを食べるシャチもいる。専らタラを食べる者がいるかと思えば、ニシンばかりを食べる者、エイやサメばかりを食べる者もいる。太平洋のアメリカ北岸からカナダ沿岸にかけての区域では、二つのエコタイプのシャチが共存している。一方の「定住シャチ」は魚ばかりを食べる。もう一方の「遊動シャチ」は哺乳類ハンターである。

これは単なる好みの問題ではない。シャチの生態が今ほどわかっていなかった頃は、水族館に入れるべく捕獲したシャチが後者の遊動シャチなのに気づかず、魚ばかり与え続けたということがあった。当然、シャチは断固として食べるのを拒否して餓死してしまった。

サメを殺す

食べ物が違うからといって、それだけで別の種だということにはならないし、別の亜種とするのにも不十分である。しかし、食べ物が違うと、それによって行動は変わる。シャチは極めて高い知能を持つ動物なので、食べ物に合わせて驚くべき行動を取る場合もある。

ニュージーランド付近の海でシャチはエイを多く食べる。エイはサメに近い魚だが、特徴は身体が平たいことで、その身体は海底での採餌に役立つ。賢いシャチは、このエイの特異な生態そのものを利用してエイを襲うのだ。

シャチは器用にもエイの身体を上下逆さまにする。上下逆さまになったエイは催眠状態になり、無防備になってしまう。いわゆる「トニック・イモビリティ」の状態になるのだ。シャチが二頭一組でエイを襲うこともある——一方がエイの尾に噛みつき、海底から引っ張り上げ、もう一頭がエイの頭に噛みついて殺す。シャチは仕留めたエイをまるでピザのように集団で分け合って食べる。同様の手法を駆使するシャチは他の地域にもいる。サンフランシスコに近いファラロン諸島沖で起きた出来事がその証拠だ。そこは、世界最大のサメであるホホジロザメが集まる場所だ。ホホジロザメの大きさはシャチとほぼ同じである。

現場を見た人の話によれば、シャチはその恐ろしいサメの身体を逆立ち状態にし、催眠状態に陥らせてから殺したという。実に便利な方法である。この事実だけで、シャチという動物がどれほど賢く、どれほど優れた学習能力を持っているかがよくわかる。

北大西洋には、深海で越冬するニシンの巨大な群れを協力し合って分断させ、扱いやすい小さな集団にしてから襲うシャチもいる。

群れを分断したシャチは次に、獲物たちを海面近くまで追い込む。シャチたちは、ニシンの周りを円を描くように泳ぎ回って逃げ道を塞ぎ、噴気孔から出す泡で幕を作り、時々白い腹を見せることで目くらましをする。シャチに驚かされ、容赦なく追い込まれたニシンの群れは一箇所に小さくまとまる。

シャチにとっては、たやすくとどめを刺せる状態になるわけだ。シャチは尾びれをむちのように強く振って、ニシンを驚かせ、強い圧力で脳震盪（のうしんとう）を起こさせる。あとは動かなくなった獲物を好きなように食べるだけだ。シャチが仕事を終えたあと、ザトウクジラがパーティーに乱入してくるのは珍しいことではない。

クジラがタイミング良く上昇し、突入してくれれば、巧みにニシンを集めたシャチの努力はすべて無駄になる可能性が高い。ザトウクジラの巨大な口なら、ニシンの群れを一気に食べることもできるからだ。シャチの中には、自分より大きなクジラを襲う者もいるが、ニシンを食べるシャチならばまったく恐れる必要はない。

シャチの高度な戦略

哺乳類を標的とするエコタイプは、魚を標的とする者とはまた違った課題に直面する。アザラシやクジラなど高い知能を持つ動物を獲物にする場合には、狩る側に高度な戦略が必要になる。シャチが実際に採っている戦略はとてつもないもので、世界中の映像作家たちが撮影に挑んでいる。

たとえば、パタゴニアでは、シャチは、アシカの乳離れの時期を狙って繁殖地へとやって来る。無邪気なアシカの子どもが生まれた陸地からうっかり海へと飛び出すのをただ待っているわけではない。自ら陸地へと近づいて行くのだ。多数のシャチが一斉に猛スピードで陸地に近づくと、波の勢いでそのうちの一頭が海岸に上がることができる。アシカたちが驚いて混乱が生じたところで、油断している個体を捕まえるのだ。一方、南極には、チームワークと高度な物理学の知識を活かして、アザラシを浮氷から叩き落とすシャチがいる。シャチは集団で一斉に浮氷に向かって突進して、大波を起こす。すると、その波でアザラシが海に落ちることもあるし、氷が転覆することもある。いずれにしても、海の中に来れば、シャチは簡単にアザラシを食べることができる。

シャチが近縁種であるヒゲクジラを襲う時には、協調行動が特に重要になる。大人のヒゲクジラは巨大なので、まず勝ち目はないが、相手が子どもならば可能性がある。シャチとしては、標的となる子どもをまず母親から引き離さなくてはならないが、それには大変な努力が必要だ。シャチは集団で不幸なクジラたちに向かって行き、母親と子どもの間に身体を入り込ませて、子どもを孤立させようとする。

成功すると、シャチは弱っていく子どもの背中に身体を乗せ、海の深いところへ沈めて酸素を吸えないようにする。それは実に辛い光景だ。よほど冷酷な心の持ち主でなければ、苦境にある子クジラの気持ちになってしまうだろう。この攻撃からもシャチの知力がいかに優れているかがわかる。

集団で協力し合って獲物を仕留める技の巧みさは、チンパンジーなどにも匹敵する。チンパンジーも非常に優れた知性の持ち主だ。おそらくシャチにも文化があると考えられる。学習する能力があり、世代を経るごとに知識を蓄積していく。それによって、驚くほど見事な狩猟戦略を使えるまでにいたったのだ。

失敗はたった二回

「何を食べているかがわかれば、あなたがどういう人だかわかる」と言われるが、この言葉はシャチにもよく当てはまる。エコタイプごとに食べているものが違い、それが文化のだけである。

違いにもつながっているからだ。仲間になり、繁殖できるのは、同じエコタイプのシャチだけである。

シャチの発声パターンは人間の言語のようにエコタイプごとに異なっている。エコタイプが違うと、身体の色のパターンまで違うことも多い。たとえば、太平洋北東部には、「定住シャチ」と「遊動シャチ」が共存しているのだが、両者の間に交流はほぼない。というより、お互いを避けていると言った方が正確かもしれない。エコタイプが違うと、外見、食べ物、発声パターンが違うのに加えて、行動にも大きな違いが生じる。

哺乳類を食べる遊動シャチは通常、「ポッド」と呼ばれる小さな集団で行動する。ポッドは二、三頭のシャチ——大人の雌と彼女の一頭か二頭の子ども——から成る。ポッドがより大きな集団の中に混じることはあるが、それはあくまで一時的な交流であり、すぐにまたポッドだけで行動し始める。

ポッドは小規模な集団だが、狩りの時には、極めて効率的に協調し合う。個々が違う役割を果たすのだが、役割は固定ではなく交換が可能だ。アザラシを追い込む際には、一頭のシャチが「ブロッカー」の役割をする。

獲物のアザラシよりも深いところにいて、逃げるのを阻止するのだ。そして残りのシャチたちが、尾びれや胸びれでアザラシを攻撃する。泳ぐのが速いネズミイルカが獲物の場合には、また別の方法を採る必要がある。

その場合、シャチは交替でネズミイルカを追跡する。最初の一頭が疲れたら次の一頭、その一頭が疲れたら次の一頭にというふうに交替していく。それをネズミイルカが疲れ切るまで続けるのである。相手がどの動物であろうと、遊動シャチがとてつもなく優秀なハンターであることは間違いない。哺乳類相手のハンターの中で最も成功していると言っていいだろう。カナダ、ブリティッシュ・コロンビアのサイモンフレーザー大学の研究者、ロビン・ベアードとラリー・ディルは、遊動シャチの狩りを一三八回記録しているが、そのうち二回を除いてすべてが成功している。攻撃を開始すれば、獲物が仕留められるのは時間の問題ということだ。

獲物を探す際、遊動シャチは発声をやめることが多い。音を出さないことで、自分たちの接近が相手に前もって察知されないようにするのだ。だが標的が定まると、途端にコミュニケーションを再開する。コミュニケーションをしながら協調して狩りをするわけだ。獲物を追い駆ける時のシャチは素晴らしいまとまりと集中力を見せるが、狩りをしていない時の様子はそれとはまったく違う。ただ気ままにじゃれ合っているだけだからだ。ふざけてヒレで互いを叩いたり、ぶつかり合ったりする。獲物を仕留めると、シャチは、共に協力し合った仲間でそれを山分けにする。

ベアードとディルによると、一頭のシャチが仕留めたアザラシを口にくわえて別のシャチに近づいて行くのだという。二頭がアザラシをくわえてそれぞれに引っ張ると、アザラシはクリスマス・クラッカーのように二つに分かれる。

四世代が共存する

定住シャチは遊動シャチと共存しているが、遊動シャチよりも「社交的」で、ポッドの規模は遊動シャチよりもはるかに大きく、一〇～二〇頭くらいから成っている。そうなるのは、一つには魚を食べているからだ。魚の群れさえ見つけてしまえば、哺乳類を狩る遊動シャチほど緊密な協力をしなくても食べ物にありつけるからだ。

また、重要なのは、魚が相手であれば、一箇所に多数のシャチが集まったとしても、互いの狩りの成功を邪魔することはまずないということだ。定住シャチの社会集団は、哺乳類には多く見られる母系の社会集団である。ポッドのメンバーはすべて、特定の一頭の雌の子孫であり、最大で四世代が共存する。

これほど長い期間持続する家族関係は自然界全体でも稀だ。象などと同じように集団を統率するのは、マトリアーチと呼ばれる一頭の年長の雌だ。家族をまとめるため、マトリアーチが海面を尾びれで叩いて皆の注意を引きつけることもある。

水の中だと音は広く遠くまで伝わるので、それは非常に効果的な手段だ。マトリアーチは、重要な情報を与える役割を果たす。長年の経験から得た知識を利用して、彼女は皆を良い採餌場所まで連れて行く。時には自らサケなどを捕まえ、皆にプレゼントとして配ることもある。

この地域の特に南部の定住シャチは、おそらく地球上で特に長く、深く研究されている海洋哺乳類である。このある種カリスマ的とも言える動物に関しては、四十年を超える研究のおかげで驚くべきことがいくつも明らかになっている。

この地域の定住シャチは、全体としては三つのポッドが集まって一つの集団（クラン）を形成しており、一年の大半の時期はサリッシュ海で見られる。バンクーバー島に守られた沿岸の海域だ。研究により、シャチは哺乳類の中でも特に長寿であることがわかっている――「Jポッド」に属していた「グラニー」という雌の個体は、死亡した時には百歳を超えていたと推定された。

年老いた雌の知恵で集団が生き延びる

シャチの寿命に関するデータは、生物学における重要な問いに一つの答えを与えるものだとも言える。シャチは、更年期がある数少ない動物の一つである。大半の動物は、大人になってしまえば、あとは生涯、繁殖力を持ち続ける。しかし、人間もそうだが、シャチも、閉経後でもかなりの長期間、元気に生き続けることが多い。

四十歳を超えたシャチが出産をすることは稀だが、そのあと何十年も生き続けるのが普通なのだ。私たちに人間にとってそれはごく普通のことで特に疑問にも思わないが、生物学的に見ると、とても普通のこととは言えない。シャチは年老いて繁殖をしなくなったあともなぜ、長く生き続けるのだろうか。

それは、多くの遺伝子を共有する他者を助けることが、進化的に優れた戦略だからだ。シャチはすでに書いてきた通り、関係が密な血縁者の集団の中で生きる。そうした集団は、まさに多くの遺伝子を共有する他者を助けるという戦略を採りやすい環境である。

また、シャチの場合、子どもは雄も雌も生まれたポッド内に居続ける。大人の雄は、しばらくの間、別のポッドの雌と交尾するために生まれたポッドを離れることがあるが、出ていったきりということはなく、必ず帰って来る。

雌のシャチが年を取ると、その子どもたちは次第に、ポッド内のより若い雌たちに食べ物をめぐる競争で負けるようになる。若い雌ほど元気が良いことが多いので、その分、自分の子どもたちを年老いた雌の子どもたちよりも栄養的に有利な状態に置くことができるだろう。

これは要するに、年長の雌ほど、生存においても繁殖においても不利になるということだ。年齢が高くなってから繁殖をしようとするのは、その雌自身にとってもあまりメリットがないことになる。

だが、ともかく何より驚くのは、年老いたマトリアーチがポッドの他のシャチたちにもたらす恩恵の大きさである。年老いた雌がポッド内にいることの価値の大きさは、彼女の死後にポッドに起きることを観察すればよくわかる。

彼女の死後の一年を見ると、生きていた時に比べて、ポッド内の大人の雌の死亡リスクが五倍にもなるのだ。そして、大人の雄にいたっては、信じ難いことだが、彼女が生きていた時の一四倍にもはね上がる。

なぜ性別でこれほど違うのか。一つ言えるのは、雄のシャチは、ポッド外の雌と交尾して、遺伝子を他のポッドに拡散させるということだ。雄の子どもたちは当然、他のポッドに属することになるので、母親の生まれたポッド内の他の子どもたちとは直接、競争することがない。そのため、シャチの母親たちは、娘に比べて息子を「えこひいき」にする傾向があるのではないか、とも考えられる。

娘よりも息子をよく助けるため、息子の側もその助けに依存している。その分、母親がいなくなった時の影響が大きくなるとも考えられる。本当のところは今のところわからないが、年長の雌のシャチが、ポッド内の他のシャチたちが生きる上で非常に大きな役割を果たしていることだけは間違いない。

不幸な個体への手助け

シャチは集団の結びつきが非常に強いし、私たち人間が観察する限り、強く結びつかざるを得ないように見える。シャチたちは協力し合って狩りをし、獲物を分け合って食べる。そのことを通じてさらにお互いの結びつきが強くなる。

集団で獲物を分け合う社会的動物は他にもいる――たとえば、仕留めたウィルドビーストをプライドで分け合うライオンなどはすぐに頭に浮かぶし、他にも数多くいる。しかし、個体が単独で捕まえ、食べることができるはずの小さな獲物まで集団で分け合う動物となるとなかなかいない。

定住シャチの標的は魚である。そして好物はサーモン、特にキングサーモンで、シャチにとってさほど大きいとは言えない。にもかかわらず、シャチは獲物をポッド内で分け合う。一匹の魚を解体して、ポッド内の他の個体と回し食べをするのだ。

ただし、ポッド内の個体なら誰とでもそういうことをするわけではない。最も多いのは、大人の雌が、この方法で子どもたちに食べ物を分け与えることである。さらに、ポッドの中に障害を抱えた者がいれば、食べ物を分け与えて支えるシャチがいる、という報告もある。

障害というのは、たとえば、ヒレが欠けているといったことだ。生まれつきなのか、あるいは事故で失ったのかはわからないが、ともかくヒレが欠けている。理由が何であれ、ヒレが欠けていれば、速く自在に泳ぐことはできず、獲物を捕らえるのはその分だけ難しくなるだろう。

だが、シャチは、そういう不幸な個体がいても、放置してあくまで自分で食べ物を取らせるのではなく、食べ物を分け与えて生きる手助けをする。シャチには冷酷非情なハンターというイメージがあるが、このような優しい行動はそのイメージとは正反対である。

ウォード博士、イルカに観察される

私がこれまで自然界で出合った中で、バンドウイルカほど、「観察されている」と感じた野生動物はいない。バンドウイルカと言えば、アゾレス諸島での出合いが最も記憶に残っている。マッコウクジラと出合った旅で、私はバンドウイルカとも出合っていたのだ。フィンをつけて、水がガラスのように見えるほど静かで深い海を泳いでいた時に、私は一〇頭あまりのイルカの集団に囲まれた。

イルカたちは、キーキー、ガラガラという音、口笛のような音を使って会話を交わしていた。私のことを話しているのなら、何と言っているのか知りたかった。「誰だ、この太った野郎を連れて来たのは？」などと言っていないのならば。

イルカたちは、はじめのうちは互いに少し離れていたが、ある時から密集し始め、私の数メートル下へと潜った。イルカたちはいったん止まったかと思うと、水の中で真上を向いて直立した。ほぼ一列に並んで動きを止め、その姿勢を保ったまま、私の方を見ている。おそらく特別興味を惹かれることが何もなかったのだろう。イルカたちは隊列を崩し、私の周りを一度、回ったかと思うと、どこかへ消えてしまった。バンドウイルカは、近縁のより大きなシャチや、さらに大きなマッコウクジラなどと同様、かなり高い知能を持つ動物であるとされている。

しかし、その時、私はバンドウイルカにただ高い知能を持っているという以上のものを感じた。意識と豊かな感情を持った存在に観察され、探られていると感じたのである。

イルカに意識はあるのか？

動物の意識に関しては、激しい議論が交わされている。現在の科学の水準では、完璧な結論を下すことはできず、科学というより、どちらかと言えば哲学の問題になっているとも言えるだろう。

私たちは脳という物体を見ることができるし、内部の活動パターンも詳しく調べることができる。しかし、脳の中に何があるのかを見ることはできないのだ。つまり、動物の意識がいったいどのようなものなのかはよくわからないのである。たしかに実験をしてみることはできる。たとえば、動物に鏡を見せて、中に映っているのが自分であることを認識できるかを確認するといったことは可能だろう。

イルカは鏡の中の自分が自分であることを認識できるようなので、少なくとも自己認識はあるのだと推定できる。おそらくそれよりもはるかに高い能力を持っているはずなのだが、確かめるのは難しい。イルカに意識はあるのか。人間のように、思考について考えることはできるのか。そうした問いには、万人が受け入れる答えが存在しない。

私自身、動物に意識が存在していることを本能的に感じ取ったと思うことはあるが、それには科学的な証拠が何もない。ただ、強い感覚があるというだけでは不十分である。しかし、地球上に極めて高い知能を持った動物が何種類も存在していることには疑いの余地はない。

社会的動物は、非常に高い知能を持っていることが多い。また、イルカは、動物の中でも特に複雑な社会を持っている。イルカの社会では、個体間の関係がそれぞれに絶えず変わっていく。何十頭もの個体との間で長期間、関係を維持するには、とてつもなく高い認知能力が必要なのは間違いないだろう。

イルカは小さな集団で行動するが、誰と行動するかは決まっていない。あるメンバーでしばらく行動したかと思うと、すぐに別れてまた別の仲間たちを探しに行く、ということを繰り返す。ただ、イルカ、特に雄は、子どもの時にできた仲間どうしの絆を生涯保ち続けることが多い。大人に近づくにつれ、仲間たちとの協調は雄にとって重要なものになる。

特に、雄の攻撃的な性行動には、仲間との協調が欠かせない。イルカの雄たちは、雌と強制的に交尾をしようと試みることが多いからだ。時には、雄たちが多数集まって大規模な「ギャング団」を結成することもある。協力し合えば、より規模の大きな雌たちの集団に挑むこともできるし、他の雄たちの支配下にある雌を奪い取ることができるかもしれない。

一方、雌は、雄に比べて同性間の交際の範囲は広いが、仲間どうしの絆の強さは雄ほどではない。これには、定期的に発情期が巡ってくることや、母親として子育てをすることが関係していると考えられる。どちらも、雌の社会的本能に影響を与えているはずだ。

ただ、雌たちも、雄たちが集団で強制的に交尾をすべく襲って来た時には、雌たちどうしで協力し合って、あるいは子どもたちの助けを借りて身を守ろうとすることがわかっている。

シグネチャー・ホイッスル

バンドウイルカは、単に集団で行動するだけではない。イルカどうし、実に様々なかたちで関わり合う。その中には、私たち人間の目から見て興味深い関わり方もある。たとえば、関係が近い者たちは、動きを同期させることがよくある。直立する、水面に上がる、深く潜るといった動きを互いに真似るのだ。

この行動を取るのは、子ども時代の経験があるからだろう。子イルカはとにかく母親の真似をして動く。常に母親の脇にいて、母親のした通りのことをするのだ。そういうふうに育っていたイルカが、成長して母親以外の仲間たちに対しても同様のことをするのは自然の成り行きだと言える。

また、仲間どうしで泳ぎを同期させる際には、握手のような動作をすることもある。まさに人間が握手をするように、互いの胸びれを触れ合わせるのだ。喧嘩をした場合には、胸びれで互いを叩き合うことで、傷ついた関係を修復しようとする。

関係維持に役立っているのは、そのような物理的な動作だけではない。バンドウイルカには、高度で複雑な言語があり、絶えず近況を伝え合っている。特に、何か新奇なこと、興味を惹かれることに出合った場合には、熱心にそれを伝えようとする。

バンドウイルカ

おそらく「太った生物学者が目の前で泳いでいる」というのも、伝えるべき出来事だろう。イルカの言語に関しては少しずつ理解が進んでおり、特にいわゆる「シグネチャー・ホイッスル」に関してはかなりのことがわかるようになった。これは一種の「ID」になる音である。その個体だけが出す特別な音だからだ。マッコウクジラの「コーダ」に似た音だ。

人間と同じく、イルカも生まれて間もない頃から盛んに音を発し始める。また、非常に物真似がうまい。周囲から聞こえてきた音をとにかく真似ようとするのだ。ただし、シグネチャー・ホイッスルが固まるまでにはある程度、時間がかかる。

生まれてから一年、ことによると二年かかる場合もある。シグネチャー・ホイッスルを決めるにあたっては、成長する際に周囲にいる大人たちが大きな影響を与えることになる。

また、シグネチャー・ホイッスルに影響を与えるのは、近くにいるイルカたちの発声だけではない。様々な影響が相まってホイッスルが決まっていくのだ。時折、近くに来るだけの個体が持ち込む新奇な情報が大きく影響することもある。この「音のＩＤ」が固まると、他のイルカと会う時に使うようになる。

出合った相手に自分が誰であるかを伝えるためもあるが、イルカたちは、それ以上のことをする。シグネチャー・ホイッスルを聞かされた方のイルカは、それを真似るのだ。声によって個体識別をし合う動物は他にも数多くいるが、このように他者のＩＤを声に出す野生動物は知られている限り他にはいない。シグネチャー・ホイッスルは、その点で人間の「名前」と同じような役割を果たしていると言える。

イルカのボキャブラリーは、この音のＩＤだけではない。イルカたちは、その時の状況に応じて多種多様な音を発する。たとえば、集団のメンバー全員を呼び集めるための音、遊んでいる時に発する音、苦痛や怒り、敵意を表現する音などもある。また、採餌しながら「この場所にはどのくらい食べ物がありそうか」といった情報を共有する。

もっと食べ物がありそうな場所に皆を誘導するといったことに使える音もある。なかなか捕まえられない魚を捕まえた時の喜びを表現するキーという音や、子どもが自分について来ずに怒った母親が発する音などもある。

子イルカは、サメなどにとって簡単に食べられる獲物であり、同時に、他のイルカたちの攻撃の標的にもなりやすい。そう考えると、はぐれそうになった時に母親が怒ったとしても無理はないと言える。行動に問題があった子イルカは母親から指導を受けることになる。

イルカのお仕置き

母親は音で叱責することもあれば、もっと厳しい罰を与える場合もある。たとえば、ブーンという音で怒りを表現しながら子どもの身体の側面に自分の口先を押しつけることもあるし、極端な場合には、子どもを海底まで連れて行って、しばらく動けないようにさせることもある。

叱られたり、罰を与えられたりした子どもは、そのあと、母親の頭を胸びれで撫でるなどして、なだめようとする。イルカはおしゃべりではあるが、静かになることもある――イルカが静かになるのは、たとえばサメが近くをうろついている時などだ。

人間よりも複雑な言語

イルカの発声は種類も豊富で非常に複雑である。何種類もの音を組み合わせてコミュニケーションに使う点では、人間の言語に似ている。キーキーという音、口笛のような音、ロバの鳴き声のような音、わめき声のような音、ポンという音など実に様々である。使われる音の複雑さ、種類の豊富さ、微妙な使い分けという点では、人間の言語をしのいでいる。人間には、音の微妙な違いがわからないので、それがまずイルカの「言語」の理解の妨げになっている。研究の場では、イルカの発する音声の違いを見極めるため、画像化の技術を使うことがある。

特によく使われるのは、スペクトルグラフである。これは、音の周波数と振幅をグラフ化する技術だ。ただし、このグラフは解釈が容易ではない。最近では、イルカの豊かなコミュニケーションを理解するために、また別のシマグリフという技術が使われることも増えている。

これは、イルカの発する個々の音を、水の中で起きる振動のパターンを基に複雑な画像に変換する技術だ。いわゆるエコーロケーションをするイルカは、自らが発した音の反響によって周囲にどのような物体があるかを知るのだが、これはいわば音を使って、周囲の物体の画像を作っているようなものだ。シマグリフはそれと同じようなことをしている。シマグリフを使えば、イルカの発する音を絵として見ることができるはずである。まだ生まれて日の浅い技術だが、それで動物の言語について今よりはるかに深く理解できるようになる可能性がある。非常に楽しみだ。

狩りの方法は継承される

よく発達した脳を持つ動物にふさわしく、イルカには非常に優れた創意工夫の才があり、極めて高い学習能力も備えている。たとえば、イルカの採餌の戦略は自然界ではほぼ他に類を見ないものである。

メキシコ湾のイルカたちは、小さな円を描くように泳ぐことで、魚を追い詰める。海底を尾びれで強く叩くことで泥を巻き上げることもある。おそらく、その泥の壁の中に自分の身を隠すのが目的だろう。すると魚は盛んに動いて、泥の壁を取り払おうとする。だがまさにそれこそ、イルカが待っていることなのだ。イルカたちは口を大きく開けて、動き回る魚たちを上手に捕まえていく。干満の差が大きい入り江でバンドウイルカは、魚を座礁させて捕らえるという高度な技術を駆使する。

陸地に近い急傾斜に魚を追い込むのだ。追われた魚が泥の上に乗り上げたところを簡単に捕まえて食べるのである。西オーストラリア、シャーク湾のイルカの中には、海底でカイメンを採取し、下顎につけて採餌をする一群がいる。カイメンをつけることで、荒れた海底の下に隠れた魚を捕まえる時に下顎を保護することができるのだ。

イルカは哺乳類なので生まれてからしばらくの間、母親から乳というかたちで食べ物が自動的に提供される。そこから、動きが速く、滑りやすい魚を自ら捕まえられるようになるのは実は容易なことではない。捕まえる方法は無数にある。

イルカは集団の中の年長者からそれを学ぶこともあるが、最も影響が大きいのは母親の狩りの方法である。子どもたちは、基本的には、母親の採っていた方法を踏襲して生きていくことになる。イルカの採餌行動が世代から世代へ受け継がれているという証拠はたしかにある。

たとえば、先に書いたカイメンを利用する方法は、元は二世紀近く前の一頭の雌イルカのひらめきから始まっていると考えられている。面白いのは、イルカがある採餌行動を身につけると、それは単にイルカの食事の仕方だけでなく、イルカが誰とつき合うかにも影響するということだ。たとえば、カイメンを利用した採餌をするイルカは、やはり同じように、カイメンを利用するイルカたちとつき合うことが多い。一種の専門家集団を形成するわけだ。

子どもたちが母親のすることを見て真似をして覚えるのはもちろんだが、母親の側が、先祖が苦労して身につけた技術を意識的に子どもたちに教えていることを示す証拠も得られている。狩りに子どもを連れて行く時には、自分だけの時よりもわざと長く魚を追跡し、それに子どもをつき合わせる。そうして子どもに多くの経験をさせていると考えられる。

ザトウクジラの歌

五十年ほど前、ちょうどヒッピー全盛の時代に、一枚のレコードがリリースされ、世界中の人々の心をとらえた。そのレコードは他とは違い、ある意味で動物によって作られたものだった。そのレコード『ザトウクジラの歌 (Songs of the Humpback Whale)』はベストセラーとなった。その名の通りザトウクジラの鳴き声だけを収録している。

人の心に訴えかける感動的なその歌は、クジラという生き物に対する人間の考え方を大きく変えたとも言える。始まったばかりだった「セーブ・ザ・ホエールズ (Save the Whales)」運動を世に広め、運動への支持を高めるのにも役立った。そして最終的には捕鯨禁止にもつながったのだ。ザトウクジラの歌は、惑星探査機ボイジャーに地球外文明へのメッセージとして積み込まれたレコードの中にも収録されている。

私はその時、トンガ沖に浮かぶボートの端に腰掛けて、海に飛び込む時を待っていた。少し離れた場所で、ザトウクジラの歌が始まった。いよいよ天からの啓示を受けるような

ザトウクジラ

体験ができるのだと私は期待した。よく知られたあの神秘的な歌を直接、聴くことができる素晴らしい瞬間が訪れたのだ。

私はいつでもカメラを回せる準備をして海に飛び込んだ。そうして映像を残しておけば、いつでも再生してこの世のものとは思えないほど美しいクジラの歌を楽しむことができるだろう。クジラの姿が見えた。クジラは水の中で頭を下げ、その巨体を少し傾けた。左右の大きな胸びれを横に伸ばした姿はまるでオペラ・スターのようだ。これからまさに本番が始まるのだと思った。だが、オペラと少し違う点が一つあった。

クジラの歌が酷いものだったのだ。

悪口を言うつもりはない。音を外しているなどとうるさいことを言うつもりもない。おそらく一〇〇キロメートル離れたところで聴けば、感動的な歌声なのだろうとは思う。しかし、間近で聴くその歌は、二日酔いの豚の鳴き声かと思うほど酷かった。どうやらそのクジラは、私よりも歌が下手だという、地球上でも珍しい動物らしい。

ハクジラとヒゲクジラ

トンガ滞在中、私は幸運にも、水中で二〇頭ほどのザトウクジラとともに過ごすことができた。豊かな餌場である南極の海から冬の間離れてそこに来ていたクジラたちである。その中には、子ども連れの母親もいたが、雌を追ってやって来た二頭の雄もいた。二頭には他の連れはいなかった。このことはそう驚きでもなかった。昔、学部生の頃に学んだ通りだなと思っただけだ。

クジラは大きく二つのグループに分かれる。マッコウクジラやイルカなどのハクジラと、ザトウクジラ、シロナガスクジラ、セミクジラなどのヒゲクジラである。二つのグループでは、一般に社交性に大きな違いがあるとされる。ハクジラは社交的だが、ヒゲクジラはそうではないという。ザトウクジラやその近縁種は、元来、単独行動を好み、生活も採餌も単独で行うのが普通だ。

身を守るため、あるいは獲物を見つけるために集団を必要とはしないとされている――

それどころか、採餌の時にあまり近くにいすぎると、互いの邪魔になってしまうこともあるという。ザトウクジラは非常に社会性が強い動物ではないようだし、動物の社会性がテーマの本書にもあまり合わない動物のように思える。

ただ、おそらくそうだろうと推測することと、間違いなくそうだと知っていることの間には大きな違いがある。科学において重要なのは、推測が正しいか否かを厳密に確かめることである。そして近年では、ザトウクジラの社会性に関する通念が実は正しくないことを示す証拠が見つかっている。

通常、ある動物の形成する集団がどのようなものかは、見える範囲内にどういう個体がどのくらいの数いるかで判断する。だが、実のところ、その方法でクジラの集団について正確に知ることはできないとわかってきた。それはクジラがコミュニケーションに音を使用するからだ。すでに書いた通り、水中では音が非常に遠くまで、時には数百キロメートル先まで到達することがあるからだ。

ヒットソングの革命

ザトウクジラは、遠く離れた相手とも連絡を取り合い関係を維持できる。一九九〇年代終わりの研究によって、ザトウクジラが非常に遠い仲間たちの発する音に耳を傾け、互いの存在を認識し合っていることは確かめられている。

　ザトウクジラは世界の海に広く分布しているが、同じ海盆(かいぼん)の雄はだいたい同じ「歌」を歌うことがわかっている。歌はまったくの不変というわけではなく、時を経るごとに次第に変化していく。雄たちは、同じ地域の他の雄たちの歌を聴いて、その時の「流行」に合わせて自らの歌も変えていくのだ。

　また、時々、歌がまったく違うものに変わることもある。一九九七年、オーストラリア東海岸のザトウクジラたちは、突如、新しいメロディを歌い始めた。四〇〇〇キロメートル以上も離れた西海岸のザトウクジラたちが歌っていたメロディを取り入れたのだ。タスマン海に迷い込んだごく少数の雄たちから学んだのか、それとも南極海で移動中、あるいは採餌中に耳にしたのか、確かなことはわからない。

　しかし、いずれにしろ、一九九八年には、東海岸のザトウクジラのすべてが、その西海岸のメロディを歌うようになった。これはクジラの文化における一種の革命と言ってもいいだろう。この種の革命は、社会的影響によってのみ起き得る。

　今では、同様の革命が時々起きることがわかっている。ザトウクジラの雄の音楽は、個々の雄が自分の歌に次々に装飾を加えていくために次第に複雑なものになる。装飾を加えるのは、仲間内でも自分を目立たせるためではないかと考えられている。

　それを聴いた他の雄たちは、その装飾を取り入れ、そこにさらに自分なりの装飾を加える。これをすべての雄がするわけだ。これによって、歌は次第に成長し、発展していく。だが、これがしばらく続くと、やがて揺り戻しが来る。クジラたちが急に原点に返って、単純な歌を歌い始めるのだ。その単純な歌が時とともに複雑になる。この繰り返しである。

ザトウクジラが、仲間どうしで歌を学び合うとわかっただけでも画期的なことだ。そして、ザトウクジラが単独行動を好む動物だという考えを覆す証拠は他にも多く見つかっている。北米沖では、ザトウクジラが小さな集団で協力し合って魚の群れを狩ることがわかっている。

泡のカーテン

この際、ザトウクジラは魚を攪乱するために、深く潜って噴水孔から空気を放出する。音を使ってコミュニケーションを取り、クジラたちは協調して動く。皆で螺旋状に上昇しながら空気を放出することで、円柱状の泡のカーテンをつくりあげ、その中に魚を閉じ込めるのだ。

その後、クジラたちは海面近くまで上がる。そして集団の中の一頭が攻撃開始の合図を送ると、集団は一斉に魚たちに向かって突進し、洞窟のような巨大な口で一気に食べてしまう。ザトウクジラは時に自分たちの行動のレパートリーを増やす。

一九八〇年、メイン湾で、一頭のザトウクジラが海面を尾びれで強打する姿が観察された。この変わった行動は実は一つの「イノベーション」なのだとわかった。おそらく、イカナゴを食べるためにいずれかの個体が新たに考案した方法なのだと考えられた。イカナゴはその場所に繁殖のために集まってくる小さな魚である。

それから何年かの間に、「ロブ・テイリング（lob-tailing）」と呼ばれるこの行動は、多くのザトウクジラに広まることになった。雄クジラの「歌」と同様、これは、学習によって身につける行動である。ネットワークを通じて多数の個体に広まっていった。これは、ザトウクジラの個体どうしの関係が緊密であることを示している。

ザトウクジラは、身体は大きいが優しい動物だとされている。ザトウクジラが集まり、交尾、出産をするトンガで、私は一頭の若い雌に遭遇した。その雌は海面近くにいて、じっと動かずにいた。

私は状況がつかめず、恐る恐るクジラに近づいた——このクジラは病気なのだろうか。目は閉じていたが、私がそばまで泳いで行くと、目を開き私のことを真剣な眼差しで見た。数秒間、そうして見ていたが、どうやら気に留めるような相手でもないと判断したらしく、クジラは再び目を閉じた。

私は少し距離をとって雌クジラの周りを泳いで、怪我をしていないかを見てみたが、特に気になることもなかったのでボートへと戻った。おそらく彼女は単に眠っていただけなのだろう。一時間ほど後には、水面に浮かんでいた葉のついた木の枝で遊んでいたからだ。胸びれで叩いたり、口にくわえたりしている。子猫がおもちゃで遊んでいる姿とそっくりだった。

私がこれまでに直接触れ合ったザトウクジラは皆、彼女と同じように受動的な反応をした。攻撃的になるわけでもなく、怖がることもなかった。こう書くと、身体は大きいが優しい、という通説は正しいと見て良さそうだが、実はそうとも言い切れない。繁殖期には、興奮した雄が雌をめぐって争う。時には暴力に訴えることもある。

ただし、ザトウクジラが最もその力を発揮するのは、海の中での唯一の強敵と言える存在、シャチに対してだ。体長が一二メートルを超える大人のザトウクジラがシャチを恐れることはまずないが、子どものザトウクジラとなると事情は違ってくる。

ザトウクジラの子どもの五頭に一頭はシャチに殺されていると推定される。ただし、大人のザトウクジラの中にも、シャチに襲われた痕跡と見られる歯の跡がついた者は多くいる。ザトウクジラがもし誰かに恨みを抱く動物なのだとしたら、シャチはいつ報復されても不思議はない。

クジラは恨みを忘れない

ザトウクジラが出産の際に熱帯へと移動するのは、生まれた子どもをシャチに食われないようにするためもあると考えられる。シャチは世界中に分布しているが、暖かい海域にいるシャチは多くない。つまり、シャチという優れた捕食動物の存在が、ザトウクジラの移動経路を決めている部分もあるということだ。

子どもを連れた雌のザトウクジラは、陸からなるべく遠く離れず、海岸線沿いに移動していく。ただし、仮にシャチが来たとしても、母クジラは無力というわけではない。シャチの攻撃に激しく抵抗して子を守る。時には、子どもを水の中から引き上げて自分の背中にのせることもある。だが、シャチの数が増えるにつれ、子どもを守るのは困難になる。多数のシャチが協調して一斉に攻撃を仕掛けて来たら、母クジラが断固とした態度で戦っても勝ち目はほとんどないだろう。ザトウクジラの母子に付き添いがいることが多いのは、一つにはやはりこのシャチの脅威があるからだろう。付き添いは通常は雄のクジラである。

雄が母子のそばにいるのは、シャチから子どもを守るためだけではない。雄の最大の目的は、雌と交尾をすることだからだ。だが、それでも雄は子どもを守るのに協力はする。

二頭の大人で子どもを挟むこともあるし、雄が子どもを水から引き上げて背中にのせることもある。背中にのせれば、シャチは子どもに体当たりすることも、恐ろしい歯で噛みつくこともできない。

ザトウクジラは、シャチに恨みを抱き、その恨みをずっと覚えているらしい。そう考えないと説明のつかないことがある。ザトウクジラはただシャチから身を守るだけでなく、積極的にシャチを攻撃することがあるのだ。ロバート・ピットマンらによると、ザトウクジラが狩りの途中のシャチをわざわざ追跡した例がいくつもあるという。しかもシャチの方がザトウクジラよりもはるかに数が多い時もあった。その時、シャチがどのような動物を狩りの標的としていたかはあまり関係ないようだ。アザラシ、アシカ、ザトウクジラをはじめとするクジラ類など、標的は様々だった。

ともかく、獲物を襲うシャチが発する音をかなりの距離から察知し、シャチに向かって移動していたのだ。そして、シャチのいるところまでたどり着くと、なんと、襲われている動物を守るべく、シャチに猛烈な攻撃を加えるのである。

これは実に驚くべきことだ。たしかにシャチは、大人のザトウクジラに比べればやや小さいが、それでも危険な敵には違いないからだ。しかし、ザトウクジラはその強敵にも怯むことなく、尾びれや胸びれといった強力な武器で果敢に攻撃をする。どちらも重さは一トンほどもあり、硬いこぶがある。このようにして頻繁に他の動物の狩りを妨害する例は、動物界にはおそらく他に例がないだろう。

被食動物が逆に捕食動物を攻撃する「モビング行動」はたしかに一部の動物に見られる。だが、それはあくまで自分の血縁者や、少なくとも同種の動物を守るための行動である。ザトウクジラも自分と同じザトウクジラが標的になっていると勘違いして攻撃している可能性がなくはないが、獲物が別の動物だとわかってからも長く攻撃が続くのだ。

標的になった動物にとっての利益はもちろん、非常に大きい。だが、ザトウクジラ自身にとってはさして利益になるとは思えない。単に強大な敵への恨みを晴らすことが嬉しいのだとしか思えない。

この半世紀ほどの間に、クジラやイルカに対する私たちの見方は大きく変化した。狩る者と狩られる者、という私たちの間の昔ながらの関係は残念ながらまだ一部で続いているものの、大多数の人々はクジラやイルカが複雑で魅力的な生物であること、他を圧倒する知性の持ち主であることをよく理解するようになっている。クジラやイルカたちは互いの間で長期間続く関係を築き、高度な社会、文化を作りあげている。

ザトウクジラなどのヒゲクジラに関しては、ハクジラに比べると生態についての理解が遅れている面もあるが、毎年のように驚くべき新発見があり、徐々に理解は進んでいる。何世紀にもわたり人間に狩られてきたクジラやイルカも最近では数を回復しつつある。だが、まだすべきことは山積している。何よりも問題なのは、海はゴミや汚染物質をどれだけ捨てても受け入れることができると思い込んでいる人たちがいまだに少なくないことだ。今後は、高い知性を持ったクジラやイルカとどうつき合っていくべきか学び、その生息環境をいかに保全していくべきかをよく考えていかねばならない。

9章

類人猿の戦争と平和

霊長類が人間を知る手がかりに

霊長類は世界中に五〇〇種いるとも言われている。ネズミキツネザルのように人の手のひらに乗るほど小さい者もいれば、巨大ではあるが総じて穏やかなゴリラまで実に多種多様である。霊長類は動物の世界では新参者である。現れたのはわずか六千五百万年前で、他の主要な脊椎動物に比べるとはるかに後である。いわゆる「サル」が生まれたのは、それから二千万年~三千万年後で、類人猿の誕生となるともうごく最近だ。

私たち人間と現代のチンパンジーは共通の祖先から枝分かれした。枝分かれが起きたのは、今からわずか六百万年前くらいだと考えられる。六百万年というと非常に長い時間のように思う人も多いかもしれない。レストランで料理の提供を十五分待たされただけで怒り出す人がいる時代なのでそれも無理はない。

しかし、進化論的な観点で言えば、六百万年は一瞬と言ってもいいほど短い時間だ。私たちは普段、現在の霊長類を自分とはかけ離れた動物だと考えている。だが、進化の歴史を見ると、またDNAの重複の多さを見ると、多くの人が考えるほど大きな差はないと言える。

実際、霊長類の行動をよく観察すると私たち人間との共通点を多く見つけることができる。人間は総じて誰かといたがる動物である。誰かと関係を築きたがるし、家族で生活をすることが多い。そして、霊長類の大半もその点は同じである。ほとんどの霊長類は社会的動物だということだ。

人間と同じように、誰かと協力し合うこともあれば、競争することもある。皆でコミュニケーションを取って集団で意思決定をする。社会生活を送る上で直面する課題に霊長類たちがどう対処しているかを見れば、私たち人間の社会がなぜ今のようになっているのかを知るヒントが得られる。つまり、霊長類は、人間関係や社会にまつわる謎を解く鍵になるということだ。

人間が他の霊長類と共通して持っている特徴は社会的であるということだけではない。しかし、社会性は、人間のもう一つの際立った特徴である知性と深い関係にある。他の霊長類と目を合わせることがあれば、きっとあなたは相手に知性を感じるはずだ。普通の人がそのような体験をするのはおそらく動物園の中だけだろう。野生の霊長類の間近にいて目を合わせれば、動物園とはまったく違った体験ができる。

サルの二日酔い

私がはじめてその種の体験をしたのはケニアだった。相手は、ベルベットモンキーとい

ベルベットモンキー

う非常に知性的なサルである。黒い顔の周囲に白い毛が生え、身体の毛の色はグレーという美しい動物だ。ベルベットモンキーは、気が向くとモンバサの郊外をぶらぶらと歩いている。

驚くほど表情豊かで、その様子は、小さく、毛深いことを除けば人間にそっくりである。私は、ベルベットモンキーをよく見ようと外に出たのだが、うかつにも自分の部屋の窓を少し開けたままにしていた。

これではサルに「どうぞ入って来てください」と言っているようなものだ。勇気あるサルならば、誰もいない部屋に簡単に入り込むことができる。侵入したサルは、意外にも部屋を荒らすことはなく、私の妻のかばんに直行した。そして、器用にファスナーを開けてミントキャンディを盗んだ。

戦利品を誰かに取られないよう、サルはそれを天井まで持って上がった。

その後は約三十分の間、セロファンの包み紙が上から時々、落ちて来た。最後には、空になった袋が落ちて来た。私はサルが菓子を盗んだことについて特に腹を立てはしなかったが、サルが人間の菓子を食べるのは身体に悪いのではという懸念はあった。ただ、息の臭いはきっと良くなったと思う。

ミントキャンディならまだいいが、アルコールとなると話は違ってくる。動物保護の意識が低かった昔には、酒類を置いておき、飲ませてサルを捕まえるという手法がよく用いられた。捕まえたサルはペットとして売るか、余興の盛り上げに使う。そういうサルは多いが、ベルベットモンキーも喜んで酒を飲むサルで、しかも少量飲んだだけで酔っ払う。酔っ払って寝てしまったサルを捕まえるのはたやすい。猛烈な二日酔いを抱えて目を覚ます頃には、サルはきっとケージに入れられ、どこかに運ばれているだろう。

その後は道化としての日々が待っている。派手な衣装を着せられ、手回しオルガンの上などに座らされて、見世物になるのだ。幸い、サルに酒を飲ませて捕まえるなどということは最近ではほとんど行われていない。ただ、泊り客の飲み残した酒を狙ってホテルのバーのテラスなどにサルの集団がやって来ることは世界各地であるようだ。

進化的に近いだけあって、悪いところも人間に似ているのを知ると、つい笑ってしまいそうになるが、人間と同じく酒癖の悪いサルを放置しておくわけにはいかない。酒を飲めないよう、閉じ込めておくわけにもいかない。それは人間の場合と同じだ。ただ、時には強硬な手段に訴えるしかないこともある。

チャクマヒヒの「犯罪」

常時アルコールが手に入る環境にあるベルベットモンキーの飲酒行動を調べると、あまりにも人間にそっくりで驚いてしまう。だいたい六匹に一匹が定期的にある程度以上の酒を飲み、二〇匹に一匹くらいがアルコール依存になってしまう。

毎日、朝から飲み始め、意識が朦朧となるまで飲むのだ。一方で、六匹に一匹くらいは一切、酒を口にせず、残りは、時々ごく少量を飲むくらいで満足する。薬物乱用は人間だけのものではないということだ。実は進化的に近く多くの遺伝子を共有するサルたちにも同じようなことが起きる。

また、人間のそばで暮らしていると、サルも人間と同じように悪い習慣を身につけてしまう恐れがある、とも言える。十数年ほど前、ケープタウンで仲間たちとともに次々と「犯罪」を繰り返したチャクマヒヒの「フレッド」などの例を見てもそれがわかる。はじめは、食べ物が手に入りやすいのが気に入って都市に出てきていたようだが、人の好い観光客が餌をくれるので調子に乗ったらしい。

　フレッドは間もなく、誰かが餌をくれるのを待つのをやめた。人の手から強引に奪い取るようになったのだ。食べ物を奪う時のフレッドは攻撃的になった――大人のヒヒが攻撃してくれば人間は怯えてしまう――また、鍵がかかっていなければ、車や家のドアを開けることもできるようになった。このままでは観光収入の減少を招きかねないので、市当局が動かざるを得なくなった。

　結局、フレッドは二〇一一年に捕獲され、安楽死させられた。解剖の結果、フレッドは何十回も狙撃されていたことがわかった。体内には、五〇個もの弾丸やペレットが埋まっていた。それだけの目に遭っても、フレッドは「犯罪」をやめられなかったのだ。

　社会的でない動物であれば、そもそも人間と関わることがあまりない。しかし、集団で生きているサルは、その環境の中で身につけた能力を応用することで、人間の世界に深く入り込んでくる場合がある。それによって、様々な問題が起きることもあり得るのだ。

ヒョウがいる!

ベルベットモンキーにミントキャンディを盗まれた「事件」のしばらく後、私は、博士課程の指導教官だったイェンス・クラウスとともに、ケニアの低木地帯にあるンパラ・フィールド・ステーション付近で夕食前の散歩をした。もう何週間も雨が降っていなかったので、周囲数キロメートルの範囲の植物は、強烈なアフリカの日光によってしなびてしまっていた。

だが、それでもわずかに残った緑をたどっていくと、川へとたどり着いた。そこには動物の存在を示す証拠が数多くあった。黄色い砂地には足跡や糞が散見されたが、その時は日暮れ前に活動する鳥たちの他に、動物の姿を見ることはできなかった。

その後、私たちが進路を変え、川に沿って進んで行くと、アカシアの木の根元あたりに集まっていたベルベットモンキーの集団に出くわした。サルたちは私たちの方を見たが、特に関心はなさそうで、すぐに果てしないグルーミングの作業へと戻っていった。多くの動物において社会的絆を維持する上で重要になっている行動である。

サルたちの邪魔をしないよう、私たちは立ち止まり、サルの社会で古くから続けられている儀式を眺めていた。サルは皆、穏やかな様子だったが、一匹が大声で叫んだことで状況が一変した。

たとえとしてはあまり適切でないかもしれないが、その鳴き声は、アヒルに似ている。鼻の詰まったアヒルが異様な速度で繰り返し鳴いているようだ。ともかく、その鳴き声の効果は絶大だった。皆が一斉に頭を鳴き声の主の方に向けたかと思うと、一匹残らず木に登ってしまった。

「あれはヒョウがいるという警戒声だ」イェンスはそう言った。

「えっ、近くにヒョウがいるんですか?」私は尋ねたが、声が思いがけず甲高くなってしまった。

「ああ」イェンスはそう答えたが、いたって落ち着いていた。

捕食動物、しかも相当に手強く、霊長類の味を覚えた捕食動物が近くに潜んでいるという報せは、私の指導教官にはさほどでもなかったかもしれないが、私とベルベットモンキーにとっては大きな恐怖だった。サルたちは即座に木に登るという反応をした。

その時に重要なのは、できる限り、細い枝を探して登ることである。自分の身体は支えられるが、体重六〇キログラムにもなるヒョウの身体を支えられないという枝だ。ヒョウの腹の中に収まりたくないのは、私もベルベットモンキーたちと同じだった。

一瞬、自分も木に登ろうかとも考えた。結局、私が選んだのは、イェンスを急かすことだった。みっともないとは思ったが、すぐにフィールド・ステーションに戻りましょうと言って急かしたのだ。それはまさに私の「警戒声」だった。

警戒声を使い分ける

集団で生きる動物の多くが危険を察知すると警戒声を発するのだが、ベルベットモンキーの警戒声は意味が明確である点が他とは違う。発見した捕食動物ごとに声が違うのだ。そして、集団の反応も声によって異なってくる。

「ヒョウがいる」という警戒声が出た時には、私たちの見る限り、ベルベットモンキーたちは大急ぎで安全な木の上に逃げるようだ。だが、接近して来たのが猛禽類だった場合には、木の上に逃げるのは悪手である。鳥なら、枝の上にいるサルをさらっていけるからだ。なので、ベルベットモンキーは、猛禽類の接近を知らせる警戒声も持っている。

カエルがしゃっくりをすることがあるかは知らないが、その警戒声はまさに「カエルがしゃっくりをしたらこういう感じだろう」という声なのだ。その声を聞いたベルベットモンキーの理想の対応は、下生えの濃い場所へと逃げ込むことだ。そこならば鳥は追って来られない。他にベルベットモンキーにとって脅威になり得るのは、ニシキヘビなどのヘビだ。

当然、ヘビに対応する警戒声もある。「チュッチュッ」という鳥のさえずりのような声だ。その声を聞いたベルベットモンキーたちは、後ろ脚で立ち、ヘビがどこにいるのか地面を探し回る。ヘビの居場所を突き止めたサルたちは、一致団結して威嚇行動に出ることもあれば、それほどの勇気が出ない場合にはヘビが追いつけない速さで逃げることもある。

ヒヒや、あまりそういうことはないが、人間が脅威になった場合にも、それに対応した警戒声がある。長年、観察し続けてきたある研究者によれば、ベルベットモンキーには、三〇種もの捕食者に対応できる警戒声があるという。近くにウィルドビーストなどの大型草食動物がいても、脅威になることがないので警戒声は発しないが、家畜の牛がいるのを察知すると警戒声を出す場合がある。牛がいれば人間がそばにいる可能性が高いからだ。

警戒声を出すのか、沈黙を守るのかの判断は重要である。声を出す方が良い場合もあれば、出さない方が良い場合もある。相手が身を隠して獲物に近づく捕食者である場合には、警戒声を出すことで、狩りを思い留まらせられる可能性がある。自分の存在に気づかれているとわかれば、狩りをあきらめる捕食者は多い。成功率が大きく下がるからだ。

チンパンジーのように、木に登って獲物を追い駆けることができる捕食者の場合は、避難場所を見つけるのが非常に困難になる。つまり、ベルベットモンキーとしては、この種の捕食者には自分の存在を知らせない方が得策ということだ。そのため、チンパンジーなどの獰猛な霊長類が近くにいると気づいても、ベルベットモンキーは沈黙を守ることが多い。

言語は人間だけが使うのか？

子どもの頃、私はよくテレビでターザンのアニメを見ていた。主人公のターザンは、木のつるからつるへと次々に飛び移ることでジャングルを自由に移動できる。動物のコミュニケーション・ネットワークの中に入り込んでいて、常に近辺の最新のニュースを得ることができる。

実のところ、これ自体はそうあり得ない話でもないと思う。現代社会に生きる私たちは、かつては日常的なものだったであろう捕食の脅威からは長い間、無縁でいる。それでも、ターザンと同じように、他の動物の発する警戒声を聞けば、そこに恐怖を感じ取ることができる。

ある実験によれば、哺乳類だけでなく、爬虫類や、なんとアマガエルの警戒声までも察知できる人が多かったという。補食される恐れのある動物の多くはこの能力を持っているようだ。中には、他の動物の警戒声を認識できるだけでなく、その警戒声の意味まで推測できる者までいる。

つまり、自分と同種の仲間が脅威の接近を察知できなかったとしても、リスやアンテロープ、鳥など、他の用心深い動物の力を借りて脅威についてかなり詳しく知ることができるということだ。

人間は自分たちが他の動物より優れていると思いたいのだろう。だから、人間だけが持っている能力を探そうとする。長い間、「これは他の動物にはない人間だけのものだ」と言われてきた能力はいくつかあった。たとえば、言語を持つというのはその一つだっただろう。

しかし、接近している捕食者が何であるかを明確に伝えることができるベルベットモンキーの警戒声は言語と呼んではいけないのだろうか。人間は言われてきたほど特別な存在ではないのではないか。

この問いに答えるのは簡単ではない。動物たちがあげる叫び声は長らく、単なる感情や意欲の表現だと考えられていた。怒りや恐れ、苦しさなどを表現した声ということだ。

だが、ベルベットモンキーのあげる声はそれを超越したものだ。私たち人間の言語では、単語が特定の意味を表す記号になっている。たとえば、「ヒョウ」という単語そのものには本来、何の意味もないのだが、それが特定の動物を表す記号になっていて、言語を共有する人たちの間では、情報の伝達に使える。

「ヒョウ」は恣意（しい）的な語であり、私たちは学習によって、この語が特定の意味を持っていることを理解するようになる。ただし、その意味に対する反応は全員同じでなく人によって異なる可能性がある。ベルベットモンキーの警戒声は、人間の使う語と同じではない。

また、同じでないといけない理由はどこにもないだろう。霊長類の大半は、舌の柔軟性や、声道を巧みに操る能力に欠けているため、私たち人間が語として認識するような音を発することはできない。

だが、限られた能力しかなくても、ベルベットモンキーの警戒声は、言語の基本的な要素を備えていると言える。様々な音を聞いた時のベルベットモンキーの脳の活動の違いを調べるとそれがわかる。自分と同じベルベットモンキーが発した声を聞いた時には、周囲の他の音を聞いた時とは脳内の違う部位が活性化するのだ。

ベルベットモンキーの語彙力

警戒声を聞いた時には、サルの脳の側頭葉と、大脳辺縁系、傍辺縁系が活性化する——これは、私たち人間の脳が、言語を聞いた場合に活性化するのとまったく同じ部位である。動物に関する研究が進むほど、人間に固有だと思われていた特徴が実はそうでもないとわかってくる。人間が他の動物に比べて複雑なのは確かだが、ただ人間と他の動物の違いは、質的な違いであることはまずなく、ほとんどは量的な違いでしかない。

ベルベットモンキーの語彙(ごい)についてトーマス・ストルフセーカーがはじめて解説をしたのは、今から半世紀ほど前のことだ。それ以降、ベルベットモンキーの警戒声の認識に関しては、厳密な科学実験が多数行われてきた。中でも、有名な霊長類学者、ドロシー・チェイニー、ロバート・ザイファルトによる実験はよく知られている。

実験でわかったのは、ベルベットモンキーは、録音した警戒声であっても、問題なく聞き分けることができるということだ。ベルベットモンキーの近縁種であるミドリザルもやはり同じように、捕食者ごとに違う警戒声を使い分ける能力を持っている。

ミドリザルは、一六〇〇年代にわずかな数がアフリカから西インド諸島へと連れて行かれた。西インド諸島は、アフリカに比べると、獰猛な捕食者もあまりおらず、ミドリザルは数を増やすことができた。

西インド諸島のバルバドスへとミドリザルが移植されて三世紀以上が過ぎてから、ある研究者チームが、ミドリザルに対して少々、意地悪な実験をした。アフリカで録音したミドリザルがヒョウに遭遇した時の警戒声を再生して聞かせたのだ。バルバドスには、野生のヒョウはまったく存在しないのだが、なんとミドリザルはその警戒声を忘れていなかった。

なんと警戒声を聞いた途端、一斉に木に登ったのだ。その警戒声が恐ろしい危険を意味することは、何十世代を経た今でも、サルたちの脳の奥底に記憶されていたのだろうか。あるいは、その警戒声には、ヒョウとは無関係にとにかく「木に登れ」という意味があるのかもしれない。しかし、仮にその警戒声に「木に登れ」という意味しかなかったとしても、ヒョウの姿を見た時以外にサルたちがその声を発したのを聞いた研究者はいないのだ。

とにかく安全第一

サルの「言語」がどの程度、高度なものか、これだけの材料では明確な判断はできない。より詳しいことを知らねばならない。ヒョウに食われるかもしれない危機にも平然としていたイェンス・クラウスは、私がケニアを離れたあと、ベルベットモンキーを騙して警戒声を出させることができるかを実験しようと考えた。

近くの街に物資の買い出しに出た際、イェンスは、ベルベットモンキーの捕食動物の物真似に役立つものが何かないか探した。ナニュキは小さな街で、商店も少なく、当然、物資の種類もそう豊富ではない。だが、それでも、どうにか使えそうなものを見つけて研究施設へと戻って来た。

数時間後、イェンス——背の高い、痩せた人だ——は、ヒョウ柄の服を来てベルベットモンキーの集団に向かって大股で歩いていた。この作戦はうまくいったらしい。見張り役のサルが、ヒョウに対応する警戒声を発したのだ。サルたちにとっては決して笑って済まされるような間違いではない。これでベルベットモンキーは愚かだと思ってしまう人もいるだろう。

しかし、そこはアフリカの森林という極めて危険な場所である。とにかく安全第一という姿勢になったとしても不思議ではない。警戒声を出すのを躊躇(ちゅうちょ)していたら、手遅れになる恐れがある。だから近づいて来るのが本物のヒョウなのか、ヒョウのふりをしている人間なのか正確に判断できる前に警戒声を発するのは理に適っていると言えるだろう。

仲間を騙して得をする

社会的動物にとって、警戒声は、自分の属する集団の自分以外の構成員を捕食から守るためのものだ。集団の構成員の多くは、血縁者である。だが、これを純粋な利他的行動だと考えるのは間違いだ。警戒声は、実は、様々な理由で発した者自身にも利益になるからだ。

まず、身を隠して近づいて来ている捕食者に対し、「そこにいるのはわかっているぞ」と知らせることで、狩りを思いとどまらせることができる。また、集団をパニックに陥らせ、その隙に自分は逃げるということもできる。

さらに、警戒声を発すると、自身の性的魅力を高めることもできるらしい。サルはそのことに気づいているようだ。たとえば、雄のベルベットモンキーは、周囲が雄ばかりの時よりも、雌が近くにいる時の方が警戒声を発する頻度が高まる。

また、集団の中で一頭の雄だけが雌と交尾できる、ハーレムを形成するサルの場合は、ハーレムの主である雄がいち早く危険を察知して警戒声をあげることになる。これはもちろん、自分の子どもたちを守るためでもあるが、同時に、雌たちに対して自分を魅力的に見せ、引き続きハーレムの主でいる価値があると思ってもらうためでもあるらしい。

動物のコミュニケーションにおいては、他者を騙すことはごく普通に行われる。霊長類には、自分の利益のために他者を騙す興味深い事例が数多くある。サルの社会には厳密な序列が存在することが多い。

社会の中の、特に食料や繁殖に関わる資源の分け前をどれだけ受け取れるかは、その序列で決まる。サルの集団が食べ物を見つけた場合、元来、序列の低い者は、自分より序列の高い者たちが満腹になるまで食べるのを待たねばならないはずなのだが、実は必ずしもその通りにはならない。

ポルトガルの船乗りたちが新世界への探検を始めた頃、ピンクの顔に、身体は茶色の毛皮で覆われ、肩と顔の周りが乳白色になった不思議なサルに出合った。ポルトガル人たちはこのサルを皮肉を込めて「カプチン」と呼んだ。頭巾をかぶっているように見え、カプチン会修道士に似ていたからだ（訳注：このサルは日本では「オマキザル」と呼ばれている）。

もちろん、サルや修道士を称賛する意味でその名前を使ったわけではない。カプチン会修道士は、横柄で、賄賂で買収されるとして評判が悪かったのだ。このカプチンという名前はその後、長く使われることになる。

カプチンは最高で三〇匹から四〇匹くらいの集団で生活する。それだけの規模の集団内で生きるためには非常に高い知性が必要になる。序列が厳格なその社会では、高い知性がなければ十分な資源の分け前を得ることもできないだろう。

その知性の高さは、時に序列の低い個体が他者を騙すことで食べ物にありつく場合があることでもわかる。上位者から攻撃を受けずにまんまと食べ物を得るのだ。それはたとえば「偽の警戒声を発する」という手段である。警戒声が出るとどうしても、上位の者たちは集団を守るような行動に出ることになる。その隙に下位の者は放置された食べ物を得ることができる。

他者を騙して得をしようとする、という戦略を人間がよく使うことは誰でも知っている。しかし、動物も同様のことをすると知れば驚く人も多いだろう。他者を騙せる、ということは、その動物に高い知性があることを意味する。行動の計画を立てることができ、他者の反応を予測することもできなければ、騙すことなど不可能だからだ。

ヒヒの騙しのテクニック

他者を騙すことは複雑な認知ができる動物、つまり結局は、発達した脳を持つ動物にしかできないことだろう。残念ながら、この種の行動を厳密に科学的な方法で研究するのは、特に野生動物が対象の場合には非常に難しい。

その理由は、第一に、この種の行動が稀だということだ。社会集団の中で生活する霊長類は、同じ相手と長期間、関わっていくことになる。絶えず集団内の仲間を騙そうとするような個体がいれば、その悪い評判はすぐに広まってしまうことになるだろう。

誰かを騙したからといって、即座に罰を受けることはないかもしれないが、集団内の仲間たちから関心を向けられることが減るのは間違いないだろう。それは人間の世界でも同じだろう。誰かを騙して儲けることを続けている人間は一箇所に長く留まっていることはできず、あちらこちらへと次々に移動しなくてはならない。

ベルベットモンキーの場合も、何度も繰り返し嘘の警戒声を発する「オオカミ少年」のような個体がいれば、集団の仲間たちはすぐにその個体の警戒声を無視するようになる。

また、動物の場合、行動の動機を確かめるのが難しい、ということもある。

一見、誰かを騙しているように見えても、本当にそのつもりだったのかを確かめることはなかなかできない。先述したカプチンの場合も、必ずしもはじめから、皆を騙そうとしたわけではない可能性がある。ごちそうにありついている上位者のそばにいれば、食べられない下位者は、複雑な感情、大きな葛藤に襲われるだろう。

強引に食べ物を奪い取りたいとも思うが、そんなことをすれば、暴力を振るわれる可能

ヒヒ

性が高い。そういう緊張状態が続けば、精神的に追い込まれて、そのつもりはなくてもうっかり警戒声のような声が出てしまうことはあり得る。

だが、数は少ないが、興味深い霊長類の「騙し」の実例はたしかに存在する。その一つはヒヒの例だ。大人のヒヒが懸命に地面から植物の地下茎を掘り出そうとしているのを見た一匹の子どものヒヒが、通常は捕食者が襲ってきた時に発するはずの警戒声をあげた。叫び声は、そのヒヒの母親の注意を引いた。

母親は、攻撃に対応すべく、地下茎を掘っていたヒヒたちとともにその場を離れた。掘り出されたばかりの美味しそうな地下茎のそばに残ったのは、叫び声をあげた子どもだけになった。また別の時、同じ集団内で、年長のヒヒが自分より小さなヒヒに喧嘩をしかけたことがあった。だが、はじめは有利だった喧嘩を売った方のヒヒは突然、不利になった。多数の大人のヒヒが集まり、小さい方に味方をし始めたからだ。大勢が一斉に年長のヒヒに敵意を向けてくる。咄嗟に、喧嘩をしかけた方のヒヒは、後ろ脚だけで立ち、じっと遠くを見つめる仕草をした。

これは通常、脅威が迫っている——つまり捕食者か、敵対している集団が近づいて来ている——ということを意味する仕草である。これに気づいた集団は、喧嘩をしかけたヒヒの見つめる方を見た。もちろん、そこには何もなかったが、一瞬、気がそれたことで高まっていた熱が冷め、集団には平穏が戻った。

チンパンジーの澄まし顔

類人猿は当然のことながら、嘘や騙しが非常に得意である。特にチンパンジーは、仲間のチンパンジーや、私たち人間と関わる際にも、策略を講じることがよくある。スウェーデンの小さな動物園で飼われている「サンティノ」という名の気難しいチンパンジーは、自分の周りに石を集める。そして、動物園の来園者たちがそばに来るとその石を投げつけるのだ。

チンパンジー

石は来園者からは見えないよう、干し草をかぶせて隠してある。油断している来園者にいきなり隠しておいた石を投げつけて驚かせるのだ。また、これまでに得られている証拠から、チンパンジーは、自分の本当の気持ちを隠して、外面を取り繕うことができるということがわかっている。

チンパンジーは、自分より集団内での地位が上の者のそばに行くと、表情で、自分の不安感、恐怖心を表現する。歯をむき出しにする表情なので、人間には笑っているように見える。また、よく知られているのは、チンパンジーは、自分と敵対する相手が背後から近づいて来た時には、たとえ、恐怖の表情を浮かべてしまったとしても、いったん気持ちを落ち着かせ、口を閉じて真剣な表情に変えてから後ろを振り向くということだ。

チンパンジーは恐怖以外の感情も同じように隠そうとすることがある。たとえば、地位の低い個体が食べ物を見つけた場合などがそうだ。食べ物を見つければ嬉しいが、その感情が表に出てしまうと、せっかくの食べ物を奪われてしまう可能性が高まる。

そういう時、チンパンジーは自分の見つけた食べ物の上に座り込んで、平静を装う。食べ物と自分の嬉しい感情の両方を隠すのだ。そして、誰も見ていない頃を見計らって急いで食べる。

罪を猫になすりつけたゴリラ

ここで、ココという有名なゴリラの話をしないわけにはいかないのだろう。

ココはサンフランシスコ動物園で生まれたゴリラで、子どもの頃に人間のトレーナーから手話を習った。ココは手話をよく理解し、何百種類ものサインを使えるようになった。それにより、人間とかなり高いレベルの会話もできるようになったのである。

ある時からココは、自分の生活に欠けているものがあると思うようになった――彼女はペットが欲しかったのだ。ぬいぐるみなどを与えたが、気に入らないようだったので、結局、十二歳の誕生日に、捨てられていた子猫をプレゼントすることになった。

ゴリラ

ココは、「オール・ボール」と名づけた子猫に愛情を注ぎ、大事に育てるようになった。ただ、ある日、ココは機嫌が悪かったのか、自分のいる部屋にあった流し台を壁から外してしまう。当然、トレーナーはそのことについてココを問い詰める。すると、ココは驚いたことに手話で「猫がやった」と返事をした。なんと、深く愛し、大事にしているはずの猫に罪をなすりつけたのである。

誰かを騙すという行動は、リスクは伴うものの、競争の激しい社会においてはたしかに利益につながり得る。特に、不利な立場に置かれている者にとっては合理的な行動であることも多い。

「不公正」への怒り

問題は、霊長類の中には、「公正であること」を非常に重要視する種もいるということだ。集団内の仲間は常に公正な行動を取ると期待しており、その期待通りにならないと、相手が公正でないとみなし、その相手に対し攻撃的な反応をするのだ。

今から百年ほど前、オットー・ティンクルパウという心理学者が、サルをわざといら立たせる実験を行った。科学のためとはいえ、現代の価値観からすれば酷い実験である。ティンクルパウは、マカクザルの見ている前でバナナとレタスをカップの下に隠した。カップは二つあり、そのうちの一方の下にバナナ、もう一方の下にレタスが隠されることになる。サルをいったん部屋の外に出し、再び部屋に入れて放してやり、好きな方のカップを選ばせる。それくらいはサルにとっては子どもの遊びのようにたやすいことである。サルは一目散に、自分の好きな食べ物が隠れているはずのカップの方に向かう。

しかし、実はここでティンクルパウは、意地の悪いことをしていた。サルが部屋を出ている間に、バナナとレタスを入れ替えてしまったのだ。サルは誰もがよく知っている通り、バナナが大好きである。だが、レタスはそうでもない。

当然、部屋に戻って来たサルはバナナを食べたいと思っているので、バナナが隠れてい

マカクザル

るなと思う方のカップに向かうのだが、そこにはレタスしかないのだ。それに気づいたサルはしばらく周囲を見回して失われたバナナを探すのだが、徐々に「騙された」ということに気づき始めるのだろう。金切り声をあげ、足を踏み鳴らして観察者に対して不快感を表明した後、レタスをそのまま残して立ち去る。

社会的動物が特に強く不公平感を持つのは、集団の仲間に比べて自分が不当な扱いを受けていると思った時だ。サラ・ブロズナンとフランス・ドゥ・ヴァールのカプチンを対象にした実験からもそのことがよくわかる。

この実験では、カプチンに、小石が食べ物と交換できると教え込んだ。サルが小石をこちらに渡してくれた時には、ほとんどの場合、その代わりとしてキュウリを渡すようにしたが、実際にサルに何が渡されるかは、小石を渡すまではわからないようにした。

キュウリはカプチンにとってはまあまあ好ましい食べ物である――もらって大喜びするほどの好物ではないが、一応、好ましいとは言える。

一方、ブドウはカプチンにとってごちそうである。サルは、他のサルが小石と引き換えに何を受け取っているかを見ることができる。自分が受け取るのがキュウリであっても、隣の仲間も同じくキュウリを受け取っているのなら何も不満はない。

しかし、隣人がブドウを受け取っているのに、自分はキュウリだった場合はどうか。それは良くない。まるで納得できない。カプチンは「自分は騙された」と感じ、怒り始める。怒って、受け取ったキュウリを投げ捨てる。カプチンのように比較的、寛容な社会で暮らしているサルにとって、「公正であること」は、集団に属する者たちを結びつける大事な条件となっている。

ただ、不思議なのは、不公正さに対して、怒りの反応をするのは雌だけだということだ。雄は雌に比べて、不公正さを甘受する傾向にある。カプチンの社会の中核を成すのが雌だということと何か関係があるのかもしれない。

雄は交尾のことと、自分の地位のことばかり考えていて、公正さには無関心だということも考えられるし、あるいは、雄の方が不公正さに直面しても理性的に振る舞えるということかもしれない。本当のことは誰にもわからない。

ヒヒのディスプレイ

イギリスには人類が来る前の今よりも温暖だった時代、サルがいたと考えられている。傘もレインハットもないイギリスでの暮らしがどのようなものだったかはわからないが、すでにサルたちはいなくなってしまった。今では、イギリスの若手の研究者がサルを見たいと思えば動物園に行くしかなくなった。実際、私がはじめてヒヒと出合ったのも動物園だった。

サルの中では乱暴者とされ評判があまり良くないヒヒだが、私は昔から好きなのだ。一方でヒヒは、こちらに対する感情を一切隠すことなく、ストレートにぶつけてくる。

ヒヒと私の間の最初の事件はサファリ・パークで起きた。私が乗っていたぼろぼろの車にヒヒの集団が乗り込んだのだ。そのうちの一匹がゆっくりとボンネットの上に移動し、そこに座ってくれたのはとても嬉しかった。

ボンネットの上で遠くを見つめるその姿は、まるで壊れかけの船の船首像のようだった。他のヒヒたちは車の屋根に乗った。あっという間に、車の平らな部分はヒヒで埋め尽くされてしまった。私はヒヒの集団の中にいられることを喜んでいた。何しろ、互いにグルーミングをするなど、ヒヒたちの関わりを間近で見ることができる。複雑な社会生活を至近距離から観察できる好機だった。

ただ、ヒヒたちが車のワイパーを静かに慣れた手つきで外してしまった時は、喜ぶどころではなかった。ワイパーノズルを引き抜く時には、さすがに静かではいられなかったらしい。ノズルを引き抜くと、それに管がくっついてきたので、しばらくその管と格闘することになった。それでも、特に激昂するようなこともなく、落ち着いた態度は崩さなかった。何度も同じことをしてきたからだろう。だから何があっても驚きはしないのだ。

そうして車の外側の簡単に取り外せる装備を一通りいじり終わると、今度はボディがどのくらい曲がりやすいかを確かめ始めた。ナンバープレートをいじり出す者もいた。さすがにもう限界だった。ヒヒの鋭い歯を目の当たりにし、一匹がサイドミラーに乗っかるのを見てしまっては、そのまま放ってはおけなかった。

私はいったん車を離れるつもりだったが、予定を変更して、サルたちに抗議をすることにし、クラクションを鳴らした。すると、臆病なヒヒが二匹ほど逃げたが、残りの者たちは少しいら立った顔をして私を見ただけだった。私はしかたなく賭けに出た。エンジンをかけたのだ。これはうまくいった。残ったヒヒたちも渋々、道路の脇へと逃げた。私が走り去る時、ヒヒたちは不満そうな表情でオレンジ色の目を私に向けていた。まあ、しょうがないな、とでも言っているように見えた。

次の事件はまたそのすぐあとに起きた。

次に私がヒヒに会った場所は、ヒヒのホームグラウンドであるアフリカだった。当時、私はリーズ大学でフィールド・ワークの講座を受け持っており、その日は学生たちをケニアでマイクロバスに乗せて引率していたのだ。大きな雄のヒヒが堂々たる態度でバスに向かって歩いて来た。

私たちが彼に敬意を表してバスを停めると、ヒヒは地面に座り込んで、勝ち誇ったような顔で私たちの方を見た。私たちが注目しているのを察知すると、彼は脚を広げ、驚くほど鮮やかなピンク色をしたペニスを見せつけた。このペニスを見せつけるディスプレイが「俺の女に手を出すな」という意味であることはわかっていた。

もちろん、実際には、私が彼の「女」に興味を持つことはあり得ないのだから、勘違いであることは確かなのだが、とにかく私は彼の自信満々な態度には感心せざるを得なかった。学生を満載したバスに向かってヒヒがペニスを見せつけるという光景は少々異様ではあるが、雄のヒヒにはこのくらいの大胆さ、押しの強さが必要なのだろう。そうでなければ、ヒヒの社会で競争に打ち勝って頂点に立つことなどできはしない。

彼の棲む社会は甘いところではない。多数の競争相手がいて、絶えず戦いを挑まれ、地位を脅かされる、そういう社会だ。そこで頂点を極め、その地位を維持しようとすれば、地位を奪おうと襲いかかって来る者に常に立ち向かえる準備をしていなくてはならないのだ（人間の乗っているマイクロバスにまで敵意を向けるのはやりすぎだとは思うが）。

ここではあえて「ヒヒ」という言葉を使ったが、正確さを欠く言葉であるのは間違いない。アフリカには、五種のヒヒがいるからだ。そのうちの四種は「サバンナヒヒ」と総称され、外見、生態や行動などはどれもよく似ている。これは、四種がどれも同じ一種が変異したものであることを示唆する。

このあたりのことに関しては、激しい論争が長く続いているが、細かい分類の問題に深入りするよりもヒヒの行動や生態そのものに目を向ける方が賢明だろう。

サバンナヒヒは、アフリカの赤道地帯の西端、セネガルやギニアから、東端のソマリア、そして南はアフリカ大陸の南端までという広い範囲に分布している。必要に応じて木に登ることもあるが、開けたサバンナで過ごすことが多い。雑食で、穀物やベリー類、植物の根などを食べる他、昆虫や小動物を捕まえて食べることもある。

アルファをめぐる争い

サルには小さな集団で生きる者が多い——家族を基礎とする集団か、一匹の雄が複数の大人の雌を従えている集団だ——が、ヒヒは大規模な社会を作る。集団は総勢で一〇〇匹を超えることがある。雄もいれば雌もいるし、その子どもたちもいる。

ただ、雌雄混合の社会に生きているとはいえ、雄と雌とでは体験に大きな差がある。雄が生きるのは、暴力と性の世界である。一方、雌が生きるのは、親族の絆と陰謀の世界だ。雄の身体は戦うためにできている。体重は四〇キログラム——雌の倍だ——にも達し、見るからに危険な歯も持っている。一つの安定したヒヒの集団には、三匹から一五匹くらいの雄がおり、常に最上位である「アルファ」の地位をめぐって競争している。

ヒヒの競争は実に単純明快である。雄は、まず他の雄に戦いを挑む際、「ワフー」という驚くほど大きな叫び声をあげる。集団の中でも強い雄は、叫び声が大きくなり、その強そうな態度も相まって、他の雄たちを威嚇する効果も大きくなる。何匹かの雄が互いを追いかけ合うことや、互いに「ワフー」という叫び声を出し合うこともある。

大きな叫び声をあげる、自分の強さを誇示する、などは激しい身体的活動なので、これを長く続けられるのはよほど強い雄だけだ。身体能力が高く、しかも健康状態も最高な雄が、この示威合戦を制することになる。

示威合戦で勝負が決まらない場合には、いよいよ本当の戦いへと発展することもある。ヒヒは非常に強い動物なので、ヒヒどうしで戦うとどちらもが重傷を負う恐れがあるし、酷い時には死亡することさえある。ひときわ目を引くヒヒの犬歯は、日頃から歯と歯をこすり合わせることで研いでいて、鋭く尖っている。

それだけに噛みつけば相手は大きな怪我をすることになるだろう。攻撃の標的となるのは相手の顔だ。攻撃された側は、腕でそれを払いのけようとする。戦いのあとのヒヒは、顔や腕に裂傷を負っていることが多い。敗者はもちろんだが、勝者にとっても戦いの代償は大きい――負った傷は簡単には治らない。戦いで弱っていれば、捕食者にも狙われやすくなるだろう。

ヒヒが本当に戦うことはあまりなく、戦いよりも示威合戦に力を入れるのだが、それはやはり損失が大きすぎるからだろう。戦ってしまうとかえって地位向上の可能性が下がることにもなりかねない。戦いに破れた者は集団内での序列を下げることになる。

見るからに元気を失い、自分の殻に閉じこもるようになることもある。そして、常に集団の隅にいるようになる。誰かが地位を下げれば、下位者にとっては自分の地位を上げる好機となる。戦いに敗れると、地位向上を目指す下位者に狙われやすくなるので、常に注意を怠ってはならない。その状況があまりにも辛く、集団から完全に離れてしまう雄もいる。

子殺し

ヒヒの雄が最高位に就く（アルファになる）と食べ物と雌という報酬が得られる。集団内の雌たちはほぼ、アルファ雄とだけ交尾をする。したがって、集団内の子どもの多くがアルファ雄の子になる。他の雄たちは当然、彼の特権を奪おうと常に狙っている。アルファ雄が地位を守るには、絶えず警戒を怠らず、挑戦者を撃退し続けなくてはならない。

うまくいけば、最も繁殖力が高い時期の雌たちとの配偶者関係を維持できるのだ。「配偶者関係」というと、アルファ雄が雌たちと愛情や思いやりを持って接しているような印象を受けるかもしれない。だが、実際には、他の雄たちを恐怖と力で撃退しているように、雌たちも恐怖と力で従わせているのである。

だが、当然、雌の側もアルファ雄にただ従っているわけではない。アルファ雄と交尾をすること自体は良い戦略ではあるが、常に他の選択肢は残しておく。おおっぴらに「浮気」はできない。そんなことをすれば罰を受ける恐れがあるからだ。

他の雄と交尾をしようとすれば、まずアルファ雄の支配下にある雌たちから離れて、茂みなどに身を隠す必要がある。雌自身がそれを知っているかどうかはわからないが、実はこれは賢明な行動である。生まれてくる子どもの身を守ることにつながり得るからだ。

人間の社会では、子どもへの暴力は「絶対にいけないこと」とされている。ヒヒの社会ではそうでもない――子殺し（ほとんどは雄によるもの）はごく普通に見られる。極端な場合には、集団内の子どもの四分の三が大人になって独立できるようになる前に殺されてしまうこともある。

雄は、他の雄と戦っている際に、雌から子どもを誘拐することもある。戦いの相手となっている雄の子どもだ。つまりその子を人質にしているわけだ。我が子を人質に取られた雄は、攻撃を続行することで得られるかもしれない利益と、子どもに及ぶ危険とを天秤にかけることになる。

雄がこのように子どもに対し簡単に暴力を振るうので、ヒヒの子どもはすべて命の危険に晒されていると言える。ただ、雌が複数の雄と交尾すると、生まれた子が誰の子かを知るのが困難になってしまう。誰の子かわからなければ、自分の子である可能性もあるので、理論的には、雄たちは子どもに危害を加えるのを躊躇(ためら)うことになるはずである。

かくも短き在位

アルファ雄は集団の中心にいて、自分の王国を絶えず監視している。一方、集団内の他のヒヒたちも、数秒に一度くらいの頻度でアルファ雄を見て、彼を監視している。アルファ雄は時折、瞬きをしたり、あくびをしたりもする。

この一見、穏やかな態度は、アルファ雄が自分の恐ろしさを周りに知らせるためのディスプレイになっている——特に、あくびをした時に皆に鋭い歯が見えることは重要だ。アルファの地位に上り詰めるまでには、凶暴な振る舞いをし、散々、暴力を駆使してきた雄だが、いったんその地位に就くと、集団の他の者たちに暴力を振るい、力で抑え込むような専制的な行動を取ることはほとんどなくなる。

強いアルファ雄が生まれ、序列が安定すると、集団には表面的には平穏が訪れる。だが、それも長続きはしない。他の多くの哺乳類と同じく、雄は成長し、大人になると、生まれた集団を離れることになる。ヒヒの場合は、だいたい八歳か九歳くらいで集団を離れる。また、もっと年長の雄が、今いる集団では良いことがなさそうだと判断して、別の集団へと移ろうとする場合がある。雄たちは、新たに加わる集団を探してサバンナをさまよい歩く。そうして、雄がどこかの集団に入ろうとすると、大変な混乱が生じることになる。

新入りは、集団内の雌たちに取り入ろうとする。唇を合わせて音を鳴らし、低い唸り声をあげて、友好の意思を示す。だが、そんなことをしても子育て中の雌に気に入られることはない。雌は叫び声をあげて拒絶する。また、集団内の雄たちも、自分にとって脅威になり得る新入りの登場に大きく動揺する。すぐに激しい戦いへと発展し、負傷者や死者が出ることになる。

移住してきた雄が大きく強い場合には、アルファ雄にとっても脅威となる。ヒヒ社会の頂点に立つために何週間、何ヶ月という長い間、戦いに明け暮れてきたアルファ雄の努力が、わずか数時間ですでに無駄になる恐れもあるのだ。

たとえこの新参者を屈服させることができたとしても、アルファ雄の在位期間は短いものになりやすい――数ヶ月か、運が良くても一年か二年くらいである。これは問題だ。アルファ雄が地位を追われると、彼の子どもたちが危険に晒されるからだ。在位期間のあとの方になると、アルファ雄には数多くの子どもたちが生まれていて、彼はその子たちを守る責任を負う。子どもたちも、アルファ雄に依存して生きている。それまでのアルファ雄が地位を追われ、新たなアルファ雄が誕生すると、そのあとに大虐殺が起きる可能性がある。

ヒヒの妊娠期間は六ヶ月で、そのあとの一年は母親の乳が必要になる。子どもが独立に向けた一歩を踏み出すのはそれからである。妊娠中、また子育て中の雌は、新たなアルファ雄が交尾をしようとしても決して受け入れない。

つまり、新たなアルファ雄にとって、すでに存在している子どもたちは邪魔でしかないということだ——雌に交尾を受け入れさせるには、殺すしかない。退位させられた前のアルファ雄は、子どもたちを守ろうとする。子どもたちを守れる可能性もあるが、たとえそうなったとしても、集団内で数多くの死者が出る恐れがある。

身を寄せ合ってストレスを減らす

すでに書いた通り、ヒヒの雌の社会は、雄の社会とはまったく異なっている。雌の社会には、雄の社会のような激しい暴力が存在しないことは、少し観察するだけでもすぐにわかるだろう。ただ、詳しく調べると、雌どうしの関係にも色々なものがあるとわかってくる。皆が仲良くしているとは限らないのだ。

競争し合っている者たちもいれば、不仲になっている者たちもいる。雄の場合は、生まれた集団は大人になるまでの居場所でしかなく、その後は別の集団へと移っていくことになるのだが、雌は違う。雄には出入りがあるが、雌は基本的には生涯、生まれた集団の中で家族とともに生き続けることになる。

ヒヒの社会の中核を成しているのは雌である。

一つの集団内には複数の母系家族が共存している。血縁関係にある雌たちから成る拡大家族——たとえば、祖母、母、姉妹とその子どもたちなどから成る家族——が複数共存しているということだ。この拡大家族を構成する者たちどうしの関係は非常に近く、何年もの間、昼も夜も密な関わりを保ち続ける。

家族がその絆の強さを確かめるために行うのがグルーミングである。このグルーミングをヒヒの雌たちは実に熱心に行う。他のヒヒのまったく乱れてもいない毛並みを五時間グルーミングし続けるくらいはごく普通のことだ。何やら大変そうではあるが、こうして日頃から絆を強めておけば、いざ何か集団内の雌どうしで小競り合いなどが起きた時に役立つのだ。

仮にある雌が別の雌を攻撃するにしても、実際に行動する前にはよく考えなくてはいけないし、うかつに攻撃しない方が賢明だろう。その雌を攻撃すれば、すなわち彼女の拡大家族そのものを敵に回すのと同じになるからだ。

口論などになれば、家族が必ず加勢してくる。誰かが死んだ場合には家族で慰め合う。家族との死別は、ヒヒにとって重度のストレスになることはすでにわかっている。

雌のヒヒのそのストレスへの対処の仕方は、私たち人間と同じである。家族で身を寄せ合うのだ。母系家族は、ヒヒの社会を時折襲う騒動から彼女たちを守る緩衝材のような役割を果たしている。集団の絆が実際に役立っていることは、家族と健全な関係を築けている雌の方が全体として長生きで、子育てにも成功することが多いのを見ても明らかだろう。

保守的な社会

母系家族の関係は緊密だが、一方で、雌も階層のある、封建的な社会に生きていることは確かだ。雌の場合、集団での地位は自ら獲得するものでもなく、能力によって決まるものでもない。親から受け継ぐものだ。娘たちは、自動的にその母親のすぐ下の地位になる。そして、母親の後ろ盾のおかげで、自分よりも下の地位の者たちより優位に立つことができる。

時には、低位の雌が自分の立場を忘れ、自分より上位の者、特にいら立っている上位の子どもがそばにいると、うっかり攻撃を加えてしまうこともある。しかし、その子どもの家族がそばにいる時には、そういうことがないように注意する。雌のヒヒが大変な努力をして食べ物を手に入れたにもかかわらず、そこへ高位の一族に属する雌がやって来て、横取りしてしまうこともある。

人間の目には、あまりにも不当な仕打ちにも見える。特に、横取りした方が、された方に比べてはるかに身体が小さい場合には、なぜそのようなことができるのか不思議に見えてしまう。その雌が、年老いてやせ衰えてしまっていようが、小さく未熟な子どもであろうが関係ないのだ。低位の雌は、ともかく相手が上位であれば従う。それがヒヒの雌の社会の決まりなのだ。

一つの集団の中には、だいたい五つかそれ以上の母系家族が属しており、それぞれ、集団の中での序列が決まっている。家族に序列があるということは、世代を経ても序列は基本的に変化しないということだ。

高位の家族に属する雌は、当然のことながらその地位から大きな利益を得る。家族に子どもが生まれれば、健康になり速く成長する可能性が高いだろう。低位の家族の地位が上がることもなくはないのではないか、と思う読者もいるかもしれない。だが、実のところ、ヒヒの社会は非常に保守的なのだ。たとえば、雌の間でなにか争いが生じた場合、集団はこぞって高位の雌の味方をする。

そばで見ている者たちは、声を出して加勢し、時には手を出すこともある。つまり、シンデレラのように生まれた時の身分を抜け出し、運命を変えることは極めて困難ということだ。地位向上を目指して努力をしても成功の見込みがほぼないのだとしたら、せめて上の者には媚びへつらうのが得策ということになる。

賢明な低位の雌は、グルーミングなどで高位の者たちに取り入ろうとする。他に手立てはほとんどないとも言える。高位の者たちが彼女に敵意を向けなくなるだけでも、その努力をしないよりはましだろう。このように雌のヒヒにとって家族の支えは非常に重要なのだが、興味深いのは、時にはこの支えを失ったことでかえって成功する雌がいるということだ。

元々属していた家族の地位が低い場合は特にそうだ。地位の低い家族に協力するはずという期待から解放され、低い地位を継承することもなくなれば、自分の知恵、能力を存分に活かして行動できるようになる。もちろん、それで成功できるとは限らないが、低い地位から抜け出せれば、上昇の可能性は生じる。

ともかく、地位の低い母系家族に生まれた雌は、生まれながらに圧倒的に不利な状況に置かれることは間違いない。それを変える術(すべ)はほとんどないに等しい。そう言われると一つ疑問が湧いて来ないだろうか。「ならばもういっそ集団を離れてしまえばいいのではないか」という疑問だ。実際、雄はそれを実行している。

そして、雌の中にも時々、集団を離れる者はいる。環境が厳しい時には、大きな集団の中から何家族かが分かれて別行動を取り始めることもある。集団が分裂することがあるわけだ。だが、そういうことはめったになく、集団はほとんどの場合、常に行動を共にし続ける。アフリカの厳しい環境下でどうすれば生き延びられるか、長い年月の間に試行錯誤が行われ、今のかたちで落ち着いたということなのだろう。

石を投げ、木の枝を手に持つ

ヒヒは多数の捕食者の脅威に絶えず晒されている。ヒヒがサバンナにいる際には、ライオンやハイエナが脅威となる。水辺ではワニが待ち構えている。夜間には、夜行性のヒョウに気をつけなくてはならない。捕食者から逃れるため、ヒヒの集団は特に眠る時などには、捕食者がほとんど近づいて来ない岩の上などにいることが多い。ただし、岩の上にいてもヒョウの脅威はなくならない。

南アフリカのクルーガー国立公園で二人の若いパーク・レンジャーが大胆な実験を行ったという話を聞いたことがある。二人は、自分たちが拠点としていたフィールド・ステーションに保管されていたヒョウの毛皮を持ち出し、それをかぶって、大勢の人たちが見ている前で四つん這いになってヒヒの集団に向かって歩いて行った。その日の見物人の一人から聞いたところでは、ヒヒの反応はかなり激しいものだったようだ。大きな叫び声をあげて、変装したレンジャーから急いで逃げたという。

しかし、偽のヒョウとの距離が少し離れたら、ヒヒたちは戦略を変えた。身体の大きな雄たちが、レンジャーたちの方に向き直って、石を投げ始めたのだ。そして近くに落ちていた木の枝を拾って、反撃に出た。ヒヒが近づいて来たので、レンジャーたちは毛皮を捨てて車に逃げ込まざるを得なかった。

彼らは運が良かったと言える――興奮状態のヒヒの攻撃を受ければ、重傷を負うか、悪くすれば殺される危険さえあった。ヒヒは日中であれば、ヒョウに集団で反撃し、殺してしまうこともあるのだ。つまり、ヒヒにとって数は安全には欠かせない要素だということだ。そして身体の大きい雄が集団にいれば、安心は高まる。しかし、集団から雌が多く離脱してしまうと、その分だけ雄も減ってしまうことになる。

雌が集団に留まるのは、子どもを殺されないためでもある。集団から離れた雌がいれば、当然、雄の注意を引く。そして雌が子どもを連れていれば、雄がその子どもを殺してしまう可能性が高い。もちろん、集団の中にいてもその危険はあるが、近くに親しい雌がいれば、協力し合って子どもを守ることもできる。

すでに書いた通り、妊娠中や、子どもが乳離れするまでの間、雌は雄が交尾をしようとしても受け入れることはない。にもかかわらず、雌は雄との関わりはやめず、雄に多くの時間を費やす。雄がいれば追いかけるし、可能な限りグルーミングをするのだ。時には、相手の雄が子どもの父親という場合もあるが、そうでない場合もある。子どもの父親でない雄に対しては、「次はあなたと交尾するかもしれない」という可能性をちらつかせて惹きつけるのだ。

毛皮の鎧で身を包んだ騎士

雄が子どもの父親ではなく、またその雌と後に交尾をするわけではないこともある。その場合、雌につきまとわれる雄に何の得があるのかはわかりにくい。せいぜい雌にグルーミングをしてもらえるというのと、雌の間での評判が高まる（騙されやすい雄、という評判を得るかもしれないが）というくらいである。

雌の視点から言えば、そのように雄の道連れ――毛皮の鎧で身を包んだ騎士――が常に味方としてそばにいてくれれば、特に雄の序列に大きな変化があった時などには大いに助かる。雌が辛そうな声をあげると、「友達」となっている雄は急いで助けに来る。もちろん、その行動は、集団を支配する雄の目には入るが、それにも構わず雌を助けるのだ。

友達の雄は皆、等価というわけではない。当然のことながら、序列の高い雄ほど、雌に良い「サービス」が提供できて価値が高い。数多くの雌が、一匹の上位雄を巡って争うこともある。上位雄を友達にしている雌がいれば、他の雌たちの激しい嫉妬の対象となる。

上位雄の友達を狙って他の雌がちょっかいを出してくることも多い。友達を失うことは、子どものいる雌にとって非常に大きな損失になる。だから雌は、友達を狙う雌に対して敵意をむき出しにする。雄のそばから追い払うだけでなく、激しいいじめをすることもある。いじめられた側はストレスで妊娠ができなくなることすらある。

他の多くの霊長類と同様、ヒヒもやはり、子育てを担うのは主に母親ではあるが、父親も、目立たないながら一定の役割を果たす。過酷で暴力にまみれた雄の社会のことを考えればそれは意外なことではある。

たしかに雄のヒヒは理想の父親ではないかもしれないが、父親がそばにいることが子どもにとって少なからず利益になるのは間違いない。

たとえば、二匹の子どもが遊んでいて喧嘩になった時には、大人の雄が割って入り、幼い方に味方をする。特に困った状況にあるのが自分の子どもである場合、雄は積極的に介入する。雄は、我が子が食べ物の分け前を常に公平に受け取れるよう努力をする。

ドロシー・チェイニー、ロバート・ザイファルトが自分たちの長年のヒヒ研究について書いた名著『ヒヒの形而上学（Baboon Metaphysics 未邦訳）』では、年配の雄の興味深い行動について詳しく解説している。

たとえば、かつてアルファの地位にいて、その地位を他に譲った雄が、後に長年、子どもたちの成長を助け続けたといった例が紹介されている。たしかにヒヒの集団には、序列が低いと悲惨で他へ移る以外に道はない、という負の側面はあるが、全体としては集団の絆は非常に強いと言える。

個体を見分ける力とネットワークを作る力

ヒヒが集団の中でうまく生きていくためには、集団内の個体どうしの関係を細かく知る必要がある。私たち人間の場合も同じだが、それにはまず、外見や声で個体を正確に見分けられなくてはならない。また、血縁者とそうでない者を見分けられる必要もある。

母系の血縁者に関しては共に育つこともあり、見分けられて当然かもしれないが、ヒヒの場合は父系の血縁者、つまり父親が自分と同じ個体、異母兄弟姉妹をも見分けることができるようだ。この認識能力があるからこそ、ヒヒは、集団内に血縁関係を基礎としたネットワークを構築できる。

しかし、個体の識別ができればそれで集団内で生きていけるわけではない。集団内の個体間の関係も把握しておく必要がある。まず少なくとも誰と誰が仲が良いかを知ることは大切だろう。ヒヒが集団内での子どもの誕生に非常に強い関心を向ける理由はそこにあるのだと考えられる。集団で生きる霊長類の多くに同じ傾向が見られる。この点はいくら強調しても誇張になることはないだろう。

子どもを産んだばかりの母親のところには、日に一〇〇匹を超える数の訪問者が来る。特に多いのは、すでに子どもを産んだことのある母親たちだ。訪問者の多くは新生児に触りたがる。特に訪問者が高位の場合は、母親が嫌がっているのに無理に触ろうとすることがある。

生まれたその日からヒヒは集団の一員として生きる。何か揉めごとがあり、集団が壊れる危機に陥ったとしても——少なくとも雌の場合は——すぐに和解することがほとんどだ。そのためには、揉めごとの当事者のうちの高位の者が相手を安心させる唸り声を出す必要がある。

この声によって「もう何も問題はない」ということが伝えられ、下位者の恐怖心は和らぐ。時には、高位の者の血縁者が彼女の代わりに和解のための声を出すこともある。揉めごとが長引くのは、集団内の誰にとっても損なので、ともかく早期に終息させることが優先されるのだ。

特定の個体の声を録音し、他のヒヒのそばで再生する、という実験も行われた。この実験により、相手が誰であるか、またそれがどういう声かによってヒヒたちがいかにきめ細かく対応を変えているかがよくわかった。

たとえば、脅えている子どもの叫び声を再生して聞かせると、ヒヒたちはその子どもの母親の方を見る。最上位者の血縁者たちが喧嘩している声を低位者に聞かせると、低位者は最上位者の方を見る。二匹のヒヒに、それぞれの血縁者どうしが喧嘩している声を聞かせると、二匹は顔を見合わせる。ヒヒにまったく無関係の動物の声を聞かせた時には、こうした反応は見られないのだ。つまり、それだけヒヒは集団内の個体間の関係に強い関心を持っているということだ。

ケープ鉄道の「信号係」

知能が高く、集団内の個体を見分ける能力や、個体間の関係を把握する能力も高いことから、人間に驚くような使われ方をしたヒヒもいる。よく知られているのは、「ジャック」というヒヒの話だ。

ジャックは、十九世紀の終わり頃、南アフリカのケープ鉄道で九年間、事故で両脚を失った人を助け、信号係として働いた。ジャックはわずかな給料をもらい、週末にビールをごちそうしてもらってその仕事をしていた。そして、働いていた間、まったくミスをしなかったことでも有名だ。

近年では、ドイツの博物学者、ウォルター・ヘッシュによれば、ナミビアにヤギ飼いとして使われたヒヒがいたという。アーラと呼ばれたそのヒヒの仕事ぶりは素晴らしかった。雇っていた農場主によれば、間違いなく人間のヤギ飼いより優秀だったという。

アーラはヤギたちを一箇所にまとめておくことができたし、一〇〇頭近くいるヤギのうち一頭でもいなくなれば必ず気づいた。群れからはぐれそうになるヤギがいれば連れ戻し、捕食者が接近してくれば声をあげて警戒を促す。一日の終わりには、「ホーホーホー」という声を出して、ヤギたちを集合させ、安全な囲いの中へと誘導した。

その際には、最後尾のヤギの背中に騎手のように乗る。ちょうど、子どものヒヒが母親の背中に乗るように。ヤギが囲いに戻る時には、混乱の中で母ヤギと子ヤギが離れ離れになることも多い。アーラは、はぐれた子ヤギを母親のところへと連れて行く。どのヤギがどのヤギの子なのかを正確に覚えていて間違えることがない。

アーラの事例は最も詳細に記録された文書が残っているというだけで、特に珍しくはなく、アフリカの農場では昔からこのようなかたちでヒヒが働くことはよくあったのだ。一八三〇年代、スコットランドの探検家ジェームズ・アレクサンダー卿は、ナマ族がヒヒに家畜の世話をさせていたと報告している。ヤギを一頭一頭見分け、母子の関係も把握したアーラの能力は驚異的ではあるが、これはヒヒが自分たちの集団の中で生きていくために元来持っている能力の応用でしかない。

チンパンジーの暗い一面

チンパンジーは進化的に私たち人間に最も近い動物である。両者の遺伝子は驚くほど似通っており、九九パーセント近くまで同じだと言う人もいる。つまり、チンパンジーの社会を見ていれば、他のどの動物を見るよりも私たち人間の社会の進化的ルーツを知る助けになるのではないだろうか。

果たして両者の社会はどのくらい似ているのだろうか。それを知るにはまず、チンパンジーという動物の生態について詳しく調べる必要がある。飼育下にあるチンパンジーを対象とした研究にも優れたものは数多くあるが、最も良いデータが得られるのは、やはり野生のチンパンジーを対象とした研究だろう。

問題は、野生のチンパンジーを研究対象とするのがそう簡単ではないということだ。野生のチンパンジーを観察しようとすれば、その前にまず、人間がそばにいることに徐々に慣れてもらう必要がある。これを「馴化（じゅんか）」という。

徐々に、と書いたが表現が控えめすぎたかもしれない。何しろ馴化には何年もの時間がかかることがあるからだ。馴化ができたとしても、観察者は決して目立ちすぎないよう細心の注意を払わねばならない。チンパンジーができる限り、普段通りに過ごせるようにしなくてはならないのだ。

そして何よりも重要なのは忍耐力である。数千時間におよぶ観察をしなければ良いデータは得られない。当然それだけの観察をしようと思えば何年もかかる。タンガニーカ湖岸のゴンベ渓流国立公園でジェーン・グドールが野生のチンパンジーの先駆的な研究を始めたのは今から六十年ほど前のことだ。

それを契機に、西はギニアやコートジボワールから、東はウガンダやタンザニアにいたるまで、アフリカ大陸の広い範囲で他にも多くの研究が行われるようになった。その結果、私たち人間のチンパンジー観は大きく変わり、そして人間自身の進化史に対する見方も変化することになった。

チンパンジーの社会に対する私たち人間の評価は長らく一定しなかった。人間と進化的に近い動物だけにどうしても良く見たがる人が多かったのも確かだ。特にタンザニアのチンパンジーが驚くほど暴力的な縄張り争いを繰り広げていることをグドールが報告した際には大きな物議を醸すことになった。

これは二つの集団の間で起きた争いで、一九七〇年代半ばから終わりにかけて四年にわたって続いた。グドールは、その中で起きた誘拐、殴打、殺しなどについて詳細に書き記した。だが、その内容があまりにも衝撃的だったせいもあり、当初は疑いの目で見る人も少なくなかった。

グドールは、かつては親しい間柄だった二匹の雄が激しく戦う様子も目撃している。やがて一方が倒れても、もう一方は石で相手を殴り続けて殺してしまった。グドールが「忘れられない」と書いているのは、子どもを連れて逃げていた雌が、三匹の雄に捕まり、激しく殴打されたという出来事だ。

しかも雄たちはその後、子どもを情け容赦なく地面に打ちつけ、動かなくなった身体を森の下草の中に投げ捨ててしまった。それ以後、他の集団でも、子殺しや、殺した子どもを食べる共食いの事例が観察され、タンザニアのグドールの報告の正しさが裏づけられた。チンパンジーの生態の暗い一面が明るみになったということである。

暴力的なのは「DNA」が原因か？

人間の歴史には、敵対する集団間での闘争や流血の事態の記録が無数にある。チンパンジーも同様だ。縄張りはチンパンジーにとって極めて重要なものだ。そこに資源があるからだ。

資源とはまず、皆が生きていくのに必要な食料、そして繁殖のために必要な交尾の相手だ。縄張りを奪うかもしれないよそ者は脅威である。縄張りを守るべく、何匹かの雄が協力し合って、境界線の近くを絶えずパトロールする。その際、侵入者や、近接する集団からの境界パトロール団と遭遇すれば、揉めごとが起きることになる。

まず、チンパンジーたちは、自分たちの強さを誇示する——大声をあげながら威嚇の姿勢を取る。互いに威嚇し合ったあとは、石などを投げ合う場合もある。揉めごとが収まらず、どちらもが暴力を振るい始めると、争いは致死的なものになってしまう。

研究者たちはアフリカ全土で、一八のチンパンジーの集団を対象に長期間にわたってそれぞれの詳しいデータを収集し続けている。それによれば、対象となった集団内で暴力によって死亡した個体は現在までに一五二二匹にもなるという。だいたいどの集団でも三年に一匹は暴力で殺されている計算になる。

殺したのも殺されたのも雄がほとんどで、大半は集団間の戦いの中で事件が起きている。どうやら人間に最も近い動物は、人間と同じく好戦的な動物のようにも見える。近年はそう考える人も多い。「殺しの本能」のようなものが両者の共通の遺伝子の中に埋め込まれている、と考えたがる人もいるようだ。私たちが暴力的なのはDNAのせいである、というわけだ。

つまり、人間の歴史が恐ろしい戦争の連続だったのは変えようのない運命だったとも言える。この説はある種、魅力的ではあるだろう。歴史が恐ろしいものになったのは自分たちだけの責任ではないと思えて気が楽になるからだ。

戦うのは遺伝子のせいだ、私たちは生まれつき戦うようにできているんだ、と考えるのはあまりに単純すぎる。人間についても、チンパンジーについてもそう簡単に決めつけるのは問題だと言わざるを得ない。私たちに幾分、暴力的な傾向があるのは確かだろう。だが、それが私たちのすべてではない。同時に、他者と平和的にうまくつき合っていこうとする性質も間違いなくある。財布を盗むために人を殺してしまう人間もいれば、無償で喜んで献血をする人間もいるのだ。

集団をうまく調整する

これだけ多様な性質を持った動物をたった一言で表現することはできない。チンパンジーに関しても同じだ。チンパンジーが他のチンパンジーを殺すなど残忍な行動を取った例はたしかに皆無ではないが、先に紹介したような多数の死者が出る長期間の縄張り争いが頻繁に起きているわけでもない。そうした例外的な出来事のみを基準にチンパンジーという動物を評価するのは、新聞の見出しに載る凶悪事件だけを基準に人間を評価するのに似て大変な間違いにつながることだろう。

チンパンジーも人間も、時に非常に暴力的になることは間違いない。そこは認めざるを得ない。しかし、一方で、社会の中で協力し合い、共存していこうとする性質を持っていることも確かなので、それも含めて総合的に評価をしなくてはならない。

霊長類の行動に関する研究で知られる生物学者、フランス・ドゥ・ヴァールによれば、チンパンジーが時に暴力を振るうのは確かだが、チンパンジーの特徴はむしろ、集団の中の一匹一匹の違いをうまく調整しようとすることにあるのだという。

チンパンジーは、集団を構成する個体どうしの関係を維持することに重きを置く動物なのだ。英語に“kiss and make up（お互いを許して仲直りする）”という表現があるが、チンパンジーの場合は、実際に不和になった者たちがスキンシップを取ることで仲直りをすることがよくある。

揉めた相手と抱き合ったり、グルーミングや愛撫をし合うことが多いのだ。チンパンジーは他者への強い共感力を持っている。それは、悲しんだり、苦しんだりしている仲間に対する態度を見ていればわかる。辛そうにしている者がそばにいれば、チンパンジーは抱きしめるなどして慰めるのだ。

泣いている人間をなぐさめたジョニ

ロシアの先駆的な心理学者、ナディア・コーツは、モスクワの自宅で「ジョニ」と名づけたチンパンジーを育てた。ジョニは時折、コーツが入ることのできない家の屋根裏へと逃げ込んだという。戻って来させるためにコーツが採った手段は犬や猫の場合と同じである――ジョニの好きな食べ物を使っておびき寄せようとしたのだ。

ただ、残念ながらこれはうまくいかなかったので、コーツは別の方法を試みた。泣き真似だ。コーツが泣き真似をすると、ジョニは急いで屋根裏から降りて来て、彼女を慰めた。コーツの悲しみが深そうに見えるほど、ジョニを連れ戻す効果は強くなった。

ジョニは屋根裏から下りて来ると、コーツの顎を手で包むようにし、指で顔をなで、キスをして、悲しそうな声を出した。ジョニの行動は、チンパンジーにはごく普通に見られるものだ。チンパンジーたちは、そばにいる他者が何を求めているかを敏感に察知する。その能力が、他者との関係を築き、それを維持するのに役立つ。他者との間に協調関係、調和を生むためには非常に大切な能力だと言えるだろう。

人間社会との共通点

チンパンジーの社会には、人間の社会に似た部分がいくつもある。

チンパンジーは大きな集団で暮らす。この大集団は「コミュニティ」と呼ばれる。一つのコミュニティには、一〇〇匹をはるかに上回る個体が属することがある。また、コミュニティに属する個体は、その縄張り内で、単独で移動、採餌をする場合もあれば、「パーティー」と呼ばれる小集団で移動、採餌をすることもある。

コミュニティの中で、各個体は同じパーティーに属する個体たちと頻繁に顔を合わせ、まとまって動くことも多いが、単独で動くことも多いのだ。チンパンジーの社会を支配するのは、身体が大きく強い雄である。雄は総じて雌よりも集団内で上位となる。また雄たちは、集団内での地位を上げるべく競争をする。

上位になるほど、食べ物や交尾の相手に恵まれることになるからだ。雌にも集団内での序列はあるが、雄のように強さではなく、年齢で決まることが多い。雌は通常、性的に成熟すると、生まれたコミュニティからは追い出されることになる。

必然的に、新たに所属するコミュニティを求めて旅に出ることになるが、それは非常に危険な旅である。旅の途中で出合うチンパンジーに攻撃される可能性が高いからだ。新たなコミュニティに完全に受け入れられるまでには長い時間がかかるし、たとえ受け入れられても地位は非常に低くなる。

チンパンジーの社会で「出世」するには、そのための戦略が必要になる。それは主に、コミュニティ内の他の個体たちとどうつき合っていくかにかかっていると言ってもいいだろう。同じことは人間の社会にも言えるが、周囲の者たちと良好な関係を築かなければ、地位を上げることは不可能なのだ。

社会的動物の中にはグルーミングを熱心にする者が多いが、チンパンジーも例外ではない。霊長類の中には、社会性の高い――つまり形成する集団が大きい――種ほど、グルーミングを盛んに行う傾向が見られる。グルーミングに費やす時間は驚くほど多くなる場合がある——霊長類の中には、一日の二〇パーセントをグルーミングする、されることに費やしている者がいる。

毛づくろいと「外交戦略」

それで毛が綺麗に手入れされるのはもちろんだが、同時に相手との絆も強くなるのだ。グルーミングの際、する方もされる方も身体の中では、「愛情ホルモン」とも呼ばれるオキシトシンというホルモンが多く分泌されることがわかっている。このホルモンには、社会的行動を促進する作用がある。チンパンジーにとってグルーミングは一種の「外交戦略」となっている。

相手を殴るよりもグルーミングをする方が得ということだ。雌よりも雄の方が熱心に互いにグルーミングし合う理由はそこにあると考えられる。たしかに時間はかかるが、相手を殴った場合のように面倒なことは起きず、怪我をする危険もないし、グルーミングをする方がはるかに得になるのだ。

誰とグルーミングをするかも重要だが、それを誰が見るかも同じくらいに重要だ。たとえば、ある雄のチンパンジーが自分より上位の雄のグルーミングをしてご機嫌を取ろうとしたとする。もし、その様子をさらに上位の雄が見ていれば、相手をそちらに変えようとすることは十分にあり得る。ただし、グルーミングされていた雄がそれを拒否することは十分にあり得る。

その場合、乗り換え戦略は完全に失敗に終わることになる。実のところ、グルーミングにも競争はあるのだ。地位の極めて高い雄のグルーミングができるのも一種の特権なので、それを巡る争いがある。そして、争いに勝った者に対しては嫉妬のような感情があるようだ。

チンパンジーの「出世」に特に効果的なのは、できる限り地位の高い相手と共に行動し、協調し、そういう相手を熱心にグルーミングすることだろう。集団内での友情はそれ自体、価値の高いものだが、地位を上げたいと目論む者にとっては上手に利用すべきものでもある。

槍を作る

縄張りを守るため、雄たちは団結し、一体となって行動する。ただ、集団での協調行動が必要なのは縄張りを守る時だけではない。狩りにもやはり高度な協調行動が必要になる。比較的最近になるまで、チンパンジーは、ゴリラやオランウータンなど他の類人猿たちと同じく植物食だと思われていた。

野生のチンパンジーが食べるものはほとんどが植物の果実や葉だが、時に動物の肉を食べることもある。肉は栄養価が高い上、チンパンジーにとっても美味しいようだ。チンパンジーが狩りをし、肉を食べることをジェーン・グドールが発見した時には、信じない人が多かった。仮にそれが本当だとしても、グドールが観察したコミュニティが異常なだけで普通のチンパンジーはそんなことをしないのではないかという声もあった。

しかし、チンパンジーが普通に狩りをすることは今では誰もが知っている。進化的に人間に近いだけあって、チンパンジーの狩りの仕方は、太古の人間に似ている。どちらも大きな集団で協力し合って狩りをする点が共通している。チンパンジーは単独で狩りができるし、実際に単独で狩りをすることもあるのだが、集団で協力した方が成功率は大幅に上がる。

ライオンのような完全な肉食動物であっても、狩りは三回に一回、良くて二回に一回成功するだけだが、チンパンジーが集団で狩りをした場合にはほぼ確実に成功する。

チンパンジーの高度なチームワークが特に威力を発揮するのは、お気に入りの獲物であるコロブスなどの小型の霊長類を森の林冠で狩る場合である。狩りには役割を分けて臨む。まず、獲物を追いかける者がいる。そして、獲物の逃げ道を塞ぐ者がいる。そのおかげで獲物は次第に罠へと誘導されることになる。

罠とは、チンパンジーたちが身を隠して待ち伏せている場所だ。かわいそうな獲物がそばに来たら、いつでも襲いかかれる準備をして待ち伏せている。こうした狩りは主に雄の仕事であり、狩った獲物は参加した者たちの間で分けることになる。大人の雌には元来、敏捷性も強さもあるが、育児という重要な仕事がある。子どもを抱えていると動きがどうしても鈍くなるので、動きの速い獲物を樹上で追いかけるのは難しい。

しかし、少なくとも一部のコミュニティでは、雌のチンパンジーも狩りをすることがわかっている。セネガル、フォンゴリのサバンナでは、雌のチンパンジーが木の枝から槍を作る。木の枝から余計な小枝や葉をすべて削ぎ落とし、先を丹念に削って尖らせるのだ。すると、突き刺して獲物を殺せる恐ろしい武器となる。

私たち人間を除けば、ある程度、大型の獲物を狩るのに道具を使う捕食動物は今わかっている限りチンパンジーだけだ。この槍を持って、チンパンジーは夜行性の霊長類、ブッシュベイビーを狙う。ブッシュベイビーは小型のおとなしい霊長類で、昼間は安全な木のうろの中で寝ている。しかし、チンパンジーは木のうろの中にいるブッシュベイビーを槍で刺して外へ取り出してしまうのだ。

通貨としての肉

すでに書いてきた通り、チンパンジーは、縄張りを守る時や、敏捷で捕まえにくい獲物を狩る際に協力し合う。狩りの成果として得られる栄養豊かな肉は、チンパンジーにとって非常に価値のあるものだ。

そのため、肉はチンパンジーの社会で一種の通貨のように機能することがある。肉以外の食べ物、たとえば果実などをチンパンジーが分け合って食べることはない。しかし、肉は分け合って食べるのだ。

ただし、適当に分けるわけではない。地位の高い雄は、自分を助けてくれる雄への報酬として、あるいは気に入っている雌へのプレゼントとして肉を使う。肉がこのように使われるのは、肉が繁殖のために非常に有用な食べ物だからである。肉が多く食べられるほど、多くの子孫を残せる可能性が高まる。この行動だけでも、チンパンジーの社会の複雑さがうかがい知れる。

地位の高い雄はおそらく身体が強い雄だろう。雄はそのことを目に見えるかたちで皆に示す必要がある。そのためには、たとえば実際に戦うよりも肉を誰かに与える方が良い。誰かに与えられる肉を持っているのだから、それだけ強いのだろうと皆は思う。それで地位は保たれる。肉を配るのは、自分の地位を守る戦略である。

技術を集団に伝える

チンパンジーが食べる肉はもちろん哺乳類の肉だけではない。アフリカのどこでもチンパンジーは昆虫を食べる。たとえば、シロアリやアリなどは巣から獲って食べる。昆虫は小さいが、脂肪やタンパク質を多く含み、チンパンジーの食生活を支えている。ただ、シロアリもアリも巣の防御は固い。巣自体の構造も頑丈だ。そこには多数の兵隊アリがいて、何かあればすぐに現れて巣を守るべく戦う。兵隊アリに噛まれると非常に痛い。昆虫を捕まえるにはそのための技術が必要だ。

まず、適切な道具がいる。一つは巣に穴を開ける道具、もう一つは巣から昆虫を取り出す道具だ。「シロアリ釣り」をするチンパンジーは多いが、中には、複雑な道具を作るなどして、それを芸術の域にまで高めている者もいる。釣りの道具は植物の茎から作るのだが、どの植物の茎を使うかも重要である。この目的に最適なのはクズウコン（アロールート）の茎だ。

チンパンジーは茎を細く裂き、端を歯で噛んで細い繊維に分けて、その繊維をブラシ状にする。その道具を、あらかじめシロアリの巣に開けておいた穴に入れる。すると、中の兵隊アリが巣を守るべく動き出し、先端のブラシに噛みつく。そうなればチンパンジーの思うつぼである。あとは道具を引き抜いて先についたシロアリを食べるだけだ。

集団の中に何か新たな技術を習得した者がいれば、そばにいる者たちは良いと思えば真似ることができる。別の集団に移った際に、元の集団で得た有益な情報を伝える者もいるだろう。ゴンベのチンパンジーは元々、アリ釣りをしていなかったが、ある時、別の集団から移って来た一匹の雌がその技術を伝えたのだ。

彼女が伝えた新技術は、特に若いチンパンジーの間に急速に広まっていった。年長のチンパンジーたちは、その方法を気味悪がって試そうとしなかったらしい。だが、アリ釣りは、ゴンベのコミュニティの中で短期間のうちにごく普通の行動として定着することになった。

チンパンジーの権謀術数

チンパンジーを観察していると、リーダーになるために、身体の大きさや力は必ずしも重要でないということがよくわかる。実際、身体の小さな雄が、こまめなグルーミングによる関係構築の努力だけでアルファの地位に上り詰めたという例もある。人間の社会では、「アルファ雄」にあたる人物というと、態度が大きく自分勝手という印象がある。

しかし、チンパンジーの場合、アルファ雄（この言葉は元来、チンパンジーの研究者が使い出したものである）はリーダーではあるが、専制的な支配者ではなく、あくまで皆に助けられながらコミュニティをまとめる存在である。力で皆を抑えつけるのではなく、皆と良好な関係を築き、その関係を基にコミュニティを引っ張るのだ。

人間の社会でもそうだが、チンパンジーの社会の「政治」も、リーダーが単独で好きなように動かせるわけではない。アルファ雄が権力基盤を拡大しようとしても、彼には必ず競争相手がいて、そちらも自分の味方を増やすための努力を怠らない。今のアルファ雄に取って代わる見込みがありそうな場合には、特に懸命に動くだろう。

チンパンジーの社会では、皆の関係に変化が生じやすい。たとえコミュニティを支配する地位に就いたとしても、その後、誰が誰を味方にしようとしているか、誰が誰の味方になったかなど、コミュニティ内での関係の変化をよく観察していなくてはならない。誰かが自分の味方になってくれたとしても、その関係は不安定で、長続きしないことが多い。

雄のチンパンジーはいったん誰かの味方になったとしても、他の雄の味方になった方が自分にとって得だと判断すれば即そうする。重要なのは低位の雄たちの支持を得ることだろう。低位の雄たちは元々、得られる資源が少ないので、たとえ少しでも資源を提供してくれる雄がいれば、簡単に味方になる可能性がある。

現在のアルファ雄に取って代わるには、低位の雄を数多く味方につけるのが有効ということだ。アルファ雄にとっては、チンパンジーのコミュニティが数キロメートルもの範囲に広がっていることも問題だろう。それだけ広範囲だと、競争相手が、姿が見えず、声さえ聞こえない場所にいる可能性が高くなる。競争相手と直接、顔を合わせることがあれば、リーダーが自分であることを思い知らせるべきだろう。

その際には、大きな叫び声をあげたり、猛スピードで襲いかかるふりをするなどして威嚇し、恐怖を感じさせるという手段を講じる。激しい暴力を振るうことはまずない。こうして威嚇すれば、支持者たちを安心させることができる。威嚇された競争相手はうずくまるか、服従のディスプレイをする。「パントグラント」と呼ばれる独特の発声はその一つだ。これは通常、下位者が上位者に対して行う発声である。

政権交代が起こる時

最近では、政治家の外見が、政権の座に就く前と就いたあとでどう変わったかを比較する画像がインターネットに流れることがよくある。たとえば、バラク・オバマの大統領になる前の髪が黒々とした若々しい顔と、政権の終わり頃の髪も白くなりくたびれた顔を比較すると、大統領というのは大変な仕事なのだなあと感じる。

同様のことは、トニー・ブレアや、アンゲラ・メルケルについても言えるだろう。チンパンジーの社会では、アルファ雄は多数の特権を得ることができる。たとえば食べ物や交尾の相手を多く自分のものにできる。

だが、それは永久に続くわけではない。それに権力の座にいる間も良いことばかりではない。アルファ雄にはコミュニティ全体をまとめる責任があり、当然、それは大きな負担になる。

リーダーがどのくらいのストレスを感じているかは、コルチゾールというホルモンの血中濃度を見ることである程度、うかがい知ることができる。コルチゾールの血中濃度が高ければそれだけストレスを強く感じているということだ。

コルチゾールやコルチゾールの類似のホルモンが増えるのは必ずしも悪いことではない。このホルモンが増えることで、リーダーは警戒態勢を維持し、何かあればいつでも動ける状態を保つことできる。しかし、コルチゾールの血中濃度が高い状態が長く続くと、免疫系が弱まる、睡眠不足になる、筋肉が減少する、などの悪影響がある。

アルファ雄やその直接の支持者たちが病気になったり、負傷したりすると、下位者たちはそれを察知する。上位者が弱れば、それは即、取って代わるチャンスとみなされる。野生のチンパンジーのコミュニティを見ていると、実際にはそうでないのに、自分が王座にいるかのようなふりをする者が必ずいる。

また交尾の相手となる雌が広範囲に散らばると、それを追って雄たちも散らばることになる。コミュニティの中には、チャンスさえあれば自分の地位を向上させ、多くの報酬を得ようとする若い雄たちが大勢いる。アルファ雄の競争相手である雄が味方を増やし力をつけると、コミュニティ内の緊張は高まる。反乱がいつ起きても不思議はない。

反乱が起きてしまったら、アルファ雄自身とその支持者たちが鎮圧できない限り、政権は代わることになる。アルファ雄の治世は十年以上続くこともあるが（多くは三〜五年くらいしか存続しない）、いずれは転覆される時が来る。政権交代はコミュニティにとって衝撃的な出来事である。抗争が極端に激しくなれば死者が出ることもある。

地位を追われたリーダーの最期

セネガル、フォンゴリの森に棲むチンパンジーのコミュニティを対象に長期間行われた詳細な調査では、クーデターにより地位を追われた、あるアルファ雄のその後が記録されている。そのアルファ雄は「ファウドウコ」と名づけられた。

ファウドウコは十代の後半でアルファの地位に上り詰め、二年半ほどその地位を守った。それを助けたのが、ＭＭと名づけられたナンバーツーのチンパンジーである。アルファになった雄はいつどういう理由でその地位を追われるかわからない。

ファウドウコの場合、その原因となったのは、ＭＭの負った大きな怪我だった。ファウドウコは最も大事な味方を失い、極めて弱い立場に置かれることになった。そして、間もなく、彼はアルファの地位を剝奪され、コミュニティの周縁で生きるようになった。そのままの状態はほぼ五年間続いた。チンパンジーの社会では、特に雄は、一度こうして隅に追いやられてから長い期間が経って再び高い地位に戻ることは非常に稀である。

ファウドウコとMMとの絆は強いまま保たれていて、新たなアルファであるMMの兄も、ファウドウコに対しては寛容だった。しかし、他の雄たちはそうはいかなかったようだ。ファウドウコがアルファだった頃、彼に恨みを抱えるようになった雄が大勢いたらしい。そんな雄たちにとって、ファウドウコが再び高い地位に就く可能性が残っていることは許しがたかった。そして、ファウドウコの姿がコミュニティの中で目立ち始めるようになってすぐ、夜間に激しい戦闘が勃発した。

翌朝、ファウドウコは遺体となって発見された。攻撃は、彼の命を奪うほどの激しいものだったということだ。しかも、彼のかつての隣人たちは、ファウドウコが死んだあともかなり長い間、その遺体に向かって攻撃を続けている。遺体の一部を食べた者までいた。重要なのは、MMとその時のアルファは攻撃に参加しなかったことだ。MMは友達のファウドウコを守ろうとしたし、死んだあとは必死で復活させようとしていた。

この戦いによって生じた動揺はコミュニティ全体へと波及した。不安そうにしている者もいたし、激しい怒りが抑えきれない者もいた。フォンゴリの雄たちがそれだけ暴力的になった根本的な原因は、雌の不足にある。それ以前にも同様の事例は観察されている。交尾の機会を巡る競争が元々激しかったところに、いったん隅に追いやられていたファウドウコが再び競争に加わろうとしたので、事態が悪化することになった。チンパンジーの社会では平和を保つ上で、雄と雌のバランスは非常に重要である。密猟が大きな害になる理由はそこにある。密猟者は雌を狙うことが多い。

特に、子連れの雌はペットの不法取引で高値がつくことが多いので狙われやすい。その結果、雄と雌の数のバランスが崩れ、コミュニティ全体の安定が損なわれている。

「排他的」になる理由

ただしこれは、雄を中心に考えた時の話である。チンパンジーの社会が雄上位の社会であることは確かだ。チンパンジーは総じて雌よりも雄の方が身体が大きく地位も高い。もちろん、雌の存在は雄の行動に大きな影響を与えてはいるがその影響は目には見えにくい。ただ、雄がトップの地位を手に入れる上で、またその地位を維持する上で、雌たちの支持は重要である。雄にも雌にもそれぞれの序列がある。

雄の地位を巡る競争には劇的な面があるが、雌の序列はもっと穏やかなかたちで決まっている。年齢や経験によって自然に序列が決まることが多い。チンパンジーの場合、雌は雄に比べて社会性が低い。絆の強い集団を形成する雄とは違い、雌は個体間のつながりはさほど強くはない。

動物の集団においては親族が偏重されることが多い、というのはよく知られている。また、チンパンジーの場合、そもそも雌どうしの関係がさほど密でないから、互いに貢献し合おうとはしないとも言われる。

だが、よく観察すると、雌のチンパンジーがそうした理論に反する行動を取ることも少なくないとわかる。実は、雌のチンパンジーは長年共に生きることで、永続的な強い関係を築くことも多いのだ。その関係の強さは、脅威に直面した時などに明らかになる。たとえば、雄のチンパンジーが、雌、特に高位の雌と交尾をしようと迫って来た時、雄は、その雌の仲間たちから制裁を加えられる恐れがある。

チンパンジーの場合、雌は雄ほど「野蛮」ではない、と考えてしまう人も多いだろうが、その考えは必ずしも正しいとは言えないだろう。若い雌が新たなコミュニティに加わろうとすると、しばらくは調整の期間を必要とする。

雄ならそうした新入りを喜んで迎え入れるが、雌の場合はそうはいかない。雌は団結して新入りを攻撃し、追い払ってしまう。このように既存の雌たちは非常に排他性が高いので、コミュニティに新たに入り込むことは容易ではない。

時には、雌の中に入り込むのをあきらめ、雄に守ってもらってコミュニティに入るという手段を取るしかないこともある。その場に留まりたいのであれば、新入りの雌は、少なくとも最初のうちは、コミュニティの中でも最低の序列で満足しなくてはならないだろう。その後も、当然のことながら順調に事が運ぶとは限らない。

雌の集団の排他性が非常に高く、序列による差も非常に大きいからだ。良い採餌場所は高位の雌たちが独占し、低位の雌たちは周縁に追いやられる。それだけではない。新入りが長くそこに留まっていることを不快に感じれば、雌たちは新入りに再び攻撃を加えることもある。

また、新入りに子どもがいれば、子どももろとも殺してしまうことさえあり得る。低位の雌は用心していなくては危険だ。特に子どもを産む時、産んだあとは弱くなっているので危険度が高まる。

雄のチンパンジーと雌のチンパンジーも当然のことながら、食料を巡っては競争関係にある。しかし、食料だけですべてが決まるわけではない。チンパンジーにとって大事な資源は食料だけではないからだ。それが問題を複雑にしている。

チンパンジーの性に関して理解するのはそう容易なことではない。雌の観点からすれば、コミュニティに新たな雌が加わることは、食料を食べる口が増えることと同時に、雄の関心を巡る競争相手が増えることを意味する。

選り好みと高度なゲーム

一方、雄にとっても、雌は争いの主な原因となる。交尾に関しては、雄と雌とで戦略が異なることは、すでにはるか昔にチャールズ・ダーウィンが言っている。

通常、雌は雄よりも繁殖には多くの投資をすることになる。それだけに相手の選り好みも激しくなる。一方、雄は雌に比べると、繁殖への投資は少ないので、相手の選り好みは少ない、むしろできるだけ多くの雌と交尾をするべく雄どうし競争することになる。

では、チンパンジーの実際の行動はどうなっているだろうか。

チンパンジーの妊娠期間は人間とほぼ同じの約八ヶ月間で、雌は出産後、自分だけで育児をすることになる。つまり、チンパンジーの雌の繁殖への投資は非常に大きいということだ。

チンパンジーの雌も雄を選り好みするのだが、選り好みと言っても人間が通常、思い浮かべるのとはかたちが違っている。雌たちは、一種の高度な「ゲーム」をするのだ。

チンパンジーの雌の月経周期は一ヶ月より少し長いくらいで、そのうち交尾の受け入れが可能な期間は三分の一ほどだ。霊長類にはそういう種が多いが（幸い、私たち人間はそうではない）、集団の中に一匹でも雄がいると、雌は交尾の受け入れが可能な時期に目で見てはっきりそれとわかるサインを出す。

生殖器の周辺部分が赤くなり大きく膨らむのだ。あまりに膨らむのではじめて見た人は驚く。雌はその状態になっても別に恥じらったりはしない。雌は、すべてではないが、大半の雄と交尾をするのだ。頻繁に実に頻繁に交尾をする。重要なのは、最も妊娠の可能性が高まるタイミングになると、雌が戦略を変え、誘惑する標的をアルファだけに絞るようになるということだ。

だが、妊娠の可能性が低い時には、多くの雄と交尾をしてご機嫌を取る。また、雄たちの多くは、産まれてきた子どもが自分の子かもしれないと思うので、子どもが攻撃されたり殺されたりする危険を減らすこともできる。

雌は高位の雄を交尾の相手に選ぶ。そう言っても驚く人はいないだろう。多くの種の雌に共通する有益な戦略である。高位の雄を選べば、それだけ良い遺伝子を残せるし、生まれてきた子どもが雄だった場合には、その子どもも雌にとって魅力的になる可能性が高い。

雄はどういう相手を選ぶのか？

では雄の側はどうか。雄はどういう雌を交尾相手として魅力的だと感じるのか。やはり人間と同じく若くてスタイルの良い雌がもてるのだろうか。実を言えばまったくそのようなことはない。

雄は交尾できる機会があれば、相手が誰でも断ることはないが、選べるのであれば、雄が選ぶのは年長の、体重の重い雌、しかも過去に数多くの子どもを産んだことのある雌である。これは理に適っている。驚く人もいるかもしれないが、考えてみればそういう雌は採餌の能力が高く、良い母親である可能性が高い。しかも集団内での序列もおそらく高いだろう。

雄にも雌にもそれぞれの戦略があるのは確かだが、どちらもが常に戦略の通りの行動を取れるわけではない。これは難しい問題である。特にチンパンジーは人間に非常に近い動物なだけに論じるのは簡単ではない。

とはいえ、この話を避けて通るわけにはいかない。チンパンジーに限らず、集団で生きる動物の多くが、性行動の強制を体験する。チンパンジーの場合は、元来、高位の雄を好む雌に、低位の雄が強引に交尾をしようとすることがよくある。そういう時、雌はわざわざ戦ってまで拒否しないことが多い。傍目には受け入れているように見えるが、雄と雌では身体の大きさも力の強さも違い、助けを求める相手がいない限り、拒否することがそもそも不可能なことがほとんどだ。

ただし、このように低位の雄と交尾をしてしまうと、強引に迫って来た雄だけでなく、受け入れた雌も、高位の雄に罰せられることがあり得る。そのため、雌は、特に妊娠の可能性が非常に高い時期には、身を守るため、高位の雄にそばにいてもらいたがる。

その雌自身にとっては良い戦略だが、他の雄たちとすれば、それを許したくはないので妨害をしてくることも多い。雄たちはよく、親しくしている雄雌を引き離そうとする。自分自身がその雄と交尾をするためでもあるし、用心棒役の雄を奪うためでもある。雌の中には実に狡猾に振る舞って他の雌の邪魔をする者がいるのだ。

チンパンジーの性は非常に不思議である。雌はよく「コピュレーション・コール」と呼ばれる甲高い特徴的な声を出す。これは、自分が今、交尾可能であることを知らせ、雄に自分を巡って競争するよう仕向けるための声だと考えられる。しかし、近くに高位の雌がいる場合、低位の雌は、特に自分にとって好ましい雄とは静かにつき合う。完全に黙ったまま交尾をするのだ。

チンパンジーの「インフルエンサー」

もし人間以外の動物になるとしたらどの動物がいいか、などと普通の人は考えないのかもしれない。それは生物学者ならではの考えだとは思う。

私は大勢の人たちにこの質問をしてみたが、チンパンジーがいい、と答えた人は皆無だった。ワシになりたい人、ライオンやトラになりたい人、サメ、イルカ、クジラ、ナマケモノになりたい人も一人いたが、ただの一人もチンパンジーになりたいとは言わなかった。

どうやら、今のところ、チンパンジーという動物のイメージは良くないらしい。チンパンジーはとても野蛮な世界に生きていると思われているようだ。読者もそう思っているだろうか。この章で触れてきた生態からして、それは無理もないとは思う。だが、チンパンジーについて詳しく調べていくと、人間から見て好ましいと思える面も数多く見つかるのだ。

長い間、すぐそばで暮らしていると、チンパンジーには、個体を識別し、それぞれの個性を理解するだけの知性があるとわかってくる。周囲にいる他の個体たちを一匹一匹違う存在だと認識できるということだ。また、長年近くで観察していれば、チンパンジーが完全な社会的動物だということもわかる。小石などの「トークン」を食べ物と交換できる仕組みを理解することさえできることは実験で確かめられている。

その実験では、トークンをニンジンか、ブドウと交換できるようにした。カプチンの場合と同様、チンパンジーにとっても、ブドウの方がニンジンよりも好物である。自由にどちらとでも交換できる場合には、チンパンジーたちは迷わずブドウを選ぶ。だが、高位のチンパンジーに、トークンはニンジンとだけ交換できると教え込むことも可能である。教え込めば、必ずニンジンとだけ交換するようになるのだ。

そして、その様子を下位のチンパンジーたちに見せると、高位のチンパンジーの真似をしてトークンをニンジンとだけ交換するようになる。本当はブドウが欲しいはずなのに、その気持ちを抑えてまで高位の者に合わせようとするのだ。

こう書くとチンパンジーは愚かだと思ってしまう人もいるだろう。

だが少し考えてみて欲しい。あなたは誰かと議論して、最終的に自分と意見が違っていた人に賛同したことはないだろうか。また、誰かの行動に影響を受けたことはないだろうか。ない、という人もいるかもしれないが、それはかなり変わった人だと言わざるを得ない。他人に合わせることは――時には合わせることを拒否する必要もあるが――社会を維持する上では大事なことである。

高位者の真似をするチンパンジーは、経験豊富な高位者はおそらく賢明な行動を取るはずと考えてそうしているのかもしれない。高位者が一種の「インフルエンサー」となっているとも考えられる。

低位のチンパンジーは、高位の者のようになりたいと思っている、あるいは高位の者によく思われたいと思っている可能性がある。いずれにしても、人間の場合と同様、チンパンジーにおいても、他人に合わせることが集団をまとめることに役立っているのは間違いないだろう。

だが、コミュニティの中では争いも起きる。それについてはどう考えればいいのだろうか。たしかに、最初は小さな揉めごとにすぎなかったのが、威嚇の応酬となり、ついには暴力沙汰へと発展して死者まで出るということはある。だが、チンパンジーは一時的に誰かに対して敵意を持つことがあったとしても、即、相手を攻撃するわけではない。

一時の感情で動いてしまうのではなく、長期的に良好な関係を維持できる方法を探ることも多い。軽率に後戻りのできない行動に走るのはできる限り避けようとする。揉めごとがあってもすぐに和解することが多い。社会生活においては友好的な関係が極めて重要になる。

裏切りの代償

どのような動物にも競争があるのは厳然たる事実である。資源が乏しい時には、当然、全員に行き渡るわけではない。どうにかして自分の力で資源を確保しなければ困ったことになるだろう。だが、チンパンジーはそのような状況でも、驚くべきことに互いに協力し合う姿勢を見せる。

問題は、協力の姿勢を見せると、常に相手が裏切って自分だけ得をしようとする危険性があるということだ。裏切りは不道徳ではあるが、短期的には成功することも多い。協力し合おうとしている相手を裏切れば、労せずして資源が手に入る可能性が高いのだ。だが、協力集団としては、皆が裏切ることなく協力し合えれば全体の利益は大きくなる。うまく皆が協力し合えるようにするには、裏切り者に確実に罰が与えられるような体制を作る必要があるだろう。

裏切れば必ず仲間から非難され、制裁を加えられるということがなければ、裏切りをなくすことはできない。このことに関しては、ヤーキス国立霊長類研究センター（アメリカ、ジョージア州）のマリニ・サチャックらが調査をした。

大きな囲いの中で飼育しているチンパンジーの集団に簡単な作業をさせてみる。問題は、二四、三四のチンパンジーが協力、協調し、動きを合わせないとその作業ができないことだ。その作業をするのかしないのか、作業にどのくらいの時間をかけるのか、また誰と作業に取り組むのか、といった選択はチンパンジーたちに任せられた。作業に成功すると、少量の果物が出て来る仕組みになっている。

ここで重要なのは、出て来た食べ物は、実際に作業に取り組んだ者たちだけでなく、ただ傍観していた者が手に入れる可能性があるということだ。仲間に協力した者ではなく、仲間を裏切った者が得をする可能性があるということである。チンパンジーたちが繰り返し作業に取り組めるよう、食べ物は囲いの中に出てもすぐに補充される。

一時間にわたり、チンパンジーたちは何度でも繰り返し作業をすることができるようにした。作業をすると一時間、食べ物をもらえるようになるのは、週に二、三度で、その状況を数ヶ月間維持した。

このようにある程度の期間、実験を継続することで、チンパンジーの行動がどのように変化していくかを観察しようとしたのだ。特に注目したのは、果たしてチンパンジーたちは互いに協力し合うことを選ぶのか、それとも他者を裏切ることを選ぶのか、ということである。

この実験では、チンパンジーたちが互いに影響し合い、次第に行動が決まっていく様をつぶさに観察することができた。作業の仕方を理解したチンパンジーたちは協力し合って取り組み、報酬の食べ物を取り出していく。はじめのうちは、協力して作業に取り組んだ者が勝者のように見えた——実際に作業をした者が報酬を得ていたからだ。

だが、しばらくして状況がわかってくると、悪知恵をはたらかせる者が現れた。何もせず、他者の努力に「ただ乗り」することが可能だと気づく者がいたのだ。何もせずに作業が進むのを見ていて、食べ物が出て来た途端に横取りをしてしまう。次第に、この「裏切りの戦略」を取る者が増え、協力し合って作業に取り組む者が減っていく。

だが、野生のチンパンジーの場合と同じく、この実験でも裏切り者には罰が与えられた。協力し合う者たちが裏切り者に与える罰には様々な種類がある。ただ不機嫌な様子を見せるだけの場合もあれば、食べ物の横取りを阻止する場合もあるし、激しい怒りを露わにして、それが反社会的で許されない行動であることを知らせる場合もある。

集団内のすべてのチンパンジーが少なくとも一度は「ただ乗り」を試みたが、結局いつまでも裏切り行動を続けたのはたった一匹だけだった。それは年老いて盲目になった雌で、裏切りのせいで皆からのけ者にされるようになった。

死者を悼む

代償が大きくなれば、裏切りは良い戦略ではなくなる。実験では、はじめは裏切り戦略が優勢になったかに見えたが、協力の戦略を採るチンパンジーたちがただ乗りの防止に取り組み始め、その努力が見事に功を奏することになった。

協力派は、ただ乗り派に比べて優勢になっていったのである。サチャックは、対象とする集団を変えて再度、同様の実験を行った。結果は最初とまったく同じになった。チンパンジーは生来のチーム・プレーヤーだとみなしても良さそうだ。

他者に共感する、他者を思いやるといった能力は、かつては人間に特有のものだと考えられていた。ファウドウコが暴力によって死に追いやられたこと、コミュニティのファウドウコへの情け容赦のない行動などを見ると、たしかにその通りのようにも思える。こういうことをするからには、少なくともチンパンジーはあまりきめの細かい感情などは持ち合わせてはいないのだろうと思っても無理はない。

しかし、実のところ、この種の行動はチンパンジーにとって典型的なものではないのだ。人間の中にも時に集団暴行に及ぶ者がいるが、それに似ている。

これまでの調査により、チンパンジーはコミュニティの中で誰かが死ぬと、その死者を悼むということがわかっている。タンザニアのゴンベ渓流研究ステーションでジェーン・グドールとともにチンパンジーの研究をしてきたゲザ・テレキはある時、一匹のチンパンジーが高いところから転落し、首の骨を折って死ぬのを目撃した。

ファウドウコが死んだ時と同様、この出来事によって周囲のチンパンジーたちは興奮状態となり、暴力的な行動に出る者もいた。だが、すぐに皆がお互いを、そして死亡した仲間を気遣う態度を見せ始めた。チンパンジーたちは抱き合って互いを安心させ、死んだ仲間の遺体に近づいて行って、手で優しく触れたり、その場に立ち尽くして小さな泣き声を出しながら遺体を見ていたりした。

チンパンジーらしからぬ沈黙をしばらく保つ者もいた。仲間の死に際してチンパンジーたちが普段は見られない特別な態度を取っていたという報告は他にも多くある。しばらくの間は通常の活動を一切やめて遺体のそばに留まり、静かに気持ちを込めて遺体に触れていたというのだ。

人間の場合と同じく、チンパンジーも、親しい友だちを失った時にはとりわけ悲しみが強いことが態度からわかる。何度も遺体のところまでやって来るし、乱暴な若いチンパンジーたちから遺体を守ろうとすることさえある。チンパンジーは病気の者や負傷した者を気遣うこともある。

ジェーン・グドールは、ゴンベのチンパンジーを直接観察し、世界に先駆けて野生のチンパンジーの生態に関して多くの知見を得た人だが、チンパンジーたちが病気をした仲間、怪我をした仲間を助けている姿を何度も目にしている。

若い雄が、年老いた友達が死亡するまでの数週間、世話していたという例もあったという。その間、好奇の目を向けてくる高位の者たちから懸命に友達を守っていたようだ。ある大人の雄が、痛みで叫び声をあげたら、五〇〇メートルほども離れた場所から母親が急いでやって来て、彼を慰めたということもあったという。

フランス・ドゥ・ヴァールは著書『利己的なサル、他人を思いやるサル――モラルはなぜ生まれたのか』（西田利貞、藤井留美訳、草思社、一九九八年）の中で、ある年老いたアルファ雄について書いている。

そのアルファ雄は、若く強いライバルの挑戦を受け、アルファの地位を追われる。もちろん、それは仕方のないことだ。遅かれ早かれ世代交代は起きるからだ。だが、地位を追われた雄が苦しむことも確かだろう。そういう時、チンパンジーは助けを求め、大声を出して走り回ることがある。そうすれば、雌のチンパンジーが抱きついて慰めてくれることがある。

チンパンジーは、残虐性と思いやり、利他心と利己心を併せ持つ、実に不思議な動物だ。観察しているとまったく相反する性質が同居していることがわかる。それは私たち人間と同じだ。

コンゴ川沿いのボノボ

アフリカ大陸中央部を貫くように流れる広大なコンゴ川。流量はアフリカ最大で、流域の面積はインドよりも広い。南岸に立って見ると、その大きさに驚かされる。向こう岸は五キロメートル以上も先だ。タンガニーカ湖付近と、ザンビア北部から来た源流が出合い、いったん北へ向かって流れたあと、大きく弧を描き、赤道を二回越える。

その後、まず南へ、続いて西に向かって最後は大西洋へと注ぐ。川の両側は、アフリカ最大の熱帯雨林であり、高温多湿で豊かな緑が広がり、そこに生きる生物種も実に多様である。川の流れは、生物にとってまるで天然の堀のような巨大な障壁となり、北と南の行き来を阻んでいる。

いつかは定かでないが、おそらく今から百万年～二百万年前頃、チンパンジーに似た類人猿の一団が、極端な状況——大干ばつと考えられる——に乗じて、川を北から南へと渡った。川の南に棲みついた類人猿たちは、同種の仲間たちとの競争を免れることができた。

その子孫が、現在、私たちが「ボノボ」と呼んでいる動物だ。ボノボたちはそれ以来、今も、川の北側のチンパンジーからは隔離され、守られている。どちらの種も水をひどく嫌うので、コンゴ川は両者の境界として非常に有効に機能している。

遺伝子を解析すると、ボノボがいつチンパンジーと分かれたのかがわかる。そして、コンゴ川を渡るという大事件がたった一度だけ起きたこともわかる。

だとすれば、それはその後の歴史を決定するような重要な出来事だったことになる。その後も時折、北から南へ、南から北へ川を横断した者が少しはいたようだし、両者の間の交配も少しはあったようだが、川の北にボノボが、川の南にチンパンジーが定住するというところまではいかなかった。

現在でも、DNAを比較すると両者の間にほとんど違いは見られない――ゲノムの違いはわずか〇・四パーセントほどだ。あまりに似ているので、初期の霊長類学者は、二つの種を区別していなかった――はじめて区別されたのは一九三三年である。元々数えるほどしかいない類人猿に最後に加えられたのがボノボで、その後、新たな類人猿は見つかっていない。

では、ボノボとチンパンジーはどう見分ければいいのか。

ボノボはチンパンジーより少し小さく、手脚は長く、頭は小さい。かつては「ピグミー

ボノボ

チンパンジー」とも呼ばれたが、その名前に完全にふさわしいとは言えない。頭の毛はチンパンジーよりも長く、そのおかげで面白いヘアスタイルになることも多い。真ん中分けでビクトリア朝時代のイギリス紳士のようになっていることもあれば、「博士」と呼びたくなるような乱れた頭になっていることもある。

外見にそうした違いはあるが、二つの種はどちらも同じようなものを食べ、大きな雄雌混合の集団で生きるところは同じで、知能が非常に高いところも共通している。雌はどちらの種でも、成熟すると別の集団へと移ることが多く、またどちらも雌の方が雄よりも身体が小さい。特に注目すべき点はないようにも思える。似たような二種の動物がいる。おそらくその生態もほぼ同じだろうと考える人は多いかもしれない。

だが、その考えは間違いだ。両者の違いは顕著である。どちらも進化的に私たち人間に非常に近いので、この二種を詳しく研究すれば、人間の起源を探るのにも役立つだろう。ボノボは人間に進化的に非常に近いにもかかわらず見過ごされてきた動物ではあったが、実はチンパンジーとはまた違う、際立った特徴を持つ動物であることが研究によって明らかになってきた。

活発な性行動

とはいえ、それがわかるようになるまでには長い時間がかかった。チンパンジーには多くの研究者が関心を寄せていたのに対して、比較的最近になるまで、ボノボは無視されているのに近かった。「少々小型のチンパンジーにすぎない」という思い込みもあっただろう。チンパンジーに比べて分布域がはるかに狭く、数も少ないということも影響したに違いない。

実際、野生のボノボはわずか二万匹ほどで、飼育されているボノボはごく少数だ。ボノボが生息するコンゴ民主共和国は、悲惨な内戦が繰り返し起き、政情も不安定で、それでボノボの研究が困難だったという面もある。

しかし、この三、四十年間で、この忘れられた動物への理解は大幅に進み、今ではその驚くべき特徴もよく知られるようになっている。注意して欲しいのは、生物学の研究は時に人によっては「下品」と感じるようなものになりがちだということだ。特に類人猿の研究はそうなりやすい。だが、ボノボという動物、そしてボノボの社会を理解する上では、そうした研究が重要で、ここでも取りあげざるを得ない。その点は了承してもらいたい。

ボノボは性行動が非常に活発な動物だ。挨拶代わりに交尾をするし、興奮状態を沈めるため、仲違いした相手との関係を修復するためにも交尾をする。なんと、舌を使ったフレンチ・キスをすることもあるし、人間で言う「正常位」での交尾をすることもある。

また、交尾は雄と雌の間だけで行われるとは限らない。まさに何でもありだ。雌のボノボのクリトリスは驚くほど大きく、二匹の雌のボノボが日に何度もお互いの性器をこすり合わせることもある。その時、雌たちは興奮して甲高い声をあげる。雄たちが互いのペニスを刺激し合うこともある。ペニスに手で触れやすいよう木にぶら下がるなどの工夫をすることもある。

ボノボはオーラル・セックスまでする。雌のボノボは性具を自作しているとも考えられている。こうしたボノボの行動は強い関心を集めている。人間は何しろ性的なことが好きなのでそれは不思議ではない。だが、ここでボノボは単に好色な動物なのだと考えてしまうと、本質を見誤ることになる。たしかに、好色だというのは一面で真実かもしれない。

しかし、他にも様々な要素があるのだ。

ボノボはチンパンジーよりずっと攻撃性が低い。何か緊張が生じても交尾によって和らげられるのもその理由の一つだろう。チンパンジーが暴力に訴えて強制的に交尾をすることがあるのに対し、ボノボは交尾を利用して暴力を抑止しているのだ。素晴らしいことだ。一九六〇年代の反戦運動の「戦争しないで愛し合おう」というスローガンを思い出す。

争いごとの少ない社会

だがボノボの社会でそれだけ性的な行為が頻繁に利用されることは、ボノボにも鎮めるべき攻撃性が十分にあることを示している。単に攻撃性への対処がチンパンジーとは異なるということなのだろう。チンパンジーの雄が攻撃的になる大きな要因の一つが交尾、あるいは交尾ができないことだ。

チンパンジーの雌は、発情期にしか交尾を受け入れない。その時期には、生殖器の周辺部分が赤くなり大きく膨らむ。当然だが、発情期は雌が性的に成熟しなければ始まらない。また、出産をしてからもしばらく発情期は始まらないのだ。

おそらく雌が交尾を受け入れられるのは、その生涯の五パーセントほどの期間でしかないと推定される。つまり、チンパンジーのコミュニティには、交尾を受け入れられる雌は常にわずかな数しかいないことになる。ほとんどの雄は欲求不満で怒りっぽくなるということである。

それに対し、ボノボの雌の発情期は、チンパンジーの雌に比べて五倍の長さだ。しかもボノボの雌には、偽発情期まである。生殖器の周辺が赤く膨らみ、外見上、発情しているような状態にはなるのだが、その時期に排卵はしない。

雄にとっては、交尾を受け入れてもらえる期間が増え、その分、争いごとも減る。雌にとっても、しつこくせがまれるわずらわしさがなくて良い。チンパンジーの雌は、雄に狙われれば、逃げることはほぼ不可能で、激しい攻撃を受けて負傷することすらある。ボノボの雌にはそういうことがない。交尾するかしないかは概ね、雌の意思で決めることができる。

ボノボの場合も雄は雌より身体は大きいのだが、チンパンジーとは違い、雄が支配的な性というわけではない。だが、雌が必ずしも支配的というわけでもない。野生のボノボの社会は、雄雌混合の社会だ。いわゆる「共優位性」の社会である。

誰かが誰かを攻撃することはめったにない。暴力はほとんど見られないのだ。仮に暴力沙汰があったとしても、雄と雌のどちらが勝つのかは決まっていない。勝つ確率はどちらもだいたい同じくらいだ。

理由は今のところよくわかっていないが、飼育されているボノボの行動は野生のボノボとは少し違っている。動物園や国立公園では、ボノボの雌は野生の者よりも怒りっぽく、好みでない雄に関心を向けられると、攻撃を加えることがある。

雄の指を食いちぎった雌や、中には雄のペニスを切断してしまった雌までいる。野生のボノボには、そのような残虐行為はめったに見られないが、野生でも雄より地位の高い雌は多い。地位の高い雌は、採餌場所でも優先的に食べ物を得ることができる。高位の雌が来ると、雄が場所を譲ることもある。また、集団がいつ、どこへ移動するかの決定を高位の雌が下すこともある。

ボノボの雌はチンパンジーの雌に比べてはるかに社会性が高く、互いの間に強く、持続的な関係を築く傾向にある。そのおかげで、仮に雄に攻撃を受けそうになっても団結して立ち向かうこともできる。

また、時には、団結して雄を助けることもある。チンパンジーの場合、雄が地位を高めようとする際には、他の雄たちの協力に頼ることになるが、ボノボの場合は、母親に頼る雄が多い。高位の雌の子どもは、母親の地位の恩恵を受けられる。母親（そして祖母も）は、息子が他の雄と揉めることがあれば味方をしてくれる。

また、人間の目には奇妙に映るが、母親たちは、息子の性生活に深く関わる。まず息子を、雌の社会に紹介する。これは、交尾の相手を見つけやすくするためだ。息子が交尾の相手を多く見つけることができれば、それだけ孫が多く生まれる。

基本的には、チンパンジーの社会では他の雄が果たすような役割を、ボノボの社会では母親が果たすことになる。ボノボの場合は、母親が大人になった息子の支援もする。そしてボノボの雄は、チンパンジーとは違い、他の雄たちと集団を形成して親しくつき合うことがない。ボノボの雄は、雌の親族の支援があれば、暴力を振るわれる心配をせずに他の雄たちと気軽に関わることができる。

ただし、ボノボの雄が母親に頼ってばかりの「マザコン男」だというわけではない。自立して生きているし、逆に息子の方が母親を助けることもある。

密猟者に母を殺された子ども

マーティン・サーベックとゴットフリート・ホーマンは、密猟者に母親を殺された二匹の息子たちがその後、どうなったのかを記録した。二匹のうちの一匹はまだ幼く、もう一匹はやや年長の子どもだ。その二匹が母親を失うことになったわけだ。

ボノボは子育てを専ら母親が行う。本来、二匹のような子どもたちは母親に頼りきりのはずだ。そのため、最後に姿が観察されてから一年半後、二匹の生存がコミュニティ内で確認できたのは驚くべきことだった。その時、幼い弟は兄の背中に乗っていた。母親の死という悲惨な出来事を乗り越えた二匹は、お互いに離れられない存在になったようだった。

自分も子どもなのにもかかわらず、本来、雄はしない子育てをしたことで兄はやつれてはいたが、二匹が生き延びたことは、兄弟の絆が非常に強いことの証明になった。

成熟した雌が生まれたコミュニティを出て新たなコミュニティに移った時に起きることも、ボノボとチンパンジーでは違っている。チンパンジーの雌は、この時期、非常に危険な状態に置かれることになる。新しいコミュニティに馴染むのには長い時間がかかるし、その間に敵意を向けられ、暴力を振るわれる恐れもある。

ボノボの場合はそうではない。ボノボの社会では、よそ者は歓迎される。新たにコミュニティに加わった雌は注目を集めるが、チンパンジーのように攻撃されることはない。ボノボの雌は、当然のことながら、多く交尾をする。特に移住先の既存の雌たちとよく同性間の交尾行動をすることになる。

また、移住してきた雌は、高位の雌と親密に関わり合う。高位の雌のあとをついて歩いて、食べ物をくれとねだる。周囲に果物がふんだんにあり、いつでも自分で簡単に手に入れられる時でさえ、低位の者や新入りは、わざわざ高位の者に食べ物をねだるのだ。このように高位の者に食べ物をねだる行為は関係構築のためにしていると思われるが、そもそもボノボは単独で食事をするのが好きではない動物という面もあるようだ。

ジャングルソップやパンの実など、サッカーボールほどの大きさがある果物は、特に分け合って食べるのに便利である。新参の雌たちは、食べ物を分け合うことを通じ、既存の雌たちの中に溶け込み、コミュニティの一員となっていくのだ。

親密な関係を築くコツ

ボノボのコミュニティは総じて平和だが、近隣のコミュニティとの関係も実に平和的だ。チンパンジーの場合は、近隣のコミュニティとの間には軋轢（あつれき）が生じやすく、時には死者の出る戦いに発展することさえある。

ところがボノボは、近隣のコミュニティとの出合いにうまく対処する。はじめのうちは警戒している。近隣から見知らぬ者たちの声が聞こえれば、ボノボたちは強い関心を寄せるが、すぐに関わろうとはしない――遭遇を避けてその場を去ることが多い。

二つのコミュニティがそれぞれの生息域の境界付近で出合うと、両者の間では盛んにコールの応酬が行われるし、一部の雄はディスプレイをするが、戦いが起きることは稀だ。

ボノボの場合は、まず雌たちが先陣を切って交流を開始する。互いの性器を何度もこすり合わせて、互いをなだめる。やがて二つのコミュニティは一つになり、同じ木の果実を共に食べる。その段階では雄たちはまだ完全に打ち解けてはおらず、相手のコミュニティからは遠くにいることが多い。

時には、自分と共にその場から立ち去るよう、雌を促すこともある。だが、雌がついて来ないのに、自分だけが立ち去ることはしない。雌は未知の者たちとの邂逅、性器のこすり合いなどの社交を楽しんでいる。それには一定以上の時間を要し、急がせることはできない。

雌たちはたしかに盛んに互いの性器をこすり合わせるのだが、彼女たちは何も激しい欲望に突き動かされ、快感を貪っているわけではない。雌のボノボが他の雌と親密な関係を築くには、二匹で長い時間を過ごし、何度も繰り返し互いのグルーミングをするのだ。性器のこすり合わせもするがそれだけが重要なわけではない。その行動は人間の目には性的なものに見えるが、実際には互いを安心させ、親密になるための挨拶のようなものだ。

類人猿と人間の類似点

私たち人間の行動や、社会規範、文化規範などと遺伝子との関係を知る上で、類人猿は非常に役に立つ。中でも特に注目されるのがチンパンジーである。それは進化的に人間に近いからでもあるが、それだけではない。大規模な、雄雌混合の集団を形成する点も重要だ。

チンパンジーは初期には温和で平和的な社会的動物だと思われていた。だが、野生のチンパンジーの中に、互いへの激しい暴力や、異性間の闘争、時には仲間を殺すことさえある残忍性などが観察されたことで、その意識が次第に変化していった。問題は、私たちがチンパンジーを自分たちと似た動物だと思っていることだ。

チンパンジーがそういう動物だとすれば、自分たち人間も同じなのではないかと思う人が少なくない。中には、人間が冷酷で、暴力的な動物であっても、チンパンジーがそうならば必然のことだ、と人間の良くない性質を正当化しようとする人さえいる。遺伝子がそうなっているのだから抗うことはできない、という理屈だ。

そこまで極端でなくても、チンパンジーと同じような攻撃性、暴力性は人間にもあると考える人は多い。チンパンジーにも人間にも様々な側面があり、一概にこうだと決めつけることはできないにせよ、そう考えても完全な間違いではないのでは、というわけだ。

やがて、ボノボの研究が――細々とではあるが――始まった。ボノボは私たち人間に進化的に非常に近い動物ではあるが、チンパンジーのような「どんなことをしてでも勝とうとする」好戦的な性質は持っていなかった。つまり、チンパンジーのように、「人間の良くない性質の起源をそこに見る」ことはなかったわけだ。これはボノボのパラドックスである。

私たち人間の性質の少なくとも一部は祖先から受け継いだものなのだとしたら、好戦的なチンパンジーだけでなく、平和的なボノボと同様の性質を受け継いでいてもおかしくないはずだ。二種の類人猿についての詳しい調査、評価は現在も慎重に進められている。チンパンジーとボノボを細かく研究した時、見えてくるものは何だろうか。

知能テストをすると、チンパンジー、ボノボはどちらも総じて高得点を取る。物事を体系化する能力はチンパンジーの方が優れ、一方のボノボは共感力に優れる、という傾向が見られる。物事の仕組みを理解する、何かと何かのつながりを見つけるといったことはチンパンジーの方が得意だ。チンパンジーは自然の中にある物を使って極めて高度な道具を多く作り、それを利用するが、ボノボはあまりそういうことをしない。

木の葉を使って水を集める、うっとうしい虫を木の葉で叩く、というくらいのことはするが、せいぜいその程度だ。ボノボは、他者との関わりに必要な能力が非常に高い。互いの気持ちや考えを読み取る能力、互いのことを理解する能力に長けているのだ。チンパンジーとボノボに写真を見せ、その時の視線の動きを記録するという実験が行われたことがある。それぞれが写真のどこに注意を向けているかを探ろうとしたのである。

チンパンジーに別のチンパンジーの顔写真を見せると、顔全体を満遍なく見ていることがわかった。一方、ボノボに別のボノボの顔写真を見せると、特に目を重点的に見ているとわかった。全身の写真を見せた場合、チンパンジーは、ほとんど写っている相手の尻ばかりを見ていたが、ボノボは顔と尻の両方を見ていた。

手に何かを持っている別の類人猿の写真を見せると、チンパンジーは手に持っている物を重点的に見るが、ボノボは、その類人猿の顔と手に持っている物の両方を見る。ボノボの視線の動きは、基本的には人間に対して同様の実験をした場合と同じだった。特に社会性が高いとされる人間とボノボの視線の動きは似ていた。

男性ホルモンと攻撃性

同じような比較が人間を対象に行われることもある。たとえば、男性は物事を体系化する能力が優れていて、女性は共感力が優れている、などと言われることがある。男性はチンパンジーに似ていて、女性はボノボに似ているということだろうか。そうではない。たしかにそんなふうに言ってしまうと面白いのだが、単純化しすぎである。

まず問題は、人間の男性、女性にも、チンパンジーにもボノボにも、個人差、個体差があって、たとえば、体系化する能力が優れた女性や、共感力が優れた男性が大勢いるという事実を都合良く忘れているということだ。

また、そもそも人間には、物事を分類したがるという傾向がある。実際には連続していて境目がないものにも境目を作りたがるのだ。とはいえ、チンパンジー、ボノボ、人間にはそれぞれ、興味深い特有の傾向があることも確かだ。

たとえば、人間の人差し指の長さと薬指の長さを比較すると、男性と女性とである程度の違いが見られる。男性の場合は、薬指の方が人差し指よりも長いことが多いのに対し、女性の場合はどちらの長さもほぼ同じであることが多い。これは、誕生前にアンドロゲン――男性ホルモン――をどのくらい浴びたかに関係があると考えられている。多くのアンドロゲンを浴びるほど、人差し指と薬指の長さの差が広がるようなのだ。

ただそれだけなら、大したことではない。だが、脳の発達に目に見えない影響を与えていれば、それは重要な問題となる。ボノボの手は、この点では人間の手によく似ているが、チンパンジーの場合は人差し指と薬指の長さの差が非常に大きくなっている。

これは、チンパンジーが誕生前に大量のテストステロンを浴びていることを示唆しており、脳もその影響を強く受けていると考えられている。チンパンジーの攻撃性が全体としてボノボより高い理由の一部はここにあるのかもしれない。

ボノボとチンパンジーの脳には、たしかに微妙な、だが重要かもしれない違いがある。それが、これまでに見てきた両者の行動の違いにも関わっている可能性が高い。

チンパンジーに比べると、ボノボは、苦痛を感じている他者への反応に関わる脳内部位が発達しており、その種の部位間の結びつきも強い。他者に危害を加えるような行動、感情に任せた行動を抑制する能力も高い。このあたり、ボノボはチンパンジーに比べて私たち人間に近いと言える。

ただし、脳の大きさはどちらも人間の三分の一くらいだ。体内のホルモン分泌について調べると、それぞれの動物の行動についてより深く理解できる。何か揉めごとがあると、チンパンジーの雄は、体内でのテストステロンの分泌量が急激に増える。この場合、攻撃性が強まる可能性が高い。ボノボは同様の状況では、コルチゾールの分泌量が急増する。これは、ボノボの神経が高ぶり、いら立っていることを意味する。

このいら立ちをボノボは交尾や遊びで和らげる。チンパンジーも子どもの頃は非常に遊び好きなのだが、年齢が上がるつれ、遊びを楽しむ心が失われていく。一方のボノボはその心を大人になっても持ち続ける。

すぐに食べるチンパンジー、仲間を待つボノボ

種による違いは、互いの間でのコミュニケーションにも顕著に見られる。チンパンジーの場合、序列が厳格なため、低位の者には、上位者に対する服従のディスプレイである「パントグラント」が必要になる。ボノボにはそのようなことは必要ない。

ボノボはチンパンジーに比べて上下関係の緩い社会に生きており、誰かにこびへつらうことは必要ないのだ。食べ物を見つけると、ボノボは、色々な声を出す。それがどういう声かによって見つけた食べ物がどの程度、魅力的かがわかる——人間と同じだ。ボノボは実が多くなっている木を見つけると、声を出して仲間を呼ぶ。仲間が来るまでその木には

登らない。

チンパンジーは現在知られている限り、食べ物を見つけた時に出す声には一つしか種類がない。食べ物を見つければ声は出すのだが、チンパンジーは通常、声を出しても仲間が来るのを待つことはなくすぐに食べ始める。

どちらも攻撃された時には、大きな声を出して抵抗する。ボノボは、「こうあるべき」「こうあるべきでない」という自身の考えを裏切るような出来事に直面した時にも、さほど激しく怒ることはない。私たち人間は、他人の不公正や無礼に直面するといら立ち、その人を激しく責める場合もあるが、ボノボの場合はそれがあまりないということだ。

ボノボは、これも人間と似ているが、相手が誰であるかによってコミュニケーションの仕方を変える。話し相手が友達で、話したことがよく伝わらない場合には、同じことをより詳しく繰り返し伝える。二匹が互いをよく知る間柄であれば、互いのことをよく理解しており、少し詳しく同じことを繰り返して伝えれば伝わることが多い。

だが、互いのことをよく知らない二匹の場合には話が違ってくる。ボノボは、よく知らない、価値基準を共有しない相手に何かを伝えてうまく伝わらない場合には、単純に同じ話を繰り返すことはせず、伝え方を変える。伝える手段を変えて伝えようとするのだ。

チンパンジーとボノボでコミュニケーションの仕方に違いはあるが、そのどちらにも人間と共通するところはある。たとえば、私たちは、自分たちの会話の構造を普段は意識しない。意識するのは、その構造が崩れた時だ。二人の大人が会話している時、通常、二人は協力し合い、双方がうまく交代で話せるようにする。

ところが、幼い子どもや、不作法な大人と会話をすると、話者の交代がうまくできず、こちらがまだ話をしているのに、かぶせて話し出すことが頻繁にあり、いらいらさせられる。チンパンジーとボノボも人間と同様、コミュニケーションにおいてこの高度な話者交代をやってのける。ボノボの場合は、人間と同じく、会話の相手を見てどちらが優先的に話すべきかを判断することもできる。

キャンベルモンキーの様々な鳴き声

チンパンジー、ボノボには少なくとも一〇種類を超える鳴き声があることがすでにわかっている。また、どちらも、声の高さや音量を変化させることで多様な表現ができることもわかっている。人間の言語で重要なのは、多様な音声を組み合わせることで、様々な意味を伝達することだ。たとえば、英語には、四四種類の音素——語の音声を構成する最小単位——がある。

この音素を組み合わせることで無数の語を作り出している。人間に近いチンパンジーとボノボにも同じようなことができるのだろうか。ボノボは複数の種類の違う鳴き声を並べて使うことがある。鳴き声の並べ方を変化させることで様々な意味を伝えているのか否かはまだわからない。

だが、ボノボたちが、相手の鳴き声の組み合わせを非常に注意深く聴いていることは確かだ。ボノボ以外の霊長類の中に、複数の鳴き声を並べ、並び方を変えて様々な意味を伝えている動物がいることは、これまでの研究によってわかっている。

キャンベルモンキーは様々な鳴き声を発する。たとえば「クラック」という鳴き声は、「近くにヒョウがいるぞ」という意味で、それを少し変化させた「クラックー」という鳴き声は、もっと曖昧に「何か問題があるぞ」と知らせる鳴き声だ。状況により使われ方の異なる「ブーン」という鳴き声もある。

驚くのは、こうした鳴き声を組み合わせて使うと、単独の場合とはまったく意味が違う場合があるということだ。「ブーン、ブーン、クラックー、クラックー」は、「木が倒れそうだぞ」あるいは「枝が落ちそうだぞ」という意味になるらしい。ボノボが同じようなことをするかどうかはまだわかっていないが、話者交代が行われる点や、鳴き声を複数組み合わせる点は、私たち人間に似ていると言える。

音声は類人猿の会話のほんの一部でしかない。音声は、類人猿が暮らすことの多い森林での長距離のコミュニケーションには欠かせない。だが、すぐそばにいる者どうしでコミュニケーションをする際には、音声に加えてボディ・ランゲージも使って、自分の言いたいことがより明確に伝わるようにする。

類人猿の顔は人間と同じく非常に表情豊かで、身ぶり手ぶりも大いに活用する。ただ、興味深いのは、類人猿の場合、身ぶり手ぶりが、単に音声の補助として使われるわけではないということだ——身ぶり手ぶりだけを複数組み合わせて、それだけで会話を成り立たせることもある。

少し観察するだけで、類人猿の身ぶり手ぶりに様々な種類があることはすぐにわかる。それによって、類人猿たちは、彼らの生きる複雑な社会に起きる多数の問題への対処について話し合っているのだ。

子どもが疲れ切った母親に「かまって欲しい」と訴えている、大人が食べ物やグルーミングを仲間にねだっている、「敵がいるので加勢して欲しい」と頼んでいる、といったことは私たち人間がそばで見ていればすぐにわかる。類人猿たちは、音声、表情、身ぶり手ぶりを組み合わせて使い、実に見事にコミュニケーションをするのだ。

食べ物を分けて友達を作る

ボノボでもチンパンジーでも、協力、協調は社会生活の中でも重要な部分である。ただ、その点でも両者の間には興味深い違いがある。

過去にボノボを対象にこのような実験が行われたことがある。ボノボをある部屋に入れ、そのそばに食べ物の載った皿を置いた。その部屋には扉があり、扉の向こうの隣の部屋には、そのボノボと同じコミュニティに属する顔馴染みのボノボがいる。食べ物がそばに置かれたボノボは、二つの行動のうちいずれかを選択できることになる。食べ物を自分だけで食べてしまうか、隣の部屋の知り合いと分け合って食べるかだ。

少し意外なのは、この状況に置かれたボノボのほとんどは、強欲にも自分だけで食べ物を独占することを選ぶということだ。「意外」と書いたのは、本書でも見てきた通り、野生のボノボは食べ物を進んで分け合うことが多いし、仲間たちが来るまでごちそうを食べるのを待つことさえするからだ。

その後、同様の実験が再度、行われたが、今度は、食べ物を置かれた部屋とは別に二室を使い、それぞれにボノボを配置した。二匹のうち一匹は、食べ物を持っているボノボとは顔馴染みで、もう一匹は見知らぬボノボだ。

すると、最初の実験とは違った結果が出た。食べ物を持つボノボは、見知らぬボノボと食べ物を分け合ったのだ。そして、見知らぬボノボは、もう一匹のボノボと食べ物を分け合った。つまり、全員が自分の知らないボノボと食べ物を分け合ったことになる。見知らぬ相手に食べ物を分ければ、自分の分は少しなくなるが、同時に新たな友達ができる。

チンパンジーを対象にこの実験を行うとまったく違った結果になる——チンパンジーの

場合は、見知らぬ相手に食べ物を分けることなどしないし、下手をすると両者の間で暴力沙汰が起きる。チンパンジーもボノボも、状況によっては食べ物を分かち合わず自分で独占するが、集団でいる時には、たとえ自分だけで独占しても問題なさそうでも、分かち合おうとすることがある。

チンパンジーとボノボでは、誰かが持っている食べ物を分けてもらいたい時の行動も大きく違う。チンパンジーは分けてくれとひたすら懇願するのだが、ボノボの場合は食べ物を持っている相手と交尾をしようとする。

チンパンジーとボノボを対象に、分かち合いや助け合いの行動について調べる実験を行うと、その結果は複雑なものになる。どちらかが必ず分け合う、助け合う、あるいは分け合わない、助け合わない、というような単純な結果は得られない。

特にチンパンジーの場合、結果が一貫しない傾向にある。分け合う、助け合うこともあれば、そうでないこともあるのだ。どちらの種も、飼育下よりも野生の方が、より協力的な傾向がある。たとえば、飼育下にいるチンパンジーを最初は食べ物が手に入りやすい状況に置き、そこから食べ物の入手を徐々に難しくしていったとしたら、次第に分け合うことを嫌がるようになるのではないか、と普通は予測する。

環境によって行動は変わる

シカゴ、リンカーン・パーク動物園のチンパンジーの集団を対象にまさにそういう実験が行われたことがある。人工のシロアリ塚を作り、中にはシロアリの代わりにケチャップを入れて、チンパンジーのそばに置いたのだ。

チンパンジーは、シロアリ塚に開けられた穴に棒を差し込むと、先に美味しいケチャップがついてくることをすでに学習している。はじめのうち、シロアリ塚にはたくさんの穴が開けられており、チンパンジーたちが皆、同時にケチャップを食べることができた。その後、穴を一つ一つ減らしていった。

つまり、チンパンジーたちにとっては、はじめは豊富にあった食べ物が次第に不足し始めることになる（もちろん、チンパンジーはケチャップだけを食べるわけではないが、ケチャップはチンパンジーの大好きなおやつである）。

だが、予測に反して、食べ物が不足し、厳しい競合状態になるほど、チンパンジーたちは忍耐強くなり、進んで皆でケチャップを分け合うようになったのだ。皆、自分の番が来るのをおとなしく待ってからケチャップを食べていた。チンパンジーのように知能が高く複雑な動物は、このように私たちの予測通りにならないことが多い。

どの動物であろうと、行動はこうだと一般化することには慎重であるべきだ。例外は必ずあるものだし、類人猿に関しては特にそれが言える。たとえば、東アフリカのチンパンジーのコミュニティの間では、西アフリカに比べて暴力沙汰がはるかに多く起きるとされる。

それには多数の要因があると考えられる。歴史を見ればわかる通り、人間にも、平和的とされる民族と好戦的とされる民族がいて、それぞれがその民族の文化の一要素となっている。社会集団には、行動パターンに一定の傾向があり、そのパターンに沿って集団の構成員が動くことが多い。

動物の場合もそれは同じで、霊長類にも同じことが言える。アカゲザルは、マカク属に分類されるサルの中では攻撃的だとされているが、アカゲザルの子どもを一匹選んで、より平和的なベニガオザルの集団の中に入れてやると、周囲のベニガオザルに自分を合わせ、平和的なサルに育つという。

それと同じく、マントヒヒとアヌビスヒヒも正反対の性質を持っているのだが、一方の子どもをもう一方の集団に移してやると、周囲の者たちと同じような性質を持つようになる。

生きている環境が動物の長期的な行動に大きく影響することは、ケニアのヒヒの事例などからもよくわかる。そのヒヒたちは、ゴミ集積場のそばに棲んでいる。ゴミ集積場には食べ物が豊富にあるのだが、その食べ物を手に入れるには、他のヒヒたちとの競争に勝ち、怒る人間たちの攻撃をかわさねばならない。

その結果、集団の中でも度胸があり、特に好戦的な雄だけがゴミ集積場を襲撃するようになった。ゴミ集積場でその雄たちは楽に食べ物を得ることができるようになったが、その食べ物は汚染されていた。結局、その雄たちは皆、結核にかかって死んでしまった。残りのヒヒたち——雌たちと平和的な雄たちだ——は、その後、より調和して生きるようになった。「すぐに好戦的な雄たちが入り込んで来て、集団を支配するようになるのでは？」と思う人もいるだろうが、二十年経ってもそうはならない。

その間に、最初にいた雄たちの大半は死んだのだが、新たに入って来た雄たちはその集団の特殊な規範に沿って生きるようになった。序列が緩く、互いに盛んにグルーミングをする平和的な集団に馴染んで生きるようになったのだ。チンパンジーのコミュニティによる行動の違いも同じように説明できるだろうか。

類人猿を知り、人間を知る

絶対に同様の理由があると断言はできないが、ケニアのヒヒの事例が大いに参考になるのは確かだ。その動物が好戦的なのも、平和的なのも、実は周囲に合わせているだけの可能性があるということだ。

人間の行動には、進化的に非常に近いボノボ、チンパンジーの両方と共通する特徴が数多くある。ある面では人間はチンパンジーに近いと言えるし、また別の面ではボノボに近いとも言える。

ただ、遠い過去に絶滅した三種の動物の共通祖先にどういう性質があったのか、どういうところが現存する三種と似ていたのかを知ることはもはやできない。

その共通祖先にはおそらく、三種のどれとも共通する特徴があったのだろうと思われる。現存する類人猿についての研究は、人間が持つ様々な性質の起源を知るのに役立つ。

ボノボやチンパンジーと枝分かれしてから六百万年が過ぎた今でも、両方の行動が私たちと様々な点で似ていることは少し観察するだけですぐにわかる。

エピローグ

人間も社会的生物である

社会は人間が生きていく基盤となる。私たちの生活は、友人や家族の生活と密接に結びついている。社会は人間どうしの関係によってできており、その関係が経済や政治の基礎にもなっている。社会は、人間の文化の基礎でもあり、文明の発達の基礎でもある。究極的には、ヒトという種の成功は社会があってこそだと言うこともできる。

本書で見てきた通り、人間は元来、社会の中で生きる動物であり、単独で生きることはとてもできない。地球の生命の歴史の中では、単独行動の動物の中から、集団で生きる動物が進化したのは、非常に重要な出来事の一つだと言えるだろう。

その動物にとって集団がいかに重要かは、様々な方法によって知ることができる。集団で生きるべき動物が集団から引き離されると、深刻な結果になる恐れがある。たとえば、ニシンを群れから引き離すのは、命に関わることだ。一定時間以上、ニシンを群れから離れた状態に置くと、ストレスに耐えられなくなる。本当に「寂しくて死んでしまう」のである。そんなニシンのことを哀れんだとしても、人間は魚とは違う、と考える人は多いだろう。

人間は孤独に耐えられない

だが、人間の世界でも、一人でどこかに閉じ込められるのは恐ろしい刑罰とされている。人間は、長い期間、孤立した状態に置かれると、気分が沈み、やがては幻覚を見るようにもなる。他人と接触できないと、それだけで人間の心はいずれ壊れてしまうのである。

反対に、他者と関わることは、心の健康を保つことに役立ち、寿命を延ばすことにもつながる。その影響は驚くほど大きい。幅広い交友関係を得ること、周囲と良好な関係を保つことは、運動をすることよりも健康維持と長生きに役立つかもしれない。

それは人間だけに限ったことではない。ヒヒ、ネズミ、カラスをはじめ、他の多くの動物に同じことが言える。どの動物にとっても集団内で生きることによって得られる利益は大きい。たとえ周囲の環境が変化したとしても、集団の中にいれば、その影響を直接受けずに済み、健康を保って長く生きられる可能性が高まる。

「集団で生きること」の効用

自然界には、動物たちにとっての社会の重要性を示す好例が多数存在している。

たとえば群れで飛んでいることで、自分たちを狙っている猛禽類の存在にいち早く気づき、回避行動を取って生き延びるハトや、捕食者が存在することを群れの中で知らせ合って方向転換して逃げていく魚などはその例だろう。

地面に落ちたアイスクリームまでの最適な経路を群れで協力して突き止めるアリや、開花したばかりの蜜の多い花のありかをダンスで知らせ合うミツバチなどもそうだ。オオカミの群れの力を合わせた狩りの見事さや、チームワークで大波を起こして浮氷塊からアザラシを海に落とすシャチの技などにも驚かされる。

モモアカノスリのように、木の少ない荒涼とした土地で獲物を探すため、何羽かが積み重なって生きたトーテムポールのようになる鳥もいる。そうすれば、少しでも遠くまで見渡せるからだろうが、見ていて微笑ましくもある。

動物たちが集団で生きることで利益を得ているのは確かだ。

だが、そもそもなぜ、動物が社会性を持つようになったのかを知るには、進化の歴史を詳しく調べる必要がある。もちろん集団で生きるようになった理由は、動物ごとに違っているが、ある程度、どの動物にも共通する要素はある。

まず集団になると、捕食者から身を守りやすくなる。また、どこに行けば食べ物が見つかるか、などの情報を入手しやすくなる。つまり、生き延びて、多くの子孫を残せる可能性が高まるということだ。子どもが集団で育つ動物もいる。まだ幼い子どもたちと少し年長の子どもたちが交流し合うことで、様々な能力を身につけることもできるし、社会性を高めることもできる。

動物が集団で生きるようになると、その行動、性質も次第に変わっていく。そして集団の仲間たちがうまく協力し合うようになれば、単独では決してできないことも可能になっていく。社会的な行動は高度になり、それぞれの動物の社会に特有の文化が育つことになる。

遺伝子と社会的ネットワーク

集団で生きる動物は、単独で生きる動物とは、遺伝子の構造、そして生化学的構造も違っている。他者を求める性質は、DNAに書き込まれている——ゼブラフィッシュの社会性も、巨大なコロニーの中で繁殖をしたがる鳥たちの性質も、遺伝子によって規定されている。

集団で生きることが有利であれば、自然選択によってその行動は促進されるだろう。その動物に他者とともに生きたいという性質を与える遺伝子は、次の世代へと受け継がれるはずである。私たち人間にもそれはある程度、言えることだ。

私たち人間が他人と結びつき社会的ネットワークを築いているのも、少なくとも部分的には遺伝子のせいだ。特に、他人に優しくする、他人と友人になる、といった行動はかなりの部分、遺伝子によるものだろう。そうした行動は、社会集団の中で生きていく上で非常に重要だ。たとえば、オキシトシンなどのホルモンの分泌に関わる遺伝子は、人間の社会性を高めるのに大きく貢献していると考えられる。この種のホルモンは、人間の愛想の良さ、外向性に深く関わるからだ。

人間は化学的存在である。

二つの動物が出合った時、互いに対しどう反応するかは、ホルモンによって大きく変わる。極端な場合はいきなり相手を攻撃することもあるし、またその正反対にすぐに親しい仲になることもあり得るが、ほとんどはその両極端の間の反応になるだろう。

どちらかと言えば攻撃的、あるいはどちらかと言えば友好的な反応ということだ。動物の種ごとに比較をしてみると、それぞれの間の違いがよくわかる。縄張り意識の強い種の場合は、集団外の見知らぬ者に出合った場合に攻撃的になりやすい。

磁石のN極とN極、S極とS極のように互いに反発し合ってしまうのだ。だが、他者に対して常に攻撃的な動物は、そもそも集団を作ることができない。集団は個体がお互いに引きつけ合うからこそできる——どこかで磁石の極が変わって引き合うことがなければならない。極の決定に大きく影響しているのがホルモンというわけだ。

ホルモンと社会性の関係

ホルモンにより動物の他者への態度はきめ細かに調整されている。動物の脳には、他者との関わりを司る部位があるが、社会性の高い動物の場合、単独行動の動物に比べ、その部位に特定のホルモンの分泌、または特定のホルモンへの反応に関係する細胞が数多く存在している。

動物がストレスにどう対応するかもホルモンの作用によって変わる。社会性の高い動物は、他者が近くに存在すると、ストレスへの反応が穏やかになる。本書でもすでに出てきた「社会的緩衝作用（社会的バッファリング）」だ。

ホルモンは、動物が誰とつき合い、誰とつき合わないかにも影響を与えている。普段から馴染みのある仲間や親族などへの対応と、未知の他者、血縁関係にない者たちへの対応が異なるのはホルモンのせいだ。社会性の高い動物と、孤独を好む動物では、同じ状況に置かれた場合のホルモンの分泌パターンが大きく違っている。

ホルモンは、動物間のコミュニケーションにも影響を与える。コミュニケーションはすべての動物がするのだが、特に集団で生きる動物には、効率的なコミュニケーション、情報伝達のために豊富な「ボキャブラリー」が必要になる。

集団が有効に機能するにはコミュニケーションが欠かせない。コミュニケーションがなければ、集団内の個体が協調して行動することもできず、集団内の個体どうしの関係を理解することもできないだろう。

たとえば、縄張りの中につがいの相手と二頭だけで生きている動物と、もっと大きな社会集団の中で生きている動物がいたとしよう。前者の動物は、つがいの相手に甘いささやきをし、時折、縄張りに侵入してくる者がいれば毒づくくらいで、他のコミュニケーションはほぼ必要ない。一方、後者の動物はもう少し「雄弁」でなくてはならない。

多数いる集団の構成員たちと日々、コミュニケーションを取る必要があるからだ。まず大事なのは敵と味方を区別することだ。そのためには当然、構成員の個体識別を確実に行う必要もある。

集団内での序列を正確に把握して、自分より上位の者と下位の者とで対応を変えなくてはならない。自分の意図、意思を誰かに伝える必要性は、単独行動の動物と、集団で生きる動物とでは大きく違っている。

動物に「人間の言語」を教える意味

同じ種の動物の中にも、コミュニケーションの取り方に違いは見られる。たとえば、北米に生息するアメリカコガラという小さな鳥は、自分の属している集団の規模によって鳴き声の複雑さを変える。言語は社会と共進化する。集団と関わり、協調して行動する必要から、人間の言語は進化を遂げてきた。そのおかげで私は、読者と本書を通じてコミュニケーションを取ることができている。

動物のコミュニケーションについての研究は近年、急速に進展している。たとえば、この何十年もの間、まるで子どもに言語を教えるように動物に言語を教える試みが続けられてきた。手話や絵を使って動物に意思の疎通をさせる訓練をしてきたのだ。ヨウムの「アレックス」をはじめとする鳥たちや多数の類人猿たちに何年もの間、懸命に教え込むことで、目覚ましい成果があがった事例はたしかにある。

だが、それで自然界での動物どうしのコミュニケーションについて何かわかったかと言えば、ほぼ何もわからなかったというべきだろう。いくら言葉を覚えたところで、それは言語やコミュニケーションのほんの一部でしかない。言葉を覚えることはもちろん大事だが、他にも大事な要素が数多くある。

人間の会話は、会話をする人が経験や価値基準をある程度、共有していることで成り立っている。人間が言語を作ってきたとも言えるし、深いところでは、言語が人間を作ってきたとも言える。動物が何を思い、何を感じているかを知りたい、というのは人間にとって自然なことだろうが、人間の思う言語を動物に教えたところで（少なくとも私にとっては）大した意味はない。

それよりは、動物自身のコミュニケーションの取り方を詳しく理解する努力をする方がはるかに意義深いだろう。動物と人間の間には高い言語の壁があるが、それでも、徐々にその努力は進められている。

ロブスターのご機嫌伺い

動物のコミュニケーションには実に様々な種類がある。

たとえば、私たち人間どうしが挨拶を交わす時のことを考えてみよう。社会的動物である人間の挨拶にも数多くの種類がある。

ヨークシャーの私が育った地域では、ごく親しい人たち、特に農夫たちの間で、かろうじてそれと認識される程度に軽くうなずき合うという挨拶が行われる。少なくとも四半世紀くらいのつき合いのある間柄でしかできない挨拶だ。

一方でもっとわかりやすい挨拶をする人たちもいる。握手をする、拳をつき合わせる、など。フランス人のように、何度もキスを交わす人たちもいる。私はベルリンの大きな広場で、二人のティーンエイジャーの女の子たちが熱烈な挨拶を交わすのを見たことがある。最初はかなり遠く離れていた二人は急ぎ足で近づき、どちらも甲高い声で叫んでいた。

ただ問題は二人の大きさが違っていたことだ。大きさが違えば、二人が同じ速さで進んでいたとしても、発生する力には差が生じる。その点を二人は考えていなかったらしい。おかげでぶつかり合った時に二人のうちの恰幅（かっぷく）の良い方が小さい方を倒してしまった。傍から見ているとまるでラグビーの試合のようだった。

このように、人間が友人に会った時の挨拶だけを取っても多様な種類があるが、それでも動物たちの挨拶の多様さにはとてもかなわない。

ロブスターは「ごきげんいかが？」と言う代わりに互いの顔に放尿をするし、犬たちはよく知られているように、互いの尻のにおいを嗅ぎ合う。

シクリッドという魚は、つがいの相手がいる巣へと帰って来るとブーンという音を出す。

シロガオオマキザルは友達に挨拶する時、相手の鼻に向かって指を突き出す。

ギニアヒヒの雄は、相手のペニスをいじることで同じメッセージを伝える。この仕草は、お互いが相手を信頼しているからこそ可能なのだろうが、私自身はやはりヨークシャー流の控え目な挨拶の方が好きだ。

リカオンのくしゃみ

注目すべきなのは挨拶だけではない。動物が「移動したい」という意思を仲間に伝える際に取る行動も非常に興味深い。

集団で生きる動物にとっては、個体にそれぞれの意思がある、ということが大きな問題になる。自分の意思は通したいが、集団を壊すわけにはいかない。相反する必要の間でバランスを取ることが難しいのだ。

単独で生きていきたいと望む者はいないが、一方で自分が得た情報に基づいて行動できる可能性をなくしたくはない。それで膠着（こうちゃく）状態に陥ることもあり得る。私自身もそういう状態を何度も経験してきた。

たとえば、三人以上でいる時に、「夕食をどこで食べるか」を決めるのはそう容易なことではないだろう。サンゴの間を集団で泳ぎ回る小さな魚を観察していると、集団がその場を離れる前に一部の者たちがその準備動作のようなことをするのが見られる。

それは鍋の中の水が沸騰する前に見せる動きにも似ている。まず一匹が自分の行きたい方向に少し動く。しかし、誰もついて来なければ、すぐにブレーキをかけて引き返し、集団の中に戻る。その魚は、本格的な移動を開始するのに十分な数の仲間を集められるまで、

リカオン

少し動いては戻るという動作を繰り返すのだ。

こういう準備動作なしに一斉に集団で動き出す動物もいる。こういう動物は、「誰について行くのが最善か」をどのようにして判断しているのか。どうやら近くにいる者たちの行動が手がかりになるらしい。

自分が良い情報を持っていると確信し、それを基にどこかに移動しようとする者は、動きにためらいがない。つまり、皆が互いのことを観察しており、ためらいなく動く者がいれば、その動きが信号となる。多くの者たちが信号に従って動くのだ。集団内に明確な序列のある動物であれば、最上位の者が独断で動き、他の者たちはただついていくということもあり得る。

リカオンの場合、通常はパック（群れ）

のリーダーが進路を決め、他の者たちはあとをついて行く。ただ、時折、低位の者が自分の行きたい方に身体を向け、くしゃみをすることがある。

　賛成の者は自分もくしゃみをしてその意思を表明する。支持者の数が一定以上になると、リーダーがどう考えていても、最初にくしゃみをした者の意思通りの方向にパックは移動を開始することになる。

スイギュウやサルの投票行動

　アフリカスイギュウは大きな集団で生きており、皆で移動し、皆で休息を取る。しばらくどこかに留まって休息したあとには、次にどちらに向かうかを決めなくてはならない。アフリカスイギュウは投票でそれを決める。

　ただし、発言権があるのは雌だけだ――子どもたちは母親のあとをついていく――そして雄たちは、雌たちと離れたくないのであれば、決定に従うしかない。雌は皆、立ち上がって、自分の行きたい方向に目を向ける。目を向けた者が多い方向に群れは一斉に移動を開始することになる。

　トンケアンモンキーにも同じようなことは起きる。しばらく動きを止めていた集団がそろそろ移動を始めるという時、まずは集団の中の一匹が自分の行きたい方向に何歩か足を進め、後ろを振り返って他の者たちの反応を見る。

その後は他のサルたちによる「投票」が始まる。まず一匹が最初の一匹に賛成の意を示す。あるいは、別の方向に行きたいという意思を表明する。二匹の意見が分かれた場合、残りのサルたちはそれぞれ、自分が賛成する方のサルの後ろについていく。どちらかの賛同者が多数になると、賛同者が少なかった側は多数派に従い、皆で同じ方向に歩み始めることになる。

ゴリラの場合は一応、集団のリーダーである「シルバーバック」と呼ばれる年長の雄が主導して移動の方向を決める。形の上ではシルバーバックが進行方向を決めたことになるし、シルバーバック自身も自分で決めたと考えているだろうが、実際にはその前に集団内の雌たちが進行方向を決めており、シルバーバックはそれを追認しているだけである。

雌たちは、集団に移動を促し、進行方向の決定もする。あとは、シルバーバックがその方向に向かって進み始めるのを待つだけの状態にするのだ。外見上はシルバーバックが進行方向を決めたようだが、彼は実際には、すでになされた決定に権威を与えただけだ。

集団の大きさと脳の大きさの関わり

あらゆる動物の中でも、霊長類は特別に脳が大きい。だが、果たしてそれはなぜだろうか。その問いに対しては多数の答えが存在し得る。まず、果実を多く食べること。それによって、脳の灰白質（かいはく）の発達が促された可能性がある。また、広い森林の中で長距離を移動するため脳内に地図を作る能力が必要になったというのも要因の一つかもしれない。

そしてもう一つ、霊長類の社会性が大きな脳を必要とした、という可能性もある。現存する霊長類には多数の種がおり、その大半は少なくともある程度、社会性の高い動物だが、集団の大きさには種によってかなりの違いがある。ごく親しい者たちだけの小さな集団で生きる種もいれば、とてつもなく大きなコミュニティを形成して生きる種もいる。

進化生物学者のロビン・ダンバーは、一九九〇年代はじめにその点に関して詳しい調査を行った。それによって得られた結論は非常に明確だった。その動物が作る集団の大きさと脳の大きさには強い相関関係があるというのだ。

特に、大脳新皮質——脳の中でも最も進化した部位だ——の大きさとの相関関係が強い。大脳新皮質は、認知、知覚、推論、コミュニケーションなどとの関連性が深い。その部位が大きいほど、集団のサイズが大きい傾向があるという。集団の中で生きるのは霊長類にとって容易なことではない。集団の構成員の間の刻々と変化していく関係に絶えず対応していかねばならない。

それはある種、地雷原の中を歩くようなことでもある。個体を正確に識別し、個体間の関係を正確に理解し、それに自分の行動を合わせていく必要があるのだ。集団に関する大量の情報を収集、処理し、その情報をいつどう使うかを判断するには、脳に非常に高い能力がなくてはならない。

集団の中で他者と関わり、また他者を多く味方につけるには相当な知性が必要ということである。集団の規模が大きくなるほど、把握しなければならない関係の数は指数関数的に増えていく。そのため、総じて言えば、集団の規模が大きくなるほど脳は大きくならざるを得ないというわけだ。

カタツムリに巨大な脳があったとしたら……

もちろん、集団の大きさで何もかもが決まるわけではない。

たとえば、魚の群れは非常に大きな集団である。集団が大きいほど必ず知力が上がるのならば、魚がノーベル賞を取るほど頭が良くてもおかしくないということになってしまう。金魚が書いた小説を誰も読んだことがないのは、金魚にタイプが打てないからだけではないだろう。

真に重要なのは集団の量的な規模ではなく、集団の構成員間の関係の質、複雑さである。群れを成す魚は、近隣の仲間たちの行動変化に極めて素早く反応できる。だが、互いの間に長期間持続する関係を築くことはできない。

大きな脳が役に立つのは、動物どうしがある程度の長い期間にわたり関係を維持する場合だけだ。安定的な社会集団に属し、個体どうしが頻繁に関わり合い、互いの性質、特徴を深く理解し合うのには大きな脳がいる。

本書でもすでに見てきた通り、動物の社会では様々な駆け引き、根回しなどが行われる。自分を有利にするために色々と策略を講じる者もいるのだ。味方を増やすことで、集団内での自分の影響力を強めようとする者もいる。それを成功させるには、高度な認知能力が必須だろう。味方を増やし集団内での自分の地位を上げることができれば、自分の子孫を多く残せる可能性が高まるだろう。

こう書くと大きな脳は必需品のようだが、実を言えば高価な贅沢品である。人間の脳の重さは全体重の二パーセントほどだが、人間が消費する全エネルギーの二〇パーセントは脳が使っている。人間の脳は一日に、チョコレート・バー二本分くらいのエネルギーを使う。これは、マラソンを完走する選手の脚の筋肉が消費するのと同じくらいの量だ。

しかも脳はマラソン選手と違って決して止まることがない。進化は決して動物に不必要な装備を持たせたりはしない。

たとえば、カタツムリが巨大な脳を持っていたら、驚くべき天才哲学者になるかもしれないが、カタツムリとしてうまく生きていけるかは疑問だろう。脳にあまりにも多くのエネルギーを奪われるせいで、卵を産むことなど、カタツムリ本来の活動がおろそかになる恐れがある。高度な知性を備えたカタツムリはおそらく優秀なカタツムリとは言えない。

脳と社会的知性の関係

自然は倹約家であり、不必要な贅沢品を動物に与えることは絶対にない。大多数の動物は大きな脳などなくても問題なく生きている。その動物の行動のレパートリーには大きな脳が必要ないからだ。カタツムリは非常に単純な動物ではあるが、驚くほど成功している動物でもある。だが、集団の中で他者と複雑に関わり合いながら生きる動物の場合は事情が異なる。大きくて精巧な脳がないとそういう生き方をするための社会的知性を持つことはできないからだ。

近い関係にある動物種の間では、集団の規模が大きいほど脳が大きいという法則が成り立つのはそのためだ。霊長類の中で最も大きな脳を持っているのは、最も大きな集団で生きる種である。コウモリ目、ネコ目、偶蹄目、奇蹄目などの中でも、アリやカリバチの中でも同様の法則は成り立つ。化石の記録でも動物の脳が大きくなっていく過程をたどることができる。特に、社会的な哺乳類の脳は、この数百万年の間に一貫して急速に大きくなってきた。

私たちの特徴の多くを生み出したもの

集団で生きなければ絶対に高い知性は得られないというわけではない。社会的動物のすべてが大きな脳を持っているわけではないし、また大きな脳を持っている動物がすべて社会的動物ということでもない。

ミツバチのように脳は小さくても、高度な社会生活を営んでいる昆虫もいる。しかもミツバチは驚異的な空間記憶力を持っており、食べ物の場所を正確に覚えて仲間に伝達することも、複雑な構造の巣を作ることもできる。

ミツバチは、食べ物が不足するなどの危機にあらかじめ備える知恵も持っている。社会性昆虫の中には、単独性昆虫よりもむしろ脳が小さい者すらいる。個々の知力ではなく、集合知に頼って生きているのだ。

鳥にも同様の事例は見られる。たとえば、ホシガラスは特に社会性の高い鳥ではないが、優れた脳を持っている。ホシガラスにとって大事なのは、冬を越すために蓄えた植物の種子の隠し場所を記憶することだ。多いと秋の間に一〇万個もの種子を隠すこともある。

それぞれどこに隠したかを何ヶ月間も記憶しておく必要があるのだ。その種子を食べて飢えをしのぐのである。人間は人生の意味や、宇宙やその成り立ちについて考えることが

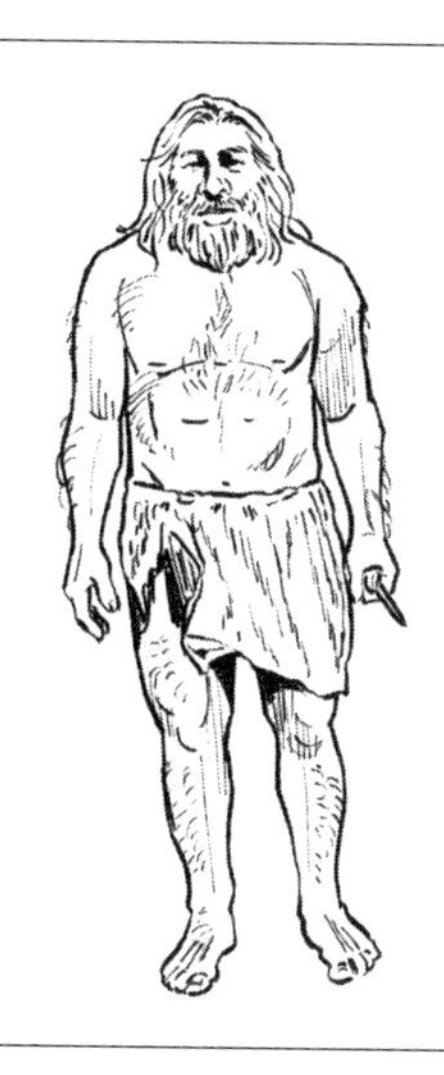

ホモサピエンス

できるが、それを可能にしている巨大な脳は、はるかな昔から大きな集団の中で生きるうちに育まれたものなのかもしれない。

集団で生きることで脳が大きくなり、認知能力が向上すると、同時に副産物として様々な種類の知的能力が発達する可能性がある。たとえば、脳が大きくなると、状況への臨機応変な対応ができるようになるかもしれない。その時々に応じた新たな問題解決策を思いつく創造性が身につくこともあり得る。そうなると当然、生存に有利になるはずだ。

社会的な動物は、創造性とともに、互いを真似る模倣力も持つことが多い。集団の中の誰かが発見したことを他の者たちも学習できるわけだ。

模倣力は、集団内にノウハウを広めるの

に役立つだけでなく、集団独自の伝統文化を発達させることにもつながる。集団での生活が脳を巨大化させ、その巨大化した脳が創造性、模倣力を発達させて高度な技術や文化を産んでいく。

チンパンジーやイルカ、象、そして人間のように、突出して大きな脳を持った動物はすべて社会性が高い。高い知性、言語能力、長い寿命、自意識を持つこと、推論能力、模倣力、文化など、人間にとって重要な特徴の多くは集団で生きることに関係しているのかもしれない。

謝辞

社会性についての本にふさわしく、私には感謝したい人が大勢いる。まず、本文中で何度も名前を出したイェンス・クラウスは今までも、そしてこれからも私にとってインスピレーションの源になってくれている。クラウスがいなければそもそも今の私はないと言える。ポール・ハートは、私のアクセントをからかったりすることもあるが、私に揺るぎない信頼を寄せてくれている。幸福にも、良き友人であり、しかも良き同僚でもある、という素晴らしい人たちが私の周りには数多くいるが、その人たち皆に共通するのは、私とともに冒険をしてくれることである。

マイク・ウェブスター、アレックス・ウィルソン、アリシア・バーンズ、ジェームズ・ハーバート＝リード、ダレン・クロフト、ダン・ホア、イアン・カズン、クリス・リード、スージー・カリー、ティモシー・シャーフ、マット・ハンセン、デヴィッド・サンプター、ディック・ジェームズ、ミア・ケントなど。これでもごく一部だ。全員の名を列挙するとなると大変なことになってしまう。

ともかく、皆と時間を共有できて心から感謝していることだけは書いておきたい。また、本書は、人生を動物の生態の研究に捧げた無数の科学者たちの存在なくして生まれなかった、ということは言っておきたい。その多くは目立つことなく地道に研究をしてきた、または現在もしている人たちだ。

科学者だけではない。たとえば私自身が行き詰まっている時でさえ、この本書の完成を信じ、私をサポートしてくれた人たちにも感謝の言葉を捧げたい。ジェス・レッドバーンは、クレジットこそないが、彼女がいなければ本書ができることはなかったと言っていい。ハリエット・ポーランド、ヴィクトリア・ハスラムの二人はどちらも共に仕事をするのに最適な人たちだ。私のエージェント、マックス・エドワーズはこれ以上ないほど素晴らしい人物で、いくら感謝してもしきれない。たとえ彼がチェルシーのファンだとしてもそれは変わらない。

本書版元の社長、エド・レイクにもお世話になった。彼のアドバイス、深い洞察力によって本書の質が大幅に向上したのは間違いない。また、本書のできの悪い草稿をどうにか改善しようと苦心していた時に助言をくれた、グレアム・ホールをはじめとするたくさんの人たちにも感謝している。

そして、カラム・スティーブン（バットボーイ）は書き言葉に関しては真の天才と呼ぶべき人である。彼の本書への貢献は控えめに言っても多大であり、彼がいなければ本書はもっと質の悪いものになっただろう。

最後になったが、当然のことながら家族には本当に感謝している。妻のアリソンと息子たち、サミーとフレディ。私が執筆のために延々引きこもる日々が続いても耐え忍んでくれた。酷いことをしたと思うが、皆、それで私を責めることは一度もなかった。必ず埋め合わせをしたいと思っている。できれば本書を母親に見せたかったが、残念ながらそれはかなわなかった。父親は幸い、本書を目にすることができたが、中身、特にネズミに関するくだりなどを読むと、嫌悪感を示すかもしれない。

とはいえ、私がこうして生物学者になれたのは、他の人ならいったい何をしているんだとあきれるような奇妙な行動を私が取った時でも応援してくれた両親のおかげである。私にとっては本当に素晴らしい両親だ。だから私は本書を二人に捧げることにしたい。

訳者あとがき

ある日突然、この世界から自分以外の人間が消えたら、と想像したことが誰でも一度くらいはあるのではないだろうか。自分以外に人がいないとまず、電気が来ない、水道もガスも出ない。しばらくは生きられるかもしれない。食料はスーパーなどに行けば一応、ある。日持ちのするものもなくはないし、水はある。ただ、それも時間の問題だ。そう長くは生きられないに違いない。

人間は支え合って生きている。つまり人間は「社会的な動物」である、ということだ。それは精神的な意味だけでなく、もっと切実な物理的な意味でもそうだ。群れを成し、集団で生きる動物なのである。どれほど孤独を好む人ですらそうだ。

「人は一人では生きていけない」よくそう言われるが、長い間、正直あまりピンと来ていなかった。私は映画も食事も旅行も何でも一人でポンと行ってしまうし、一人で寂しいなどと思うことがあまりないからだ。会社へも行かず一人で働いていて、めったに人に会わず、会話をすることも少ない。でも「一人で生きていけない」というのは、そういうことではないと徐々に理解できるようになってきた。

社会的な動物と聞いて思い浮かべるのはどの動物だろうか。よく知られているのはハチやアリだろうか。動物園でサルの群れを見たことがある人もいるだろう。オオカミやライオンも群れを成すし、イワシなどの魚も水族館で大群で泳いでいるのを見ることができる。集団で生きているものを社会的な動物と呼ぶのだとすれば、そうでないものをあげる方が難しいかもしれない。

本書はアシュリー・ウォード著"The Social Lives of Animals"の全訳である。直訳すると「動物の社会生活」となるタイトル通り、オキアミやバッタからチンパンジー、ボノボに至るまで様々な社会的動物の生態を詳しく解説してくれる。

だいたい進化の順（人間から遠い順）に並べているのだと思うが、読んでいて感じるのは、結局、どの動物も共通の祖先から生まれた親戚なのだなということである。もちろん、種ごとに大きな違いはあるのだけれど、本質的な部分に違いはない。人間もそこに含まれる。著者も文中で言っている通り、人間と動物の違いは量的なものでしかなく、質的なものではないということだ。「人間と動物を分ける特徴は〜」とか「人間だけが持つ他の動物にない特徴は〜」という言い方が昔からどうにも好きになれないので、著者のこの言葉をとても嬉しく思った。

人間だけの特徴があるのは確かだが、すべての動物にも特徴はある。どの特徴が偉いということはない。四十億年の時を超えて生き延び、今、生きているのだから、方向はそれぞれに違えど皆、必要にして十分な進化を遂げてきたのである。その意味で等価だ。どの生物も違う歴史をたどればまったく違ったものになっただろう。いずれも偶然の産物である。皆、生き延びて子孫を残す、という目的は共通なのに、置かれた環境、経てきた歴史の違いにより私たち人間とどれほど違った、どれほど驚異的な生態の動物が生まれたのか、本書はそれを教えてくれる。

著者アシュリー・ウォードはシドニー大学の動物行動学の教授であるが、ただ、本書にもある通り、イギリス生まれであり、イギリスのリーズ大学で博士号を取得した後でカナダのマウント・アリソン大学の博士研究員（ポスドク）となり、二〇〇六年にイギリスに戻ってレスター大学の博士研究員となった後、シドニー大学に赴任した。特に、集団で生きる動物たちの生態を専門に研究をしている。

本書からもわかる通り、対象とする動物は幅広く、昆虫や甲殻類から魚類、哺乳類、霊長類など多岐にわたる。また力を入れているのが、「感覚生態学」と呼ばれる種類の研究らしい。これは、生物が環境について得る情報に注目するまだ新しい研究分野である。生物がどのような情報をどのように（どのようなメカニズムによって）得ているのか、またその情報をどう役立てているのか、といったことを調べる。

この分野では魚について調べることが多かったが、最近ではこちらでもアリやオキアミ、鳥類、哺乳類、そして人間など多様な動物を研究対象に加えているようだ。たしかに魚への関心が強いことは本書からもうかがえる。

科学者にも一般の人向けに文章を書くのが得意な人とそうでない人がいるが、著者は前者のようだ。本書にもあるように、著者は一直線に研究者の道を歩んだ人ではない。子どもの頃から動物に強い関心はあったが研究者として生きていく自信がなく、いったんはまったく別の仕事をしていたが思い直して研究者になったという。

そのため、科学者でない一般の人の気持ちがよくわかるのかもしれない。本書も私のような一般人に実に読みやすく理解しやすく、なんというか無味乾燥でない「体温」を感じる文章で書かれていて頭にも心にも入ってきやすい。ゴキブリやハダカデバネズミへの嫌悪感を隠しもせずに書き連ねるなど、少々、科学者らしからぬ面も見え隠れして驚いたが、これにも親近感を抱いた。これくらい文才があると稀に研究者をやめてしまって作家に転身する人もいるが、著者の場合は研究活動の様子を見ると、どうやらそういう心配(?)はなさそうだ。

本書は著者にとって最初のポピュラー・サイエンス本だったが、すぐに次作である“Where We Meet The World”が刊行されており、第三作もすでに執筆中とのこと。これだけ著作が相次いで出ることからして、すでに原書は英語圏では人気を勝ち得ているようである。

すでに読んだ人の感想を見ても、内容が濃い上に楽しく読めるところが評価されているようだ。それは私が訳しながら感じたことと同じだ。読者が一般の人だからといって手加減しているわけではなく、大事な情報は惜しみなく盛り込まれているが、決して堅苦しくなく、ユーモアのある文体で決して飽きさせることがない。今後の執筆活動がますます楽しみである。

本書は一応、分類すれば「ポピュラー・サイエンス」の本ということになるのだが、読むのに高度な科学知識は必要ない。もちろん著者は専門の研究者として極めて科学的に研究をしているのだが、その成果の一つである本書は、言ってみれば「異文化理解の本」になっているからだ。

相手は人間ではなく、人間とは異種の動物たちだが、それぞれがどのような社会を作りどのように暮らしているかを知る、という意味では、外国の文化、社会を知る、というのと本質的には同じである。自分と異質なものを知りたいという好奇心のある人ならば誰でも楽しめるし、得るものがある。そして、よく言われる通り、他者を見つめ理解することは、改めて自分を深く知ることにつながる。

動物の話を読んでいて、人間って、人間の社会ってこうなのだなあと気づくことが多い。印象に残っているのはアリとアブラムシの話である。アリはアブラムシの出す「甘露」を手に入れるために、アブラムシを「飼育」する（それだけでも驚く）のだが、甘露が必要なくなればそのアブラムシを食べてしまうという。反射的に「なんてひどい！」と思ったものの、「待てよ……これって人間が牛にしていることじゃ……」と気づいてぞっとして、もう笑うしかなかった。

地球環境や動物たちの置かれている現状、未来について触れている部分も本書には多い。人間活動の影響で危機に瀕している動物は珍しくなく、著者の研究対象となっている動物もやはり大きく数を減らすなどしている。人間の数が増え、生息域を広げれば押し出される動物は増えてしまう。

本書では具体的に何がどう問題なのか、現状ではどういう対策が講じられているかを詳しく教えてくれる。誰一人無縁ではいられない問題である。単に動物がかわいそう、というレベルの話ではない。私たち人間の今後の生存にも関わってくるのだ。

本書にはもちろん、知らなかったことを知る喜びがあるのだが、単に雑学知識が増えるということではない。最も大事なのはそれまでになかった新たな視点が得られることだろう。視点が増えれば、長期的には人生がまったく違ったものになる可能性がある。本書が読者にとってそういう一冊になれば訳者にとってこれ以上の喜びはない。

最後になったが、翻訳にあたっては、ダイヤモンド社の田畑博文氏に大変お世話になった。この場を借りてお礼を言いたい。また、日本語版オリジナルで素晴らしい動物のイラストを描いていただいた竹田嘉文氏にもお礼を言っておきたい。

二〇二四年二月　夏目大

2009, pp. 81–84.

2章

*Wcislo, W., Fewell, J. H., Rubenstein, D. R., and Abbot, P., 'Sociality in bees', *Comparative Social Evolution*, 2017, pp. 50–83.

*McDonnell, C. M., Alaux, C., Parrinello, H., Desvignes, J. P., Crauser, D., Durbesson, E., ... and Le Conte, Y., 'Ecto-and endoparasite induce similar chemical and brain neurogenomic responses in the honey bee (*Apis mellifera*),' *BMC Ecology*, 13(1), 2013, pp. 1–15.

*Watanabe, D., Gotoh, H., Miura, T., and Maekawa, K., 'Social interactions affecting caste development through physiological actions in termites', *Frontiers in Physiology*, 5, 2014, p. 127.

*Wen, X. L., Wen, P., Dahlsjö, C. A., Sillam-Dussès, D., and Šobotník, J., 'Breaking the cipher: ant eavesdropping on the variational trail pheromone of its termite prey', *Proceedings of the Royal Society B: Biological Sciences*, 284 (1853), 2017, 20170121.

*Oberst, S., Bann, G., Lai, J. C., and Evans, T. A., 'Cryptic termites avoid predatory ants by eavesdropping on vibrational cues from their footsteps,' *Ecology Letters*, 20 (2), 2017, pp. 212–21.

*Röhrig, A., Kirchner, W. H., and Leuthold, R. H., 'Vibrational alarm communication in the African fungus-growing termite genus Macrotermes (Isoptera, Termitidae)', *Insectes Sociaux*, 46 (1), 1999, pp. 71–77.

*Yanagihara, S., Suehiro, W., Mitaka, Y., and Matsuura, K., 'Age-based soldier polyethism: old termite soldiers take more risks than young soldiers,' *Biology Letters*, 14 (3), 2018, 20180025.

*Šobotník, J., Bourguignon, T., Hanus, R., Demianová, Z., Pytelková, J., Mareš, M., ... and Roisin, Y., 'Explosive backpacks in old termite workers', *Science*, 337 (6093), 2012, p. 436.

*Rettenmeyer, C. W., Rettenmeyer, M. E., Joseph, J., and Berghoff, S. M., 'The largest animal association centered on one species: the army ant *Eciton burchellii* and its more than 300 associates', *Insectes Sociaux*, 58 (3), 2011, pp. 281–92.

*Kronauer, D. J. C., Ponce, E. R., Lattke, J. E., and Boomsma, J. J., 'Six weeks in the life of a reproducing army ant colony: male parentage and colony behaviour',

参考文献

1章

*Coyle, K. O., and Pinchuk, A. I., 'The abundance and distribution of euphausiids and zero-age pollock on the inner shelf of the southeast Bering Sea near the Inner Front in 1997–1999', *Deep Sea Research Part II: Topical Studies in Oceanography*, 49 (26), 2002, pp. 6009–30.

*Willis, J., 'Whales maintained a high abundance of krill; both are ecosystem engineers in the Southern Ocean,' *Marine Ecology Progress Series*, 513, 2014, pp. 51–69.

*Tarling, G. A., and Thorpe, S. E., 'Oceanic swarms of Antarctic krill perform satiation sinking,' *Proceedings of the Royal Society B: Biological Sciences*, 284 (1869), 2017, 20172015.

*Margesin, R., and Schinner, F., *Biotechnological Applications of Cold- Adapted Organisms*. Springer Science and Business Media, 1999.

*Everson, I. (ed.), *Krill: Biology, Ecology and Fisheries*, John Wiley and Sons, 2008.

*Fornbacke, M., and Clarsund, M., 'Cold-adapted proteases as an emerging class of therapeutics', *Infectious Diseases and Therapy*, 2 (1), 2013, pp. 15–26.

*Kawaguchi, S., Kilpatrick, R., Roberts, L., King, R. A., and Nicol, S., 'Ocean-bottom krill sex', *Journal of Plankton Research*, 33 (7), 2011, pp. 1134–38.

*Rogers, S. M., Matheson, T., Despland, E., Dodgson, T., Burrows, M., and Simpson, S. J., 'Mechanosensory-induced behavioural gregarization in the desert locust *Schistocerca gregaria*', *Journal of Experimental Biology*, 206 (22), 2003, pp. 3991–4002.

*Simpson, S. J., Sword, G. A., Lorch, P. D., and Couzin, I. D., 'Cannibal crickets on a forced march for protein and salt', *Proceedings of the National Academy of Sciences*, 103 (11), 2006, pp. 4152–56.

*Lihoreau, M., Brepson, L., and Rivault, C., 'The weight of the clan: even in insects, social isolation can induce a behavioural syndrome,' *Behavioural Processes*, 82 (1),

*Couzin, I. D., Krause, J., Franks, N. R., and Levin, S. A., 'Effective leadership and decision-making in animal groups on the move', *Nature*, 433 (7025), 2005, pp. 513–16.
*Ward, A. J., Sumpter, D. J., Couzin, I. D., Hart, P. J., and Krause, J., 'Quorum decision-making facilitates information transfer in fish shoals', *Proceedings of the National Academy of Sciences*, 105 (19), 2008, pp. 6948–53.
*Sumpter, D. J., Krause, J., James, R., Couzin, I. D., and Ward, A. J., 'Consensus decision making by fish', *Current Biology*, 18 (22), 2008, pp. 1773–77.

4章

*Goodenough, A. E., Little, N., Carpenter, W. S., and Hart, A. G., 'Birds of a feather flock together: Insights into starling murmuration behaviour revealed using citizen science,' *PloS One*, 12 (6), 2017, e0179277.
*Young, G. F., Scardovi, L., Cavagna, A., Giardina, I., and Leonard, N. E., 'Starling flock networks manage uncertainty in consensus at low cost,' *PLoS Computational Biology*, 9 (1), 2013, e1002894.
*Portugal, S. J., Hubel, T. Y., Fritz, J., Heese, S., Trobe, D., Voelkl, B., ... and Usherwood, J. R., 'Upwash exploitation and downwash avoidance by flap phasing in ibis formation flight', *Nature*, 505 (7483), 2014, pp. 399–402.
*Nagy, M., Couzin, I. D., Fiedler, W., Wikelski, M., and Flack, A., 'Synchronization, co-ordination and collective sensing during thermalling flight of freely migrating white storks', *Philosophical Transactions of the Royal Society B: Biological Sciences*, 373 (1746), 2018, 20170011.
*Simons, A. M. 'Many wrongs: the advantage of group navigation', *Trends in Ecology and Evolution*, 19 (9), 2004, pp. 453–55.
*Dell'Ariccia, G., Dell'Omo, G., Wolfer, D. P., and Lipp, H. P., 'Flock flying improves pigeons' homing: GPS track analysis of individual flyers versus small groups,' *Animal Behaviour*, 76 (4), 2008, pp. 1165–72.
*Aplin, L. M., Farine, D. R., Morand-Ferron, J., Cockburn, A., Thornton, A., and Sheldon, B. C., 'Experimentally induced innovations lead to persistent culture via conformity in wild birds,' *Nature*, 518 (7540), 2015, pp. 538–41.
*Kenward, B., Rutz, C., Weir, A. A., and Kacelnik, A., 'Development of tool use in New Caledonian crows: inherited action patterns and social influences', *Animal*

Insectes Sociaux, 54 (2), 2007, pp. 118–23.

*Franks, N. R., and Hölldobler, B., 'Sexual competition during colony reproduction in army ants', *Biological Journal of the Linnean Society*, 30 (3), 1987, pp. 229–43.

*Mlot, N. J., Tovey, C. A., and Hu, D. L., 'Fire ants self-assemble into waterproof rafts to survive floods,' *Proceedings of the National Academy of Sciences*, 108 (19), 2011, pp. 7669–73.

*Deslippe, R., 'Social Parasitism in Ants', *Nature Education Knowledge*, 3 (10), 2010, p. 27.

*Brandt, M., Heinze, J., Schmitt, T., and Foitzik, S., 'Convergent evolution of the Dufour's gland secretion as a propaganda substance in the slave-making ant genera Protomognathus and Harpagoxenus', *Insectes Sociaux*, 53 (3), 2006, pp. 291–99.

*Seifert, B., Kleeberg, I., Feldmeyer, B., Pamminger, T., Jongepier, E., and Foitzik, S., '*Temnothorax pilagens* sp. n.– a new slave-making species of the tribe Formicoxenini from North America (Hymenoptera, Formicidae)', *ZooKeys*, 368, 2014, p. 65.

*Jongepier, E., and Foitzik, S., 'Ant recognition cue diversity is higher in the presence of slavemaker ants,' *Behavioral Ecology*, 27 (1), 2016, pp. 304–11.

*Zoebelein, G., 'Der Honigtau als Nahrung der Insekten: Teil I', *Zeitschrift für angewandte Entomologie*, 38 (4), 1956, pp. 369–416 (cited in AntWiki).

*Oliver, T. H., Mashanova, A., Leather, S. R., Cook, J. M., and Jansen, V. A., 'Ant semiochemicals limit apterous aphid dispersal,' *Proceedings of the Royal Society B: Biological Sciences*, 274 (1629), 2007, pp. 3127–31.

*Charbonneau, D., and Dornhaus, A., 'Workers "specialized" on inactivity: behavioral consistency of inactive workers and their role in task allocation,' *Behavioral Ecology and Sociobiology*, 69 (9), 2015, pp. 1459–72.

3章

*Kelly, J., 'The Role of the Preoptic Area in Social Interaction in Zebrafish', doctoral dissertation, Liverpool John Moores University, 2019.

*McHenry, J. A., Otis, J. M., Rossi, M. A., Robinson, J. E., Kosyk, O., Miller, N. W., ... and Stuber, G. D., 'Hormonal gain control of a medial preoptic area social reward circuit', *Nature Neuroscience*, 20 (3), 2017, pp. 449–58.

5章

*Heinsohn, R., and Packer, C., 'Complex co-operative strategies in group- territorial African lions', *Science*, 269 (5228), 1995, pp. 1260–62.

*Riedman, M. L., 'The evolution of alloparental care and adoption in mammals and birds', *The Quarterly Review of Biology*, 57 (4), 1982, pp. 405–35.

*Rudnai, J. A., *The Social Life of the Lion: A Study of the Behaviour of Wild Lions (Panthera leo massaica [Newmann]) in the Nairobi National Park, Kenya*, Springer Science and Business Media, 2012.

*Funston, P. J., Mills, M. G. L., and Biggs, H. C., 'Factors affecting the hunting success of male and female lions in the Kruger National Park', *Journal of Zoology*, 253 (4), 2001, pp. 419–31.

*Stander, P. E., and Albon, S. D., 'Hunting success of lions in a semi-arid environment', *Symposia of the Zoological Society of London*, 65, 1993, pp. 127–43.

*Stander, P. E., 'Co-operative hunting in lions: the role of the individual', *Behavioral Ecology and Sociobiology*, 29 (6), 1992, pp. 445–54.

*Smith, J. E., Memenis, S. K., and Holekamp, K. E., 'Rank-related partner choice in the fission–fusion society of the spotted hyena (*Crocuta crocuta*)', *Behavioral Ecology and Sociobiology*, 61 (5), 2007, pp. 753–65.

*Smith, J. E., Van Horn, R. C., Powning, K. S., Cole, A. R., Graham, K. E., Memenis, S. K., and Holekamp, K. E., 'Evolutionary forces favoring intragroup coalitions among spotted hyenas and other animals', *Behavioral Ecology*, 21 (2), 2010, pp. 284–303.

*French, J. A., Mustoe, A. C., Cavanaugh, J., and Birnie, A. K., 'The influence of androgenic steroid hormones on female aggression in "atypical" mammals', *Philosophical Transactions of the Royal Society B: Biological Sciences*, 368 (1631), 2013, 20130084.

*Van Horn, R. C., Engh, A. L., Scribner, K. T., Funk, S. M., and Holekamp, K. E., 'Behavioural structuring of relatedness in the spotted hyena (*Crocuta crocuta*) suggests direct fitness benefits of clan-level co-operation,' *Molecular Ecology*, 13 (2), 2004, pp. 449–58.

*Theis, K. R., Venkataraman, A., Dycus, J. A., Koonter, K. D., Schmitt-Matzen, E. N., Wagner, A. P., ... and Schmidt, T. M., 'Symbiotic bacteria appear to mediate hyena social odors,' *Proceedings of the National Academy of Sciences*, 110 (49), 2013, pp. 19832–37.

Behaviour, 72 (6), 2006, pp. 1329–43.
*Grecian, W. J., Lane, J. V., Michelot, T., Wade, H. M., and Hamer, K. C., 'Understanding the ontogeny of foraging behaviour: insights from combining marine predator bio-logging with satellite-derived oceanography in hidden Markov models', *Journal of the Royal Society Interface*, 15 (143), 2018, p. 20180084.
*van Dijk, R. E., Kaden, J. C., Argüelles-Ticó, A., Beltran, L. M., Paquet, M., Covas, R., ... and Hatchwell, B. J., 'The thermoregulatory benefits of the communal nest of sociable weavers *Philetairus socius* are spatially structured within nests,' *Journal of Avian Biology*, 44 (2), 2013, pp. 102–110.
*Laughlin, A. J., Sheldon, D. R., Winkler, D. W., and Taylor, C. M., 'Behavioral drivers of communal roosting in a songbird: a combined theoretical and empirical approach', *Behavioral Ecology*, 25 (4), 2014, pp. 734–43.
*Hatchwell, B. J., Sharp, S. P., Simeoni, M., and McGowan, A., 'Factors influencing overnight loss of body mass in the communal roosts of a social bird', *Functional Ecology*, 23 (2), 2009, pp. 367–72.
*Mumme, R. L., 'Do helpers increase reproductive success?' *Behavioral Ecology and Sociobiology*, 31 (5), 1992, pp. 319–28.
*Emlen, S. T., and Wrege, P. H., 'Parent–offspring conflict and the recruitment of helpers among bee-eaters', *Nature*, 356 (6367), 1992, pp. 331–33.
*McDonald, P. G., and Wright, J., 'Bell miner provisioning calls are more similar among relatives and are used by helpers at the nest to bias their effort towards kin,' *Proceedings of the Royal Society B: Biological Sciences*, 278 (1723), 2011, pp. 3403–11.
*Braun, A., and Bugnyar, T., 'Social bonds and rank acquisition in raven nonbreeder aggregations', *Animal Behaviour*, 84 (6), 2012, pp. 1507–15.
*Heinrich, B., and Marzluff, J., 'Why ravens share', *American Scientist*, 83 (4), 1995, pp. 342–49.
*Heinrich, B., 'Winter foraging at carcasses by three sympatric corvids, with emphasis on recruitment by the raven, *Corvus corax*', *Behavioral Ecology and Sociobiology*, 23 (3), 1988, pp. 141–56.
*Marzluff, J. M., and Balda, R. P., *The Pinyon Jay: Behavioral Ecology of a Colonial and Co-operative Corvid*, A & C Black, 2010.
*Bond, A. B., Kamil, A. C., and Balda, R. P., 'Pinyon jays use transitive inference to predict social dominance,' *Nature*, 430 (7001), 2004, pp. 778–81.
*Duque, J. F., Leichner, W., Ahmann, H., and Stevens, J. R., 'Mesotocin influences pinyon jay prosociality,' *Biology Letters*, 14 (4), 2018, 20180105.

*Hepper, P. G., 'Adaptive fetal learning: prenatal exposure to garlic affects postnatal preferences', *Animal Behaviour*, 36 (3), 1988, pp. 935–36.
*Mennella, J. A., and Beauchamp, G. K., 'Understanding the origin of flavor preferences', *Chemical Senses*, 30 (suppl_1), 2005, i242–i243.
*Noble, J., Todd, P. M., and Tucif, E., 'Explaining social learning of food preferences without aversions: an evolutionary simulation model of Norway rats', *Proceedings of the Royal Society of London. Series B: Biological Sciences*, 268 (1463), 2001, pp. 141–49.
*Calhoun, J. B., 'Death squared: the explosive growth and demise of a mouse population', *Journal of the Royal Society of Medicine*, 66, 1973, pp. 80–88.
*Rutte, C., and Taborsky, M., 'Generalised reciprocity in rats', *PLoS Biology*, 5 (7), 2007, e196.
*Dolivo, V., and Taborsky, M., 'Norway rats reciprocate help according to the quality of help they received,' *Biology Letters*, 11 (2), 2015, 20140959.
*Schweinfurth, M. K., and Taborsky, M., 'Relatedness decreases and reciprocity increases co-operation in Norway rats,' *Proceedings of the Royal Society B: Biological Sciences*, 285 (1874), 2018, 20180035.
*Schweinfurth, M. K., and Taborsky, M., 'Reciprocal trading of different commodities in Norway rats', *Current Biology*, 28 (4), 2018, pp. 594–99.
*Stieger, B., Schweinfurth, M. K., and Taborsky, M., 'Reciprocal allogrooming among unrelated Norway rats (*Rattus norvegicus*) is affected by previously received co-operative, affiliative and aggressive behaviours,' *Behavioral Ecology and Sociobiology*, 71 (12), 2017, pp. 1–12.
*Weaver, I. C., Cervoni, N., Champagne, F. A., D'Alessio, A. C., Sharma, S., Seckl, J. R., ... and Meaney, M. J., 'Epigenetic programming by maternal behavior', *Nature Neuroscience*, 7 (8), 2004, pp. 847–54.
*Lester, B. M., Conradt, E., LaGasse, L. L., Tronick, E. Z., Padbury, J. F., and Marsit, C. J., 'Epigenetic programming by maternal behavior in the human infant', *Pediatrics*, 142 (4), 2018, e20171890.
*Ackerl, K., Atzmueller, M., and Grammer, K., 'The scent of fear', *Neuroendocrinology Letters*, 23 (2), 2002, pp. 79–84.
*Kiyokawa, Y. (2015). 'Social odors: alarm pheromones and social buffering', *Social Behavior from Rodents to Humans*, Springer, Berlin, Germany, 2017, pp. 47–65.
*Gunnar, M. R., 'Social buffering of stress in development: A career perspective', *Perspectives on Psychological Science*, 12 (3), 2017, pp. 355–73.
*Morozov, A., and Ito, W., 'Social modulation of fear: Facilitation vs buffering',

*Burgener, N., East, M. L., Hofer, H., and Dehnhard, M., 'Do spotted hyena scent marks code for clan membership?' in *Chemical Signals in Vertebrates 11*, Springer, New York, NY, 2008, pp. 169–77.

*Van Horn, R. C., Engh, A. L., Scribner, K. T., Funk, S. M., and Holekamp, K. E., 'Behavioural structuring of relatedness in the spotted hyena (*Crocuta crocuta*) suggests direct fitness benefits of clan-level co-operation,' *Molecular Ecology*, 13 (2), 2004, pp. 449–58.

*Drea, C. M., and Carter, A. N., 'Co-operative problem solving in a social carnivore', *Animal Behaviour*, 78 (4), 2009, pp. 967–77.

*Molnar, B., Fattebert, J., Palme, R., Ciucci, P., Betschart, B., Smith, D. W., and Diehl, P. A., 'Environmental and intrinsic correlates of stress in free-ranging wolves', *PLoS One*, 10 (9), 2015, e0137378.

*Coppinger, R., and Coppinger, L., *Dogs: A Startling New Understanding of Canine Origin, Behavior and Evolution*, Simon and Schuster, 2001.

*Pierotti, R. J., and Fogg, B. R., *The First Domestication: How Wolves and Humans Co-evolved*, Yale University Press, 2017.

*Hare, B., and Tomasello, M., 'Human-like social skills in dogs?' *Trends in Cognitive Sciences*, 9 (9), 2005, pp. 439–44.

*Hare, B., Plyusnina, I., Ignacio, N., Schepina, O., Stepika, A., Wrangham, R., and Trut, L., 'Social cognitive evolution in captive foxes is a correlated by-product of experimental domestication,' *Current Biology*, 15 (3), 2005, pp. 226–30.

*Hare, B., and Woods, V., *The Genius of Dogs: Discovering the Unique Intelligence of Man's Best Friend*, Simon and Schuster, 2013.

6章

*Feng, A. Y., and Himsworth, C. G., 'The secret life of the city rat: a review of the ecology of urban Norway and black rats (*Rattus norvegicus* and *Rattus rattus*)', *Urban Ecosystems*, 17 (1), 2014, pp. 149–62.

*Clark, B. R., and Price, E. O., 'Sexual maturation and fecundity of wild and domestic Norway rats (*Rattus norvegicus*)', *Reproduction*, 63 (1), 1981, pp. 215–20.

*Galef, B. G., 'Diving for food: Analysis of a possible case of social learning in wild rats (*Rattus norvegicus*)', *Journal of Comparative and Physiological Psychology*, 94 (3), 1980, p. 416.

*Burns, J. G., Saravanan, A., and Helen Rodd, F., 'Rearing environment affects the brain size of guppies: Lab-reared guppies have smaller brains than wild-caught guppies', *Ethology*, 115 (2), 2009, 122–33.

*Chang, L., and Tsao, D. Y., 'The code for facial identity in the primate brain', *Cell*, 169 (6), 2017, pp. 1013–28.

*Da Costa, A. P., Leigh, A. E., Man, M. S., and Kendrick, K. M., 'Face pictures reduce behavioural, autonomic, endocrine and neural indices of stress and fear in sheep,' *Proceedings of the Royal Society of London. Series B: Biological Sciences*, 271 (1552), 2004, pp. 2077–84.

*Knolle, F., Goncalves, R. P., and Morton, A. J., 'Sheep recognise familiar and unfamiliar human faces from two-dimensional images,' *Royal Society Open Science*, 4 (11), 2017, p. 171228.

*Kilgour, R., 'Use of the Hebb-Williams closed-field test to study the learning ability of Jersey cows', *Animal Behaviour*, 29 (3), 1981, pp. 850–60.

*Veissier, I., De La Fe, A. R., and Pradel, P. (1998). 'Nonnutritive oral activities and stress responses of veal calves in relation to feeding and housing conditions', *Applied Animal Behaviour Science*, 57 (1–2), pp. 35–49.

*De La Torre, M. P., Briefer, E. F., Ochocki, B. M., McElligott, A. G., and Reader, T., 'Mother–offspring recognition via contact calls in cattle, *Bos taurus*', *Animal Behaviour*, 114, 2016, pp. 147–54.

*Šárová, R., Špinka, M., Stěhulová, I., Ceacero, F., Šimečková, M., and Kotrba, R., 'Pay respect to the elders: age, more than body mass, determines dominance in female beef cattle,' *Animal Behaviour*, 86 (6), 2013, pp. 1315–23.

*Stephenson, M. B., Bailey, D. W., and Jensen, D., 'Association patterns of visually-observed cattle on Montana, USA foothill rangelands', *Applied Animal Behaviour Science*, 178, 2016, pp. 7–15.

*Howery, L. D., Provenza, F. D., Banner, R. E., and Scott, C. B., 'Social and environmental factors influence cattle distribution on rangeland,' *Applied Animal Behaviour Science*, 55 (3–4), 1998, 231–44.

*MacKay, J. R., Haskell, M. J., Deag, J. M., and van Reenen, K., 'Fear responses to novelty in testing environments are related to day-to-day activity in the home environment in dairy cattle,' *Applied Animal Behaviour Science*, 152, 2014, pp. 7–16.

*Boissy, A., Terlouw, C., and Le Neindre, P., 'Presence of cues from stressed conspecifics increases reactivity to aversive events in cattle: evidence for the existence of alarm substances in urine,' *Physiology and Behavior*, 63 (4), 1998, pp.

Genes, Brain and Behavior, 18 (1), 2019, e12491.

*Sato, N., Tan, L., Tate, K., and Okada, M., 'Rats demonstrate helping behavior toward a soaked conspecific,' *Animal Cognition*, 18 (5), 2015, pp. 1039–47.

*Ben-Ami Bartal, I., Shan, H., Molasky, N. M., Murray, T. M., Williams, J. Z.,Decety, J., and Mason, P., 'Anxiolytic treatment impairs helping behavior in rats,' *Frontiers in Psychology*, 7, 2016, p. 850.

*Muroy, S. E., Long, K. L., Kaufer, D., and Kirby, E. D., 'Moderate stress-induced social bonding and oxytocin signaling are disrupted by predator odor in male rats,' *Neuropsychopharmacology*, 41 (8), 2016, pp. 2160–70.

*Pittet, F., Babb, J. A., Carini, L., and Nephew, B. C., 'Chronic social instability in adult female rats alters social behavior, maternal aggression and offspring development,' *Developmental Psychobiology*, 59 (3), 2017, pp. 291–302.

*Holmes, M. M., Rosen, G. J., Jordan, C. L., de Vries, G. J., Goldman, B. D., and Forger, N. G., 'Social control of brain morphology in a eusocial mammal', *Proceedings of the National Academy of Sciences*, 104 (25), 2007, pp. 10548–52.

*Braude, S., 'Dispersal and new colony formation in wild naked mole-rats: evidence against inbreeding as the system of mating', *Behavioral Ecology*, 11 (1), 2000, pp. 7–12.

*Pitt, D., Sevane, N., Nicolazzi, E. L., MacHugh, D. E., Park, S. D., Colli, L., ... and Orozco-ter Wengel, P., 'Domestication of cattle: Two or three events?' *Evolutionary Applications*, 12 (1), 2019, pp. 123–36.

*Bollongino, R., Burger, J., Powell, A., Mashkour, M., Vigne, J. D., and Thomas, M. G., 'Modern taurine cattle descended from small number of Near-Eastern founders,' *Molecular Biology and Evolution*, 29 (9), 2012, pp. 2101–104.

*MacHugh, D. E., Larson, G., and Orlando, L., 'Taming the past: ancient DNA and the study of animal domestication', *Annual Review of Animal Biosciences*, 5, 2017, pp. 329–51.

*Hemmer, H., *Domestication: The Decline of Environmental Appreciation*, Cambridge University Press, 1990.

*Ballarin, C., Povinelli, M., Granato, A., Panin, M., Corain, L., Peruffo, A., and Cozzi, B., 'The brain of the domestic *Bos taurus*: weight, encephalisation and cerebellar quotients, and comparison with other domestic and wild Cetartiodactyla', *PLoS One*, 11 (4), 2016, e0154580.

*Minervini, S., Accogli, G., Pirone, A., Graïc, J. M., Cozzi, B., and Desantis, S., 'Brain mass and encephalization quotients in the domestic industrial pig (*Sus scrofa*)', *PLoS One*, 11 (6), 2016, e0157378.

1–10.
*Moss, C. J., Croze, H., and Lee, P. C. (eds), *The Amboseli Elephants: A Long-term Perspective on a Long-lived Mammal*, University of Chicago Press, 2011.
*Rasmussen, L. E. L., and Krishnamurthy, V., 'How chemical signals integrate Asian elephant society: the known and the unknown', *Zoo Biology*, published in affiliation with the American Zoo and Aquarium Association, 19 (5), 2000, pp. 405–23.
*Chiyo, P. I., Archie, E. A., Hollister-Smith, J. A., Lee, P. C., Poole, J. H., Moss, C. J., and Alberts, S. C., 'Association patterns of African elephants in all-male groups: the role of age and genetic relatedness', *Animal Behaviour*, 81 (6), 2011, pp. 1093–99.
*O'Connell-Rodwell, C. E., Wood, J. D., Kinzley, C., Rodwell, T. C., Alarcon, C., Wasser, S. K., and Sapolsky, R., 'Male African elephants (*Loxodonta africana*) queue when the stakes are high', *Ethology Ecology and Evolution*, 23 (4), 2011, pp. 388–97.
*Hart, B. L., and Hart, L. A. Pinter-Wollman, N., 'Large brains and cognition: Where do elephants fit in?' *Neuroscience and Biobehavioral Reviews*, 32 (1), 2008, pp. 86–98.
*Shoshani, J., and Eisenberg, J. F., 'Intelligence and survival', *Elephants: Majestic Creatures of the Wild*, Facts on File, 1992, pp. 134–37.

7章

*Lockyer, C., 'Growth and energy budgets of large baleen whales from the Southern Hemisphere', *Food and Agriculture Organization*, 3, 1981, pp. 379–487.
*Whitehead, H., 'Sperm whale: *Physeter macrocephalus*', in *Encyclopedia of Marine Mammals*, Academic Press, 2018, pp. 919–25.
*Benoit-Bird, K. J., Au, W. W., and Kastelein, R., 'Testing the odontocete acoustic prey debilitation hypothesis: No stunning results', *Journal of the Acoustical Society of America*, 120 (2), 2006, pp. 1118–23.
*Fais, A., Johnson, M., Wilson, M., Soto, N. A., and Madsen, P. T., 'Sperm whale predator-prey interactions involve chasing and buzzing, but no acoustic stunning', *Scientific Reports*, 6 (1), 2016, pp. 1–13.
*Watkins, W. A., and Schevill, W. E., 'Sperm whale codas', *Journal of the Acoustical Society of America*, 62 (6), 1977, pp. 1485–90.

489–95.

*Ishiwata, T., Kilgour, R. J., Uetake, K., Eguchi, Y., and Tanaka, T., 'Choice of attractive conditions by beef cattle in a Y-maze just after release from restraint', *Journal of Animal Science*, 85 (4), 2007, pp. 1080–85.

*Laister, S., Stockinger, B., Regner, A. M., Zenger, K., Knierim, U., and Winckler, C., 'Social licking in dairy cattle – Effects on heart rate in performers and receivers', *Applied Animal Behaviour Science*, 130 (3–4), 2011, pp. 81–90.

*Waiblinger, S., Menke, C., and Fölsch, D. W., 'Influences on the avoidance and approach behaviour of dairy cows towards humans on 35 farms', *Applied Animal Behaviour Science*, 84 (1), 2003, pp. 23–39.

*Anthony, L., and Spence, G., *The Elephant Whisperer: My Life with the Herd in the African Wild* (Vol. 1), Macmillan, 2009.

*Plotnik, J. M., Brubaker, D. L., Dale, R., Tiller, L. N., Mumby, H. S., and Clayton, N. S., 'Elephants have a nose for quantity,' *Proceedings of the National Academy of Sciences*, 116 (25), 2019, pp. 12566–71.

*Bates, L. A., Sayialel, K. N., Njiraini, N. W., Moss, C. J., Poole, J. H., and Byrne, R. W., 'Elephants classify human ethnic groups by odor and garment color,' *Current Biology*, 17 (22), 2007, pp. 1938–42.

*Payne, K. B., Langbauer, W. R., and Thomas, E. M., 'Infrasonic calls of the Asian elephant (*Elephas maximus*)', *Behavioral Ecology and Sociobiology*, 18 (4), 1986, pp. 297–301.

*McComb, K., Reby, D., Baker, L., Moss, C., and Sayialel, S., 'Long-distance communication of acoustic cues to social identity in African elephants', *Animal Behaviour*, 65 (2), 2003, pp. 317–29.

*McComb, K., Moss, C., Sayialel, S., and Baker, L., 'Unusually extensive networks of vocal recognition in African elephants', *Animal Behaviour*, 59 (6), 2000, pp. 1103–09.

*Foley, C., Pettorelli, N., and Foley, L., 'Severe drought and calf survival in elephants', *Biology Letters*, 4 (5), 2008, pp. 541–44.

*Fishlock, V., Caldwell, C., and Lee, P. C., 'Elephant resource-use traditions', *Animal Cognition*, 19 (2), 2016, pp. 429–33.

*McComb, K., Shannon, G., Durant, S. M., Sayialel, K., Slotow, R., Poole, J., and Moss, C., 'Leadership in elephants: the adaptive value of age', *Proceedings of the Royal Society B: Biological Sciences*, 278 (1722), 2011, pp. 3270–76.

*Lahdenperä, M., Mar, K. U., and Lummaa, V., 'Nearby grandmother enhances calf survival and reproduction in Asian elephants', *Scientific Reports*, 6 (1), 2016, pp.

263–67.
*Sakai, M., Morisaka, T., Kogi, K., Hishii, T., and Kohshima, S., 'Fine-scale analysis of synchronous breathing in wild Indo-Pacific bottlenose dolphins (*Tursiops aduncus*)', *Behavioural Processes*, 83 (1), 2010, pp. 48–53.
*Fellner, W., Bauer, G. B., Stamper, S. A., Losch, B. A., and Dahood, A., 'The development of synchronous movement by bottlenose dolphins (*Tursiops truncatus*)', *Marine Mammal Science*, 29 (3), 2013, pp. E203–E225.
*Tamaki, N., Morisaka, T., and Taki, M., 'Does body contact contribute towards repairing relationships?: The association between flipper-rubbing and aggressive behavior in captive bottlenose dolphins,' *Behavioural Processes*, 73 (2), 2006, pp. 209–15.
*Fripp, D., Owen, C., Quintana-Rizzo, E., Shapiro, A., Buckstaff, K., Jankowski, K., ... and Tyack, P., 'Bottlenose dolphin (*Tursiops truncatus*) calves appear to model their signature whistles on the signature whistles of community members,' *Animal Cognition*, 8 (1), 2005, pp. 17–26.
*King, S. L., Harley, H. E., and Janik, V. M., 'The role of signature whistle matching in bottlenose dolphins, *Tursiops truncatus*', *Animal Behaviour*, 96, 2014, pp. 79–86.
*King, S. L., and Janik, V. M., 'Bottlenose dolphins can use learned vocal labels to address each other,' *Proceedings of the National Academy of Sciences*, 110 (32), 2013, pp. 13216–21.
*Janik, V. M., and Slater, P. J., 'Context-specific use suggests that bottlenose dolphin signature whistles are cohesion calls,' *Animal Behaviour*, 56 (4), 1998, pp. 829–38.
*Blomqvist, C., Mello, I., and Amundin, M., 'An acoustic play-fight signal in bottlenose dolphins (*Tursiops truncatus*) in human care', *Aquatic Mammals*, 31 (2), 2005, pp. 187–94.
*Blomqvist, C., and Amundin, M., 'High-frequency burst-pulse sounds in agonistic/aggressive interactions in bottlenose dolphins, *Tursiops truncatus*', in *Echolocation in Bats and Dolphins*, University of Chicago Press, Chicago, 2004, pp. 425–31.
*King, S. L., and Janik, V. M., 'Come dine with me: food-associated social signalling in wild bottlenose dolphins (*Tursiops truncatus*),' *Animal Cognition*, 18 (4), 2015, pp. 969–74.
*Ridgway, S. H., Moore, P. W., Carder, D. A., and Romano, T. A., 'Forward shift of feeding buzz components of dolphins and belugas during associative learning reveals a likely connection to reward expectation, pleasure and brain dopamine activation', *Journal of Experimental Biology*, 217 (16), 2014, pp. 2910–19.
*McCowan, B., and Reiss, D., 'Whistle contour development in captive-born infant

*Gero, S., Whitehead, H., and Rendell, L., 'Individual, unit and vocal clan level identity cues in sperm whale codas', *Royal Society Open Science*, 3 (1), 2016, p. 150372.

*Konrad, C. M., Frasier, T. R., Whitehead, H., and Gero, S., 'Kin selection and allocare in sperm whales', *Behavioral Ecology*, 30 (1), 2019, pp. 194–201.

*Ortega-Ortiz, J. G., Engelhaupt, D., Winsor, M., Mate, B. R., and Rus Hoelzel, A., 'Kinship of long-term associates in the highly social sperm whale', *Molecular Ecology*, 21 (3), 2012, pp. 732–44.

*Pitman, R. L., Ballance, L. T., Mesnick, S. I., and Chivers, S. J., 'Killer whale predation on sperm whales: observations and implications', *Marine Mammal Science*, 17 (3), 2001, pp. 494–507.

*Curé, C., Antunes, R., Alves, A. C., Visser, F., Kvadsheim, P. H., and Miller, P. J., 'Responses of male sperm whales (*Physeter macrocephalus*) to killer whale sounds: implications for anti-predator strategies', *Scientific Reports*, 3 (1), 2013, p. 1–7.

*Durban, J. W., Fearnbach, H., Burrows, D. G., Ylitalo, G. M., and Pitman, R. L., 'Morphological and ecological evidence for two sympatric forms of Type B killer whale around the Antarctic Peninsula', *Polar Biology*, 40 (1), 2017, pp. 231–36.

*Visser, I. N., 'A summary of interactions between orca (*Orcinus orca*) and other cetaceans in New Zealand waters', *New Zealand Natural Sciences*, 1999, pp. 101–12.

*Pyle, P., Schramm, M. J., Keiper, C., and Anderson, S. D., 'Predation on a white shark (*Carcharodon carcharias*) by a killer whale (*Orcinus orca*) and a possible case of competitive displacement', *Marine Mammal Science*, 15(2), 1999, pp. 563–68.

*Baird, R. W., and Dill, L. M., 'Ecological and social determinants of group size in transient killer whales', *Behavioral Ecology*, 7 (4), 1996, pp. 408–16.

*Foster, E. A., Franks, D. W., Mazzi, S., Darden, S. K., Balcomb, K. C., Ford, J. K., and Croft, D. P., 'Adaptive prolonged post-reproductive life span in killer whales', *Science*, 337 (6100), 2012, p. 1313.

*Wright, B. M., Stredulinsky, E. H., Ellis, G. M., and Ford, J. K., 'Kin-directed food sharing promotes lifetime natal philopatry of both sexes in a population of fish-eating killer whales, *Orcinus orca*', *Animal Behaviour*, 115, 2016, pp. 81–95.

*Connor, R. C., Heithaus, M. R., and Barre, L. M., 'Complex social structure, alliance stability and mating access in a bottlenose dolphin "super-alliance"', *Proceedings of the Royal Society of London. Series B: Biological Sciences*, 268 (1464), 2001, pp.

killer whales in the eastern South Pacific and the Antarctic Peninsula', *Endangered Species Research*, 37, 2018, pp. 207–18.
*Mehta, A. V., Allen, J. M., Constantine, R., Garrigue, C., Jann, B., Jenner, C., ... and Clapham, P. J., 'Baleen whales are not important as prey for killer whales *Orcinus orca* in high-latitude regions,' *Marine Ecology Progress Series*, 348, 2007, pp. 297–307.
*Pitman, R. L., Totterdell, J. A., Fearnbach, H., Ballance, L. T., Durban, J. W., and Kemps, H., 'Whale killers: prevalence and ecological implications of killer whale predation on humpback whale calves off Western Australia', *Marine Mammal Science*, 31 (2), 2015, pp. 629–57.
*Chittleborough, R. G., 'Aerial observations on the humpback whale, *Megaptera nodosa* (Bonnaterre), with notes on other species', *Marine and Freshwater Research*, 4 (2), 1953, pp. 219–26.
*Pitman, R. L., Deecke, V. B., Gabriele, C. M., Srinivasan, M., Black, N., Denkinger, J., ... and Ternullo, R., 'Humpback whales interfering when mammal-eating killer whales attack other species: Mobbing behavior and interspecific altruism?' *Marine Mammal Science*, 33 (1), 2017, pp. 7–58.

8 章

*Palmour, R. M., Mulligan, J., Howbert, J. J., and Ervin, F., 'Of monkeys and men: vervets and the genetics of human-like behaviors', *American Journal of Human Genetics*, 61 (3), 1997, pp. 481–88.
*Cheney, D. L., and Seyfarth, R. M., 'Vervet monkey alarm calls: Manipulation through shared information?' *Behaviour*, 94 (1–2), 1985, pp. 150–66.
*Filippi, P., Congdon, J. V., Hoang, J., Bowling, D. L., Reber, S. A., Pašukonis, A., ... and Güntürkün, O., 'Humans recognise emotional arousal in vocalisations across all classes of terrestrial vertebrates: evidence for acoustic universals,' *Proceedings of the Royal Society B: Biological Sciences*, 284 (1859), 2017, p. 20170990.
*Gil-da-Costa, R., Braun, A., Lopes, M., Hauser, M. D., Carson, R. E., Herscovitch, P., and Martin, A., 'Toward an evolutionary perspective on conceptual representation: species-specific calls activate visual and affective processing systems in the macaque,' *Proceedings of the National Academy of Sciences*, 101 (50), 2004, pp. 17516–21.

bottlenose dolphins (*Tursiops truncatus*): Role of learning', *Journal of Comparative Psychology*, 109 (3), 1995, p. 242.

*Schultz, K. W., Cato, D. H., Corkeron, P. J., and Bryden, M. M., 'Low-frequency narrow-band sounds produced by bottlenose dolphins', *Marine Mammal Science*, 11 (4), 1995, pp. 503–09.

*Herzing, D. L., 'Vocalisations and associated underwater behavior of free-ranging Atlantic spotted dolphins, *Stenella frontalis* and bottlenose dolphins, *Tursiops truncatus*', *Aquatic Mammals*, 22, 1996, pp. 61–80.

*Dos Santos, M. E., Louro, S., Couchinho, M., and Brito, C., 'Whistles of bottlenose dolphins (*Tursiops truncatus*) in the Sado Estuary, Portugal: characteristics, production rates, and long-term contour stability', *Aquatic Mammals*, 31 (4), 2005, p. 453.

*Kassewitz, J., Hyson, M. T., Reid, J. S., and Barrera, R. L., 'A phenomenon discovered while imaging dolphin echolocation sounds', *Journal of Marine Science: Research and Development*, 6 (202), 2016, p. 2.

*Sargeant, B. L., and Mann, J., 'Developmental evidence for foraging traditions in wild bottlenose dolphins', *Animal Behaviour*, 78 (3), 2009, pp. 715–21.

*Mann, J., Stanton, M. A., Patterson, E. M., Bienenstock, E. J., and Singh, L. O., 'Social networks reveal cultural behaviour in tool-using dolphins', *Nature Communications*, 3 (1), 2012, p. 1–8.

*Bender, C. E., Herzing, D. L., and Bjorklund, D. F., 'Evidence of teaching in Atlantic spotted dolphins (*Stenella frontalis*) by mother dolphins foraging in the presence of their calves', *Animal Cognition*, 12 (1), 2009, pp. 43–53.

*Whitehead, H., 'Culture in whales and dolphins', in *Encyclopedia of Marine Mammals*, Academic Press, 2009, pp. 292–94.

*Allen, J. A., Garland, E. C., Dunlop, R. A., and Noad, M. J., 'Cultural revolutions reduce complexity in the songs of humpback whales,' *Proceedings of the Royal Society B*, 285 (1891), 2018, p. 20182088.

*Hain, J. H., Carter, G. R., Kraus, S. D., Mayo, C. A., and Winn, H. E., 'Feeding behavior of the humpback whale, *Megaptera novaeangliae*, in the western North Atlantic', *Fishery Bulletin*, 80 (2), 1982, pp. 259–68.

*Allen, J., Weinrich, M., Hoppitt, W., and Rendell, L., 'Network-based diffusion analysis reveals cultural transmission of lobtail feeding in humpback whales', *Science*, 340 (6131), 2013, pp. 485–88.

*Capella, J. J., Félix, F., Flórez-González, L., Gibbons, J., Haase, B., and Guzman, H. M., 'Geographic and temporal patterns of non-lethal attacks on humpback whales by enduring social bonds,' *Behavioral Ecology and Sociobiology*, 64 (11), 2010, pp. 1733–47.

*Silk, J. B., Rendall, D., Cheney, D. L., and Seyfarth, R. M., 'Natal attraction in adult female baboons (*Papio cynocephalus ursinus*) in the Moremi Reserve, Botswana', *Ethology*, 109 (8), 2003, pp. 627–44.

*Dart, R. A., 'Ahla, the female baboon goatherd', *South African Journal of Science*, 61 (9), 1965, pp. 319–24.

*Wittig, R. M., Crockford, C., Wikberg, E., Seyfarth, R. M., and Cheney, D. L., 'Kin-mediated reconciliation substitutes for direct reconciliation in female baboons', *Proceedings of the Royal Society B: Biological Sciences*, 274 (1613), 2007, pp. 1109–15.

*Cheney, D. L., and Seyfarth, R. M., 'Recognition of other individuals' social relationships by female baboons', *Animal Behaviour*, 58 (1), 1999, pp. 67–75.

*Goodall, J., *Through a Window: My Thirty Years with the Chimpanzees of Gombe*, Houghton Mifflin Harcourt, 2010.

*Wilson, M. L., Boesch, C., Fruth, B., Furuichi, T., Gilby, I. C., Hashimoto, C., ... and Wrangham, R. W., 'Lethal aggression in Pan is better explained by adaptive strategies than human impacts,' *Nature*, 513 (7518), 2014, pp. 414–17.

*Ladygina-Kots, N. N., de Waal, F. B., and Vekker, B., *Infant Chimpanzee and Human Child: A Classic 1935 Comparative Study of Ape Emotions and Intelligence*, Oxford University Press, 2002.

*Crockford, C., Wittig, R. M., Langergraber, K., Ziegler, T. E., Zuberbühler, K., and Deschner, T., 'Urinary oxytocin and social bonding in related and unrelated wild chimpanzees', *Proceedings of the Royal Society B: Biological Sciences*, 280 (1755), 2013, p. 20122765.

*Whiten, A., and Arnold, K., 'Grooming interactions among the chimpanzees of the Budongo Forest, Uganda: tests of five explanatory models', *Behaviour*, 140 (4), 2003, pp. 519–52.

*Pruetz, J. D., Bertolani, P., Ontl, K. B., Lindshield, S., Shelley, M., and Wessling, E. G., 'New evidence on the tool-assisted hunting exhibited by chimpanzees (*Pan troglodytes verus*) in a savannah habitat at Fongoli, Sénégal', *Royal Society Open Science*, 2 (4), 2015, p. 140507.

*O'Malley, R. C., Wallauer, W., Murray, C. M., and Goodall, J., 'The appearance and spread of ant fishing among the Kasekela chimpanzees of Gombe: a possible case of intercommunity cultural transmission', *Current Anthropology*, 53 (5), 2012, pp. 650–63.

*Burns-Cusato, M., Cusato, B., and Glueck, A. C., 'Barbados green monkeys (*Chlorocebus sabaeus*) recognize ancestral alarm calls after 350 years of isolation,' *Behavioural Processes*, 100, 2013, pp. 197–99.

*Cheney, D. L., and Seyfarth, R. M., 'Assessment of meaning and the detection of unreliable signals by vervet monkeys', *Animal Behaviour*, 36 (2), 1988, pp. 477–86.

*Byrne, R. W., and Whiten, A., 'Tactical deception of familiar individuals in baboons (*Papio ursinus*)', *Animal Behaviour*, 33 (2), 1985, pp. 669–73.

*Bercovitch, F. B., 'Female co-operation, consortship maintenance and male mating success in savanna baboons', *Animal Behaviour*, 50 (1), 1995, pp. 137–49.

*Engh, A. L., Beehner, J. C., Bergman, T. J., Whitten, P. L., Hoffmeier, R. R., Seyfarth, R. M., and Cheney, D. L., 'Female hierarchy instability, male immigration and infanticide increase glucocorticoid levels in female chacma baboons', *Animal Behaviour*, 71 (5), 2006, pp. 1227–37.

*Silk, J. B., Altmann, J., and Alberts, S. C., 'Social relationships among adult female baboons (*Papio cynocephalus*) I. Variation in the strength of social bonds', *Behavioral Ecology and Sociobiology*, 61 (2), 2006, pp. 183–95.

*Archie, E. A., Tung, J., Clark, M., Altmann, J., and Alberts, S. C., 'Social affiliation matters: both same-sex and opposite-sex relationships predict survival in wild female baboons', *Proceedings of the Royal Society B: Biological Sciences*, 281 (1793), 2014, p. 20141261.

*Städele, V., Roberts, E. R., Barrett, B. J., Strum, S. C., Vigilant, L., and Silk, J. B., 'Male–female relationships in olive baboons (*Papio anubis*): Parenting or mating effort?' *Journal of Human Evolution*, 127, 2019, pp. 81–92.

*Nguyen, N., Van Horn, R. C., Alberts, S. C., and Altmann, J., '"Friendships" between new mothers and adult males: adaptive benefits and determinants in wild baboons (*Papio cynocephalus*)', *Behavioral Ecology and Sociobiology*, 63 (9), 2009, pp. 1331–44.

*Huchard, E., Alvergne, A., Féjan, D., Knapp, L. A., Cowlishaw, G., and Raymond, M., 'More than friends? Behavioural and genetic aspects of heterosexual associations in wild chacma baboons', *Behavioral Ecology and Sociobiology*, 64 (5), 2010, pp. 769–81.

*Baniel, A., Cowlishaw, G., and Huchard, E., 'Jealous females? Female competition and reproductive suppression in a wild promiscuous primate', *Proceedings of the Royal Society B: Biological Sciences*, 285 (1886), 2018, p. 20181332.

*Silk, J. B., Beehner, J. C., Bergman, T. J., Crockford, C., Engh, A. L., Moscovice, L. R., ... and Cheney, D. L., 'Female chacma baboons form strong, equitable, and

*Foster, M. W., Gilby, I. C., Murray, C. M., Johnson, A., Wroblewski, E. E., and Pusey, A. E., 'Alpha male chimpanzee grooming patterns: implications for dominance "style"', *American Journal of Primatology: Official Journal of the American Society of Primatologists*, 71 (2), 2009, pp. 136–44.
*Muller, M. N., and Wrangham, R. W., 'Dominance, cortisol and stress in wild chimpanzees (*Pan troglodytes schweinfurthii*)', *Behavioral Ecology and Sociobiology*, 55 (4), 2004, pp. 332–40.
*Pruetz, J. D., Ontl, K. B., Cleaveland, E., Lindshield, S., Marshack, J., and Wessling, E. G., 'Intragroup lethal aggression in West African chimpanzees (*Pan troglodytes verus*): inferred killing of a former alpha male at Fongoli, Senegal', *International Journal of Primatology*, 38 (1), 2017, pp. 31–57.
*Lehmann, J., and Boesch, C., 'Sexual differences in chimpanzee sociality', *International Journal of Primatology*, 29 (1), 2008, pp. 65–81.
*Proctor, D. P., Lambeth, S. P., Schapiro, S. J., and Brosnan, S. F., 'Male chimpanzees' grooming rates vary by female age, parity, and fertility status,' *American Journal of Primatology*, 73 (10), 2011, pp. 989–96.
*Townsend, S. W., Deschner, T., and Zuberbühler, K., 'Female chimpanzees use copulation calls flexibly to prevent social competition,' *PLoS One*, 3 (6), 2008, p. e2431.
*Hopper, L. M., Schapiro, S. J., Lambeth, S. P., and Brosnan, S. F., 'Chimpanzees' socially maintained food preferences indicate both conservatism and conformity,' *Animal Behaviour*, 81 (6), 2011, pp. 1195–1202.
*Suchak, M., Eppley, T. M., Campbell, M. W., Feldman, R. A., Quarles, L. F., and de Waal, F. B., 'How chimpanzees co-operate in a competitive world,' *Proceedings of the National Academy of Sciences*, 113 (36), 2016, pp. 10215–20.
*Furuichi, T., 'Female contributions to the peaceful nature of bonobo society', *Evolutionary Anthropology: Issues, News, and Reviews*, 20 (4), 2011, pp. 131–42.
*Surbeck, M., Mundry, R., and Hohmann, G., 'Mothers matter! Maternal support, dominance status and mating success in male bonobos (*Pan paniscus*),' *Proceedings of the Royal Society B: Biological Sciences*, 278 (1705), 2011, pp. 590–98.
*Surbeck, M., and Hohmann, G., 'Affiliations, aggressions and an adoption: male–male relationships in wild bonobos', *Bonobos: Unique in Mind, Brain and Behaviour*, Oxford University Press, 2017, pp. 35–46.

か 行

索引

あ行

な 行

は 行

さ行

た行

や 行

ら 行

わ 行

ま行

著者略歴

アシュリー・ウォード

Ashley Ward

英国ヨークシャー出身。シドニー大学の動物行動学の教授。ナンキョクオキアミから人類を含む哺乳類まで、動物行動の研究を積み重ねてきた。科学雑誌に100以上の論文を発表し、多くの学術書に引用されている。子どもの頃から動物に夢中になり、川で釣りをしたり、丸太の下を覗いたり、渓流で化石を探したりして過ごす。本書の元にもなったオーディブルオリジナル『THE SOCIAL LIVES OF ANIMALS』は、英国での宣伝が全くなかったにもかかわらず、2週間にわたってAudibleのチャートでトップを記録している。

訳者略歴

夏目大

なつめ・だい

出版翻訳家。同志社大学文学部卒。大手メーカーにSEとして勤務した後、現職。『タコの心身問題 頭足類から考える意識の起源』(みすず書房)、『因果推論の科学「なぜ?」の問いにどう答えるか』(文藝春秋)、『タイムトラベル「時間」の歴史を物語る』(柏書房)など訳書多数。

ウォード博士の驚異の「動物行動学入門」

動物のひみつ

争い・裏切り・協力・繁栄の謎を追う

2024年3月26日　第1刷発行
2024年8月5日　第6刷発行

著　者　アシュリー・ウォード
訳　者　夏目大
発行所　ダイヤモンド社
〒150-8409　東京都渋谷区神宮前6-12-17
https://www.diamond.co.jp/
電話／03・5778・7233（編集）　03・5778・7240（販売）

ブックデザイン　鈴木千佳子
イラスト　竹田嘉文
DTP　宇田川由美子
校正　神保幸恵
製作進行　ダイヤモンド・グラフィック社
印刷　三松堂
製本　ブックアート
編集担当　田畑博文

ISBN 978-4-478-11628-9